中国机械工程学科教程配套系列教材

教育部高等学校机械类专业教学指导委员会规划教材

机械原理

王晓力 赵杰亮 朱朋哲 编著

清華大学出版社
北京

内 容 简 介

本书依据教育部机械基础课程教学指导委员会工作精神及“机械原理课程教学基本要求”，充分吸取近年来各高校教学改革经验，并结合作者多年全英文机械原理教学实践及科研实践编写而成。

全书由3篇组成，第1篇为机械系统运动方案设计，主要介绍机械系统方案设计的内容，包括机械系统及其应用、机械系统运动方案设计；第2篇为机构运动分析与设计，主要阐述机构的组成原理与可动性分析以及各种机构的类型、特点、功能和运动设计方法，包括连杆机构、凸轮机构、齿轮机构、轮系、其他常用机构；第3篇为机械动力分析与设计，主要论述机械运转过程中所出现的若干动力学问题及如何改善机械的动力性能，包括平面机构的力分析、机械的效率与自锁、机械系统的动力学分析、机械的平衡设计。

本书可作为高等学校机械类各专业的教学用书，也可供机械工程领域的研究生和有关工程技术人员参考。

图书在版编目(CIP)数据

机械原理/王晓力，赵杰亮，朱朋哲编著．—北京：清华大学出版社，2022.4
中国机械工程学科教程配套系列教材　教育部高等学校机械类专业教学指导委员会规划教材
ISBN 978-7-302-59773-5

Ⅰ．①机…　Ⅱ．①王…　②赵…　③朱…　Ⅲ．①机械原理－高等学校－教材　Ⅳ．①TH111

中国版本图书馆CIP数据核字(2022)第001310号

责任编辑：刘　杨　冯　昕
封面设计：常雪影
责任校对：赵丽敏
责任印制：沈　露

出版发行：清华大学出版社
网　　址：http://www.tup.com.cn，http://www.wqbook.com
地　　址：北京清华大学学研大厦A座　　**邮　　编**：100084
社 总 机：010-83470000　　**邮　　购**：010-62786544
投稿与读者服务：010-62776969，c-service@tup.tsinghua.edu.cn
质量反馈：010-62772015，zhiliang@tup.tsinghua.edu.cn
印 装 者：三河市少明印务有限公司
经　　销：全国新华书店
开　　本：185mm×260mm　　**印　　张**：18.75　　**字　　数**：455千字
版　　次：2022年5月第1版　　**印　　次**：2022年5月第1次印刷
定　　价：58.00元

产品编号：086476-01

中国机械工程学科教程配套系列教材
教育部高等学校机械类专业教学指导委员会规划教材

编 委 会

丛书序言
PREFACE

我曾提出过高等工程教育边界再设计的想法，这个想法源于社会的反应。常听到工业界人士提出这样的话题：大学能否为他们进行人才的订单式培养。这种要求看似简单、直白，却反映了当前学校人才培养工作的一种尴尬：大学培养的人才还不是很适应企业的需求，或者说毕业生的知识结构还难以很快适应企业的工作。

当今世界，科技发展日新月异，业界需求千变万化。为了适应工业界和人才市场的这种需求，也即是适应科技发展的需求，工程教学应该适时地进行某些调整或变化。一个专业的知识体系、一门课程的教学内容都需要不断变化，此乃客观规律。我所主张的边界再设计即是这种调整或变化的体现。边界再设计的内涵之一即是课程体系及课程内容边界的再设计。

技术的快速进步，使得企业的工作内容有了很大变化。如从20世纪90年代以来，信息技术相继成为很多企业进一步发展的瓶颈，因此不少企业纷纷把信息化作为一项具有战略意义的工作。但是业界人士很快发现，在毕业生中很难找到这样的专门人才。计算机专业的学生并不熟悉企业信息化的内容、流程等，管理专业的学生不熟悉信息技术，工程专业的学生可能既不熟悉管理、也不熟悉信息技术。我们不难发现，制造业信息化其实就处在某些专业的边缘地带。那么对那些专业而言，其课程体系的边界是否要变？某些课程内容的边界是否有可能变？目前不少课程的内容不仅未跟上科学研究的发展，也未跟上技术的实际应用。极端情况下，甚至存在有些地方个别课程还在讲授已多年弃之不用的技术。若课程内容滞后于新技术的实际应用好多年，则是高等工程教育的落后甚至是悲哀。

课程体系的边界在哪里？某一门课程内容的边界又在哪里？这些实际上是业界或人才市场对高等工程教育提出的我们必须面对的问题。因此可以说，真正驱动工程教育边界再设计的是业界或人才市场，当然更重要的是大学如何主动响应业界的驱动。

当然，教育理想和社会需求是有矛盾的，对通才和专才的需求是有矛盾的。高等学校既不能丧失教育理想、丧失自己应有的价值观，又不能无视社会需求。明智的学校或教师都应该而且能够通过合适的边界再设计找到适合自己的平衡点。

我认为，长期以来，我们的高等教育其实是“以教师为中心”的。几乎所有的教育活动都是由教师设计或制定的。然而，更好的教育应该是“以学生为中心”的，即充分挖掘、启发学生的潜能。尽管教材的编写完全是由教师完成的，但是真正好的教材需要教师在编写时常怀“以学生为中心”的教育理念。如此，方得以产生真正的“精品教材”。

教育部高等学校机械设计制造及其自动化专业教学指导分委员会、中国机械工程学会与清华大学出版社合作编写、出版了《中国机械工程学科教程》，规划机械专业乃至相关课程的内容。但是“教程”绝不应该成为教师们编写教材的束缚。从适应科技和教育发展的需求而言，这项工作应该不是一时的，而是长期的，不是静止的，而是动态的。《中国机械工程学科教程》只是提供一个平台。我很高兴地看到，已经有多位教授努力地进行了探索，推出了新的、有创新思维的教材。希望有志于此的人们更多地利用这个平台，持续、有效地展开专业的、课程的边界再设计，使得我们的教学内容总能跟上技术的发展，使得我们培养的人才更能为社会所认可，为业界所欢迎。

是以为序。

2009年7月

前　言
FOREWORD

本书依据教育部机械基础课程教学指导委员会工作精神及“机械原理课程教学基本要求”,充分吸取近年来各高校教学改革经验,并结合作者多年全英文机械原理教学实践及科研实践编写而成。

机械原理是机械类专业的一门主干技术基础课程,在培养学生的知识、能力和综合素质中占有重要地位。传统的机械原理课程主要以机构学和机械动力学为主要教学内容,近年来为了加强对学生机械设计能力的培养,机械原理从以机构分析为主线的内容体系发展到以机构分析与设计并重的内容体系,全国各地也相继出版了多种具有改革成效的机械原理教材。当前,以新技术、新业态、新产业和新模式为特点的新经济发展迅速,对人才的能力结构和综合素质又提出了更高的要求,迫切需要具有高阶性、创新性及挑战性的课程提供支撑。为此,本书以“基于项目的学习”(Project-Based Learning, PBL)和“通过设计学习”(Learning by Designing, LBD)为基础,重新构建了机械原理课程体系。尝试以工程案例为牵引,启迪学生从机械系统整机功能与性能出发,综合灵活运用知识进行创新设计,培养学生解决复杂问题的能力。

本书尝试开展项目驱动式教学,需要首先建立机械系统的整体概念。因此与绝大部分教材不同,本书在第1章绪论中就讲述了机械系统的组成;机械系统的基本要求及设计流程;机械系统的功能分析、工艺动作分解及运动方案构思;机械系统及机电一体化系统的概念设计等,使学生先具有分析机械系统功能的能力。在此基础上,给出了3个机构设计项目,每个项目分解为多个设计系列题,贯穿于本教材各有关章节之后。设计系列题的编码规则是:项目Ⅰ“单缸四冲程内燃机”有6项设计内容,故其系列题编号从Ⅰ-1～Ⅰ-6;以此类推,项目Ⅱ“粉料成型压片机”的系列题编号从Ⅱ-1～Ⅱ-6;项目Ⅲ“四足单驱动仿生行走机构”的系列题编号从Ⅲ-1～Ⅲ-4。本书的另一个尝试是在每章的开头都先通过一个具体案例引出该章重点内容,以培养学生先学会提出问题,再去解决问题的能力。此外,本书尝试将课程内容与现代先进装备相结合,在各章之后都设有知识拓展内容,介绍该章所讲述的机构在仿生机器人、折纸机器人、航天器、数控机床、空间遥感相机、航空发动机、鱼雷、微机电系统等高端装备中的应用。

本书由3篇组成，共12章，由王晓力、赵杰亮和朱朋哲编著。具体分工为：王晓力负责编写第1、6、7、12章；赵杰亮负责编写第3、4、8、11章；朱朋哲负责编写第2、5、9、10章。

本书由华南理工大学黄平教授担任主审，在此谨致以衷心的感谢！

由于编者水平所限，书中误漏欠妥之处在所难免，敬请广大读者批评指正。

编　者

2021年12月

目　录
CONTENTS

第1篇　机械系统运动方案设计

第1章　绪论 …… 3

1.1　机械系统的组成 …… 3
1.2　机械系统的设计程序 …… 5
1.2.1　机械系统的基本要求 …… 5
1.2.2　机械系统的设计流程 …… 6
1.3　机械系统的概念设计 …… 7
1.3.1　机械系统功能分析与功能结构设计 …… 7
1.3.2　机械系统工艺动作分解及构思 …… 8
1.3.3　机械运动方案构思与设计 …… 9
1.4　机电一体化系统的概念设计 …… 9
1.5　知识拓展：足式移动机器人 …… 10
1.6　机构设计项目 …… 11
1.6.1　单缸四冲程内燃机 …… 11
1.6.2　粉料成型压片机 …… 13
1.6.3　四足单驱动仿生行走机构 …… 15
习题 …… 17
设计系列题 …… 17

第2章　机械系统运动方案设计 …… 18

2.1　机械系统总体方案设计内容 …… 18
2.1.1　执行系统的方案设计 …… 18
2.1.2　原动机的选择 …… 19
2.1.3　传动系统的设计 …… 19
2.1.4　控制系统的方案设计 …… 19
2.2　机械系统性能需求分析 …… 19
2.2.1　运动性能需求 …… 19
2.2.2　动力性能需求 …… 20

2.2.3 结构工艺性能需求 …… 20
2.3 机械系统功能原理设计 …… 20
2.4 机械系统运动规律设计 …… 21
2.5 机械系统运动方案设计 …… 22
2.5.1 执行系统机构选型 …… 22
2.5.2 执行系统协调设计 …… 27
2.5.3 机械运动循环图 …… 30
2.5.4 传动系统类型选择 …… 31
2.5.5 传动链方案设计 …… 32
2.5.6 原动机的选择 …… 33
2.6 机械系统运动方案设计案例 …… 34
2.7 知识拓展：鱼雷推进系统方案设计 …… 41
习题 …… 43
设计系列题 …… 44

第2篇 机构运动分析与设计

第3章 机构的组成原理与可动性分析 …… 47

3.1 机构的组成及运动简图 …… 47
3.1.1 构件与运动副 …… 47
3.1.2 运动链与机构 …… 49
3.1.3 机构运动简图 …… 50
3.2 机构可动的运动学条件 …… 53
3.2.1 机构自由度的计算公式 …… 53
3.2.2 机构具有确定运动的条件 …… 54
3.2.3 机构自由度计算的特殊情况 …… 55
3.3 机构可动的力学条件 …… 58
3.3.1 平面机构的压力角及传动角 …… 58
3.3.2 机构的死点位置 …… 59
3.3.3 运动副的自锁 …… 61
3.4 机构的组成原理及结构分析 …… 61
3.4.1 平面机构的组成原理 …… 61
3.4.2 平面机构的高副低代 …… 63
3.4.3 平面机构的结构分析 …… 64
3.5 知识拓展：柔性机构概述 …… 65
3.5.1 柔性机构定义及分类 …… 65
3.5.2 柔性机构的特点 …… 66
3.5.3 柔性机构在精密机械中的应用 …… 66
习题 …… 68

设计系列题 …… 71

第 4 章　连杆机构 …… 72

4.1　平面连杆机构的类型 …… 73
4.1.1　平面连杆机构的基本形式 …… 73
4.1.2　平面连杆机构的演变 …… 73
4.2　平面连杆机构的工作特性 …… 75
4.2.1　曲柄存在的条件 …… 75
4.2.2　急回特性 …… 77
4.2.3　运动连续性 …… 78
4.3　连杆机构的特点及功能 …… 79
4.3.1　连杆机构的特点 …… 79
4.3.2　连杆机构的功能与应用 …… 80
4.4　平面连杆机构的运动分析 …… 81
4.4.1　机构速度分析瞬心法 …… 82
4.4.2　机构运动分析图解法 …… 84
4.4.3　机构运动分析解析法 …… 90
4.5　平面连杆机构的运动设计 …… 92
4.5.1　平面连杆机构设计的基本问题 …… 92
4.5.2　刚体导引机构的设计 …… 93
4.5.3　函数生成机构的设计 …… 93
4.5.4　轨迹生成机构的设计 …… 94
4.6　知识拓展：航天器对接机构 …… 97
4.6.1　空间对接机构概念 …… 97
4.6.2　对接与样品转移机构 …… 97
习题 …… 98
设计系列题 …… 102

第 5 章　凸轮机构 …… 103

5.1　凸轮机构的组成和类型 …… 104
5.1.1　凸轮机构的组成 …… 104
5.1.2　凸轮机构的类型 …… 104
5.2　凸轮机构的特点及应用 …… 106
5.2.1　凸轮机构的特点 …… 106
5.2.2　凸轮机构的应用 …… 107
5.3　从动件运动规律设计 …… 108
5.3.1　从动件常见运动规律 …… 108
5.3.2　从动件运动规律的选择 …… 111
5.3.3　从动件运动规律的组合 …… 111

5.4 凸轮轮廓曲线设计 …… 117
5.4.1 凸轮轮廓曲线设计的基本原理 …… 117
5.4.2 图解法设计凸轮轮廓曲线 …… 118
5.4.3 解析法设计凸轮轮廓曲线 …… 121
5.5 凸轮机构基本尺寸的设计 …… 127
5.5.1 凸轮机构的压力角 …… 127
5.5.2 凸轮机构基本尺寸的设计 …… 129
5.6 凸轮廓线的计算机辅助设计 …… 132
5.7 知识拓展：凸轮机构在飞机舱门中的应用 …… 134
习题 …… 135
设计系列题 …… 137

第6章 齿轮机构 …… 138

6.1 齿轮机构的组成和类型 …… 138
6.1.1 平面齿轮机构 …… 138
6.1.2 空间齿轮机构 …… 139
6.2 齿廓啮合基本定律 …… 140
6.2.1 齿廓啮合基本定律 …… 140
6.2.2 齿廓曲线的选择 …… 141
6.3 渐开线齿廓及其性质 …… 141
6.3.1 渐开线的形成及性质 …… 141
6.3.2 渐开线方程式 …… 142
6.3.3 渐开线齿廓的啮合特性 …… 142
6.4 渐开线标准直齿圆柱齿轮的基本参数及尺寸计算 …… 143
6.5 渐开线直齿圆柱齿轮的啮合传动 …… 148
6.5.1 正确啮合条件 …… 148
6.5.2 连续传动条件 …… 149
6.5.3 无齿侧间隙啮合条件 …… 151
6.5.4 齿轮和齿条传动 …… 152
6.6 渐开线齿轮的加工 …… 153
6.6.1 渐开线齿轮的加工方法 …… 153
6.6.2 渐开线齿廓的根切 …… 155
6.7 渐开线变位齿轮及其啮合传动 …… 156
6.7.1 渐开线变位齿轮 …… 156
6.7.2 变位齿轮的啮合传动 …… 158
6.7.3 变位齿轮传动的类型 …… 160
6.8 斜齿圆柱齿轮机构 …… 160
6.8.1 斜齿轮齿廓曲面的形成 …… 160
6.8.2 斜齿轮的基本参数 …… 161

6.8.3 斜齿轮的几何尺寸计算 …… 163
6.8.4 斜齿圆柱齿轮机构的啮合传动 …… 164
6.8.5 斜齿轮机构的当量齿数 …… 165
6.8.6 斜齿圆柱齿轮机构的特点 …… 166
6.9 其他齿轮机构 …… 166
6.9.1 蜗杆蜗轮机构 …… 166
6.9.2 圆锥齿轮机构 …… 168
6.10 知识拓展：齿轮研究新进展 …… 170
习题 …… 172
设计系列题 …… 173

第7章 轮系 …… 174

7.1 轮系的类型 …… 174
7.2 轮系的传动比计算 …… 176
7.2.1 定轴轮系的传动比 …… 176
7.2.2 周转轮系的传动比 …… 177
7.2.3 混合轮系的传动比 …… 179
7.3 轮系的功能及应用 …… 181
7.4 轮系的设计 …… 183
7.4.1 定轴轮系的设计 …… 183
7.4.2 行星轮系的设计 …… 184
7.5 知识拓展：谐波齿轮传动的应用 …… 186
习题 …… 187

第8章 其他常用机构 …… 190

8.1 间歇运动机构 …… 191
8.1.1 棘轮机构 …… 191
8.1.2 槽轮机构 …… 192
8.1.3 凸轮式间歇机构 …… 194
8.1.4 不完全齿轮机构 …… 194
8.2 螺旋机构 …… 195
8.3 摩擦传动机构 …… 197
8.4 挠性传动机构 …… 199
8.4.1 带传动机构 …… 199
8.4.2 链传动机构 …… 200
8.5 广义机构 …… 202
8.5.1 液压机构 …… 202
8.5.2 气动机构 …… 204
8.5.3 折纸机构 …… 206

8.6 组合机构 …… 208
8.6.1 机构的组合方式 …… 208
8.6.2 典型组合机构的分析与设计 …… 211
8.7 知识拓展：折纸机器人 …… 216
习题 …… 219
设计系列题 …… 220

第3篇 机械动力分析与设计

第9章 平面机构的力分析 …… 223
9.1 构件惯性力的确定 …… 224
9.1.1 一般力学方法 …… 224
9.1.2 质量代换法 …… 225
9.2 运动副中摩擦力的确定 …… 226
9.2.1 移动副中的摩擦 …… 226
9.2.2 螺旋副中的摩擦 …… 228
9.2.3 转动副中的摩擦 …… 229
9.3 不考虑摩擦时的机构力分析 …… 232
9.4 考虑摩擦时的机构力分析 …… 234
9.5 知识拓展：数控机床滚珠丝杠进给系统动力学建模 …… 235
习题 …… 236
设计系列题 …… 238

第10章 机械的效率与自锁 …… 239
10.1 机械的效率 …… 240
10.1.1 机械效率的表达形式 …… 240
10.1.2 机械系统的效率 …… 242
10.2 提高机械效率的途径 …… 244
10.3 摩擦在机械中的应用 …… 245
10.4 机械的自锁 …… 246
10.5 知识拓展：空间遥感相机调焦机构的自锁 …… 249
习题 …… 250

第11章 机械系统的动力学分析 …… 252
11.1 机械系统的运转过程 …… 253
11.1.1 作用在机械上的力 …… 253
11.1.2 机械的运转阶段及特征 …… 253
11.2 机械系统等效动力学模型 …… 254
11.2.1 等效动力学模型 …… 254

11.2.2　等效量的计算 …… 255
11.3　机械系统运动方程 …… 256
11.3.1　机械系统运动方程的建立 …… 256
11.3.2　机械系统运动方程的求解 …… 257
11.4　机械的速度波动及其调节方法 …… 258
11.4.1　周期性速度波动及其调节 …… 258
11.4.2　非周期性速度波动及其调节 …… 261
11.5　飞轮设计 …… 262
11.5.1　飞轮设计的基本原理 …… 262
11.5.2　最大盈亏功及飞轮尺寸的确定 …… 263
11.6　知识拓展：双转子航空发动机动力学建模 …… 265
习题 …… 266
设计系列题 …… 270

第12章　机械的平衡设计 …… 271

12.1　机械平衡的基本概念 …… 271
12.1.1　机械平衡的类型 …… 271
12.1.2　机械平衡的方法 …… 272
12.2　刚性转子的平衡设计 …… 272
12.2.1　刚性转子的静平衡设计 …… 272
12.2.2　刚性转子的动平衡设计 …… 273
12.3　平面机构的平衡 …… 275
12.3.1　平面机构惯性力的平衡条件 …… 275
12.3.2　机构惯性力的完全平衡 …… 276
12.3.3　机构惯性力的部分平衡 …… 278
12.4　知识拓展：内燃机运转平稳性和惯性力平衡 …… 280
习题 …… 282

参考文献 …… 284

第1篇　机械系统运动方案设计

第 1 章

绪　　论

机械是人类通过长期生活实践后创造出来，用以代替或减轻人的体力与脑力劳动的技术装置。在机械的发展历程中，机构一直是发明创造的主体。从远古的简单机械、东汉时期的地动仪、文艺复兴时期的计时装置和天文观测器到当代的巨型天文观测系统，从诸葛亮的木牛流马、达·芬奇的军事机械、工业革命时期的蒸汽机到当代的机器人，从20世纪60年代的登月飞船到现代的航天飞机和星球探测器，机械装备的进步与机构的发展息息相关。

随着科学技术的发展，机构经历了从平面到空间、从单自由度到多自由度、从串联到并联、从刚性到柔性、从静态设计到动态设计的发展过程。图1.1所示的Mini Cheetah四足机器人是现代机构发展的一个典型案例。通过对机构和控制部分的不断优化改进，四足机器人体型小巧、动作灵活，是目前10 kg以下运动速度最快的四足机器人。其中，Mini Cheetah腿部的轻量化、高扭矩和低惯性设计，使机器人能够执行快速、动态的动作，并能够应对后空翻等动作带来的地面强力冲击。

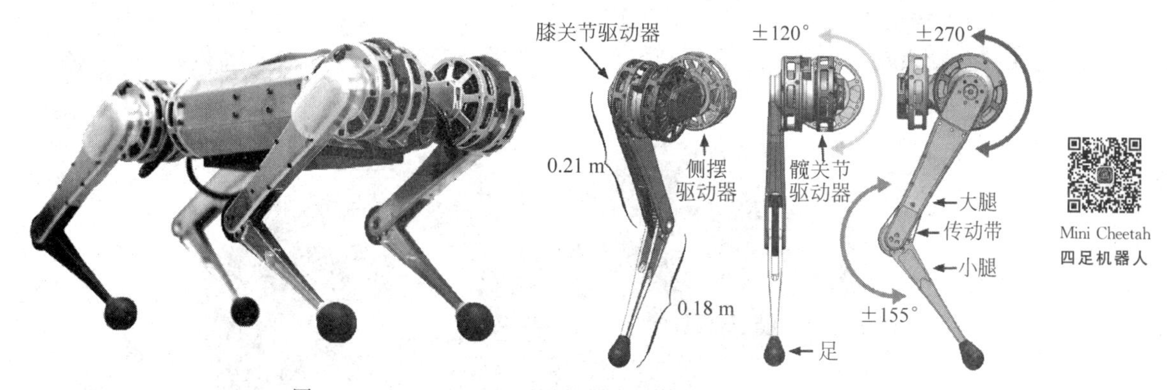

图1.1　Mini Cheetah四足机器人及其腿部结构

综上所述，机构是机械产品发明创造的源泉，机构的创新设计决定了机械产品的创新性。“机械原理”又称“机构学”、“机械运动学与动力学”或“机构与机器理论”，是研究机构及机械系统的共性（组成、运动学、动力学）原理及其分析设计方法的基础学科。本章主要介绍机械系统的组成、机械系统概念设计等基本内容。

1.1　机械系统的组成

机械系统是一个广义的概念，可以定义为由若干机械要素组成、完成所需的动作传递和转换、实现机械能变化的系统，因此机器与机构均可称为机械系统。随着生产和科学技术的发展,机械系统的内涵也在不断发生着变化。从机械系统可控程度出发,可分为纯机械系统和广义机械系统。广义机械系统通常是机电一体化系统,由人—环境—机器组成。在本书中,机械系统主要界定为机器。

机器是一种具有确定机械运动、并通过运动来实现能量转换、物料或信息传递的装置。例如,在动力机器中,内燃机、风力发电机、磁力发电机等能够实现能量的转换;在工作机器中,汽车、机床、包装机、挖掘机等能够实现物料的传递,完成有用的机械功;在信息机器中,打印机、复印机、绘图机等能够实现信息的传递和变换。

机器种类繁多,其构造、用途和性能也各不相同,但就其组成而言,又具有共同特征。一般来说,现代机器通常由动力系统、传动系统、执行系统以及控制系统组成。下面通过具体实例来说明。

图 1.2 为汽车构造示意图,其中:

(1) 汽车的动力系统为发动机,其作用是把燃料燃烧产生的热能转化为机械能,为汽车提供动力。

(2) 汽车的传动系统由离合器、变速器、万向传动装置和驱动桥组成。其中万向传动装置由万向节和传动轴组成,驱动桥由主减速器和差速器组成。传动系统的主要作用是将发动机提供的动力传给汽车的驱动车轮。

(3) 汽车的执行系统亦即行驶系统,主要由车架、车桥、车轮和悬架组成。其主要作用是接受传动系统传来的转矩,并通过驱动轮与路面的附着作用,产生路面对汽车的牵引力。

(4) 汽车的操纵系统主要包括方向盘、操纵杆和加速、停车踏板等,而汽车电子控制系统主要包括发动机电子控制系统、底盘综合控制系统、车身电子安全系统和信息通信系统。

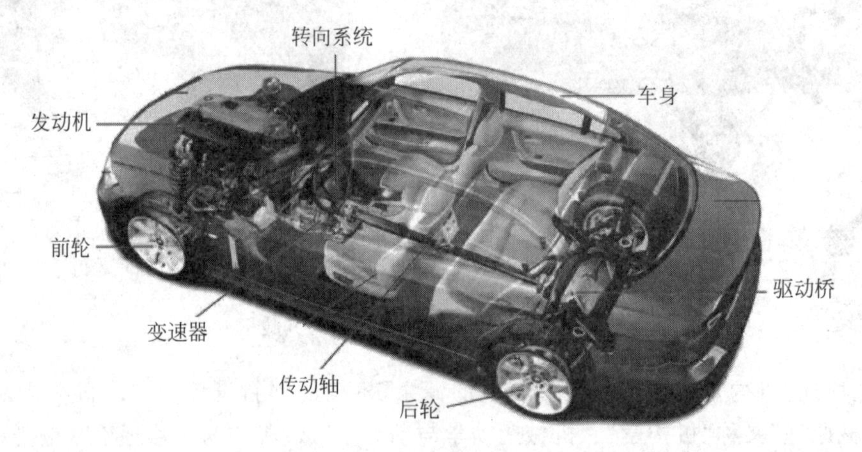

图 1.2　汽车构造示意图

图 1.3 所示为一四冲程内燃机。其工作原理是:在进气冲程,燃气由进气管通过进气阀 5 被下行的活塞 4 吸入气缸 1,然后进气阀 5 关闭;在压缩冲程,活塞 4 上行压缩燃气,当到达上止点时,点火使燃气在气缸 1 中燃烧、膨胀产生压力;在做功冲程,气缸压力推动活塞 4 下行,通过连杆 3 带动曲轴 2 转动,输出机械能;在排气冲程,活塞 4 再次上行,排气阀 6 打开,废气通过排气阀排出,从而完成了一个工作循环。图中,活塞 4、连杆 3 和曲轴 2 构成的装置称作曲柄滑块机构;凸轮 8 和推杆 7 构成了凸轮机构,用来控制进气阀和排气阀的开启与闭合;齿轮 11、9、10 构成的齿轮机构则用来保证进气阀、排气阀和活塞之间形成

(a)

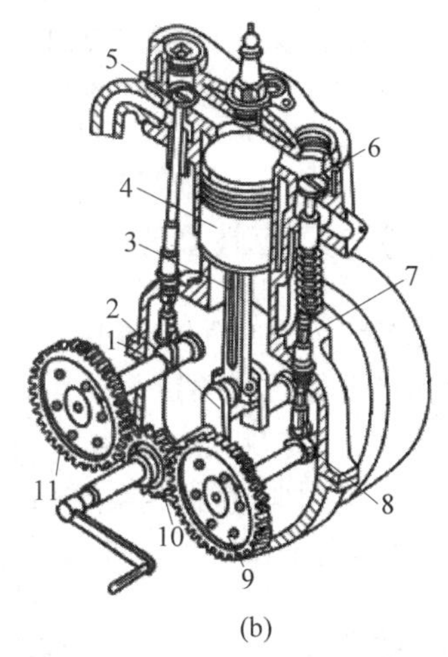

(b)

1—气缸；2—曲轴；3—连杆；4—活塞；5—进气阀；6—排气阀；7—推杆；8—凸轮；9～11—齿轮。

图 1.3　四冲程内燃机结构图

一定规律的运动。以上各部分协调动作，便能将燃气燃烧产生的热能转变为曲轴转动的机械能。

通过以上实例可以看出：机构是能实现预期机械运动的实物组合体，可以完成运动传递或运动形式的转换。机器是由各种机构组成、能实现预期机械运动的实物组合体，可以转换机械能并完成有用机械功或处理信息。机构与机器的不同点在于机构没有能量的转换或信息的传递，但从结构和运动的观点来看，二者都是实现机械运动的装置，因此工程中将机构与机器统称为机械。

1.2　机械系统的设计程序

机械系统设计是指根据产品的功能要求和市场需求，应用现代科学技术知识，经过设计者的创造性思维和设计，完成制造方案和工程图纸的工作过程，最终目的是为市场提供高质量、高性能、高效率、低能耗和低成本的机械产品。机械产品的质量和经济性取决于设计、制造和管理等方面的综合水平，而产品的设计是关键环节。

1.2.1　机械系统的基本要求

机械系统的基本要求是设计和制造的依据，也是实现系统功能的基本条件。评价机械产品是否优良，主要根据技术指标和经济指标来综合判断。机械系统一般应具备以下三个方面的基本要求。

1. 功能与性能要求

用户对产品的需求实质是对产品功能的需求，而产品的复杂程度与其所实现的功能密切相关。产品功能越多，通常设计与制造成本也越高，而功能太少，则可能会影响市场竞争力。因此需在保证基本功能和使用要求的情况下，合理地取舍产品的功能。

性能是指产品为保证功能实现而体现出来的技术特征，通常包括工作范围、运动要求、动力性能等。例如，机床的工序种类、尺寸范围、主轴转速、进给量、输出功率、刚度、抗振性等。

2. 可靠性与适应性要求

可靠性是指产品在规定的工作条件下和预期使用时间内，能够完成系统功能的概率。可靠性关系到产品能否持续正常工作。产品越重要，可靠性要求越高。

适应性是指当工作状态或环境发生变化时产品的适应程度。工作状态和环境包括作业对象、工作负荷、工作速度等方面。产品适应性要求越高，设计、制造与维护的成本也越高。因此，应根据产品的工作状态和环境要求合理地确定适应性要求。

3. 经济性要求

经济性主要反映在生产成本和使用成本方面。生产成本是指产品在设计、制造、管理和销售方面的费用支出，使用成本是指产品在运行和维修方面的费用支出。

1.2.2 机械系统的设计流程

机械系统设计的基本流程主要包括产品规划、概念设计、构形设计、样机测试与改进设计等阶段。

1. 产品规划

产品规划要求进行需求分析、市场预测和可行性分析，确定设计参数和约束条件，做出详细的设计任务书。

2. 概念设计

概念设计是机械系统设计中最重要的环节，其任务是在分析产品的功能需求和工作原理的基础上，对机械产品进行工艺动作分解及构思，初步拟定各执行构件动作相互协调配合的运动循环图，进行机械运动方案的设计。

3. 构形设计

构形设计是将机械运动方案具体转化为机器及零件的合理构型，主要工作是完成机械产品的总体设计、部件与零件设计，完成全部生产图样，并编制设计说明书与使用说明书等技术文件。

4. 样机测试与改进设计

经过加工、安装和调试后，制造出样机。对样机进行性能测试，验证其是否达到预期的功能要求与性能要求，评价其可靠性、适应性与经济性，并据此进行产品的改进与完善设计。

因此，机械系统设计的各个阶段是相互联系、相互融合的，是一个“设计—评价—再设计”的迭代过程。

1.3　机械系统的概念设计

如前文所述，机械系统概念设计是机械系统设计中最重要的环节，也是实现机械系统创新与品质飞跃的关键环节。概念设计是设计的前期工作过程，其目的是产生设计方案，但概念设计不只局限于方案设计，还应包括设计工程师对设计任务的理解、设计灵感的表达、设计理念的发挥。概念设计的核心是创新。

机械系统概念设计的基本内容包括机械系统功能分析与功能结构设计、机械系统工艺动作分解及构思、机械运动方案构思与设计三个方面。

1.3.1　机械系统功能分析与功能结构设计

机械系统功能分析的主要内容是通过对市场需求和用户需求的分析，对功能进行抽象，再将总功能分解为若干分功能，进行功能结构图的构思和设计。

功能是对系统特定工作能力抽象化的描述，与产品的用途、能力、性能等概念的表达不尽相同。例如，电动机的用途是做原动机，而反映其特定工作能力的功能是转换能量，即将电能转化为机械能。对系统功能的描述，可以采用其具有的转化能量、物料、信息等物理量的特性来描述。如图 1.4 所示，可以把待设计机械系统看作“黑箱”，分析系统输入输出的能量、物料和信息，而输入输出的转换关系即反映系统的总功能。

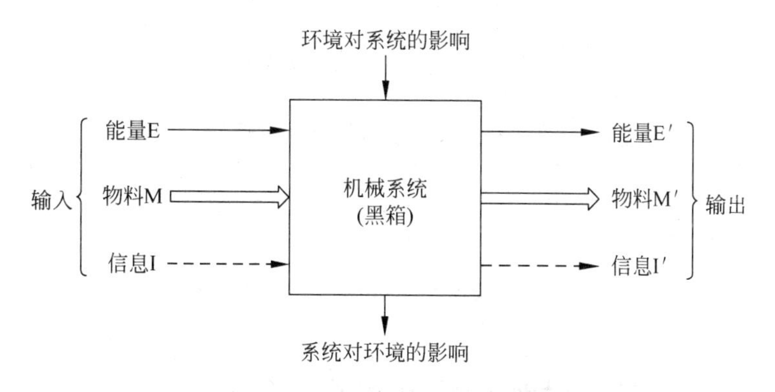

图 1.4　机械系统总功能“黑箱”图

总功能依次逐级分解，可以得到若干子功能，功能分解在一定程度上也是创新的过程。图 1.5 为普通机床的功能分解图。

将子功能的抽象关系确定后，可以进行功能结构图的构思和设计。例如，硬币计数包卷机的主要功能有硬币堆放及输送功能；硬币挑残、分选、排列功能；硬币分选、计数功能；硬币堆码、整理功能；送纸、撕纸功能；硬币包卷功能、卷边功能及其他辅助功能。图 1.6 为硬币计数包卷机的功能结构图。

机床对工件切削加工

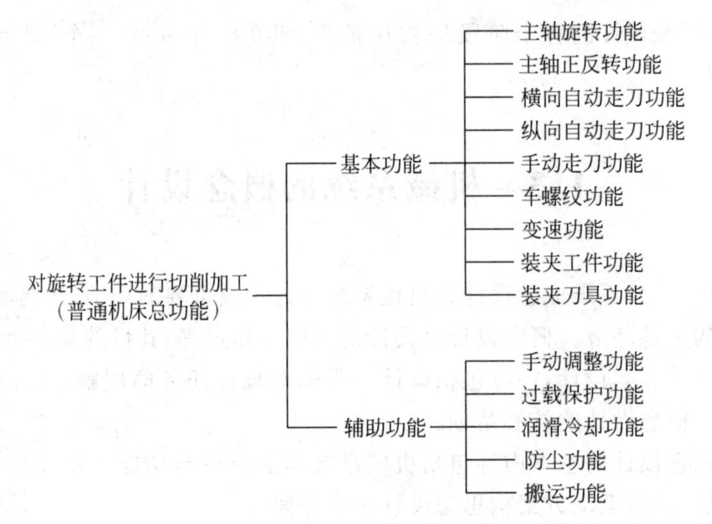

图 1.5 普通机床的功能分解图

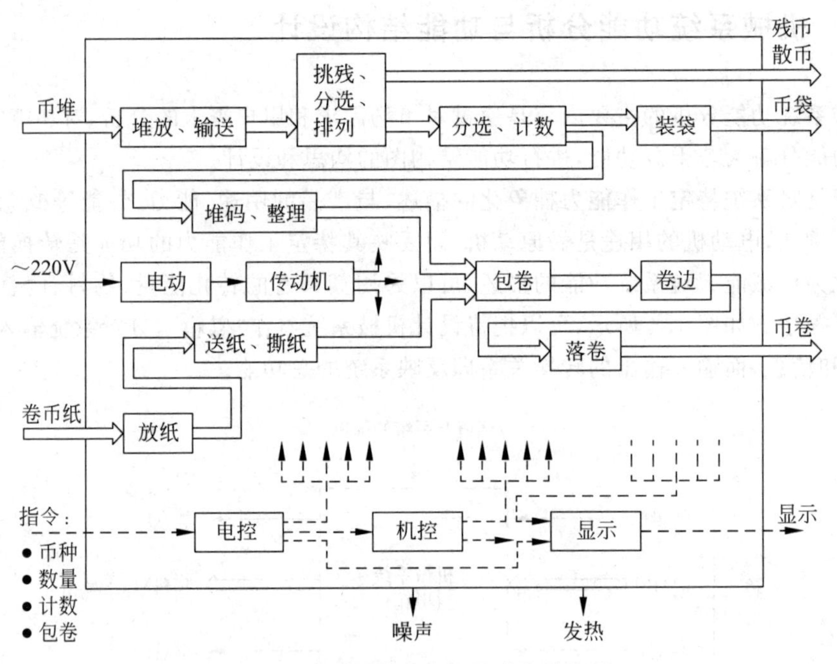

图 1.6 硬币计数包卷机的功能结构图

1.3.2 机械系统工艺动作分解及构思

实现机械系统的功能主要靠工艺动作来完成,工艺动作的分解往往对应于功能的分解。例如,图 1.7 所示的缝纫机的功能可分解为刺布、挑线、钩线和送布四个功能,其对应的工艺动作为缝纫机针的上下运动、挑线杆的供线和收线、梭子钩线和送布。

同一功能可以由不同的工艺动作来实现,因此工艺动作的构思也非常重要。例如,包装颗粒糖果的包装机功能可以由不同的包装动作来实现,图 1.8(a)为扭结式包装,图 1.8(b)为折叠式包装,图 1.8(c)为接缝式包装。

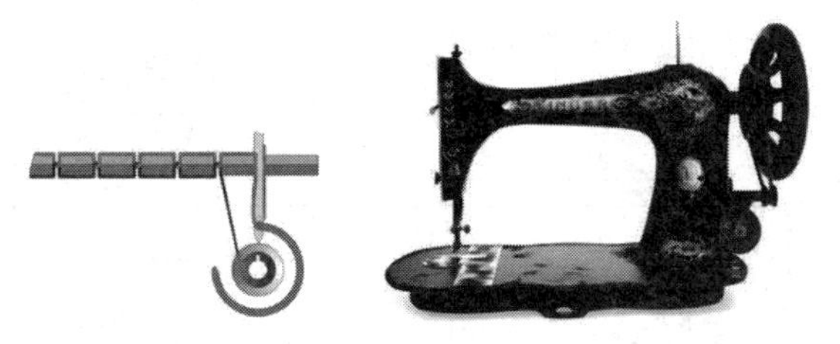

缝纫机

图 1.7　缝纫机的缝纫功能

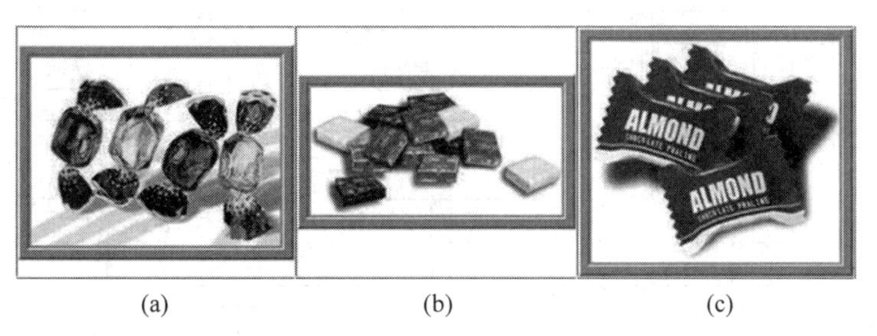

(a)　(b)　(c)

图 1.8　糖果包装机的三种包装构思

1.3.3　机械运动方案构思与设计

实现机械系统功能的工艺动作是靠若干个机构来完成的，机械系统的概念设计最终归结为机械运动方案的设计。如前所述，机械系统主要由动力系统、传动系统、执行系统和控制系统所组成，因此，机械运动方案的设计就是根据机械系统的需求，对上述各部分进行方案设计，其中传动及执行机构系统是方案设计的核心。详细内容见第 2 章内容。

1.4　机电一体化系统的概念设计

随着现代科学技术的不断发展，“机电一体化”已逐渐成为现代机械系统的基本特征。机电一体化系统是将机械技术与信息处理及控制技术相结合，来实现产品功能和工艺动作过程，体现了机械系统的自动化和智能化。

从功能角度分析，机电一体化系统主要包括主控和执行两大功能模块，如图 1.9 所示。主控模块包括信息处理及控制系统和传感检测系统；执行模块即执行子系统，由多个执行单元耦合而成，每个执行单元即是一个功能单元，由信息处理及控制子系统、传感检测子系统和执行机构子系统组成，实现机械运动、信息检测、信息处理和控制功能。

广义执行机构子系统是机电一体化系统的核心，由驱动元件和执行机构组成。广义执行机构的驱动元件类型十分广泛，包括感应电动机、步进电动机、伺服电动机、液压缸、弹簧、光电马达，甚至形状记忆合金等。广义执行机构的执行元件除传统的刚性构件外，还包括柔性构件、弹性构件等非刚性构件。

机电一体化系统的概念设计的基本内容是：从市场需求出发，确定机电一体化系统的总功能，对功能及其工艺动作进行分解和构思，设计或选择合适的广义执行机构子系统、信

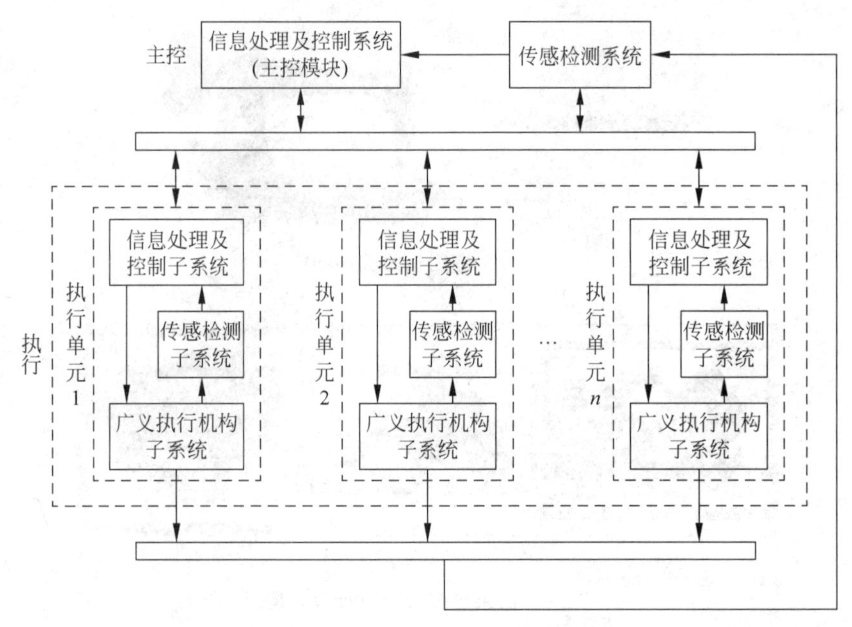

图 1.9 机电一体化系统的组成

息处理及控制子系统、传感检测子系统，并将上述子系统进行集成与融合，形成机电一体化系统方案。最后对方案进行评价，确定最佳方案。

在机电一体化系统的概念设计中，机械技术与信息处理和控制技术的协同也使得设计者在形成方案时拥有更大的创新空间，更能满足多样化的用户需求，孕育出新颖独特的机电一体化系统。

1.5 知识拓展：足式移动机器人

机器人种类多样，移动型机器人主要可分为足式、轮式、履带式和复合式四种。与其他类型机器人相比，足式移动机器人(如图 1.10 所示)的优势主要体现在以下两个方面：①采用离散落脚点方式，可以适应复杂地形；②多肢体、多自由度的身体特征，具有较高的运动容错性和减振性能。因此，足式移动机器人由于其优越的越障能力和地形适应能力，在军事作战、现场救援和物资运输等方面具有广阔的应用前景。

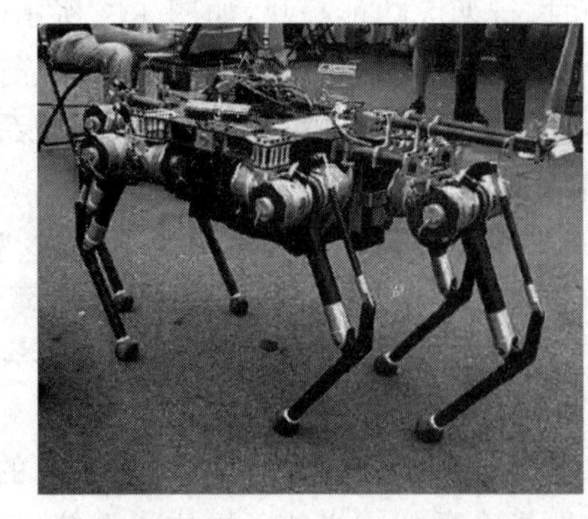

图 1.10 足式移动机器人

足式机器人

就军事应用而言，常规的轮式、履带式和复合式机器人难以适应山地、丘陵等复杂的作战环境，而足式移动机器人在运动灵活性和环境适应性等方面具有非常显著的优势。在火灾、辐射等存在安全隐患的环境中，足式移动机器人可替代人力开展救援工作。有数据显示，灾难发生后的 36 小时左右是开展救援工作的黄金时期。

根据足式移动机器人关节腿的数量可将其分为

单足机器人、双足机器人和多足机器人。其中，多足机器人在速度、负载能力、抗干扰能力和越障能力等方面具有更好的运动性能。对多足机器人高速性能的研究主要集中在腿部结构设计、驱动方案选择、控制策略、材料和能量利用效率等方面。高速移动的足式机器人是一个复杂的力学系统，其动力学演化过程包含机器人传动机构与末端支撑腿的刚柔耦合效应，设计合理的足式移动机构，并正确理解高速运动过程中机器人的动力学特性是研究高速移动足式机器人的关键。

1.6　机构设计项目

1.6.1　单缸四冲程内燃机

1. 工作原理

对于图 1.3(b)所示的单缸四冲程内燃机，活塞在气缸内往复运动四次，而曲柄对应旋转两周，完成一个工作循环。在一个工作循环中，气缸内的压力 P_g 变化可由内燃机示功图(如图 1.11)表示，其中曲柄转角 $\theta=0°\sim180°$ 为进气冲程，$\theta=180°\sim360°$ 为压缩冲程，$\theta=360°\sim540°$ 为做功冲程，$\theta=540°\sim720°$ 为排气冲程。

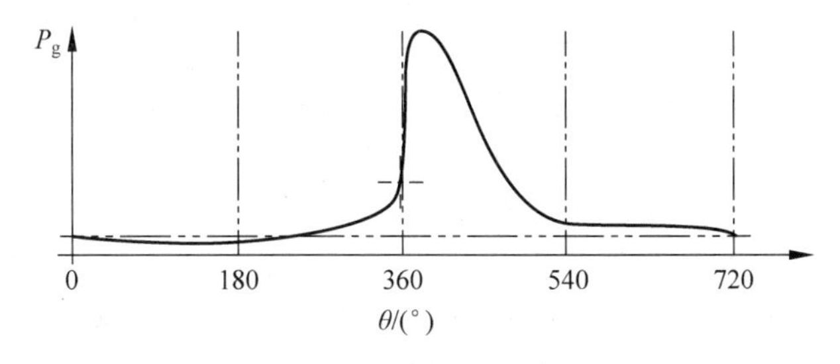

图 1.11　内燃机示功图

如图 1.3(b)所示，凸轮 8 和推杆 7 构成了凸轮机构，用来控制进气阀和排气阀的开启与闭合；齿轮 11、9、10 构成的齿轮机构则用来保证进气阀、排气阀和活塞之间形成一定规律的运动。由于在一个工作循环中，曲柄轴转两圈，而进、排气阀各启闭一次，所以齿轮传动的传动比为 2。

由上文可知，在四个冲程中，活塞只有一个冲程对外做功，其余的三个冲程则需依靠机械的惯性带动。因此，曲柄所受的驱动力是不均匀的，所以其速度波动也较大。为了减少速度波动，曲柄轴上装有飞轮。

2. 设计内容

Ⅰ-1　分析单缸四冲程内燃机的功能需求，绘出其功能分解图及功能结构图

Ⅰ-2　单缸四冲程内燃机的曲柄滑块机构运动分析

图 1.12 为单缸四冲程内燃机曲柄滑块机构。已知缸径 762 mm，连杆与曲柄长度之比为 3.5，缸径与活塞冲程之比为 0.85，曲柄转速范围为 2000～4000 r/min，可选其中之一进行计算。试采用解析法计算活塞和连杆的位移、速度和加速度在一个工作循环内随曲柄转

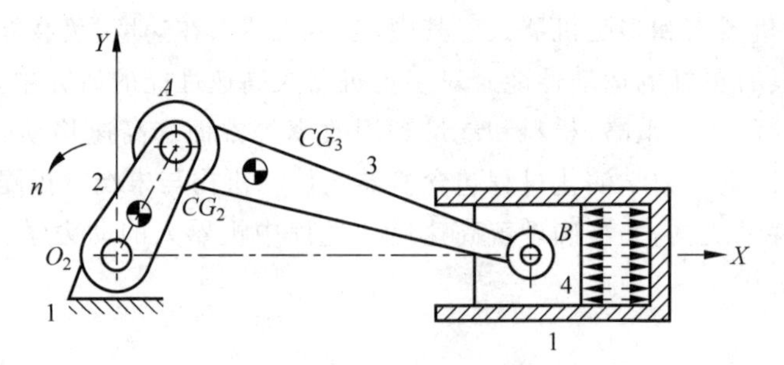

图 1.12 内燃机曲柄滑块机构

角的变化规律。

Ⅰ-3 单缸四冲程内燃机的凸轮机构设计

已知凸轮从动件冲程 $h=20$ mm，推程和回程的许用压力角$[\alpha]=30°$、$[\alpha']=75°$，推程运动角 $\phi=50°$，远休止角 $\phi_S=50°$，回程运动角 $\phi'=50°$，从动件的运动规律如图 1.13 所示。试按照许用压力角确定凸轮机构的基本尺寸，选取滚子半径，画出凸轮实际廓线。

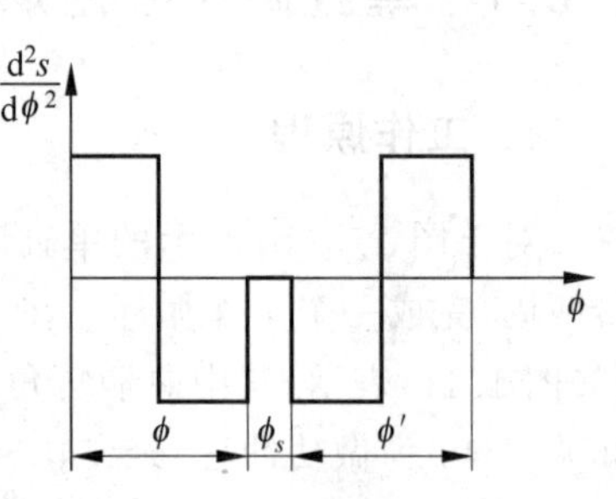

图 1.13 从动件运动规律

Ⅰ-4 单缸四冲程内燃机的齿轮机构设计

单缸四冲程内燃机中，已知齿轮齿数 $Z_1=22$、$Z_2=44$，模数 $m=5$，分度圆压力角 $\alpha=20°$，齿轮为正常齿制，在闭式的润滑油池中工作。试选择两轮变位系数，计算齿轮各部分尺寸，并绘制齿轮传动的啮合图。

Ⅰ-5 单缸四冲程内燃机的曲柄滑块机构的动力分析

已知曲柄、连杆及活塞组的质量分别为 $m_2=0.06$ kg，$m_3=0.025$ kg，$m_4=0.293$ kg。质心 CG_2 距曲柄回转中心 O_2 的距离为曲柄长度的 0.3 倍，质心 CG_3 距曲柄销中心 A 的距离为连杆长度的 0.25 倍。表 1-1 为内燃机示功图数据。试以上述数据及系列题Ⅰ-2 计算结果为基础，计算各运动副反力及曲柄上的平衡力矩在一个工作循环内随曲柄转角的变化规律。

表 1-1 内燃机气缸压力

曲柄位置 θ	0°～270°	300°	330°	360°	375°	380°	390°
气缸压力/bar	1	6.5	19.5	35	60	48.5	25.5
曲柄位置 θ	420°	450°	480°	510°	540°	570°	600°～720°
气缸压力/bar	9.5	3	3	2.5	2	1.5	1

Ⅰ-6 单缸四冲程内燃机的飞轮设计

已知：机器的速度不均匀系数 $\delta=0.01$，曲柄轴的转动惯量 $J_{s1}=0.1\ \text{kg}\cdot\text{m}^2$，凸轮轴的转动惯量 $J_{o1}=0.05\ \text{kg}\cdot\text{m}^2$，连杆绕其重心轴的转动惯量 $J_{s2}=0.2\ \text{kg}\cdot\text{m}^2$，系列题Ⅰ-5 计算求得的平衡力矩 M_y、阻力矩 M_c 为常数。试用惯性力法确定安装在曲柄轴上的飞轮转动惯量 J_F。

1.6.2 粉料成型压片机

1. 工作原理

如图 1.14 所示,粉料成型压片机由上冲头、下冲头和送料机构三部分组成,可将粉状物料压成圆片制品。其工艺参考流程如下:

(1) 料斗 2 在型腔 3 左侧,料桶 1 向料斗 2 供料。

(2) 移动料斗到模具型腔的正上方。

(3) 振动料斗,使料斗内的粉料落入模具型腔内。

(4) 下冲头下降一些,防止上冲头向下冲压时将型腔内粉料扑出。

(5) 上冲头向下,下冲头向上,将粉料冲压并保压一段时间,使片状制品成型良好。

(6) 上冲头快速退出,下冲头将片状制品推出型腔,并由其他机构将制品取走。

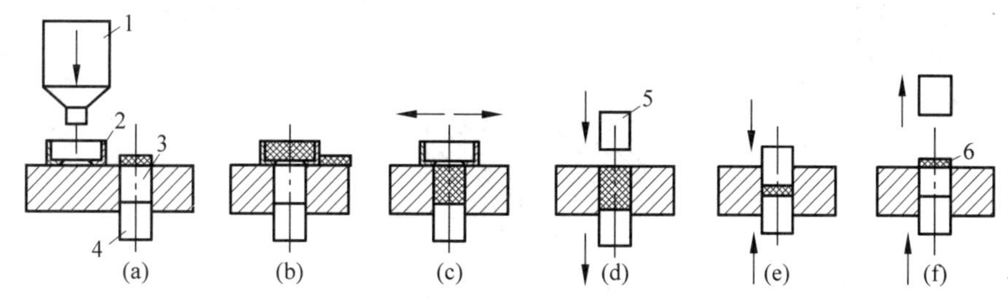

1—料桶;2—料斗;3—模具型腔;4—下冲头;5—片状制品;6—上冲头。

图 1.14 粉料成型压片机的工艺流程图

已知该粉料成型压片机为单自由度机械,模具厚度 $h=50$ mm,药片厚度 3 mm,料斗高度 30 mm;压缩距离 38 mm,压片过程持续 1/6 周期,压片时的最大阻力为 3000 N。生产率为每分钟压制 35 片。原动机选择三相交流异步电动机,同步转速为 1500 r/min。

2. 设计内容

Ⅱ-1 分析粉料成型压片机的功能需求,绘出其功能分解图及功能结构图

Ⅱ-2 粉料成型压片机的机构系统运动方案设计(鼓励方案的创新设计)

根据题目中给定的粉料压片过程的工艺动作要求和已知数据,结合与同类产品的对比,提出粉料压片机机构系统运动方案(含工作执行机构、传动机构和原动机),画出其机构系统运动示意图。

Ⅱ-3 粉料成型压片机的机构系统自由度分析

试分别计算图 1.15 所示的粉料压片机的上冲头和下冲头加压机构的自由度。

Ⅱ-4 粉料成型压片机的上冲头加压机构运动分析

如图 1.16 所示,对于粉料压片机上冲头加压机构,已知各杆长分别为 $AB=35$ mm,$BD=120$ mm,$CD=DE=100$ mm。曲柄 AB 为原动件,以等角速度 35 r/min 顺时针运动。试进行运动分析,求:①冲头的位移、速度和加速度;②机构的最小传动角。

Ⅱ-5 粉料成型压片机的凸轮机构设计

如图 1.17 所示,粉料压片机下冲头加压机构可采用凸轮机构来实现其动作要求,下冲

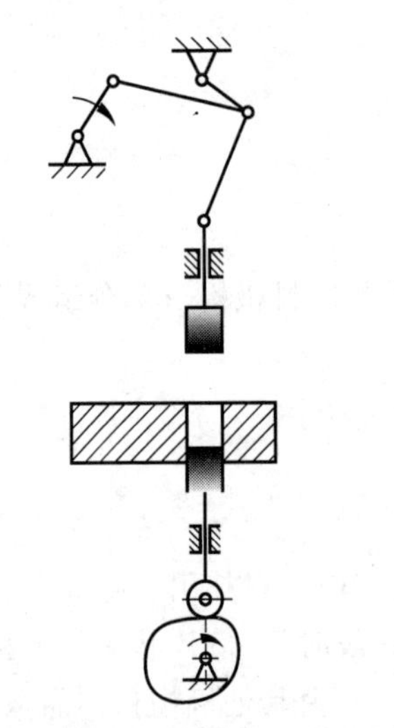

图 1.15　一种粉料成型压片机的上冲头和下冲头加压机构

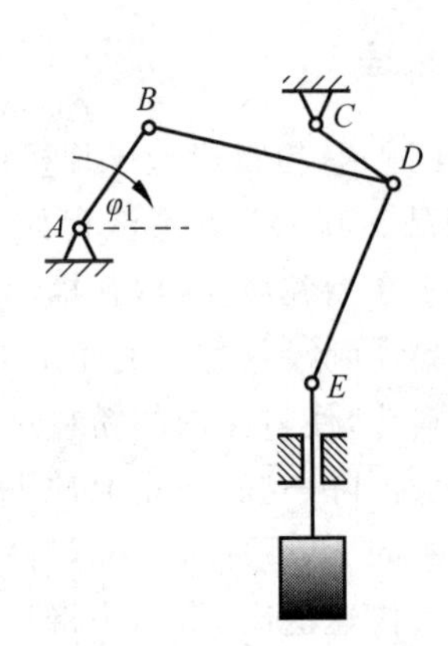

图 1.16　一种粉料压片机的上冲头加压机构

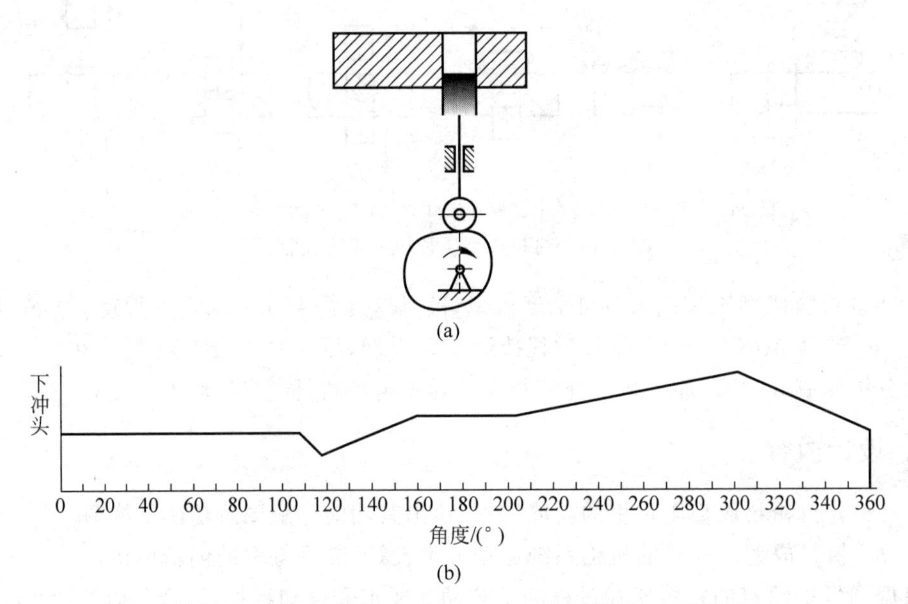

图 1.17　一种粉料压片机的下冲头加压机构(a)及其运动循环图(b)

头做往复直线运动，应能实现按静止(图 1.14 中工艺流程 1、2、3)、下降(工艺流程 4)、上升(工艺流程 5)和快速上升(工艺流程 6)的顺序做复杂运动。已知下冲头的最大行程为 19 mm，凸轮以等角速度 35 r/min 顺时针转动，基圆半径 40 mm，滚子半径 10 mm。试设计该凸轮机构。

Ⅱ-6　粉料成型压片机的上冲头加压机构受力分析

如图 1.16 所示的粉料压片机上冲头加压机构。已知：各杆长度分别为 $AB=35$ mm，$BD=120$ mm，$CD=DE=100$ mm，压片时上冲头的阻力为 3000 N，曲柄 AB 为原动件，以等角速度 $\omega=35$ r/min 顺时针运动。对上冲头加压机构进行受力分析，求出各运动副处的作用力。

1.6.3 四足单驱动仿生行走机构

1. 工作原理

四足仿生行走机构由于其负载大、运动灵活性高、越障能力强和环境适应能力强等特点，近年来已成为机器人研究领域的热点，在军事活动、现场救援和探险排雷等领域具有广阔的应用前景。本设计题旨在设计一种四足仿生行走机构，可真实模拟动物的动作来实现行走的功能。采用一个驱动器来实现整个机构的前进越障功能，主体结构包含腿部机构和传动机构等。

1）腿部机构

以图1.18所示的骏马等常见四足动物为例，单腿由髋关节、膝关节和踝关节连接组成，可以完成髋关节横摆、髋关节俯仰、膝关节俯仰和踝关节俯仰四种运动。为了简化结构，四足行走机构的单腿可以设计成具有三个活动关节的单自由度连杆机构。

单腿设计的关键参数包括各杆件长度和各关节转角。选择各关节角度取值范围如下：

$$-20^\circ \leqslant \theta \leqslant 20^\circ$$

$$-50^\circ \leqslant \alpha \leqslant 20^\circ$$

$$20^\circ \leqslant \beta \leqslant 80^\circ$$

其中，θ表示髋关节横摆运动角度，α表示髋关节俯仰运动角度，β表示膝关节俯仰运动角度。

成年马的体长（前后腿间距）约为1 m，单腿完全伸展长度约为体长的3/5，左右两侧腿部间距较短。参考马的身体比例，确定四足行走机构模型的整体尺寸，初步选择机身长1.3 m，单腿完全伸展长度0.9 m，左右两侧腿部间距0.5 m。

在腿部各连杆长度的选择上，主要考虑各部分长度对运动性能的影响。考虑四足行走机构的越障能力、前进方向、运动速度和足端运动空间，各连杆总长为0.9 m。

足端轨迹选择为一个椭圆形轨迹（如图1.19所示），同时为减少腿部运动时的冲击，足端在抬腿及落地时的轨迹应平滑过渡到圆弧段。S（步长）：34 mm；H（步高）：无要求。

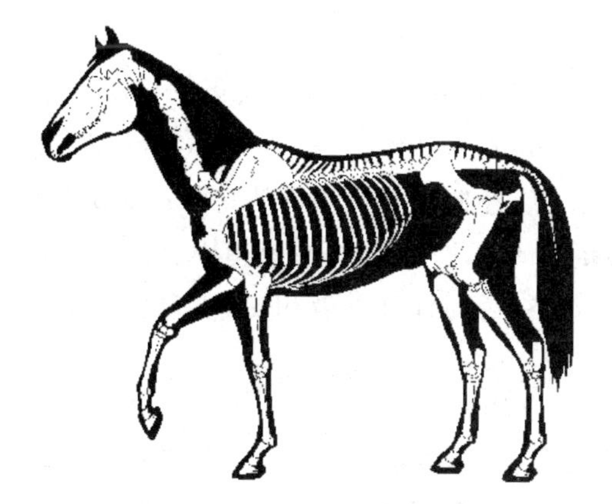

图1.18 马的骨骼模型图

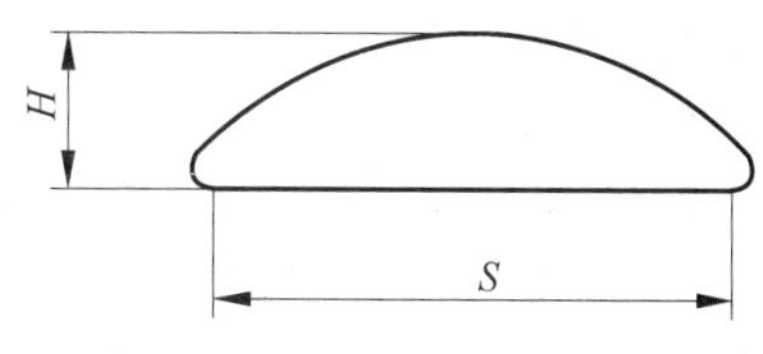

图1.19 足端轨迹

2）传动机构

原动机采用舵机驱动，要求空载转速不低于60 r/min；腿部负载扭矩为0.6 N·m。地面摩擦系数μ介于0.5～0.8。该机构要求设计为单驱动行走机构，传动装置采用齿轮传动。传动装置的使用寿命预定为5年，单班制，每班工作6小时。

考虑机构行走时四足的协调运动实现机构运动的稳定性，需要对机构的四足步态进行规划设计，图1.20为常见的一组四足仿生行走机构的步态规划，仅供参考。

2. 设计内容

Ⅲ-1　分析四足仿生机器人的功能需求，绘出其功能分解图及功能结构图

Ⅲ-2　四足仿生行走机构的腿部连杆机构设计

图1.21是基于切比雪夫四杆机构衍生得到的单自由度四足仿生机器人的腿部行走机构运动简图。该机构控制方式简单，承载能力较大，与节肢动物的腿部运动方式略有相似之处。

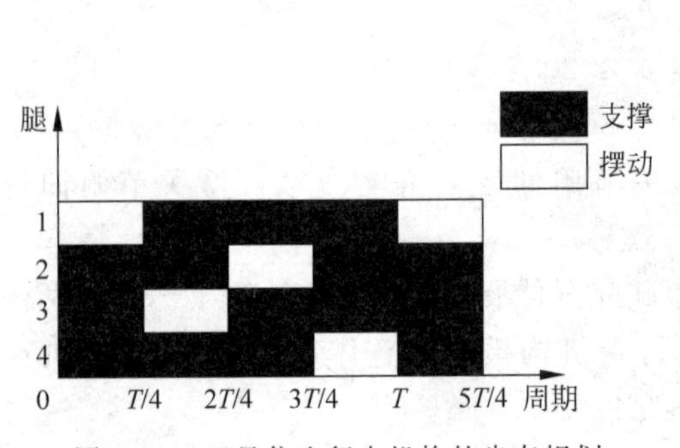

图1.20　四足仿生行走机构的步态规划

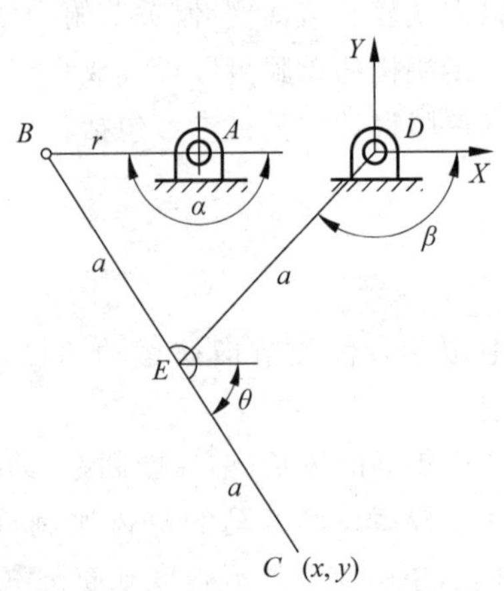

图1.21　基于切比雪夫四杆机构的腿部行走机构运动简图

为了使足端轨迹满足图1.19所示的运动规律，试用解析法确定切比雪夫四杆机构各杆的长度。

Ⅲ-3　四足仿生行走机构的齿轮机构分析

结合前面的步态规划和腿部机构设计，采用一对外啮合渐开线标准直齿圆柱齿轮传动，实现四足的协调运动。传动比为3∶2，模数$m=2.5$ mm，压力角$\alpha=20°$，齿顶高系数$h_a^*=1$，顶隙系数$c^*=0.25$，小齿轮齿数为$z_1=20$。试求：①绘制齿轮机构运动简图；②节圆半径r_1'、r_2'；③啮合角α'；④顶隙c'；⑤若装在中心距$a'=63.5$ mm的减速箱中。该对齿轮传动是否正确标准安装？如是，重合度ε为多少？如不是，与标准安装相比，重合度ε是加大还是减小？并说明理由。

Ⅲ-4　四足仿生行走机构的机构系统运动方案设计

仿生四足行走机构要实现稳定的行走，需要对其四足运动进行步态协调设计。请结合图1.20给出的三足步态时序图，提出机构的运动设计方案和机构组合方式，绘制机构的运动方案示意图。

习　　题

1.1　试述机械系统、机器和机构的含义。

1.2　试举例说明动力机器、工作机器和信息机器的功用及组成。

1.3　以洗衣机、自行车、工业机器人为例，说明其动力部分、传动部分、工作执行部分及控制部分。

1.4　试给出机电一体化系统具体实例，分析其组成及协同工作过程。

设计系列题

Ⅰ-1　试分析本章设计项目Ⅰ中单缸四冲程内燃机的功能需求，并绘制其功能分解图及功能结构图。

Ⅱ-1　试分析本章设计项目Ⅱ中粉料成型压片机的功能需求，并绘制其功能分解图及功能结构图。

Ⅲ-1　试分析本章设计项目Ⅲ中四足仿生机器人的功能需求，并绘制其功能分解图及功能结构图。

第2章

机械系统运动方案设计

机械系统运动方案设计是机械设计中最核心的一步，也是整个机械设计工作的基础。运动方案设计的好坏，决定了机械系统能否实现预期的功能以及产品的市场竞争力的高低。如图2.1所示为某小型粉料压片机，主要由上冲头、下冲头和送料机构三部分组成，可将粉状物料压成圆片制品。该粉料压片机的生产率可达30片/min，那么如此高效的粉料压片机的运动方案是如何设计的？这首先需要对压片机系统进行需求分析，然后根据压片机预期实现的功能要求，考虑选择何种工作原理来实现该功能要求，之后通过对工作原理提出的工艺动作进行分解来确定选择何种运动规律，最后设计压片机系统的运动方案，包括机构选型和系统的协调设计、传动系统以及原动机的选择等。因此，本章将主要介绍机械系统运动方案设计的基本内容，首先介绍机械系统总体方案设计内容，然后介绍机械系统的需求分析、功能原理设计和运动规律设计，最后介绍机械系统的运动方案设计，主要包括执行系统的机构选型和协调设计、传动系统的类型选择、传动链方案设计以及原动机的选择。

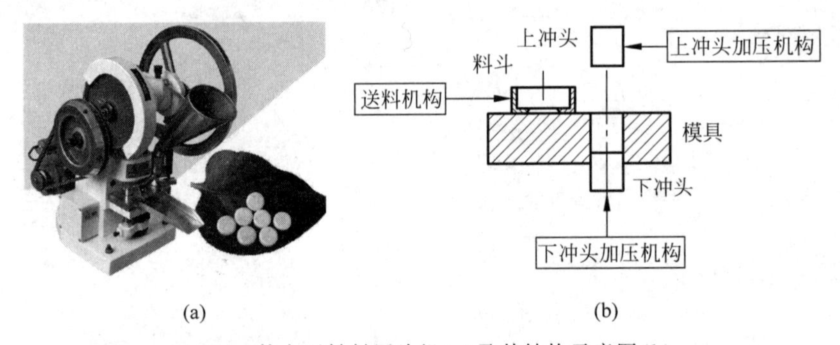

图2.1　某小型粉料压片机(a)及其结构示意图(b)

2.1　机械系统总体方案设计内容

机械系统总体方案设计是机械系统设计中最关键的环节，它直接影响到机械产品的设计和制造，决定了机械性能的优劣及其市场竞争力。如第1章所述，机械系统主要由原动机、传动系统、执行系统和控制系统组成，因此，机械系统总体方案设计的主要内容就是根据机械系统的需求对上述几部分进行方案设计。

2.1.1　执行系统的方案设计

机械执行系统的方案设计是机械系统总体方案设计的核心，是决定机械产品能否实现预期功能的关键，应满足以下基本要求：

(1) 保证实现设计时的功能。

(2) 满足强度、刚度和使用寿命的要求。

(3) 保证各执行机构间的配合协调。

执行系统的方案设计主要包括执行系统的功能原理设计、运动规律设计、执行机构的型式设计和执行系统的协调设计。

2.1.2 原动机的选择

在完成执行系统的方案设计后，下一步应选择原动机。常用的原动机有电动机、内燃机(主要包括汽油机和柴油机)、液压马达和气动马达等。原动机需根据机械执行系统的工作环境、负载特性和工作要求来选择。

2.1.3 传动系统的设计

传动系统介于原动机和执行系统间，作用是传递运动和动力，同时使执行系统的运动学参数和动力学参数满足设计要求。传动系统的方案设计主要包括选择传动类型、拟定传动链的布置方案、安排各传动机构顺序、分配各级传动比和计算传动系统的运动和动力参数等。

2.1.4 控制系统的方案设计

机械系统中的控制系统是指采用电气、电子、液压和气动等技术，通过传感器对机械系统进行自动控制的信息处理系统，一般由控制装置和控制对象组成。根据所控制的信号参数，可把控制分为两类：第一类是以位移、速度、加速度、温度和压力等参数的数量大小为控制对象，并按表示数量信号的种类分为模拟控制和数字控制；第二类是以物体的有、无、动、停等逻辑状态为控制对象，称为逻辑控制。逻辑控制可用“0”和“1”两个逻辑控制信息表示。

本书主要介绍执行系统、传动系统的方案设计以及原动机的选择。

2.2 机械系统性能需求分析

在设计机械系统时需要综合运动性能、动力性能和结构工艺性能等来考虑。机械系统的三个性能相互联系相互影响，但由于实际工况和实现功能等方面的差异，在设计时对系统性能要求的侧重点也会有所不同。本节主要以某小型粉料压片机为例，介绍机械系统运动方案的设计方法。

2.2.1 运动性能需求

机械系统的运动性能需求通常可以归纳为位置要求、轨迹要求、速度要求、加速度要求、时间与节拍要求等。如图 2.1 所示粉料压片机的运动性能需求如下：

(1) 位置要求。送料机构、上冲头和下冲头需要运动到特定位置来实现相应的功能。

(2) 轨迹要求。送料机构和下冲头做间歇直线运动，上冲头做往复直线运动。

(3) 速度要求。上冲头需有快速返回特性。

(4) 运动协调要求。实现送料机构和冲压机构的协调动作。

2.2.2 动力性能需求

动力性能与机械的寿命和运行质量密切相关，是衡量机械装备的一个重要性能指标。机器在运转过程中运动构件会产生惯性力，产生附加动载荷，导致机械振动，从而降低机械系统的效率和使用寿命，也会降低系统的工作质量。如图 2.1 所示，粉料成型压片机的动力性能要求简述如下：

(1) 惯性力和刚性冲击。压片机在冲压、启动、停歇阶段需要有较好的运动规律，避免产生过大的惯性力和刚性冲击。

(2) 工作性能。要求压片机具有稳定的工作性能，压片制品质量稳定。

2.2.3 结构工艺性能需求

机械系统的运动和动力性能是由各组成构件的结构和工艺性保证的。如果结构复杂、工艺性差，会导致加工制造困难、成本太高，机构功能则难以实现，企业的产品将缺少竞争力，因此良好的零件结构与工艺性不仅可以为产品性能提供保障，还能降低产品制造成本。

2.3 机械系统功能原理设计

任何一个机械的设计都是为了实现某种预期的功能要求。例如，要求设计一台粉料压片机，其预期实现的功能就是把粉状物料压成片状制品。所谓功能原理设计，就是根据机械预期实现的功能，考虑采用何种工作原理来实现这一功能要求。例如，要求设计一个齿轮加工机器，其预期实现的功能是在轮坯上加工出轮齿，为了实现这个功能，可以采用仿形原理，也可以采用范成原理。这说明，实现同一功能要求，可以采用不同的工作原理。选择的工作原理不同，系统的运动方案必然不同。功能原理设计的目的，就是根据机械预期实现的功能要求，构思出所有可能的功能原理，通过分析比较，从中选择既能很好地满足功能要求，又能使其工艺动作简单的工作原理。

在拟定机械的功能原理方案时，要根据使用场合和使用要求，认真分析比较各种可能的功能原理，从中选出既能满足机械预期的功能要求，又能很方便实现的工作原理。机械功能原理的设计中应该秉持创造性思维，跳出传统观念的束缚，才有可能设计出具有市场竞争力的新产品。以洗衣机的发明为例。洗衣机的预期功能是洗掉衣物上的脏物并且不损坏衣物。现在一般是采用洗衣粉这种表面活性剂，同时施加一个运动使脏物从衣物上分离出来。如何施加这个运动，可以仿照传统的洗衣法采用揉搓原理、刷擦原理或捶打原理，也可以采用振动原理或漂洗原理。若采用揉搓原理，需设计一个模仿人手动作的机械手，难度很大；若采用刷擦原理，很难保证把衣物各处都刷洗到；若采用捶打原理，容易损伤衣物。因为长期以来人们局限在传统的洗衣方法上，致使洗衣机一直没有被发明。后来人们跳出传统观念的束缚，从洗衣机要实现的功能出发，采用漂洗原理即利用波轮在水中旋转形成涡流来翻动衣物，才成功发明了现代洗衣机。

2.4　机械系统运动规律设计

确定了机械的工作原理后，接下来的任务就是进行机械系统的运动规律设计。机械系统运动规律设计就是指为实现某种工作原理而决定采用哪种运动规律作为机械所设计的运动方案。设计过程中，通常是根据工作原理所提出的工艺要求构思出各种运动规律，然后选择最为简单适用的运动规律作为机械的运动方案。可见，运动方案的选择直接关系到机械的工作性能和整机的复杂程度，是决定机械设计质量的关键步骤。

一个复杂的工艺过程通常需要多种动作来实现。运动规律设计通常是对工艺动作进行分析，将其分解成若干个基本动作，工艺动作分解的方法不同，形成的运动方案也就不同。

例如，要设计一台加工平面的机床，可以选择刀具与工件之间相对往复移动的工作原理。为了获得该机床的运动方案，根据其工作原理对工艺过程进行分解。一种分解方法是让工件做纵向往复移动，刀具做间歇的横向进给运动。这种分解方法得到了龙门刨床的运动方案，它适用于加工大尺寸的工件。另一种分解方法是让刀具做往复移动，工件做间歇的横向进给运动。这种分解方法得到了牛头刨床的运动方案，适用于加工中、小尺寸的工件。

再例如，要设计一台加工内孔的机床，依据的工作原理是刀具与工件间的相对运动。加工内孔的工艺动作可以有几种不同的分解方法。第一种分解方法是让工件做连续等速转动，刀具做纵向等速移动；同时刀具还可做径向进给运动以获得不同的内孔尺寸。这种分解方法就得到图 2.2(a)所示的镗内孔的车床方案。第二种分解方法是让工件固定不动，使刀具既绕加工孔的中心线转动，又做纵向进给运动；同时刀具可做径向进给运动以控制被加工孔的直径。这种分解方法形成了图 2.2(b)所示的镗床方案。第三种分解方法是让工件固定不动，而采用不同尺寸的刀具做等速转动并做纵向进给运动。该分解方法形成了图 2.2(c)所示的钻床方案。第四种分解方法是让工件和刀具均不转动，只让刀具做直线运动。这种分解方法形成了图 2.2(d)所示的拉床方案。

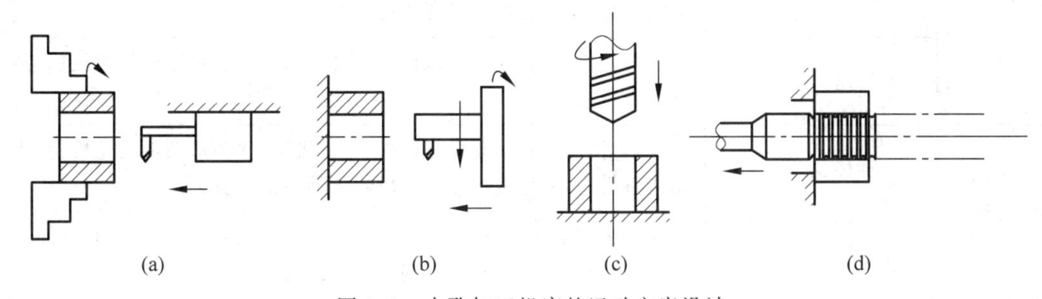

图 2.2　内孔加工机床的运动方案设计

从以上例子可以看出，同一个工艺动作可以分解成不同的简单运动。工艺动作分解的方法不同，得到的运动规律和运动方案也就不同。在进行运动规律设计和运动方案选择时，应综合考虑各方面的因素，根据实际情况认真分析和比较，从中选择出最佳方案。另外，在对运动规律进行设计时，除了要注意工艺动作的形式，还要注意工艺动作变化规律的特点，即运动过程中速度和加速度的变化要求，满足系统动力学的性能要求。总之，在拟定和评价机械系统的运动规律和运动方案时，应同时考虑机械的工作性能、适应性、可靠性、经济性及先进性等因素。

2.5 机械系统运动方案设计

2.5.1 执行系统机构选型

当完成了机械系统的运动规律设计，即把机械的工艺过程所需的动作或功能分解成一系列基本动作或功能并确定了运动方案后，下一步就是选择何种机构型式来实现上述运动规律。这一工作称为执行系统的机构选型，又称为执行系统机构选型。

不同机器的功能不同，执行系统就需要不同的机构型式。生产生活中常见的机构主要有连杆机构、凸轮机构、齿轮机构、轮系、间歇运动机构及其他常用机构。根据机构的运动形式，可以将机构的运动功能分为连续转动、往复运动、间歇运动、预定轨迹等。各种运动功能与实现对应运动的机构类型参见表 2-1。而复杂的机器及运动功能实现往往都是由若干基本机构通过组合的方式实现的。表 2-2 为各种运动功能与对应的常见机构类型。上述这些常见的基本机构具有表 2-2 所示的进行运动变换和传递动力的基本功能。由于执行系统千变万化，其设计取决于机器的功能和动作要求，只有在了解表 2-1 和表 2-2 中列举的机构功能后，才能很好地进行执行系统的机构选型。

表 2-1 各种运动功能与实现对应运动的机构类型

运动特性		实现运动特性的机构示例
连续转动	定传动比匀速	平行四杆机构、双万向联轴节机构、齿轮机构、轮系、谐波传动机构、摆线针轮机构、摩擦传动机构、挠性传动机构等
	变传动比匀速	轴向滑移圆柱齿轮机构、混合轮系变速机构、摩擦传动机构、行星无级变速机构、挠性无级变速机构等
	非匀速	双曲柄机构、转动导杆机构、单万向联轴节机构、非圆齿轮机构、某些组合机构等
往复运动	往复移动	曲柄滑块机构、移动导杆机构、正弦机构、移动从动件凸轮机构、齿轮齿条机构、楔块机构、螺旋机构、气动/液压机构等
	往复摆动	曲柄摇杆机构、双摇杆机构、摆动导杆机构、曲柄摇块机构、空间连杆机构、摆动从动件凸轮机构、某些组合机构等

续表

运动特性		实现运动特性的机构示例
间歇运动	间歇转动	棘轮机构、槽轮机构、不完全齿轮机构、凸轮式间歇运动机构、某些组合机构等
	间歇摆动	特殊形式的连杆机构、摆动从动件凸轮机构、齿轮—连杆组合机构、利用连杆曲线圆弧段或直线段组成的多杆机构等
	间歇移动	棘齿条机构、摩擦传动机构、从动件作间歇往复运动的凸轮机构、反凸轮机构、气动/液压机构、移动杆有停歇的斜面机构等
预定轨迹	直线轨迹	连杆近似直线机构、八杆精确直线机构、某些组合机构等
	曲线轨迹	利用连杆曲线实现预定轨迹的多杆机构、凸轮—连杆组合机构、齿轮—连杆组合机构、行星轮系与连杆组合机构等

表 2-2 各种运动功能与对应的常见机构类型

常见机构类型	机构示意图	机构基本特点及作用
曲柄摇杆机构	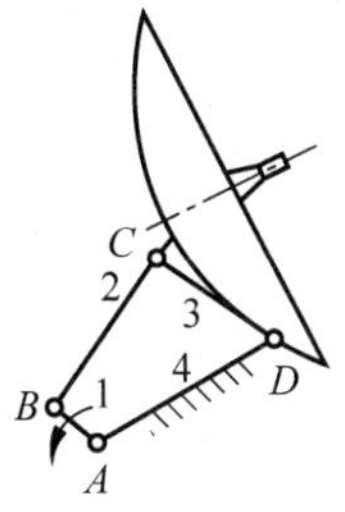 雷达天线俯仰机构	特点：两个连架杆中一为曲柄，一为摇杆的机构。 作用：将曲柄的整周回转变为摇杆的往复摆动
双曲柄机构	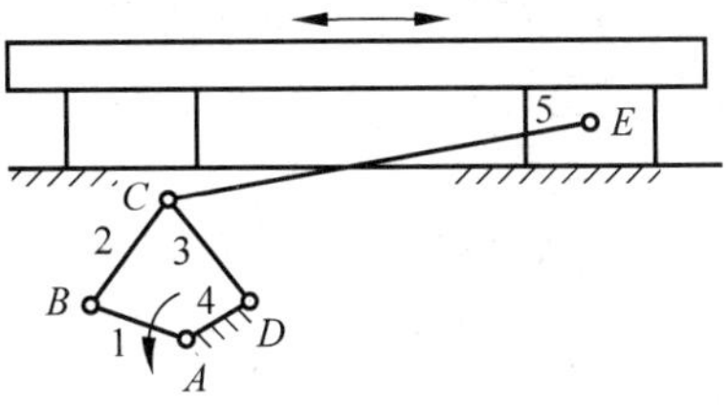 惯性筛机构	特点：两个连架杆均为曲柄的机构。 作用：将等速回转变为等速或变速回转
双摇杆机构	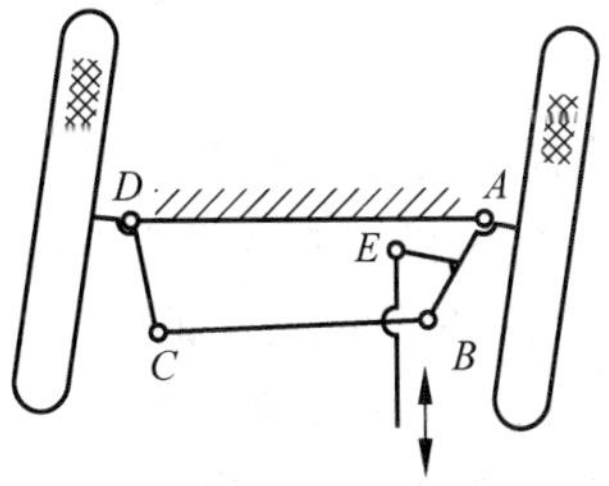 汽车转向机构	特点：两个连架杆均为摇杆的机构。 作用：实现运动的同步或者特定范围的往复摆动
曲柄滑块机构	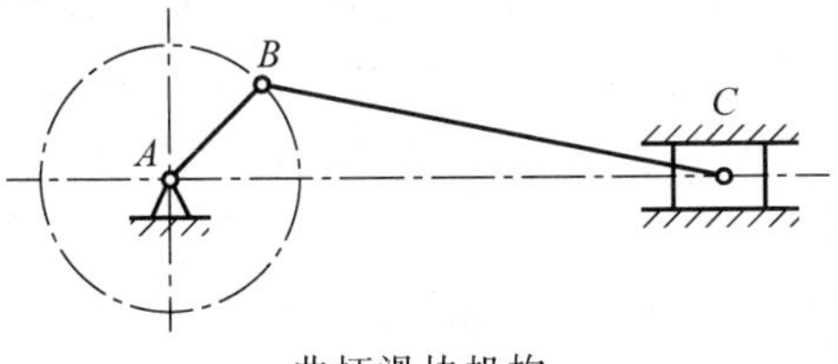 曲柄滑块机构	特点：一连架杆为曲柄，另一连架杆为相对机架作往复移动的滑块的机构。 作用：将周期性旋转运动转化为往复直线运动

续表

常见机构类型	机构示意图	机构基本特点及作用
凸轮机构	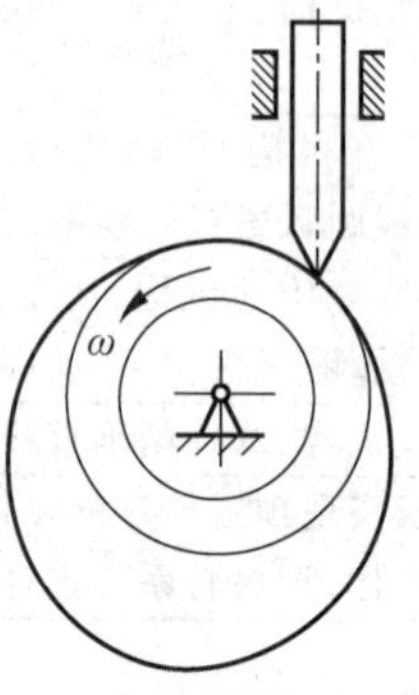 ω 凸轮机构	特点：具有曲线轮廓或凹槽的构件凸轮转动，与从动件通过高副接触，使从动件获得连续或不连续的预期运动。 作用：将凸轮的连续转动转化为从动件的往复运动或摆动
齿轮机构	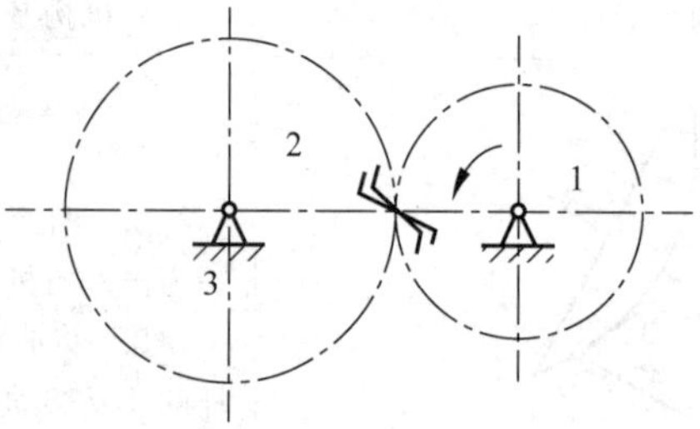 2　1　3 齿轮机构	特点：依靠主动轮的齿廓推动从动轮的齿廓，来实现运动的传递，两个齿廓构成高副。 作用：用来传递空间两任意轴之间的运动和动力

执行系统机构选型设计的好坏将直接影响机械系统的工作质量、使用效果和结构的复杂程度，是机械系统运动方案设计中举足轻重的一个环节，也是极富创造性的工作。执行系统机构选型需要按照以下原则：

(1) 满足机械系统的性能需求。满足机构的性能需求，包括运动性能、动力学性能和结构工艺性能需求，这是执行系统机构选型时首先要考虑的最基本因素。

(2) 选择较简单的机构。实现同样的运动规律，应尽量选择简单的机构。这样做有以下优点：可以降低制造成本、减轻机械重量；减少由于运动副间的摩擦带来的功率损耗；减少机构的累计误差。

图 2.3 所示为完成同样冲压工作的两种机构型式方案，从图中可以看出，在保证曲柄转速相同的前提下，图 2.3(b)所示结构更加简化，机械的重量也减轻了。

(3) 尽量减小机构的尺寸。在满足机械系统性能需求的前提下，机械结构要紧凑、尺寸小、重量轻。而不同的机构选型，整体结构的型式会有较大差别。图 2.4 所示为某执行构件作往复移动的对心曲柄滑块机构减小曲柄长度的几种方案。由图 2.4(a)可以看出，若想使滑块行程为 s，则曲柄长度应为 $s/2$。若利用杠杆行程放大原理，采用图 2.4(b)所示的机构，并使 $DC=CE$，则使滑块实现同样的行程 s，曲柄长度约为 $s/4$，连杆长度也相应减小了。如果利用活动齿轮倍增行程原理，采用图 2.4(c)所示的机构，当活动齿条的行程为 s 时，齿轮中心的行程为 $s/2$，曲柄长度可减小到 $s/4$。

(4) 选择合适的运动副形式。运动副在机械传递运动和动力过程中起着重要作用，它直接影响机械的结构、传动效率、寿命和灵敏度等。

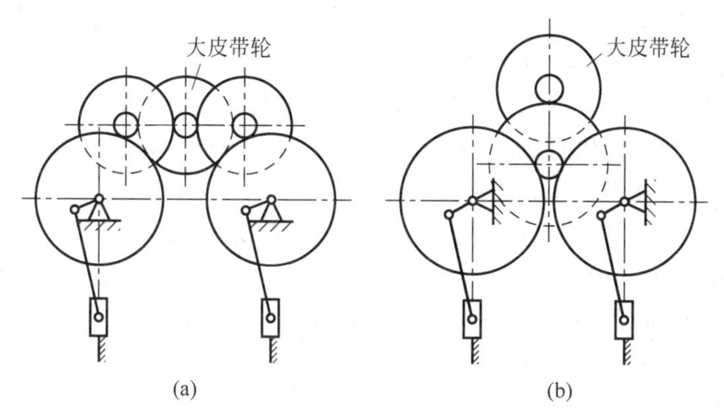

图 2.3　完成同样冲压工作的两种机构型式方案

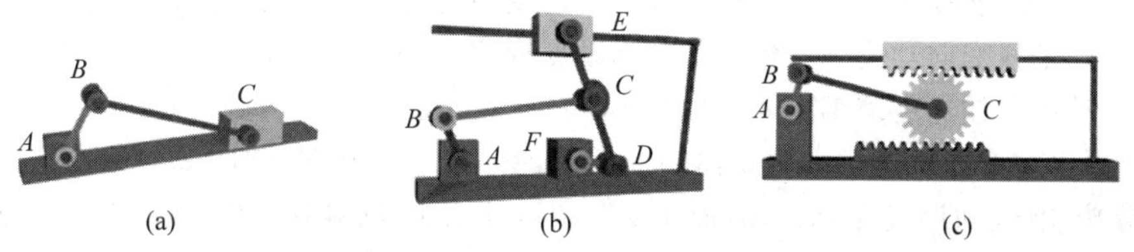

图 2.4　减小曲柄长度的几种方案

图 2.4(c)
动态视频

一般来说,转动副易于制造,容易保证运动副元素的配合精度,且效率较高;移动副元素制造相对较困难,不易保证配合精度,效率低,故一般用在做直线运动或变转动为移动的场合。在有些情况下,用转动副代替移动副可避免上述缺点。图 2.5 所示为用转动副 D 代替移动副 D' 的近似直线导向机构。

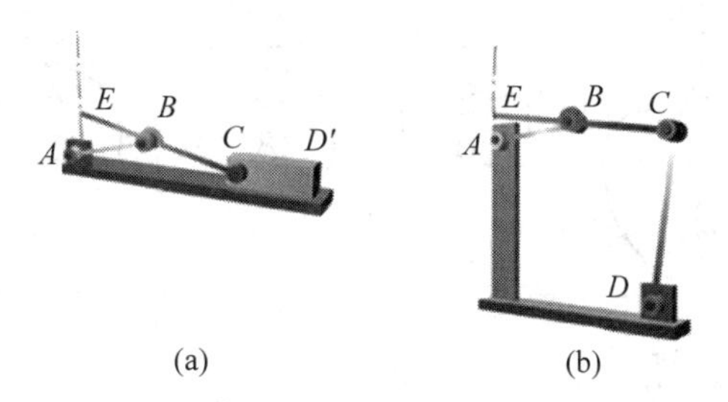

图 2.5　用转动副代替移动副的近似直线导向机构

(5) 使执行机构具有良好的传力特性和动力特性。在进行选型设计时,应注意选用具有最大传动角、最大机械增益和效率较高的机构,这样可减小主动轴上的力矩、原动机的功率及机构的尺寸和重量。

(6) 保证机械的安全运转。在进行选型设计时必须考虑机械的安全运转问题,以防止发生机械损坏或出现生产和人身安全事故。

以上介绍了执行系统机构选型的基本原则。在对某个具体执行系统进行型式设计时,应综合考虑,统筹兼顾。在进行机构选型时,常用以下两种方法。

(1) 根据所需的运动特性进行机构选型。这种方法是从具有相同运动特性的机构中,按照执行构件所需的运动特性进行搜寻。当有多种机构可供选择时,应根据前述机构选型的基本原则对初选机构型式进行分析和比较,从中选择较优的机构型式。

（2）根据分解和组合原理进行机构选型。任何一个复杂的执行机构都可以认为是由一些基本机构（如四杆机构、凸轮机构、齿轮机构等）组成的，这些基本机构具有运动变换和传递动力的基本功能。在进行执行机构型式设计时，首先研究其需要实现的总体功能，然后将总体功能分解成若干个分功能，每一个分功能可以用不同的机构来实现。将所选的机构组合起来可以形成执行机构型式的初步方案。

下面以能锻出高精度毛坯的精锻机主机构的选型为例，说明机构选型的具体过程。

例 2-1 精锻机主机构的总体功能是当加压执行构件（冲头）上下运动时，能锻出较高精度的毛坯。根据空间条件，驱动轴必须水平布置，加压执行构件沿铅垂方向移动。试构思该执行机构的若干方案。

机构方案的构思过程如下。

（1）动作功能分解，该机构应具有以下三个基本功能：

① 运动形式变换功能——将驱动轴的转动变换为冲头的移动。

② 运动轴线变向功能——将水平轴运动变换为铅垂方向运动。

③ 运动位移或速度缩小功能——减小位移量（或速度），以实现增力要求。

（2）画出完成加压执行机构总体功能的功能—技术矩阵图，如图 2.6 所示。由于矩阵中三个分功能（运动形式变换、运动轴线变向和运动缩小）的排列次序是任意的，故变更这三种基本功能的排列顺序，可得加压执行机构的基本功能结构。

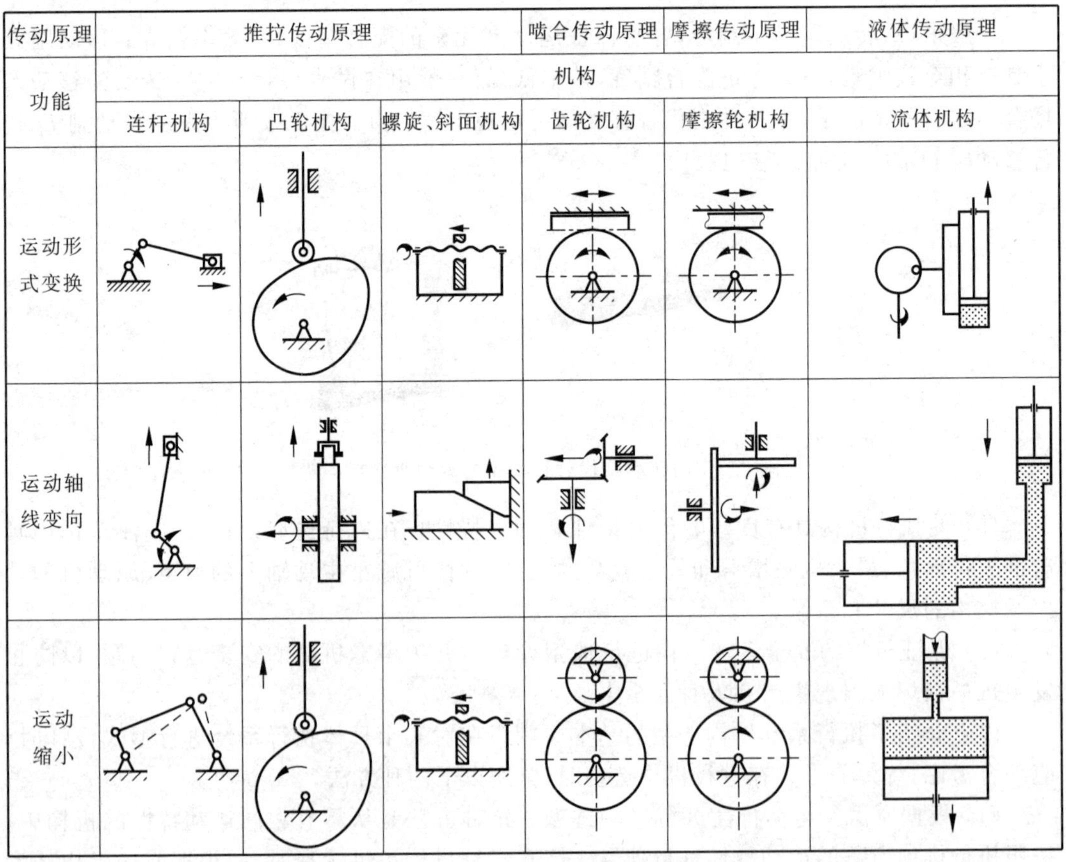

传动原理	推拉传动原理			啮合传动原理	摩擦传动原理	液体传动原理
功能	机构					
	连杆机构	凸轮机构	螺旋、斜面机构	齿轮机构	摩擦轮机构	流体机构
运动形式变换						
运动轴线变向						
运动缩小						

图 2.6 加压执行机构总体功能的功能—技术矩阵图

(3) 将图2.6所示的功能—技术矩阵图中的三个分功能进行组合，得出可行方案。将三个分功能按不同的顺序排列，可得到各种方案的示例。

图2.7所示为加压执行机构的四种典型方案。方案(a)先由曲柄滑块机构将转动变换成移动并实现运动大小变换功能，再采用斜面机构将水平轴运动变换为铅垂方向运动并实现运动大小变换功能。该方案采用斜面机构增强了系统刚度，经过两次运动大小变换增加了锻压力。方案(b)先由曲柄滑块机构将转动变换成移动并实现运动大小变换功能，再采用液压机构将水平轴运动变换为铅垂方向运动并实现运动大小变换功能。该方案经过两次运动大小变换，可具有较大的锻压力。方案(c)先由曲柄摇杆机构实现运动大小变换功能，再采用摆杆滑块机构将水平轴运动变换为铅垂方向的移动并实现运动大小变换功能。该方案经过两次运动大小变换，具有较大的锻压力，但系统刚度较差。方案(d)先由摩擦轮机构将水平轴转动变换为铅垂轴转动，再采用螺旋机构将转动变换为往复移动并实现运动大小变换功能。螺旋机构具有很好的运动大小变换功能，可产生很大的锻压力。以上四种方案均能满足工作所提出的锻压要求，故均可作为初选方案。

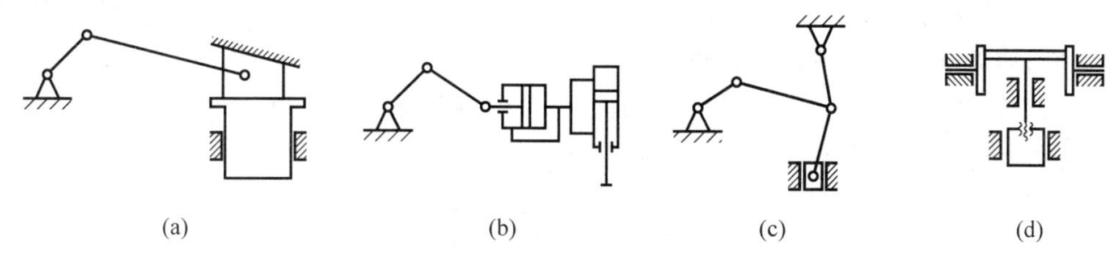

图2.7　加压执行机构的四种典型方案

2.5.2　执行系统协调设计

根据生产工艺要求确定了机械的工作原理和各执行机构的运动规律以后，还要确定各执行机构的型式，还必须使各执行机构按照一定的次序协调动作、互相配合，以完成机械预定的功能。这方面的设计工作称为执行系统的协调设计。如果各个动作不协调，就达不到生产要求，甚至会损坏机器和产品，造成人身事故。因此执行系统的协调设计是机械系统方案设计中不可缺少的一环。

1. 执行系统协调设计的原则

(1) 满足各执行机构动作先后的顺序性要求。执行系统中各执行机构的动作过程和先后顺序，必须符合生产工艺过程的要求，确保执行系统满足机械系统规定的功能和技术要求。

(2) 必须保证各执行机构的动作同步协调，相互之间不应产生时间和空间干涉。为确保执行系统完成预定的工作任务，各执行机构不仅要在动作顺序和时间上协调配合，还要在空间位置上协调一致。

(3) 各执行机构的动作安排要有利于提高生产效率。各执行机构的动作时间尽量重合，工作循环周期尽可能短，从而提高劳动生产率。

(4) 一个执行机构动作结束点到另一个执行机构动作起始点之间应有适当的间隔，避免两个机构在动作衔接处发生干涉。

2. 执行系统协调设计的方法

根据生产工艺的不同，机械的运动循环可分为两大类：一类是机械中各执行机构的运动规律是非周期性的，例如起重机、建筑机械等就属于这种可变运动循环的例子；另一类是机械中各执行机构的运动是周期性的，生产中的大多数机械都属于这种机械。这里主要介绍这类机械的执行系统。

3. 执行系统协调设计的步骤

(1) 确定机械的工作循环周期。根据要求的机械生产率，确定机械的工作循环周期即运动循环周期。

(2) 确定机械在一个运动循环中各执行构件的各个行程段及其所需时间。根据机械生产工艺过程，确定各个执行构件的工作行程段、空回行程段和可能具有的若干个停歇段。

(3) 确定各执行构件动作间的协调配合关系。根据生产过程确定工艺动作先后顺序和配合关系，协调各执行构件各行程段的配合关系。

下面以冷霜自动灌装机为例说明机械执行系统协调设计的过程。

如图 2.8 所示，冷霜自动灌装机应完成以下几个基本动作。

(1) 空盒在输送带上排列成行，由输送带送至转盘上的位置 A，如图 2.8(a)所示。

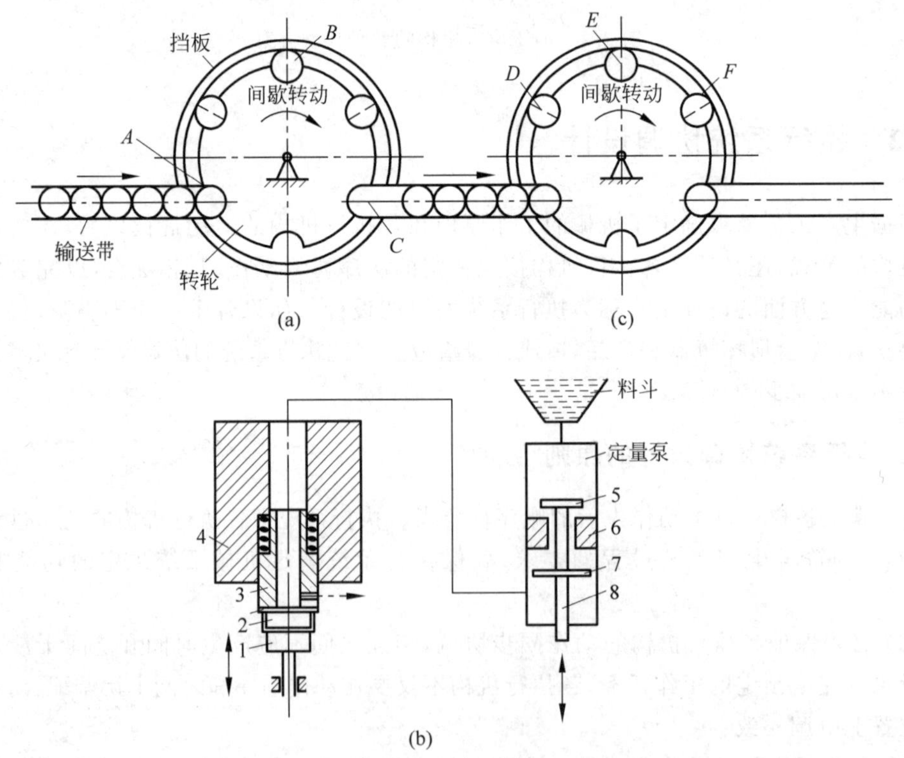

1—顶杆；2—空盒；3—刮料板；4—出料管；5—活门；6—活塞；7—板；8—活塞杆。

图 2.8 冷霜自动灌装机示意图

(2) 轮盘间歇转动，每次转 60°，把空盒间断地由 A 位置送到 B 位置。

(3) 顶杆 1 把停在 B 位置的空盒 2 向上顶起(见图 2.8(b))，使空盒紧贴出料管 4 上的刮料板 3，直到顶杆停在上死点位置开始灌装冷霜；当空盒灌满冷霜后，顶杆开始下降，到转盘与刮料板刚要分开时，顶杆停止不动，这时转盘开始转动，把盒内冷霜表面刮平。然后顶杆继续下降到下死点位置停止不动，准备下一个空盒的灌装。

(4) 定量泵把冷霜注入空盒。如图 2.8(b)所示，当活塞杆 8 向上运动时，带动板 7 推动活塞 6 向上，从料斗流入泵上半部的冷霜即通过活门 5 及板 7 上的孔流入泵的下半部。当活塞杆向下运动时，冷霜注入空盒。

灌满冷霜后的盒子被转盘带至位置 C，由输送带送至下一道工序——盖盒盖，如图 2.8(c)。

从上面可以看出，冷霜灌装工序的工艺动作需要 4 个基本运动来完成，即输送带的连续运动，转盘的间歇分度运动，顶杆的中间带有停歇的上、下往复运动，定量泵活塞杆的上、下往复运动。每一个运动可由一种机构来实现。通过机构选型，选取如图 2.9(b)所示的 4 个执行机构：

(1) 选用链传动机构Ⅰ实现输送带的连续运动。

(2) 选用径向槽数为 6 的外槽轮机构Ⅱ实现转盘的间歇分度运动。

(3) 选用凸轮、连杆串联机构Ⅲ实现顶杆的带有停歇的上下往复运动。

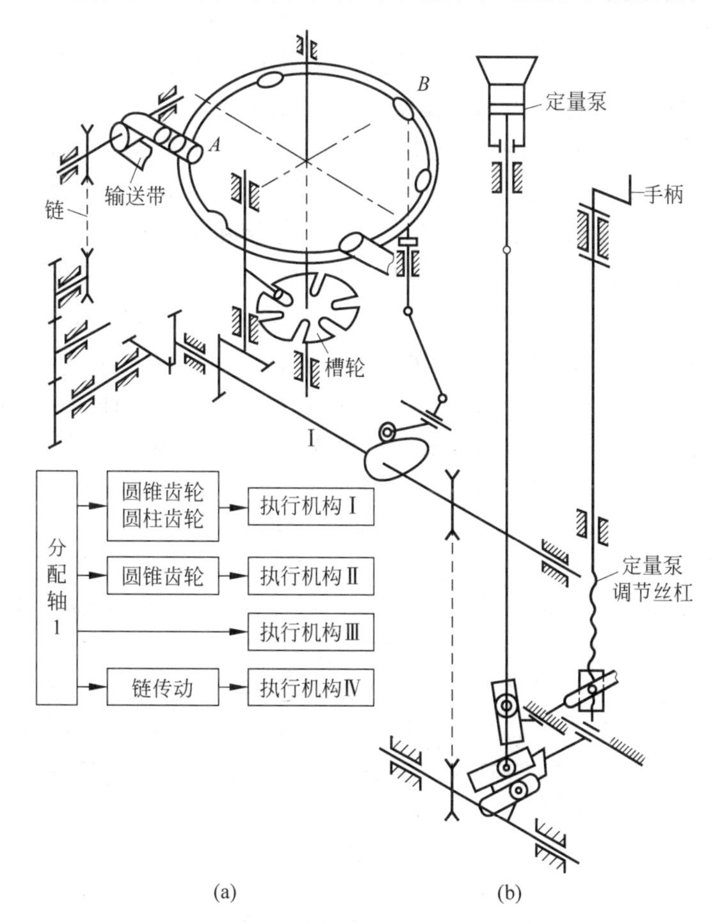

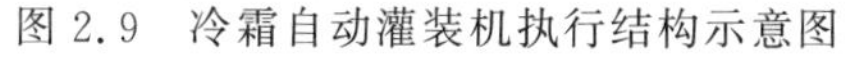
图 2.9　冷霜自动灌装机执行结构示意图

(4) 选用行程可调的连杆机构Ⅳ实现定量泵活塞杆的上下往复运动，可通过调节丝杠调节活塞杆的上下移动量，以控制灌装不同规格冷霜时冷霜的供给量。

已知各执行机构的型式，可对各执行机构进行协调设计。

首先，根据设计任务书要求的理论生产率 $Q=30$ 盒/min，计算出机械运动循环的周期 $T=60/30\ \mathrm{s}=2\ \mathrm{s}$。

然后确定在这段时间内各执行构件的行程区段：输送带有一个行程区段——连续运动；转盘有两个行程区段——转位和停歇，1 个循环中，1/3 时间转动，2/3 时间停歇；顶杆有 6 个行程区段——上顶、停歇、下降、停歇、下降、停歇；定量泵有 2 个行程区段——上升和下降。

最后，协调各执行机构动作的配合关系。

2.5.3 机械运动循环图

进行执行系统的协调设计，需要根据工艺过程动作的要求，分析各执行机构应当如何协调配合，设计出协调配合图。用来描述各执行构件间相互协调配合的图称为机械运动循环图，它可以指导各执行机构的设计、安装和调试。常用的运动循环图有三种形式：直线式、圆周式和直角坐标式。

(1) 直线式。将机械系统在一个运动循环中各执行构件各行程区段的起止时间和先后顺序，按比例绘制在直线轴上。其特点是绘制简单，能清楚表示出一个运动循环内各执行构件运动的相互顺序和时间关系；但直观性较差，不能显示各执行构件运动规律。

(2) 圆周式。以极坐标原点为圆心作若干个同心圆环，每个圆环代表一个执行构件，由各响应圆环分别引直线表示各构件不同运动状态的起始和终止位置。其特点是能够直观看出各执行机构主动件在主轴或分配轴上所处相位，便于各机构设计、安装和调试；但是构件数目较多时，圆环不能一目了然，也无法显示各执行构件的运动规律。

(3) 直角坐标式。用横坐标轴表示机械主轴或分配轴转角(或运动时间)，以纵坐标轴表示各执行构件的角位移或线位移。其特点是能表示出各执行构件动作先后顺序，以及各执行构件在各区段的运动规律，非常有利于指导执行机构的几何尺寸设计。

图 2.10(a)、(b)、(c)分别为冷霜自动灌装机的三种形式的运动循环图。

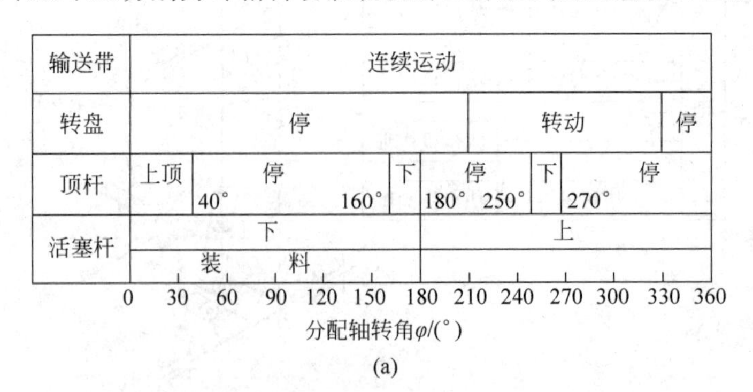

图 2.10 冷霜自动灌装机的三种形式的运动循环图

(a) 直线式；(b) 圆周式；(c) 直角坐标式

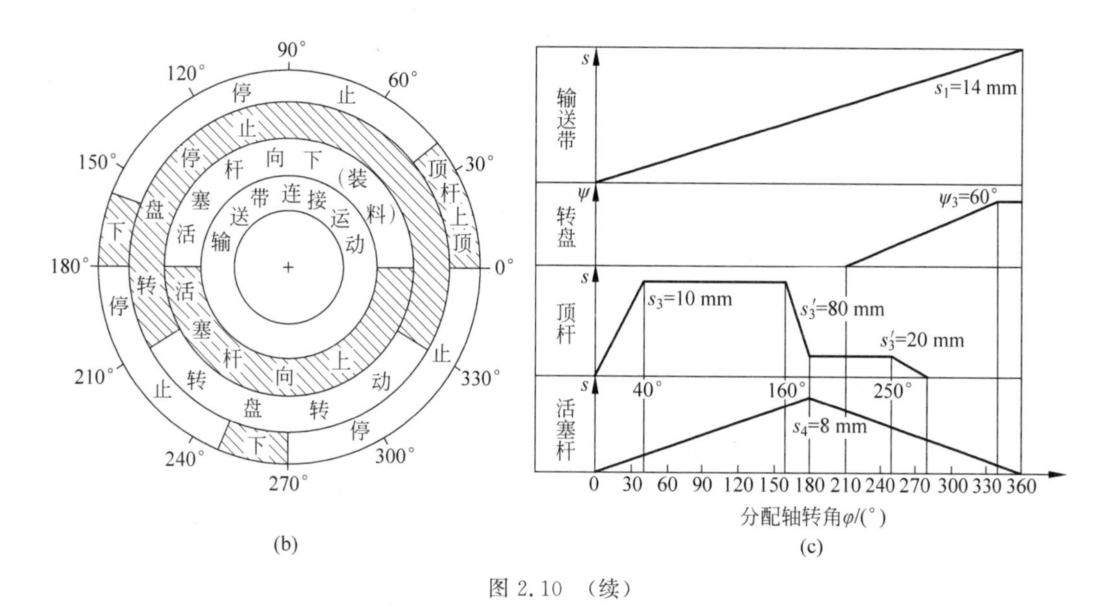

图 2.10 （续）

运动循环图的功能有：保证各执行构件的动作相互协调、紧密配合，使机械顺利实现预期的工艺动作；为进一步设计各执行机构的运动尺寸提供了重要依据；为机械系统的安装调试提供了依据。

在完成执行机构的型式设计和执行系统的协调设计之后，即可着手对各执行机构进行运动和动力设计。

2.5.4 传动系统类型选择

传动系统将原动机输出的运动和动力变换为执行系统所需要的运动和动力形式。按照工作原理，机械系统中应用的传动形式主要有机械传动、流体传动、电力传动和磁力传动四类。其中机械传动最为常用。

机械传动按原理可分为啮合传动、摩擦传动和机构传动。啮合传动的优点包括工作可靠、寿命长、传动比准确、传递功率大、传递效率高、速度范围广等；其缺点是对加工制造安装的精度要求高。摩擦传动工作平稳、噪声低、结构简单、造价低、具有过载保护功能；其缺点是外廓尺寸大、传动比不准确、传动效率低、传动元件寿命短。机构传动不仅传递运动和动力，还起到变换运动的作用。传动机构和执行机构可以组合实现多种运动形式转换。传动系统具体分类如图 2.11 所示。

选择传动系统类型时，可参考以下原则：

(1) 考虑与原动机和执行系统相互匹配。如当执行机构要求输入速度能调节，而又没有调速范围合适的原动机时，应选择能满足要求的变速传动，比如有级、无级变速器。此外，传动类型的选择还要考虑使原动机和执行机构的工作点都能接近各自的最佳工况。

(2) 考虑工作要求传递的功率和运转速度。各种机械传动都有合理的功率范围和极限速度范围，选择传动类型时应优先考虑传递功率和运转速度的要求。

(3) 考虑结构布置和外廓尺寸的要求。两轴的位置(如平行、垂直或交错等)及间距是

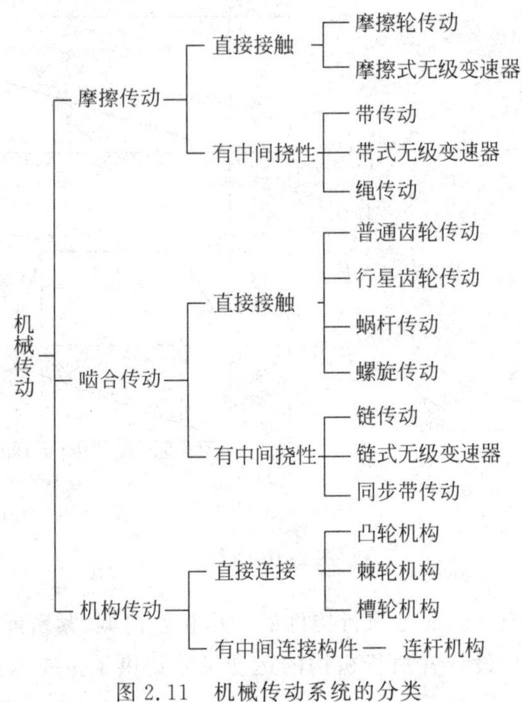

图 2.11 机械传动系统的分类

选择传动类型时必须考虑的因素。在相同的传动功率和速度下，不同类型的传动，其外廓尺寸相差很大。

(4) 考虑机械安全运转和环境条件。要根据现场条件，包括场地大小、能源条件、工作环境来选择传动类型，保证机械系统安全、有效地运转。

当然以上介绍的是传动类型选择的基本原则。在实际选择传动类型时应对机械的各种条件和要求统筹考虑，以选择合理的传动型式。

2.5.5 传动链方案设计

在保证实现机械预期功能的条件下，应尽量简化传动链，以减轻机器重量和减小外廓尺寸，降低制造费用。同时，简化传动链可减少传动链的累积误差，提高系统的效率和刚度。

例如，采用额定转速低的电动机时会增加电动机的尺寸和重量，但由于传动装置总的传动比减小，会使传动链简化；另外，在多个执行系统工作时采用单个原动机会使传动链过于复杂，而采用多个电机分别驱动各个执行机构，常简化传动链。因此，在设计传动链时，应综合考虑原动机和传动装置的总的尺寸、重量和传动装置的复杂程度，选择相对简单、经济的传动系统。

传动链中机构顺序的安排对整个机械的工作性能和结构尺寸都有重要影响。在安排传动链顺序时，通常遵循以下原则：

1) 有利于提高传动系统的效率

尤其是对于长期连续运转或传递较大功率的机械，提高传动系统的效率更为重要。例如，由于蜗杆传动的效率较低，一般将蜗杆传动安排在高速级，以易于在齿面形成润滑油膜从而提高传动效率。

2）有利于机械运转平稳和减少振动及噪声

带传动一般安排在传动链的高速端，以发挥其过载保护和缓冲吸震的作用，同时可减小其轮廓尺寸；链传动冲击振动较大，运转不均匀，一般安排在传动链的中、低速级。如图 2.12 所示为带式输送机传动方案的设计。

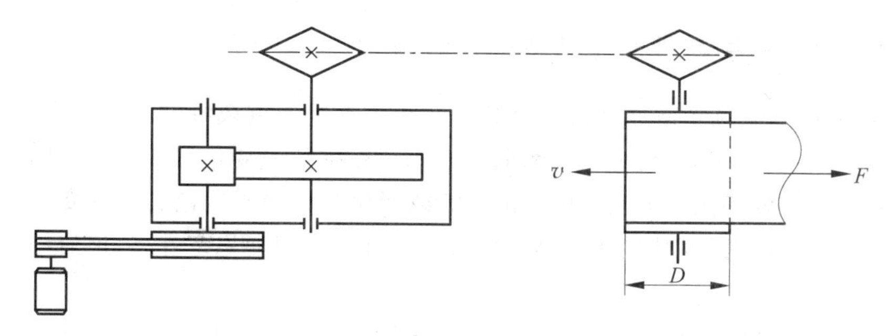

图 2.12　带式输送机传动方案

3）有利于传动系统结构紧凑

用于变速的摩擦传动机构（如带传动机构、摩擦轮机构等）通常结构复杂，为缩小其轮廓尺寸，通常安排在扭矩较小的高速级；把转换运动形式的机构（如连杆机构、凸轮机构等）安排在运动链末端，这样运动链简单，结构紧凑。

2.5.6　原动机的选择

原动机是机器所需动力的来源。原动机的选择在很大程度上决定着机械系统的方案、结构和工作性能，因此，合理选择原动机是机械系统设计中的重要一环。

1. 原动机的类型和特点

原动机已经标准化，除特殊工况需要对原动机进行重新设计外，大多数设计是根据机械系统的功能和动力要求来选择标准的原动机类型和型号。现代机械中应用的原动机种类繁多、特性各异，简单描述如下。

(1) 内燃机。内燃机是将化学燃料产生的热能转变为机械能的机器。内燃机具有体积小、质量小、便于移动、热效率高等优点，广泛应用于野外作业的设备和移动的交通工具上，如汽车、轮船等。内燃机的缺点是排放的废气中含有害气体成分，污染环境。

(2) 电动机。尤指交流异步电动机，其结构简单、价格低廉、动力源方便，在机械中应用非常广泛。主要缺点为必须有电源，不适合野外使用。按照控制的不同，电动机可分为驱动电动机和控制电动机。驱动电动机包括交流电动机和直流电动机；控制电动机包括步进电机和伺服电机等。电动机已经标准化，选择时主要是确定电动机的类型和规格。

(3) 液压马达、液压缸。液压马达、液压缸是把液压能转换为机械能的装置。液压马达和液压缸分别输出旋转运动和直线运动。

液压马达的特点是体积小、重量轻、结构简单、耐冲击和惯性小、调速方便、抗过载能力强；缺点是效率较低、启动扭矩较小，需要与之配套的液压系统。

液压缸在要求机构的输入为直线运动时使用可简化机械系统结构，常用于农业和建筑机械，如推土机、挖掘机等，但缺点是成本高、效率低。

(4) 气动马达。气动马达是将压缩空气的能量转换为旋转机械能的装置，具有结构简单、成本低、转速高、输出功率小、介质无污染的特点，但效率低、工作平稳性差、噪声大，易产生振动。气动马达广泛应用于矿山机械和气动工具等场合。

2. 原动机的机械特性和工作机的负载特性

要选择原动机，必须了解原动机的机械特性和工作机的负载特性。原动机的机械特性用输出转矩 T(或功率 P)与转速的关系曲线表示。根据负载变化时转速变化的不同，机械特性分为硬特性和软特性。机械硬特性是指负载变化时原动机输出转速的变化不大，运行特性好；机械软特性是负载增加时原动机转速下降较快，速度稳定性差，但启动转矩大，启动特性好。

工作机的负载特性是机械工作时受到的外载荷。载荷的表现形式有力、力矩和功率等。鉴于一般动力输出为旋转运动，所以常用工作机的转矩 T 与转速 n 之间的关系来表示工作机的负载特性。不同的机器，工作机的负载特性也不同。常见工作机的负载特性包括恒转矩、恒功率、恒转速以及转矩是转速的函数四种。

3. 原动机类型的选择

原动机的选择包括原动机类型、工作制度、原动机性能参数的选择(功率和转速)，选择原则如下：

(1) 满足工作环境对原动机的要求，如能源供应和环境等要求。对野外和移动的场合，选择内燃机等；环境要求噪声低时优选电动机。

(2) 原动机的机械特性应该与工作机的负载特性相匹配，以保证系统稳定运行。

(3) 原动机应满足工作机的启动、制动、过载能力和发热的要求。如液压马达和气动马达适合频繁启动和换向的场合。

需要指出的是，电动机结构简单、价格低廉，具有较高的驱动功率和运动精度，而且具有良好的调速、启动和反向功能，因此可作为原动机的首选类型。

2.6 机械系统运动方案设计案例

现以一种加工中心链式刀库换刀装置的设计为例，说明机械系统运动方案设计的过程。

1. 设计任务

设计某卧式加工中心自动换刀装置机构。

2. 设计条件

(1) 卧式加工中心刀具参数最大刀具重量为 25 kg，最大刀具直径为 ϕ115 mm，拔刀距离为 120 mm。

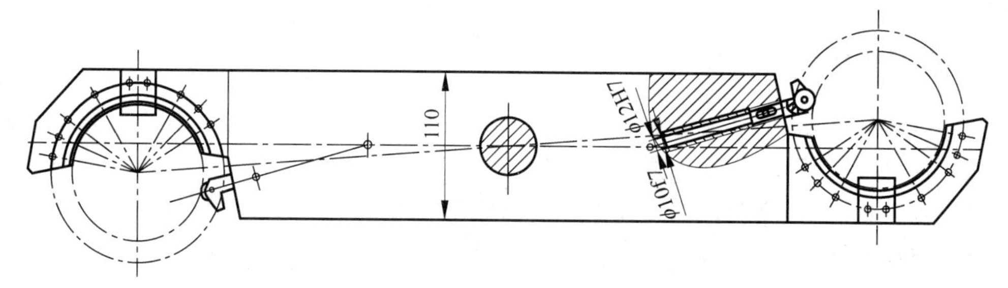

图 2.13　双臂夹持机构形式

(2) 卧式加工中心换刀机构设计要求如下。

① 换刀装置采用如图 2.13 所示双臂夹持器进行换刀，夹持器通过圆环状凹槽同刀柄相配合，端部卡簧起到夹紧刀柄的作用。

② 拔刀、装刀的过程同抓刀、换刀过程时间上部分重叠。

③ 换刀(切削—切削)时间约为 2 s，即一个工作周期为 2 s。

④ 换刀过程平稳，平均无故障时间大于 1200 h。

⑤ 换刀机构具有良好的运动性能、力学性能及结构工艺性能。

(3) 卧式加工中心换刀机构动作分解按照运动顺序分解，可将换刀机构动作分解为抓刀→拔刀→换刀→装刀→复位，但此种分解不便于机构选型设计；而若按照运动性质分解，可将换刀机构动作分解为夹持器间歇往复移动(拔刀＋装刀)与夹持器的间歇回转运动(抓刀＋换刀＋复位)，其动作分解示意图如图 2.14 所示。为了便于机构选型设计，采用按运动性质分解进行换刀机构选型设计，而按运动顺序进行机构设计协调与控制。

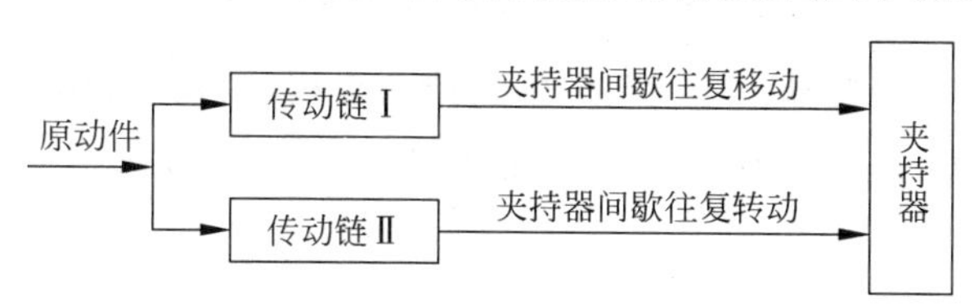

图 2.14　换刀机构动作分解示意图

换刀机构各传动链在一个运动周期运动要求如图 2.15 所示。传动链Ⅰ实现拔刀、装刀动作；传动链Ⅱ实现抓刀、换刀和复位动作。要求保证各传动链相互协调作用。

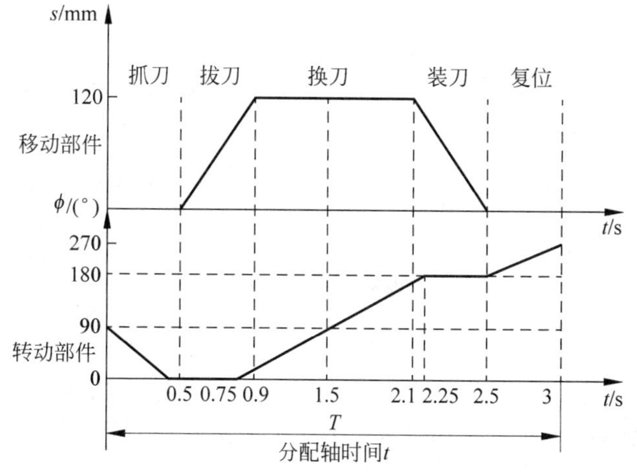

图 2.15　换刀机构运动要求

3. 换刀机构运动方案设计

(1) 确定执行构件夹持器为换刀机构的执行构件,在换刀过程之中夹持器作为运动链的末端构件,完成新旧刀具的交换动作。

(2) 选择原动机根据卧式加工中心工作性能及使用条件,换刀机构可选择电动机、液压或气压马达作为原动机。表 2-3 给出换刀机构可用原动机的类型及特点。

表 2-3 换刀机构原动机

类型	三相异步电动机	伺服电动机	液压马达(液压缸)
特点	结构简单,价格低廉,驱动效率高,调速性能良好	具有良好的可控性及快速响应能力,价格昂贵	需要液压系统;执行构件动作不能重叠,制约换刀时间提高;产生冲击、振动和噪声;控制环节多,可靠性低;但机械执行机构简单

(3) 执行机构的选择按照换刀机构动作分解方法,执行机构运动由两传动链组合实现,因此确定换刀机构运动传动链如图 2.16 所示。

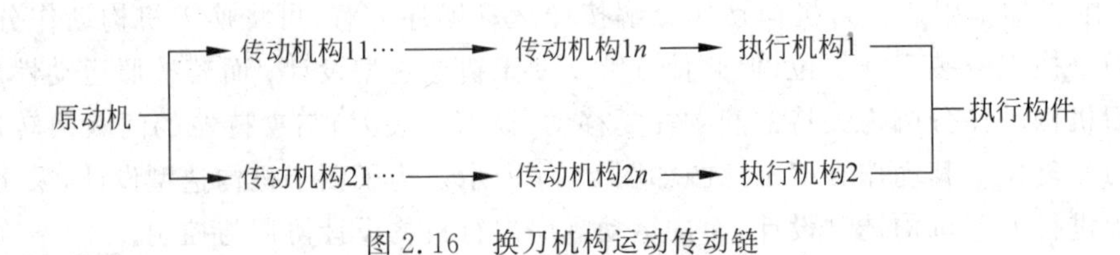

图 2.16 换刀机构运动传动链

换刀机构执行构件的运动由传动系统中的传动机构与执行机构组合实现,依据换刀机构执行构件运动性质,换刀机构各运动链中传动机构与执行机构的排列方式如图 2.17 所示。

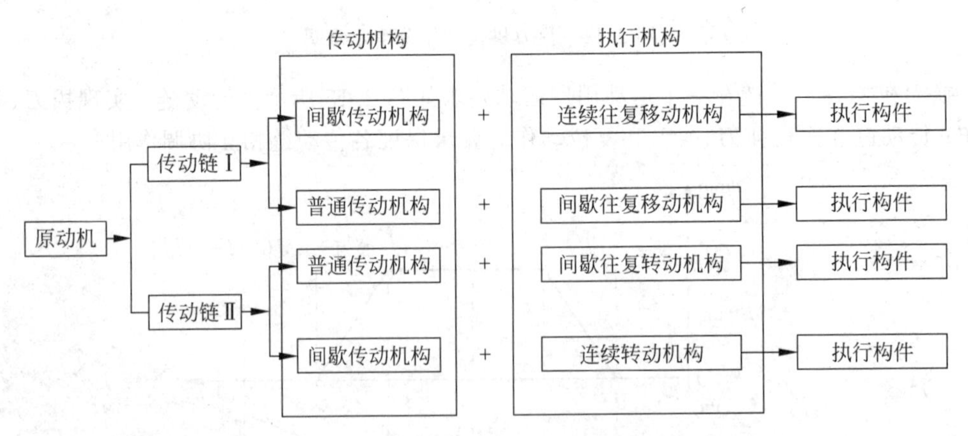

图 2.17 换刀机构传动机构与执行机构的排列方式

因此,传动链Ⅰ的执行机构选择连续往复移动机构或间歇往复移动机构;传动链Ⅱ的执行机构选择间歇往复转动机构或连续转动机构。传动链Ⅰ的执行机构可选择表 2-4 或表 2-5 所示机构,传动链Ⅱ执行机构可选择表 2-6 或表 2-7 所示机构。

表 2-4　传动链Ⅰ连续往复移动执行机构

序号	A1	A2	A3	A4
名称	曲柄滑块机构	移动导杆机构	正切机构	正弦机构
简图	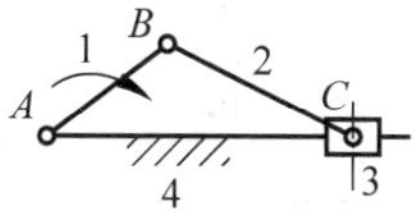	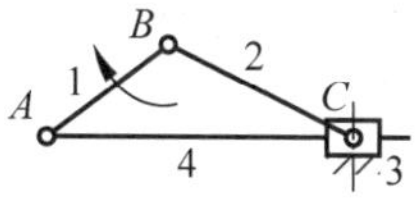	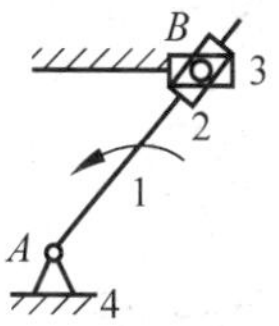	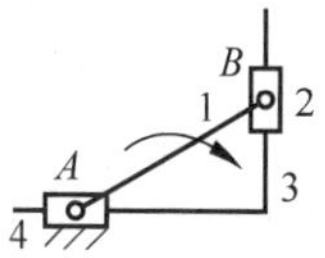
特点	结构简单，设计方便	结构简单，设计方便	结构简单，设计方便，移动副增加摩擦	结构简单，设计方便，移动副增加摩擦
序号	A5	A6	A7	A8
名称	直动尖底盘形凸轮机构	齿轮齿条机构	螺旋机构	六杆机构
简图	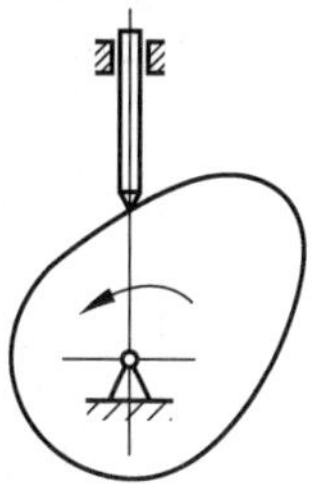	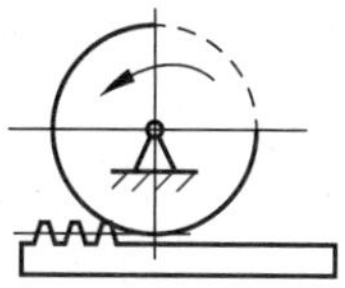	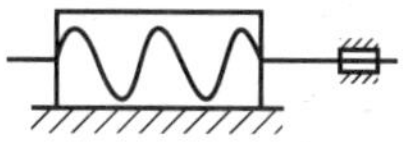	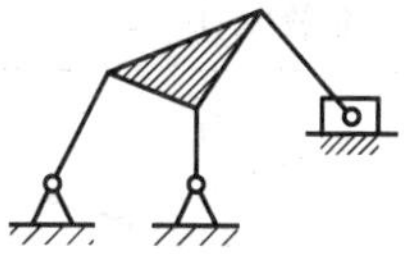
特点	结构简单，设计方便，高副易磨损	结构紧凑，设计方便，需反向传动机构	结构紧凑，效率低，需反向传动机构	结构复杂

表 2-5　传动链Ⅰ间歇往复移动执行机构

序号	B1	B2	B3	B4
名称	直动尖底盘形凸轮机构	直动尖底圆柱凸轮机构	直动滚子移动凸轮机构	六杆机构
简图	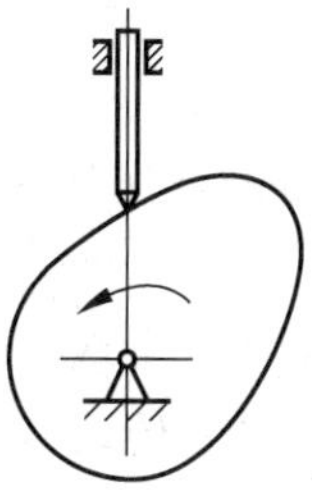	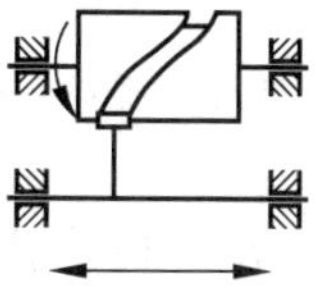	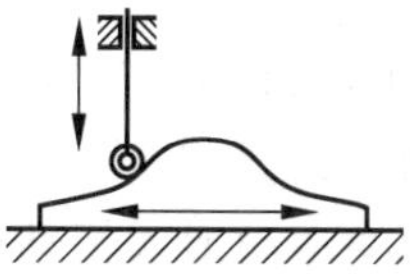	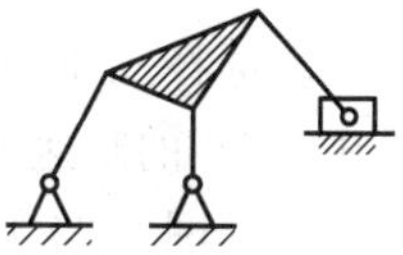
特点	结构简单，设计方便	结构紧凑，设计方便，制造稍复杂	结构简单，设计方便，需反向传动机构	制造方便，机构复杂，设计稍困难

表 2-6 传动链Ⅱ间歇往复转动执行机构

序号	C1	C2
名称	蜗杆凸轮间歇机构	圆柱凸轮间歇机构
简图	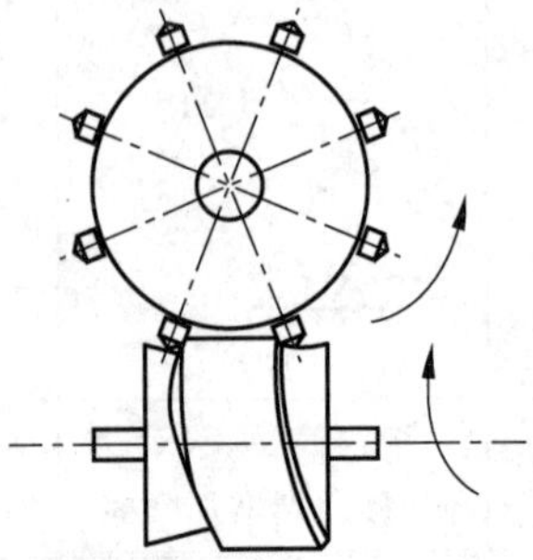	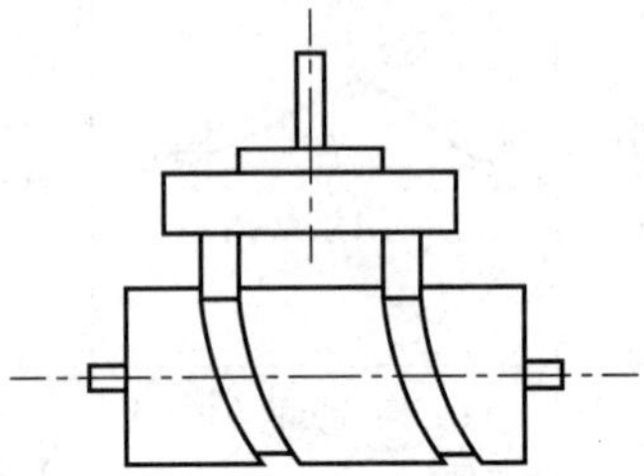
特点	结构简单,运转可靠,转位精确,加工复杂,相交轴运动传动	结构简单,运转可靠,转位精确,加工复杂,交错轴运动传动

表 2-7 传动链Ⅱ连续转动执行机构

序号	D1	D2	D3	D4
名称	双曲柄机构	转动导杆机构	齿轮机构	蜗杆机构
简图	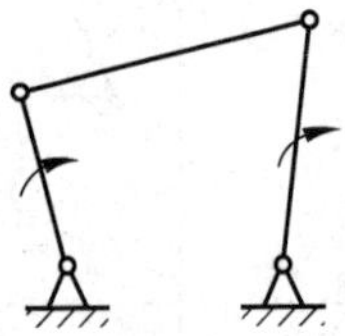	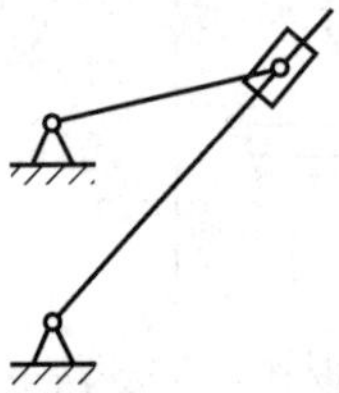	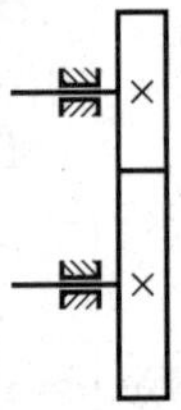	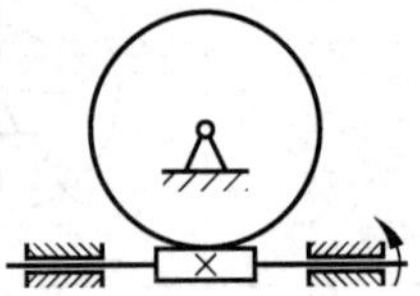
特点	结构简单,设计方便,输出变速运动	设计紧凑,摩擦力稍大,输出变速运动	结构简单,效率高,定传动比传动	效率低,成本高,交错轴传动

(4) 传动系统具有减速、运动形式变换、远距离运动及动力传递作用,因此传动系统可由减速传动机构、变换运动形式传动机构等多个机构组成。

传动系统实现减速的装置称为减速器。换刀机构换刀时间为 2 s,对应分配轴的转角为 240°,则换刀机构工作周期为:

$$T=2\ \text{s}\times\frac{360^{\circ}}{240^{\circ}}=3\ \text{s}$$

若选择三相异步电动机,其输出转速为 100 r/min,则减速器的减速比为 50,可选择减速比 1/50 的减速电动机。

根据图 2.17 由变换运动形式传动机构与换刀机构执行机构组合实现执行构件换刀运动。因此,传动链Ⅰ的传动机构选择间歇传动机构或普通传动机构;传动链Ⅱ的传动机构选择普通传动机构或间歇传动机构。传动链Ⅰ、传动链Ⅱ传动机构可从表 2-8 和表 2-9 选择。

另外,需要考虑加工中心换刀机构空间结构尺寸,在传动系统中还要考虑链传动机构需满足换刀装置实现较远距离运动传递的设计要求。

表 2-8　传动链Ⅰ和传动链Ⅱ间歇传动机构

序号	E1	E2	E3
名称	摆动滚子盘形凸轮机构	摆动滚子圆柱凸轮机构	凸轮间歇机构
简图	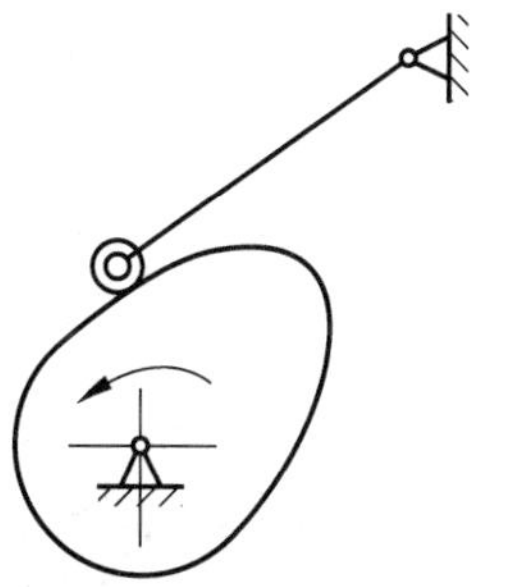	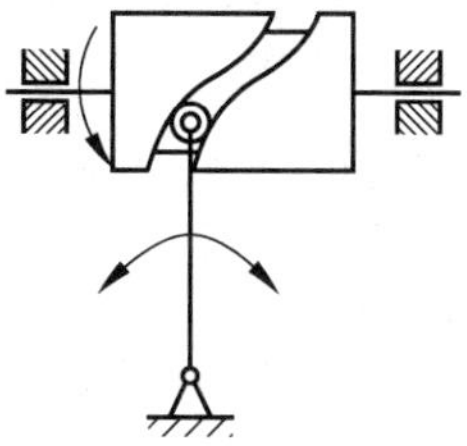	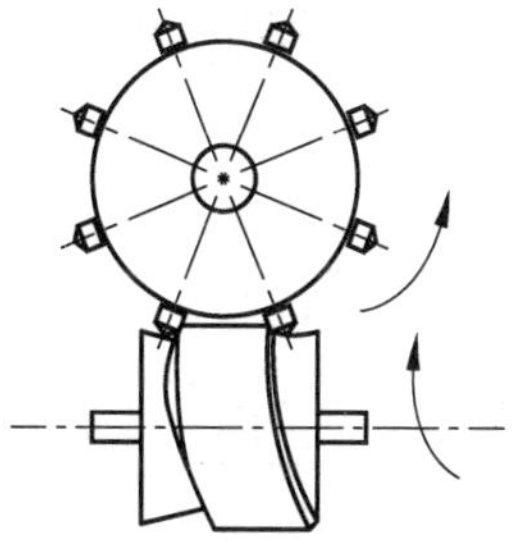
特点	结构简单,设计方便	结构紧凑,设计方便,制造稍复杂	结构简单,运转可靠,转位精确,加工复杂
序号	E4	E5	E6
名称	槽轮机构	不完全齿轮机构	六杆机构
简图	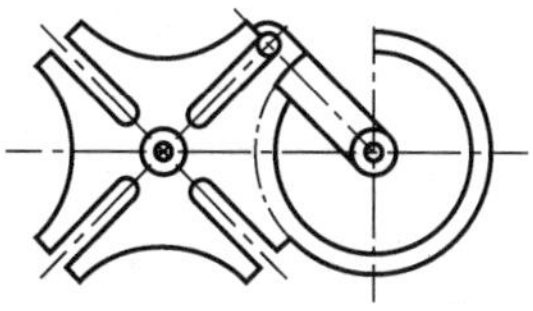	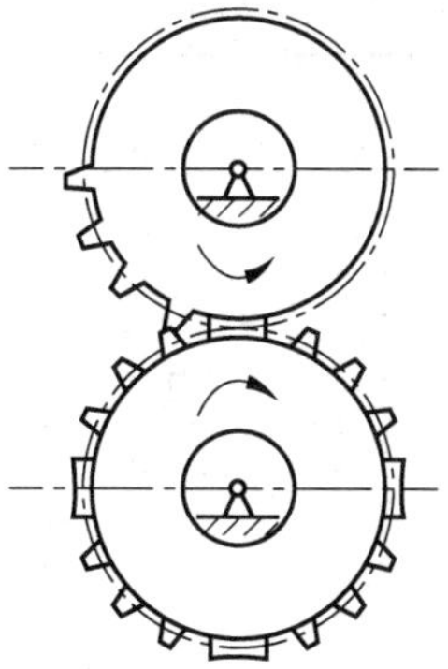	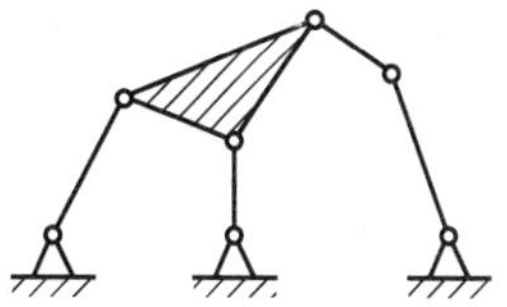
特点	结构紧凑,有冲击	结构紧凑,有冲击	制造方便,机构复杂,设计稍困难

表 2-9　传动链Ⅰ和传动链Ⅱ普通传动机构

序号	F1	F2	F3	F4
名称	齿轮机构	蜗杆机构	链传动	带传动
简图	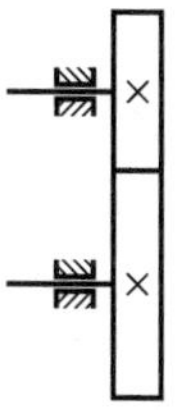	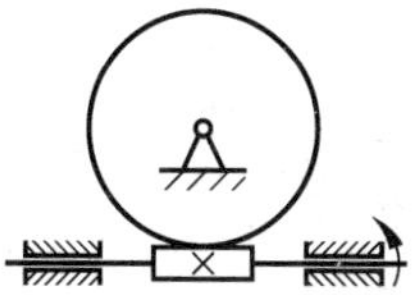	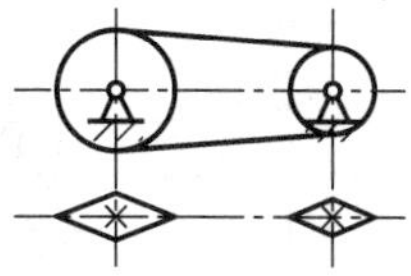	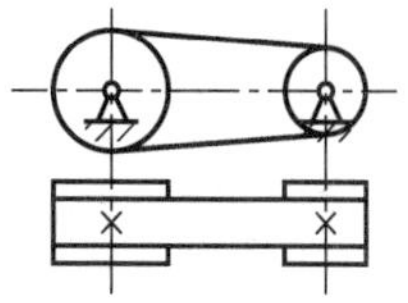
特点	结构简单,效率高,定传动比传动	效率低,成本高,交错轴传动	远距离传动,传动精确	远距离传动,过载保护

(5) 根据换刀机构系统运动方案确定原动机、传动机构、执行机构组成机械系统，检索可行的原动机。传动机构与执行机构依据图 2.17 所示的排列方式进行组合，可产生多种换刀机构系统运动方案。三相异步电动机以其价格低廉、调速性能良好、驱动效率高等优点成为换刀机构常用原动机。凸轮机构具有结构紧凑、控制运动精确、可靠性高的优点，各执行机构采用联动凸轮可以实现换刀动作的重叠和准确衔接。根据换刀机构换刀速度快、动作准确、可靠性高的设计要求，确定四种换刀机构系统运动方案，其机构组合见表 2-10。

表 2-10 换刀机构运动方案机构组合

序号	原动机	传动系统			执行机构
		减速机构	传动机构		
方案 1	电动机	减速器	传动链Ⅰ	摆动尖底盘形凸轮机构	曲柄滑块机构
		链传动	传动链Ⅱ	蜗杆凸轮间歇机构	锥齿轮机构
方案 2	电动机	减速器	传动链Ⅰ		直动尖底圆柱凸轮机构
			传动链Ⅱ	蜗杆凸轮间歇机构	锥齿轮机构
方案 3	电动机	减速器	传动链Ⅰ		直动尖底盘形凸轮机构
			传动链Ⅱ		圆柱凸轮间歇机构
方案 4	电动机	减速器	传动链Ⅰ	不完全齿轮机构	正弦机构
		链传动	传动链Ⅱ	圆柱凸轮间歇机构	锥齿轮机构

四种换刀机构系统运动方案的示意图分别如图 2.18～图 2.21 所示。

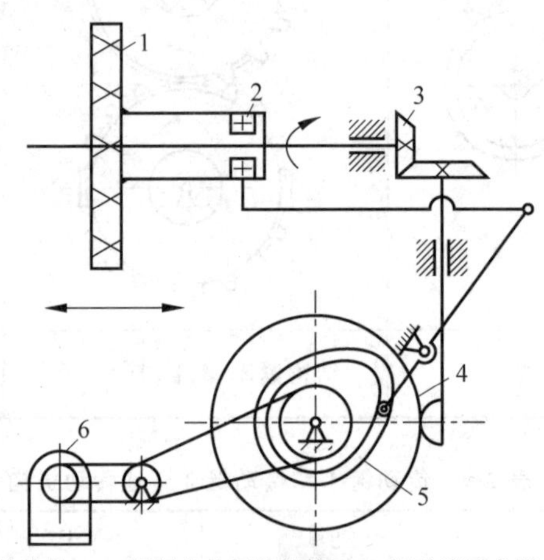

1—夹持器；2—轴承；3—锥齿轮；4—蜗杆凸轮间歇机构；5—摆动滚子盘形凸轮机构；6—驱动电动机。

图 2.18 方案 1 机构示意图

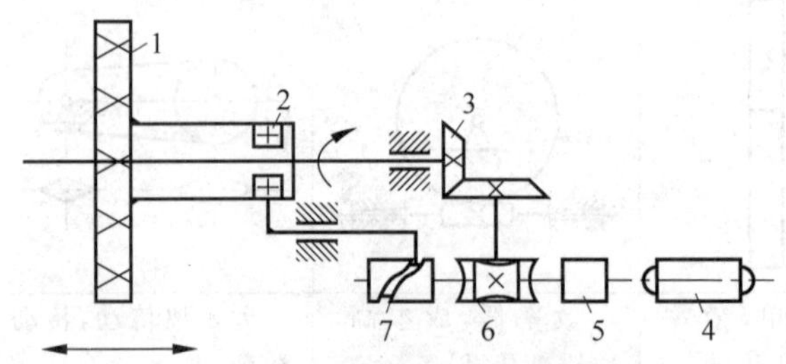

1—夹持器；2—轴承；3—锥齿轮；4—驱动电动机；5—减速器；6—蜗杆凸轮间歇机构；7—直动滚子圆柱凸轮机构。

图 2.19 方案 2 机构示意图

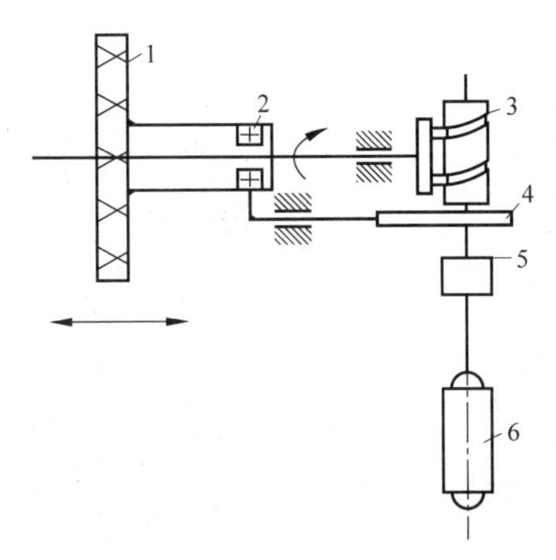

1—夹持器；2—轴承；3—圆柱凸轮间歇机构；4—移动推杆凸轮机构；5—减速器；6—驱动电动机。

图 2.20　方案 3 机构示意图

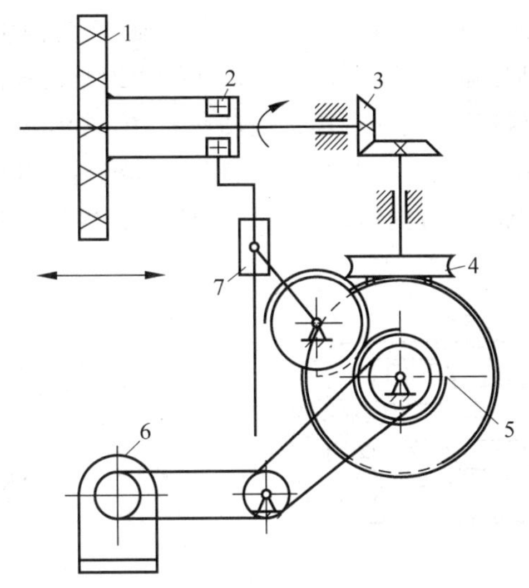

1—夹持器；2—轴承；3—锥齿轮；4—圆柱凸轮间歇机构；5—不完全齿轮机构；6—驱动电动机；7—正弦机构。

图 2.21　方案 4 机构示意图

2.7　知识拓展：鱼雷推进系统方案设计

鱼雷是一种水中兵器，它的外形是一个细长的圆柱形，因此其推进系统受到严格的径向尺寸的限制，其携带的动力源也很有限，而人们希望鱼雷速度更快，射程更远，噪声更小。为实现上述目标，世界各国的鱼雷推进系统采用了多种机械系统方案，如活塞发动机、涡轮发动机、火箭发动机和电动机等。

就活塞发动机来说又有着若干种型式，图 2.22 所示是卧式活塞发动机，其中 1 为活塞，在燃气的推动下做往复运动；2 为连杆；3 为曲轴；4 为锥齿轮，其与曲轴固连做回转运动。再通过一锥齿轮轮系带动内、外轴 5、内轴 6 做相反方向回转，最后把运动传给两个螺旋桨

7,推动鱼雷迅速前进。在该发动机中采用了两个气缸。

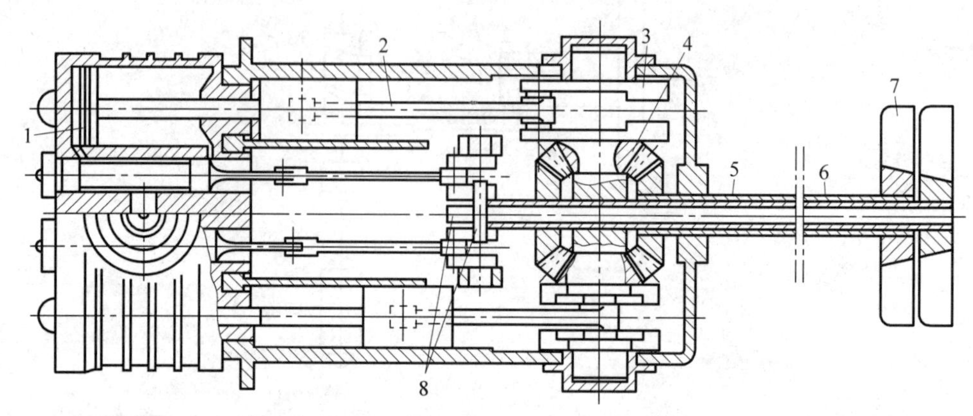

1—活塞；2—连杆；3—曲轴；4—锥齿轮；5—外轴；6—内轴；7—螺旋桨；8—螺旋齿轮。

图 2.22 卧式活塞发动机

图 2.23 所示是凸轮式活塞发动机。其中,1 为外轴；2 为内轴；3 为凸轮；4 为活塞杆(推杆)；5 为活塞；6 为活塞缸,其外形如图 2.24 所示,为凸棱式圆柱凸轮。推杆上有两个滚子卡在凸棱上构成几何封闭。此处利用了反凸轮机构,将活塞的直线运动变为凸轮的旋转运动,推杆通过滚子作用在凸轮上的力使凸轮回转,而凸轮作用在滚子上的反作用力则使推杆、活塞以及活塞缸 6 沿相反方向转动。再通过外轴 1、内轴 2 带动两螺旋桨作不同方向的转动。

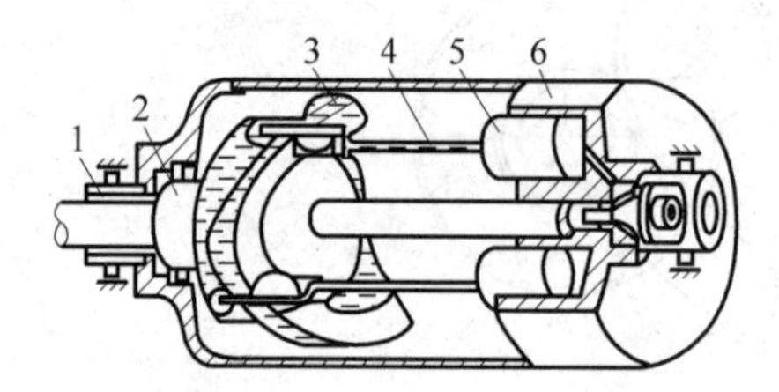

1—外轴；2—内轴；3—凸轮；4—活塞杆；5—活塞；6—活塞缸。

图 2.23 凸轮式活塞发动机

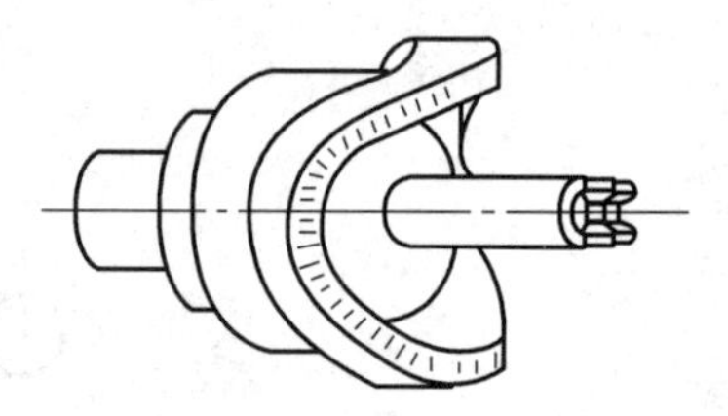

图 2.24 凸棱式圆柱凸轮

图 2.25 所示是周转斜盘活塞式发动机。其中,1 为活塞；2 为连杆,其两端为球铰；3 为周转斜盘,其端面有锥齿,和缸体 5 上的锥齿轮啮合。在活塞的推动下,周转斜盘一方面绕本身轴线回转,同时带动内轴 4 作周转。在锥齿轮啮合的作用力和反作用力的推动下,

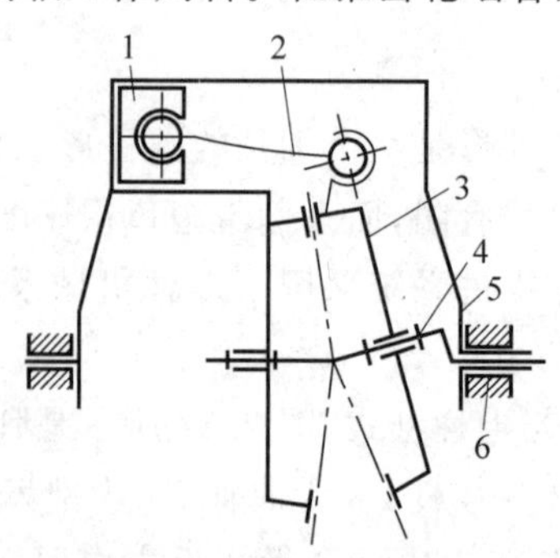

1—活塞；2—连杆；3—周转斜盘；4—内轴；5—缸体；6—外轴。

图 2.25 周转斜盘式活塞发动机

缸体与周转斜盘作相反方向的转动，再通过内轴4、外轴6带动两螺旋桨转动。这种发动机也是多缸的。

通过此例可以看出，完成同样的工作任务时，可以拟定出许多不同的成功方案。因此，设计机械系统运动方案时，思路要开阔，要有敢为人先的创新意识，这样才可能设计出新颖独特的系统。

习　题

2.1　设计机械系统运动方案要考虑哪些基本要求？试阐述设计的大致步骤。

2.2　什么是机械的工作循环图？有哪些形式？工作循环图在机械系统设计中有什么作用？

2.3　拟定机械传动系统类型的基本原则有哪些？

2.4　糕点切片机的方案设计

1）工作原理及工艺过程

糕点先成型（如长方体、固柱体等），经切片后再烘干。要求糕点切片机实现两个执行动作：糕点的直线间歇运送和切刀的往复上、下运动。并要求改变间歇移动速度或每次间隔的输送距离，以满足糕点不同切片厚度的需求。

2）原始数据及设计要求

① 糕点厚度为10～20 mm，要求可调整。

② 糕点切片宽度（切刀作用范围）最大为30 mm。

③ 糕点切片高度（切刀抬刀最低量）范围5～80 mm，应可调整。

④ 糕点的长度范围为20～50 mm。

⑤ 切刀工作节拍为40次/min。

⑥ 生产阻力小，受力不大。

3）设计任务

① 进行间歇运送机构和切片机构的方案拟定，要求各有两个以上的方案；

② 绘制机械执行系统的方案示意图；

③ 根据工艺动作顺序和协调要求，拟定运动循环图。

2.5　今需设计一台如图2.26(a)所示的带式运输机的传动装置。运输机的工作为两班制，连续单向运转；运输带的工作速度为$v=1.1$ m/s（允许误差为±5%）；拉力为$F=7$ kN，载荷平稳。工作环境为室内，灰尘较大，最高温度35℃，滚筒直径$D=400$ mm。

试对图2.26(b)～(g)所示的参考传动方案，分别就其传动类型及特点进行分析和比较，并对传动链中机构的安排顺序进行评价。最后选择一个较佳的方案，或自行设计一个改进后的方案。

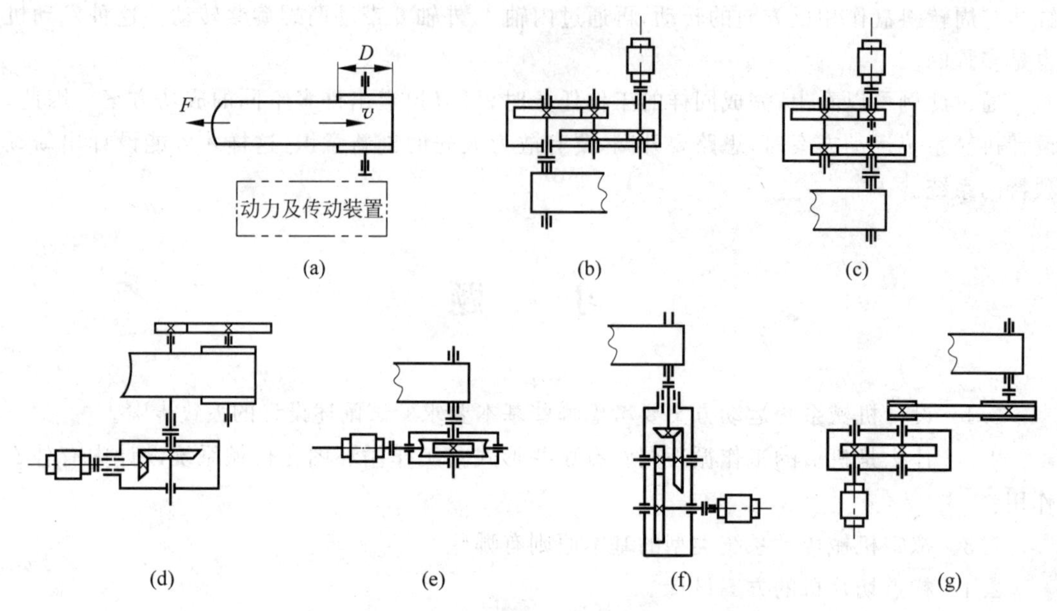

图 2.26　带式运输机的传动装置

设计系列题

Ⅱ-2　粉料成型压片机的机构系统运动方案设计

根据第 1 章课程设计题目Ⅱ中给定的粉料压片过程的工艺动作要求和已知数据，结合与同类产品的对比，做出粉料压片机机构系统运动方案(含工作执行机构、传动机构和原动机)，画出其机构系统运动示意图。

第2篇　机构运动分析与设计

第 3 章

机构的组成原理与可动性分析

如图 1.3 所示，单缸四冲程内燃机由曲柄滑块机构、凸轮机构和齿轮机构组成，每个机构都是具有确定运动的实物组合体。那么机构是如何组成的？机构的可动性和运动确定性条件是什么？本章将介绍机构的组成及机构运动简图的绘制方法，分析机构可动的运动学条件和力学条件，最后阐述机构的组成原理、结构分析和运动功能。

3.1 机构的组成及运动简图

3.1.1 构件与运动副

机构是具有确定运动的组合体。我们将组成机构的不可拆分最小运动单元称为构件。构件既可以是加工制造所得的最小单元零件，也可以是由多个零件刚性连接而成的装配体。

如图 3.1 所示，内燃机中的连杆就是由单独加工的连杆大端、连杆螺栓、轴瓦、杆身、连杆小端、衬套等零件装配而成的。从运动学的角度看，发动机的连杆尽管由多个零件构成，但是零件间通过螺杆、螺母等进行刚性连接，相互之间没有相对运动，它们是一个不可分割的最小运动单元体。因此，发动机的连杆是一个构件。

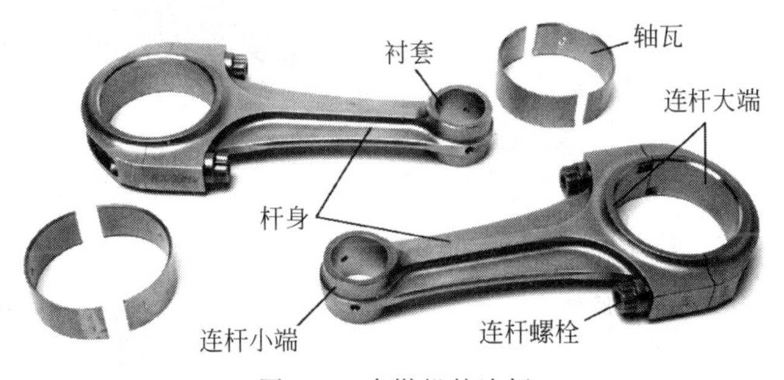

图 3.1　内燃机的连杆

构件间通过相对可动的连接进行组合，并实现确定的相对运动即可形成机构。两构件间以一定的形状和尺寸进行接触而产生确定运动关系的连接称为运动副。这种连接既保证了相邻两构件间的直接接触，又使两构件能产生一定的相对运动。

在图 1.3 所示的内燃机系统中，各部件间通过不同的形式进行接触和连接，并保证了两构件间的确定运动形式，因此它们均构成了运动副。

从以上示例可以看出，两构件的连接方式是多种多样的，但两个构件间的接触形式不外乎点、线、面三种。构件上参与接触并构成运动副的点、线、面等几何特征称为运动副元素。

两个构件通过运动副元素的接触来传递运动和力，依靠运动副限制了两构件间的某些相对运动自由度。运动副对构件间的相对运动自由度所施加的限制称为“约束”。

两构件在未构成运动副之前，在空间中有 6 个相对自由度，构成运动副后，它们之间的相对运动将受到约束，约束数最少为 1，最多为 5。根据引入约束的数目可以将运动副分类：把引入一个约束的运动副称为一级副，以此类推，引入两个约束的运动副称为二级副，还有三级副、四级副、五级副。

按照运动副的接触形式分类：面和面接触的运动副在接触部分的压强较低，被称为低副，而通过点或线接触构成的运动副称为高副。高副比低副更容易磨损。

按照相对运动的形式分类：构成运动副的两个构件之间的相对运动若是平面运动则为平面运动副；若为空间运动则称为空间运动副。两个构件之间的相对运动为转动的运动副被称为转动副或回转副，也称铰链；相对运动为移动的运动副称为移动副；相对运动为螺旋运动的运动副称为螺旋副；相对运动为球面运动的运动副称为球面副。具体的分类情况如表 3-1 所示。

运动副动态视频

表 3-1 运动副的分类

接触形式	相对运动形式	实　　例	简 图 符 号
低副	转动副		
	移动副	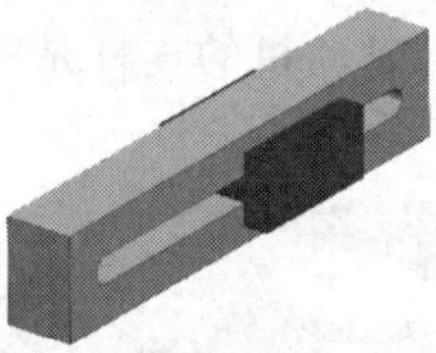	
	螺旋副	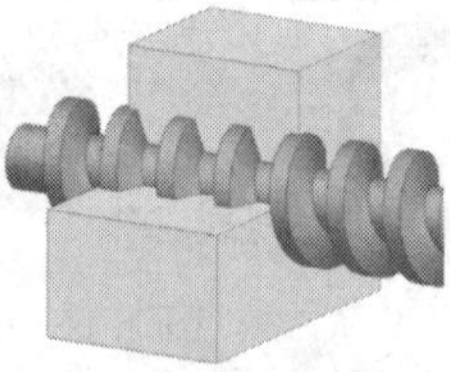	
高副	平面高副	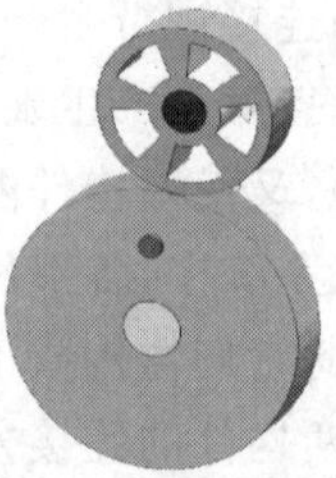	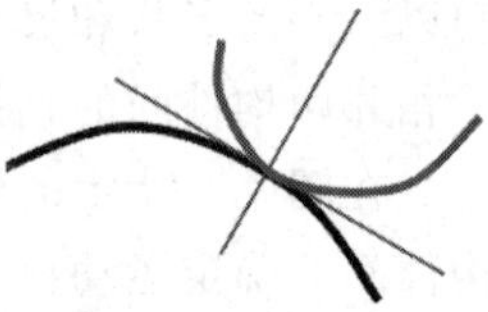

续表

接触形式	相对运动形式	实　例	简图符号
高副	空间点高副	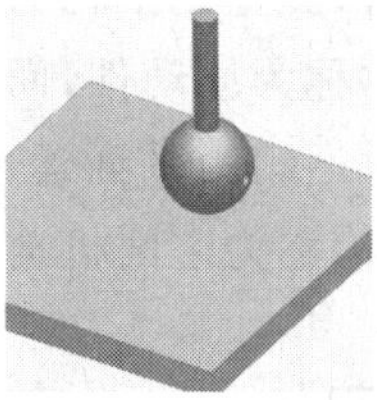	
	空间线高副	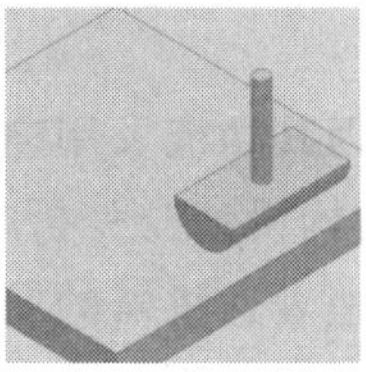	
	空间面高副		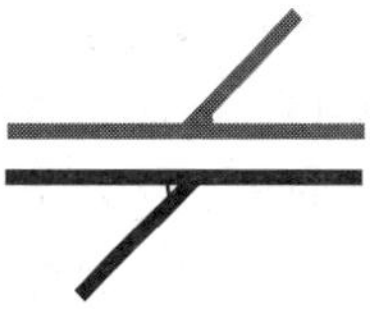
	圆柱副		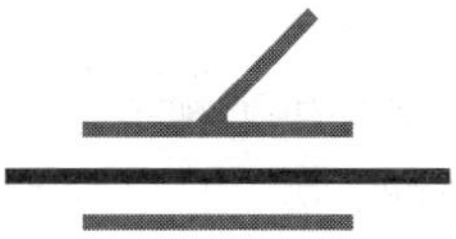
	球销副	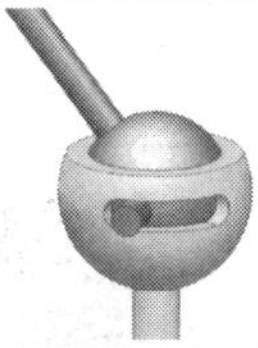	
	球面副	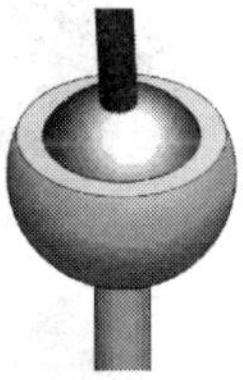	

3.1.2　运动链与机构

两个以上的构件通过运动副连接而构成的可相对运动系统称为运动链。如果组成运动链的各构件构成首尾封闭的系统，则称为闭式运动链，简称闭链。如果组成运动链的各构件未构成首尾封闭的系统，则称为开式运动链，简称开链。传统的机械中以闭式运动链为多，随着生产线中机械手和机器人的应用日益普遍，机械中开式运动链也逐渐增多。此外，根据各构件的相对运动为空间运动还是平面运动，可以把运动链分为空间运动链和平面运动链。

当运动链中有1个构件被指定为机架，若干个构件按照给定运动规律独立运动，从而使整个组合体具有确定运动时，此运动链称为机构。机构中固定不动的构件称为机架，按照给定运动规律独立运动的构件称为原动件，而其余活动构件称为从动件。

若机构中各构件的相对运动为平面运动，则此机构称为平面机构；若机构中各构件的相对运动为空间运动，此机构称为空间机构。

3.1.3 机构运动简图

生活中的机械及机器，因其功能及用途不同，其中的构件与运动副结构形式也呈现出多样性。在运动链和机构的结构设计与分析时，所关心的主要是与自由度和运动性质有关的形状和尺寸，没有必要详细地表达机器的实际结构。

为了方便对现有机构进行分析和运动方案设计，GB/T 4460—2013 规定了一些简图符号和线条代表运动副和构件，用于对机构进行规范化表示。将机构的运动副和构件用国标规定的简图符号和线条替代，并按一定比例表示各运动副的相对位置，用以说明机构各构件间相对运动关系的简单图形称为机构运动简图。若不考虑机构的准确运动尺寸，仅分析机构的组成状况和结构特征，可以不严格按比例来绘制简图，这样的简图通常称为机构示意图。

规范的机构绘制方法，不仅为机构的结构和功能分析提供了便利，也为工程师设计新型机械提供了规范化的行业标准，便于工程师读懂设计原理和图纸，并最终完成机械的加工与装配。表3-2列举了生活中部分常用机构的构件简图符号。

表 3-2 常用机构的构件简图符号

构件名称	构件模型	简图符号
机架		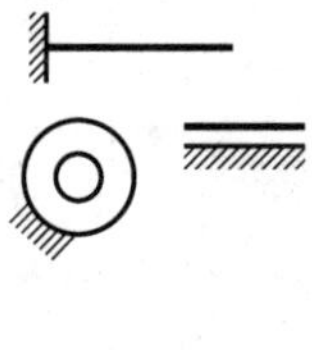
曲柄		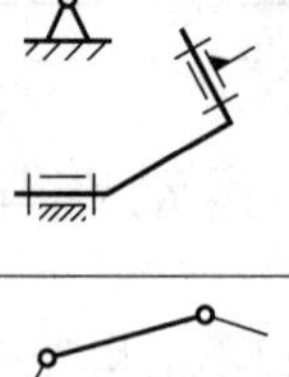
连杆	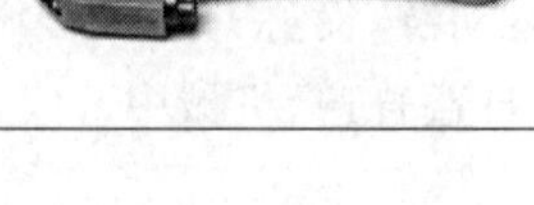	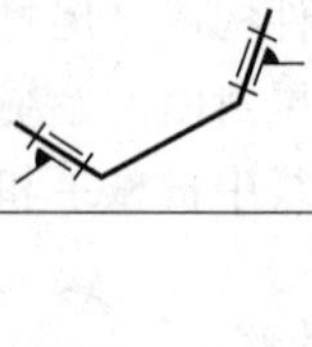

续表

构件名称	构件模型	简图符号
滑块		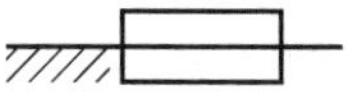
导杆机构		
凸轮		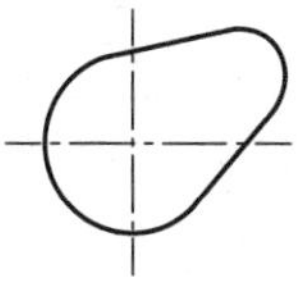
圆柱齿轮		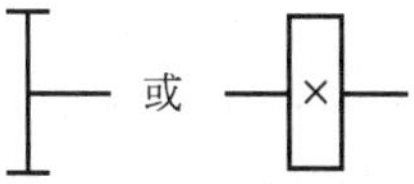 或
圆锥齿轮		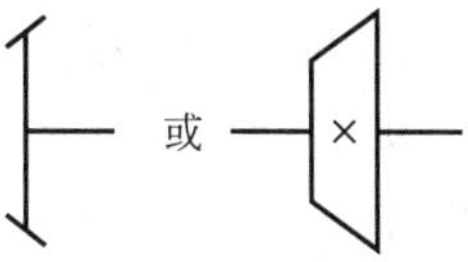 或
齿条传动		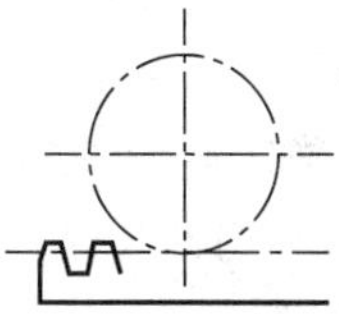
蜗轮蜗杆传动		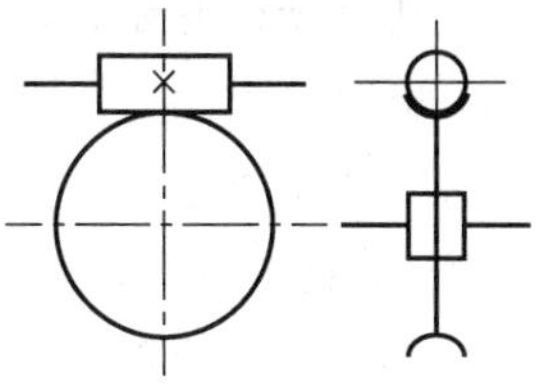

续表

构件名称	构件模型	简图符号
带传动		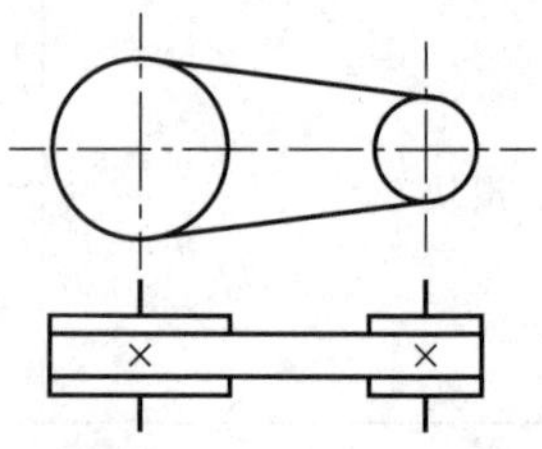
链传动		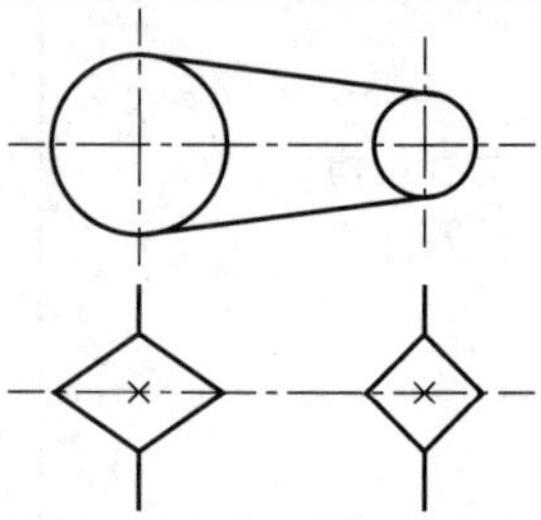
螺杆传动	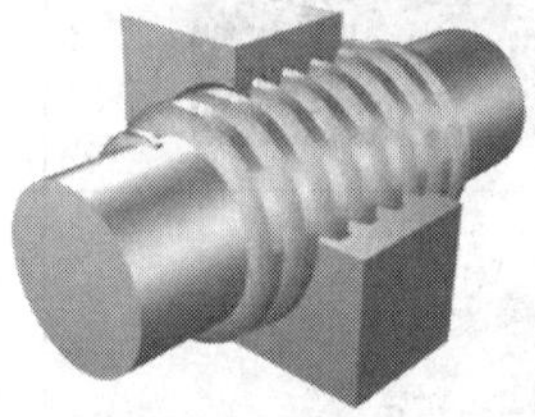	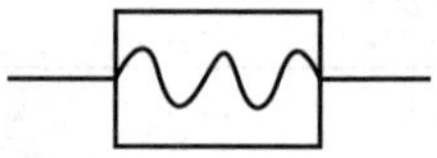

机构运动简图绘制时，应满足以下条件：构件数目与实际相同；运动副的性质、数目与实际相符；运动副之间的相对位置以及构件尺寸与实际机构成比例。

绘制机构运动简图的思路与步骤如下：

(1) 分析目标机械系统的组成情况和运动功能，确定组成该机构的各构件及数目，区分原动件、机架、执行构件和中间构件。

(2) 沿着机构运动的传递路线，分析构件间运动副的位置、类型和数量，确定各构件的长度。

(3) 选择合适的绘图平面。通常可选择机械中多数构件的运动平面为绘图平面，必要时也可选择两个或两个以上的绘图平面，然后将其展开到同一图面上。

(4) 确定运动副的简图符号和绘图比例尺。根据比例尺 μ_l(μ_l=实际尺寸(m)/图示长度(mm))和构件长度，定出各运动副的相对位置，并用各运动副的简图符号和常用机构的简图符号，绘制机构的运动简图。

(5) 从原动件开始，按传动顺序标出各构件的编号和运动副的代号。

(6) 检验机构的运动确定性，在原动件上标出箭头表示其运动方向。

下面以图 3.2 所示的单缸内燃机为例，说明机构运动简图的绘制方法。

首先，分析单缸内燃机的组成情况和运动功能。如图 3.2 所示，该机构由曲轴 1、齿轮 1′、连杆 2、滑块 3、凸轮 4、齿轮 4′、顶杆 5、凸轮 6、齿轮 6′、顶杆 7、机座 8 组成。其中，曲轴 1 和齿轮 1′固结一起绕同一轴线 O_1 转动，它们是一个构件；凸轮 4 和齿轮 4′固结在同一转轴

O_2 上，它们是一个构件；同样，凸轮 6 和齿轮 6′固结在同一转轴 O_3 上，它们也是一个构件。即该内燃机由 8 个构件组成，其中，机座 8 为机架。运动由曲轴 1 和齿轮 1′输入，分三路传递：第一路由曲轴 1 经连杆 2 传至滑块 3；第二路由齿轮 1′经齿轮 4′、凸轮 4 传至顶杆 5；第三路由齿轮 1′经齿轮 6′、凸轮 6 传至顶杆 7。由以上分析可知，构件 1—1′为原动件，构件 3、5、7 为执行构件，其余为传动构件。

然后，分析构件间运动副的位置、类型和数量。由图 3.2 可知，机架 8 和构件 1—1′、机架 8 和构件 4—4′、机架 8 和构件 6—6′、构件 1 和 2、2 和 3 之间均构成转动副；机架 8 和构件 3、机架 8 和构件 5、机架 8 和构件 7 之间分别构成移动副；而构件 1′和 4′、1′和 6′、4 和 5、6 和 7 分别形成平面高副。

最后，选择绘图平面和比例尺 μ_l，测量各构件尺寸和各运动副间的相对位置，使用国标 GB/T 4460—2013 规定的简图符号表示机构中的构件和运动副进行绘图，在原动件 1—1′上标出箭头以表示其转动方向，绘制出如图 3.3 所示的内燃机的机构运动简图。

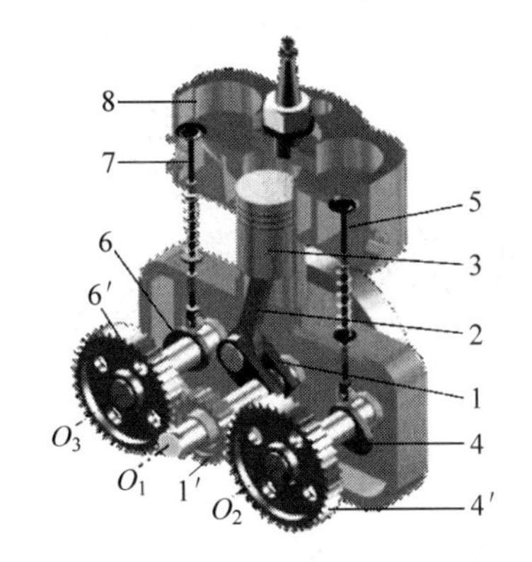

1—轴；1′,4′,6′—齿轮；2—连杆；3—滑块；4,6—凸轮；5,7—顶杆；8—机座。

图 3.2　单缸内燃机

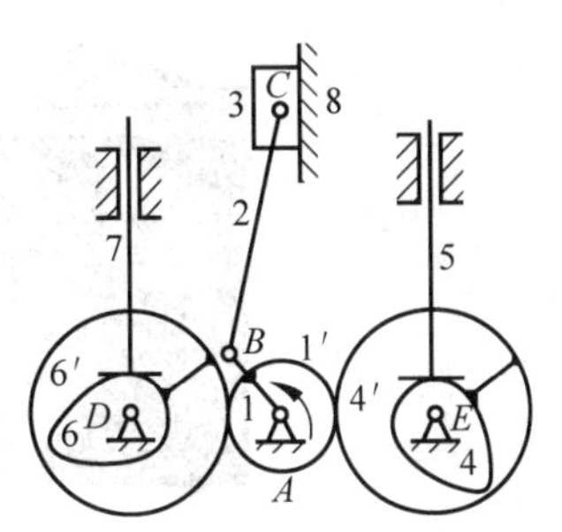

1—轴；1′,4′,6′—齿轮；2—连杆；3—滑块；4,6—凸轮；5,7—顶杆；8—机座。

图 3.3　内燃机的机构运动简图

内燃机

由此可见，机构运动简图可以帮助我们清晰地获得机构的组成和构件间的相对运动关系，是对机构进行运动特性、力传递特性以及机构功能特性分析的基础。

3.2　机构可动的运动学条件

3.2.1　机构自由度的计算公式

保证机构具有确定运动时所必须给定的独立运动的数目称为机构的自由度。一个完全独立的可动构件在空间内有 6 个自由度，若一个机构共有 N 个构件，当取其中一个构件作为固定不动的机架时，其余活动构件的数目则为 $n=N-1$ 个，因此这些活动构件在空间内完全独立的情况下共具有 $6n$ 个自由度。若在机构中某两个构件间加上一个 i 级运动副，则该机构就被该运动副约束掉了 i 个相对运动自由度。以 p_i 代表 i 级运动副的数目（$i=1\sim5$），故有 n 个可动构件、p_i 个 i 级副的机构，其自由度 F 的计算式为：

$$F=6n-\sum_{i}^{5}(i\cdot p_i) \tag{3.1}$$

该式为机构自由度计算的普适公式。但是有些机构由于运动副的结构和构件空间布局的特殊性，其所有构件常同时受到某些相同的公共约束。对于具有 q 个公共约束的机构来说，其自由度的计算公式应改写为：

$$F=(6-q)n-\sum_{i=q+1}^{5}[(i-q)\cdot p_i] \tag{3.2}$$

式中，q 为机构的公共约束数，其取值范围为 0～4；运动副级数 i 的对应取值范围为 $(q+1)$～5。当 $q=0$ 时，表示机构中无公共约束，此时式(3.2)与式(3.1)完全相同；当 $q=5$ 时，由于 i 的最大值可为 5，所以各构件间已无法以任何运动副相联成为机构，故 q 的最大取值为 4。

图 3.4 为牛头刨床及其机构示意图，由于所有构件及其相对运动均平行于同一平面，故其公共约束数 $q=3$，其中的活动构件数 $n=6$，五级运动副数目 $p_5=8$，四级运动副数目 $p_4=1$，则该机构的自由度为 $F=(6-3)\times6-(5-3)\times8-(4-3)\times1=1$。

牛头刨床

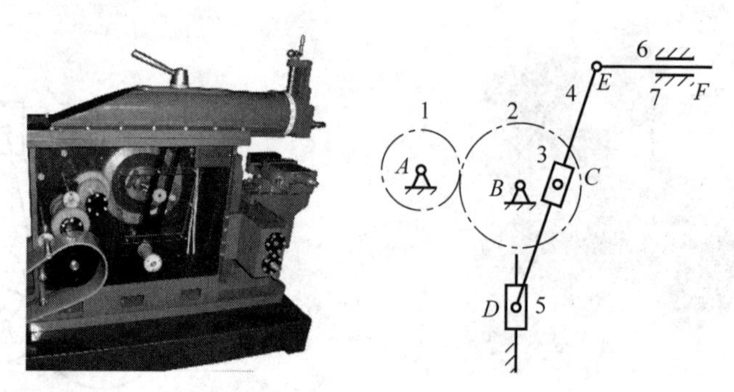

图 3.4 牛头刨床及其机构示意图

对于牛头刨床机构，由于所有转动副的轴线是相互平行的，各构件都是在与铰链轴线垂直的平面内运动。由于运动副的特殊配置关系，使得每个构件只能在二维空间内做平面运动，构成平面机构。此时，机构的自由度为 1，只要给定 θ，则其位置关系就确定了。如前所述，平面运动构件的自由度为 3，而五级副和四级副的约束数相应的应为 2 和 1。故平面机构的自由度计算公式，应按下式计算：

$$F=(6-3)n-\sum_{i=4}^{5}[(i-3)\cdot p_i]=3n-2p_5-p_4 \tag{3.3}$$

3.2.2 机构具有确定运动的条件

机构具有确定运动的首要条件是机构的自由度必须大于零。如图 3.5(a)所示的平面三构件运动链，其自由度 $F=3n-2p_5=3\times2-2\times3=0$。自由度 $F=0$ 表明该运动链中各构件之间已无相对运动，只构成了一个刚性桁架，因而不能成为机构。又如图 3.5(b)所示的平面四构件运动链，其自由度 $F=3n-2p_5=3\times3-2\times5=-1$。自由度 $F=-1$ 表明该运动链由于约束过多，已成为超静定桁架。

如果机构的自由度大于零，则需进一步判断该机构是否具有确定运动。由于通常每一

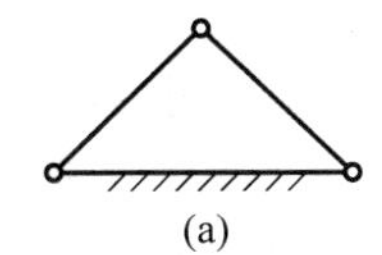
(a)

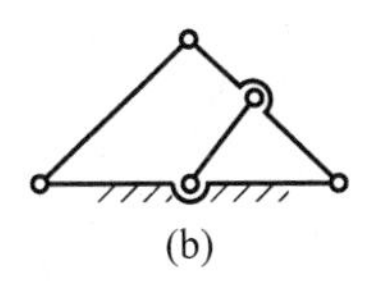
(b)

图 3.5　平面运动链

个原动件只具有一个独立运动(独立的转动或平动)，所以在机构自由度大于零的前提下，机构具有确定运动的条件是：原动件的数目应等于机构的自由度数。

如图 3.6(a)所示的平面四杆机构，其自由度 $F=3n-2p_5-p_4=1$，在这个自由度为 1 的运动链中，若取构件 1 为原动件，则从图中可以看出，构件 1 每转过一个角度，构件 2 和 3 便有一个确定的相对位置，也就是说这个运动链能够成为机构。

如图 3.6(b)所示，如果同时使构件 3 也作为原动件，具有独立的运动，则运动链内部的运动关系将发生矛盾，其中最薄弱的构件必将损坏。这说明，要使自由度大于零的运动链成为机构，原动件的数目不可多于运动链的自由度数。

又如图 3.6(c)所示的平面五杆机构，其自由度 $F=3n-2p_5-p_4=2$，在这个自由度为 2 的运动链中，若同时取构件 1 和 4 作为原动件，则由图看出，构件 2 和 3 具有确定的运动。如果只取构件 1 作为原动件，则由图可知，其余三个活动构件 2，3，4 的运动将不能确定，只能做无规则的运动。这说明，要使自由度大于零的机构具有确定运动，原动件的数目不可少于运动链的自由度数。

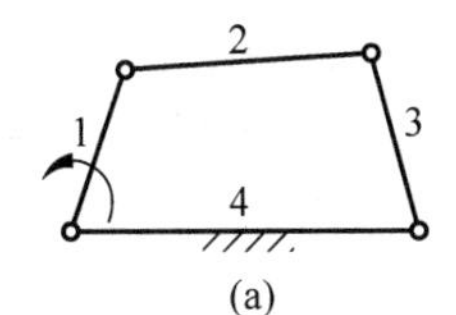

(a)

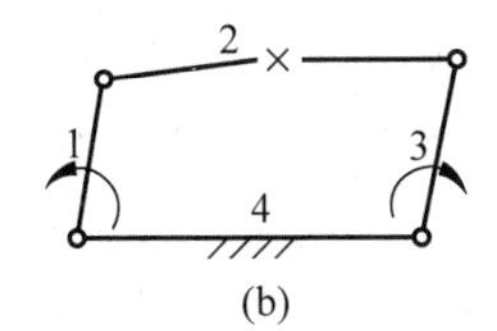

(b)

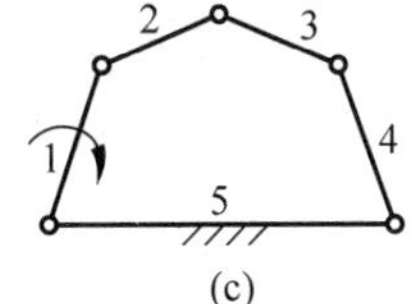

(c)

图 3.6　平面四杆机构

综上所述，机构具有确定运动的条件：机构相对于机架的自由度必须大于零，且原动件的数目等于机构的自由度数。

3.2.3　机构自由度计算的特殊情况

根据实际机械结构绘制完机构简图后，需要进一步考虑某些特殊结构和情况对机构简图进行检查，筛除对机构运动不起作用的约束或自由度，并避免遗漏隐藏的约束或运动副。下面给出了机构自由度计算时三种常见的特殊情况及其处理方法。

1. 局部自由度

在某些机构中，不影响其他构件运动的自由度称为局部自由度。在图 3.7 所示的小型压力机及其机构示意图中，中间构件 4 与凸轮 6 之间存在一个滚子 5，可以将构件 4 和 6 之间的滑动摩擦转换为相对滚动，减少了高副元素的磨损。但是按照式(3.3)计算时，其自由度为 $F=3n-2p_5-p_4=3\times8-2\times10-2=2$。

显然，该机构只需要一个主动件就有确定的运动，即推杆的运动与滚子能否转动无关，滚子的作用仅仅是把滑动摩擦转换为滚动摩擦，所以滚子绕自身轴线的转动不影响机构运动，而是局部自由度。处理方法是把滚子固化在支撑滚子的构件上，去掉局部自由度，如图 3.7(c)所示，其自由度为 $F=3n-2p_5-p_4=3\times7-2\times9-2=1$。

局部自由度经常出现在用滚动摩擦代替滑动摩擦的场合，这样可减小机构的磨损。

小型压力机

(a)

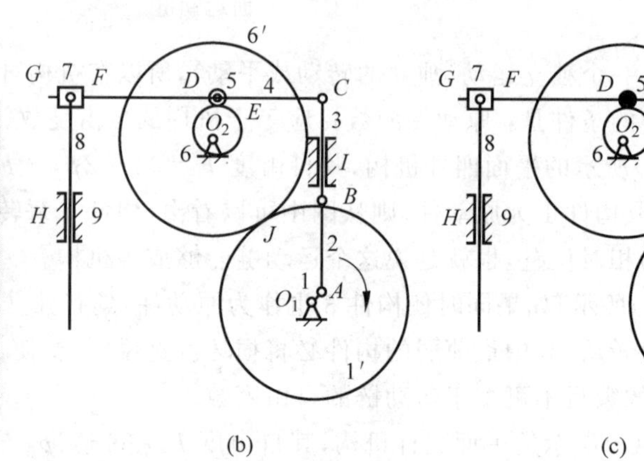

(b) (c)

图 3.7 小型压力机及其机构示意图

2. 虚约束

对机构运动实际上不起限制作用的约束称为虚约束。在一些特定的几何条件或结构条件下，机构中某些运动副所产生的约束可能与其他位置运动副的作用一致，即出现了约束的冗余。例如，在机构中同时存在多个位置的重复约束，均起到了限制转动副间的距离、移动副的导路方向、高副元素的曲率中心等几何条件的作用。根据这些冗余的虚约束在计算机构自由度时，应将机构中构成虚约束的构件连同其所附带的运动副去掉不计。下面列举了几种常见的虚约束情况。

(1) 两构件之间构成多个同类型运动副

两构件之间构成若干个转动副，但这些转动副的轴线互相重合(图 3.8(a))；两构件之间构成多个移动副，但这些移动副的导路互相平行或重合(图 3.8(b))；两构件之间构成多个平面高副，但各接触点之间的距离为常数(图 3.8(c))；在这些情况下，只有一个运动副对机构运动起约束作用，其余运动副所提供的约束均为虚约束。

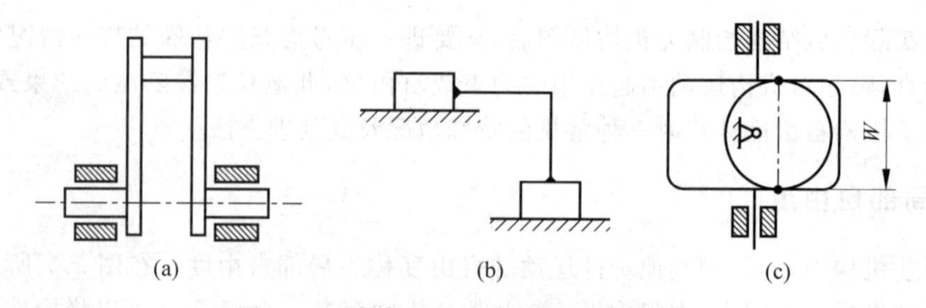

(a) (b) (c)

图 3.8 两构件间构成多个同类型运动副

(2) 两构件连接前后连接点的轨迹重合

在图 3.9(a)所示的火车轮中，存在一个平行四边形机构，其机构简图如图 3.9(b)所示。

由于 $AB=CD=EF$，$AB/\!/CD/\!/EF$，故可以证明其连杆2上任一点在机构运动过程中均做圆周运动。即C、D两点连接前后，C点的轨迹保持不变。此时，利用式(3.3)计算图3.9(b)所示机构的自由度，可得 $F=3n-2p_5=3\times4-2\times6=0$，即引入了一个虚约束。因此，在计算自由度时应该去掉对机构运动没有影响的构件3及其两端的运动副。

(a)

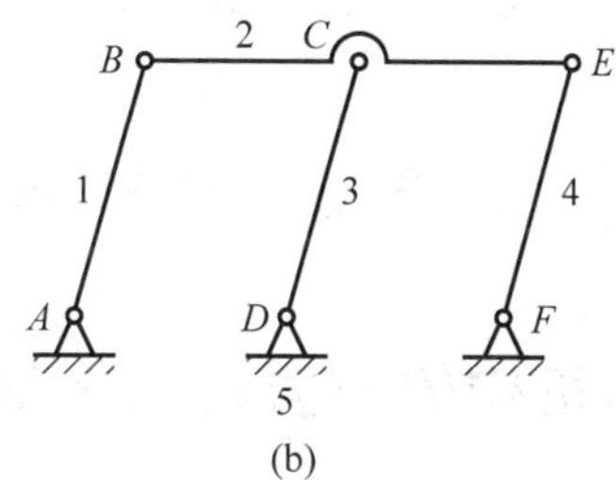

(b)

图3.9　火车轮及其机构简图

(3) 机构运动时两构件上的两点距离始终不变

在图3.10所示的平面连杆机构中，由于 $AB/\!/CD$，且 $AB=CD$，$AE/\!/DF$，且 $AE=DF$，故在机构的运动过程中，构件1上的E点与构件3上的F点之间的距离将始终保持不变。此时，若将E、F两点以构件5连接起来，利用式(3.3)计算的机构自由度 $F=3n-2p_5=3\times4-2\times6=0$，则附加的构件5和其两端的转动副$E$、$F$引入了一个虚约束。因此，在计算自由度时应该去掉对机构运动没有影响的构件5及其两端的转动副E、F。

(4) 机构中对运动不起作用的对称部分

在图3.11(a)所示的行星轮系中，若仅从运动传递的角度看，只需要一个行星轮2就足够了。这时 $n=3$，$p_5=3$，$p_4=2$，机构自由度 $F=3n-2p_5-p_4=3\times3-2\times3-2=1$。但为了使机构受力均衡和传递较大功率，增加了另外两个行星轮，与行星轮2沿周向均布。由于添加的两个行星轮和行星轮2完全相同，并不影响机构的运动情况，故引入两个行星轮所增加的约束为虚约束。

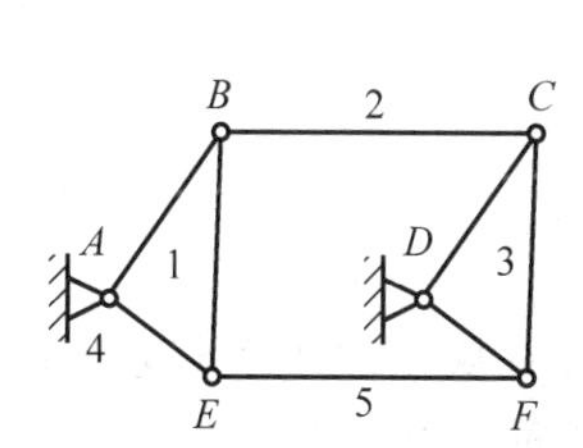

图3.10　两构件上的两点距离始终不变

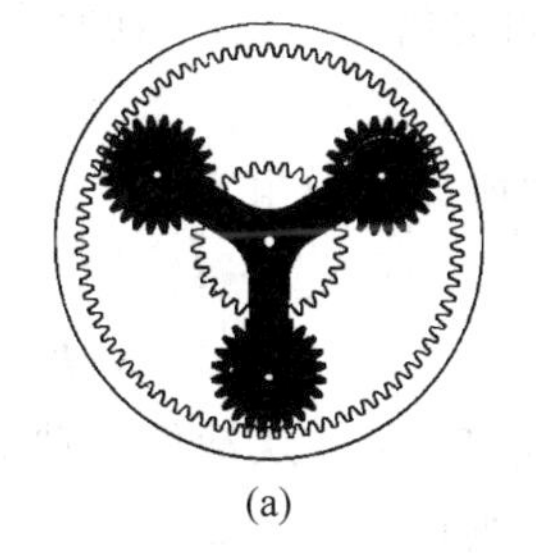

(a)

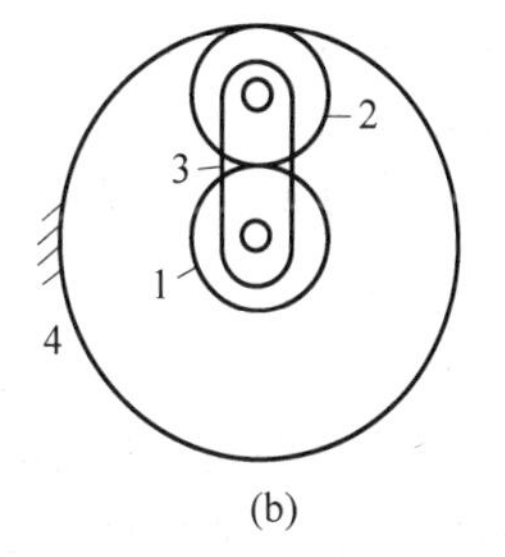

(b)

图3.11　行星轮系机构中对运动不起作用的对称部分

需要特别指出的是，在设计机械时尽管虚约束在分析机构运动时会带来一些麻烦，但是却在改善构件的受力情况和实现较大功率传递等方面发挥了重要作用。

3. 复合铰链

两个以上的构件在同一处以转动副连接，则构成复合铰链。图3.12(a)所示的三个构件

1、2、3 在 A 处用转动副连接时，有两个转动副(如图 3.12(b)所示)。由此，可以递推出以下结论：当 m 个构件在一处用转动副连接时，此处共有$(m-1)$个转动副。

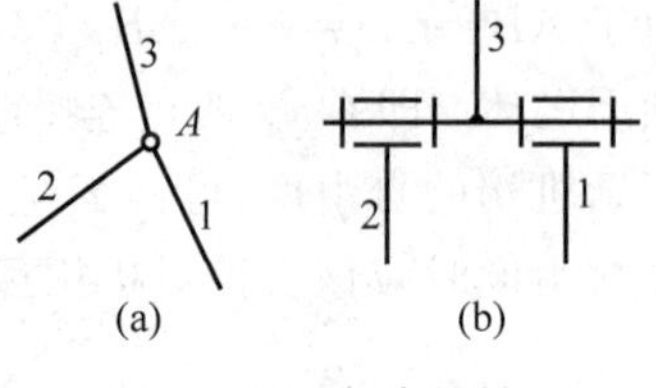

图 3.12 复合铰链

在计算机构自由度时，必须注意正确判别局部自由度、虚约束、复合铰链等特殊情况，否则会发生计算错误。

3.3 机构可动的力学条件

3.3.1 平面机构的压力角及传动角

平面机构具有传递运动和力的功能，机构可动除了满足运动学条件外，还需要一定的力学条件。使机构运转的动力为驱动力，由原动机提供，为机构提供输入功。在实际生产中，机构需要克服生产阻力做功，其功为有用的输出功。机构运动时，在具有相对运动的构件间会产生摩擦力。一般情况下，摩擦力为有害阻力，其功为机械的损耗功。只有当使用摩擦力作为主动力时，其做功为有用功。此外，机构的运动还会受自身重力和惯性力的影响。若不考虑各运动副中的摩擦力及构件重力和惯性力的影响，机构运动时作用于从动件上的驱动力与其作用点的速度方向所夹的锐角称为压力角，一般用 α 表示。

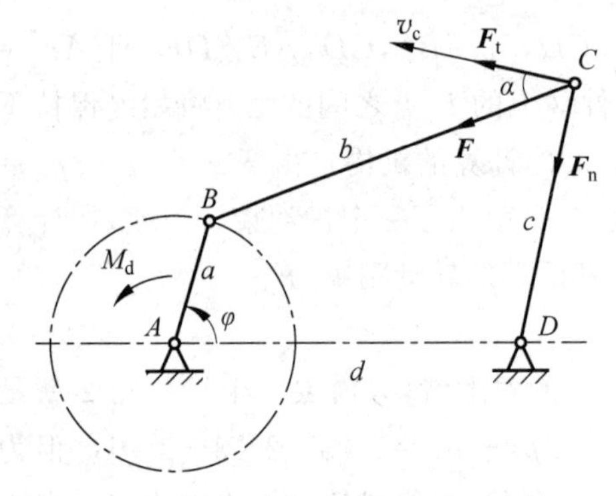

图 3.13 平面连杆机构的受力分析

在图 3.13 所示的平面连杆机构中，如果不计惯性力、重力及摩擦力，则连杆 BC 是二力共线的构件，由主动件 AB 经过连杆 BC 作用在从动件 CD 上的驱动力 F 的方向将沿着连杆 BC 的中心线 CB 方向。力 F 可分解为沿着 C 点速度 v_c 方向的分力 F_t 和垂直于 v_c 方向的分力 F_n。

设力 F 与速度 v_c 之间所夹的锐角为 α，则：

$$\begin{cases} F_t = F\cos\alpha \\ F_n = F\sin\alpha \end{cases} \tag{3.4}$$

其中，沿 v_c 方向的分力 F_t 是使从动件转动的有效分力，对从动件产生有效回转力矩；而另一个方向上的分力 F_n 则仅在转动副 D 中产生附加的径向压力。由上式可知，α 越大，径向压力 F_n 也越大，故称角 α 为压力角。工业生产中往往规定了机构允许采用的最大压力角，称为许用压力角，一般用[α]表示。因此，为保证机构的力传递特性和提高机械的传递效率，在设计机构时须满足：

$$\alpha_{max} \leqslant [\alpha] \tag{3.5}$$

考虑到应用的方便，定义连杆与从动件之间所夹的锐角为传动角，一般用符号 γ 表示。传动角是压力角的余角，即 $\gamma = 90° - \alpha$。显然，γ 角越大，则有效分力 F_t 越大，而径向压力 F_n 越小，机构的传动效率越高。因此，在平面机构中，常用传动角大小及其变化情况来衡量机构传力性能的优劣。在机构设计时，为保证机构具有良好的传力性能，一般要求：$\gamma_{\min} \geqslant 40°$；对于高速和大功率的传动机械，应使 $\gamma_{\min} \geqslant 50°$。

如图 3.14 所示，在机构的运动过程中传动角的大小是变化的。

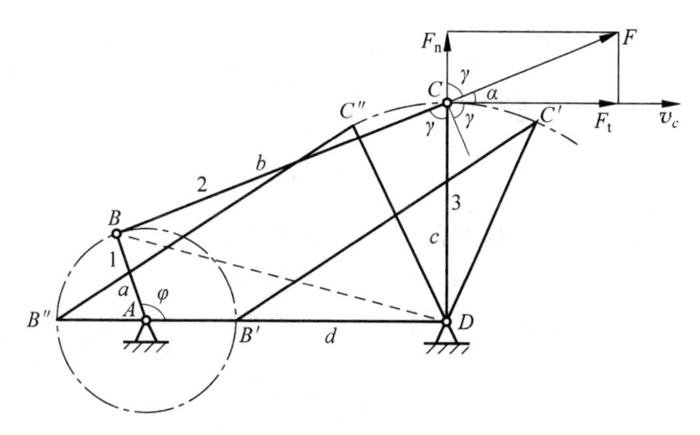

图 3.14　平面连杆机构的传动角

平面连杆机构的传动角

当曲柄 AB 转到与机架 AD 重叠共线和拉直共线两位置 AB'、AB''时，传动角将出现极值 γ'和 γ''，其值大小为：

$$\gamma' = \arccos \frac{b^2 + c^2 - (d-a)^2}{2bc} \tag{3.6}$$

$$\gamma'' = 180° - \arccos \frac{b^2 + c^2 - (d+a)^2}{2bc} \tag{3.7}$$

该平面四杆机构的最小传动角必将出现在曲柄于机架两次共线的位置，比较两个位置时的传动角，即可求得最小传动角 $\gamma_{\min}$，则有 $\gamma_{\min} = \min\{\gamma', \gamma''\}$。

3.3.2　机构的死点位置

当从动件上的传动角等于零时，驱动力对从动件的有效回转力矩为零，这个位置称为机构的死点位置，即机构中从动件与连杆共线的位置。

如图 3.15 所示，在摇杆 CD 为主动件的曲柄摇杆机构中，连杆 BC 与从动曲柄 AB 出现两次共线的位置即为机构的死点位置。此时，连杆与曲柄在一条直线上，出现了传动角 $\gamma = 0°$的情况。这时主动件 CD 通过连杆作用于从动件 AB 上的力恰好通过其回转中心，所以不能使构件 AB 转动而出现"顶死"现象。由此可见，四杆机构中是否存在死点位置，取决于从动件是否与连杆共线。

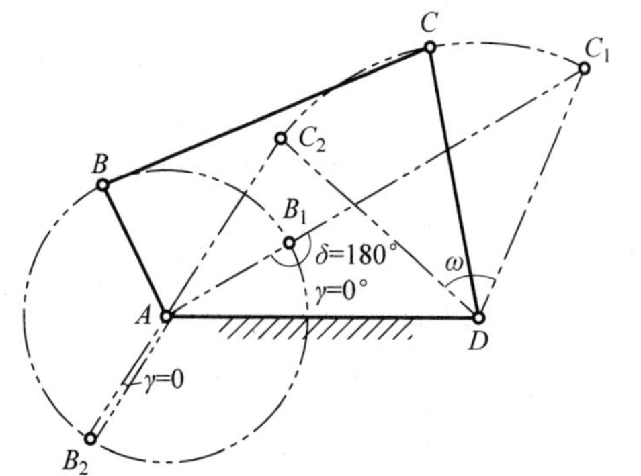

图 3.15　四杆机构的死点位置

连杆的死点位置

机构的死点位置对连续运转的机械系统是不利的，应该采取措施使机构能顺利通过死点位置。一种方法是通过设计特殊机构通过死点位置。如图 3.16 所示为蒸汽机车驱动轮的联动机构，采用机构错位排列的办法，即将两组曲柄滑

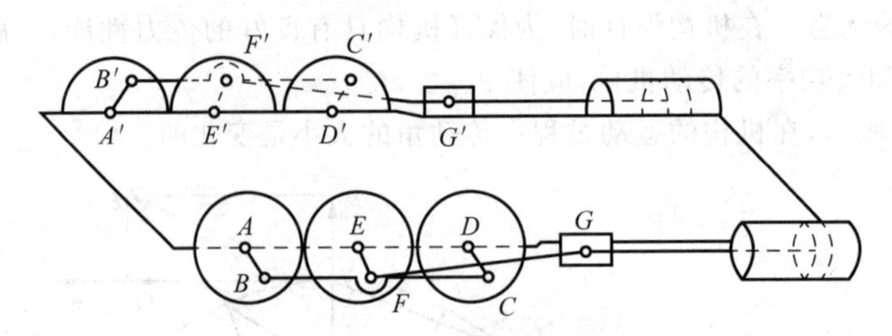

图 3.16　蒸汽机车驱动轮的联动机构

块机构 EFG 与 $E'F'G'$ 组成的机构组合起来，而使各组机构的死点位置相互错开 90°，从而互相借力通过死点位置。另一种常用的方法是利用从动件的惯性来通过死点位置。如图 3.17 所示的缝纫机踏板机构就是借助于带轮的惯性通过死点位置的。

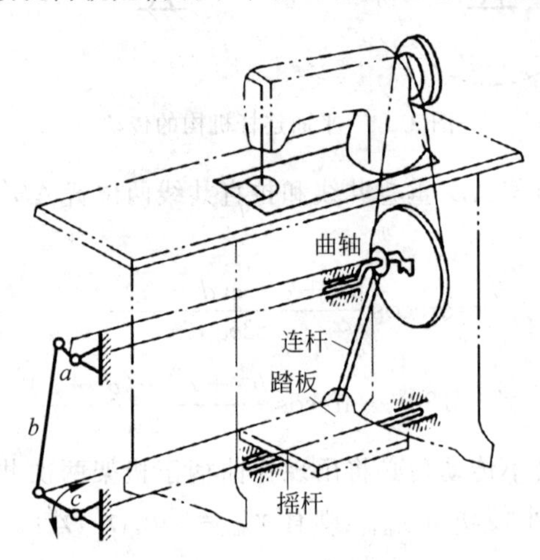

缝纫机

图 3.17　缝纫机踏板机构

此外，机构的死点特性也会为工业生产带来便利。图 3.18 所示的连杆式快速夹具，就是利用死点位置来夹紧工件的。在连杆 2 的手柄处施以压力 F 将工件夹紧后，连杆 BC 与连架杆 CD 成一直线。撤去外力 F 之后，在工件反弹力 T 作用下，从动件 3 处于死点位置。即使此反弹力很大，也不会使工件松脱。图 3.19 所示的飞机起落架处于放下机轮的位置，此时连杆 BC 与从动件 CD 位于同一直线上。因机构处于死点位置，故机轮着地时产生的巨大冲击力不会使从动件反转，从而使起落架保持支撑状态。

利用死点的夹具

飞机起落架

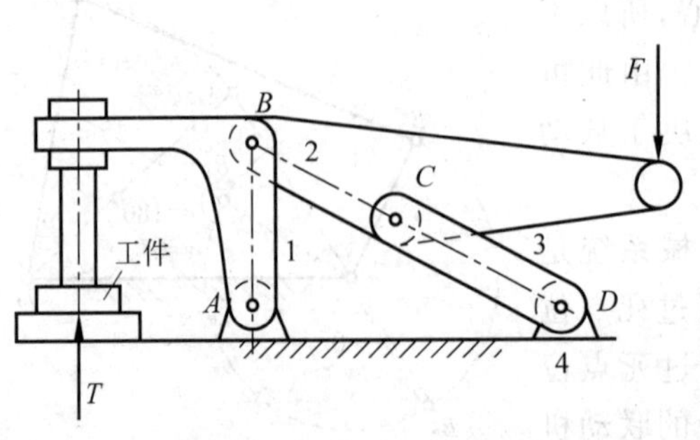

图 3.18　连杆式快速夹具

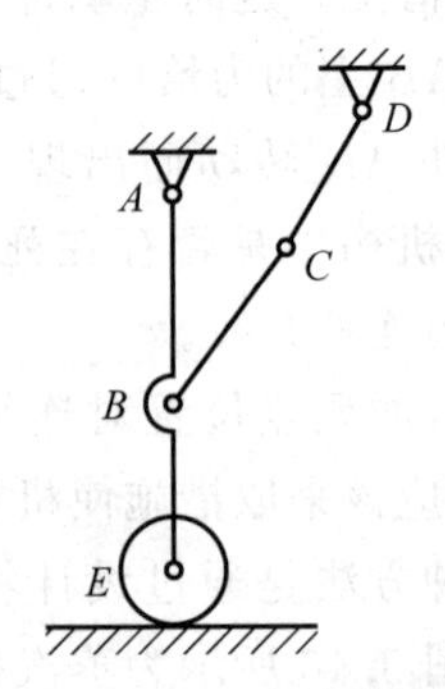

图 3.19　飞机起落架

3.3.3　运动副的自锁

机构的运动副中存在两种力：使构件运动的驱动力和阻碍构件运动的摩擦力。如果驱动力无论多么大，都不能使构件运动，这种现象称为自锁。

对移动副而言，当外力合力作用在摩擦角之内，则移动副发生自锁。在图 3.20 所示的移动副受力分析中，使滑块 1 产生运动的有效分力为 $F_t=F\sin\beta=F_n\tan\beta$，此时滑块 1 所受的摩擦阻力为 $F_{21}=F_n\tan\varphi$。当 $\beta\leqslant\varphi$ 即驱动力作用在摩擦角之内时，$F_t\leqslant F_{21}$，即不论驱动力 F 在其作用线方向上如何增大，其有效分力总小于因它所产生的摩擦力，此时滑块 1 总不能产生运动，即出现移动副的自锁现象。

对转动副而言，当外力合力作用在摩擦圆之内，则转动副发生自锁。在图 3.21 中所示的转动副受力分析中，作用在轴颈上的外载荷为 Q，当 $e\leqslant\rho$ 即 Q 力作用在摩擦圆之内时，由于驱动力矩 $M_d(=Qe)$ 总小于由它产生的摩擦阻力矩 $M_f(=R_{21}\rho=Q\rho)$，故此时无论 Q 如何增大也不能使轴 1 转动，即出现转动副的自锁现象。

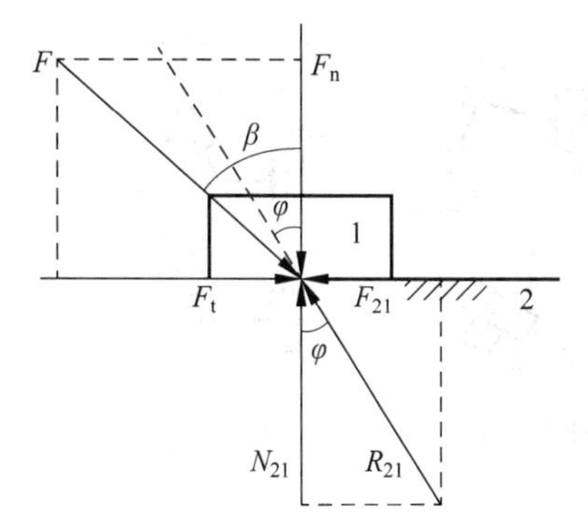

图 3.20　移动副受力分析

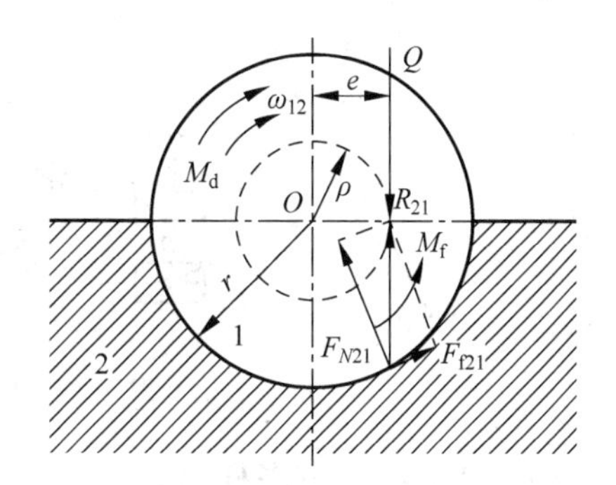

图 3.21　转动副受力分析

综上所述，运动副是否发生自锁，与其驱动力作用线的位置及方向有关。在移动副中，若驱动力 F 作用在摩擦角之外，则不会发生自锁；在转动副中，若驱动力 Q 作用于摩擦圆之外，亦不会发生自锁。故一个机械是否发生自锁，可以通过分析组成机械的各环节的运动副自锁情况来判断，只要组成机械的某一环节或数个环节发生自锁，则该机械必发生自锁。

当机械出现自锁时，无论驱动力多么大都不能超过由它所产生的摩擦阻力，即此时驱动力所做的功总小于或等于由它所产生的摩擦阻力所做的功。

3.4　机构的组成原理及结构分析

3.4.1　平面机构的组成原理

平面机构要实现确定运动和特定功能，离不开动力输入、动力传递与执行系统的相互配合。因此，一般机构中都包含原动件、机架和从动件三部分。由于机架的自由度为零，一般每个原动件的自由度为 1，要实现确定运动，机构的原动件数应与机构自由度数相等。所以，从动件的自由度数必然为零。下面将引入杆组的概念，对机构的从动件系统进行分析。

1. 杆组

平面机构从动件系统中可分解的若干个不可再分的自由度为零的构件组合称为阿苏尔杆组，又称基本杆组。因此，杆组可以看作是组成平面机构的基本模块。

对于只含低副的平面机构，若杆组中有 n 个活动构件、p_5 个低副，因杆组自由度为零，故有：

$$3n-2p_5=0 \tag{3.8}$$

式中，为保证 n 和 p_5 均为整数，n 只能取偶数(2，4，6，…)。根据 n 的取值不同，杆组可分为以下情况。

(1) $n=2$，$p_5=3$ 的Ⅱ级杆组

Ⅱ级杆组是最简单、应用最多的基本杆组。根据组成杆组的运动副位置的不同，可以分为内接副和外接副。其中，内接副是连接杆组内部构件的运动副；外接副是与杆组外部构件连接的运动副。一般Ⅱ级杆组包含 1 个内接副和 2 个外接副，图 3.22 给出了常见的 9 种Ⅱ级杆组形式。

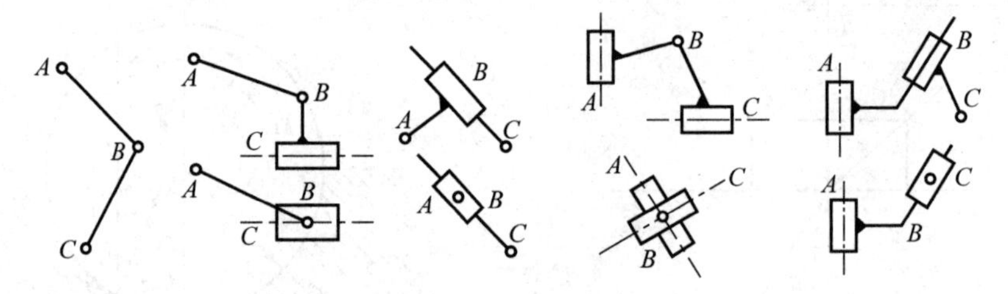

图 3.22 常见的Ⅱ级杆组形式

(2) $n=4$，$p_5=6$ 的多杆组

Ⅲ级杆组是多杆组中最常见的杆组，其特征是具有一个三副构件，其上面每个内接副所连接的分支构件均为双副构件。图 3.23 为几种常见的Ⅲ级杆组。

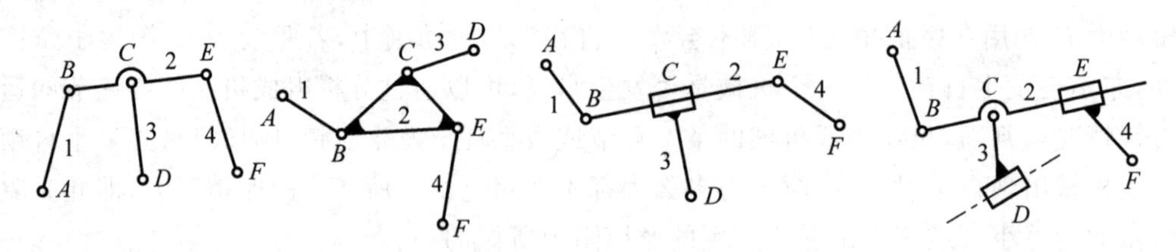

图 3.23 常见的Ⅲ级杆组形式

较Ⅲ级杆组级别更高的基本杆组，在实际机构中很少遇到。图 3.24 所示的两个基本杆组为Ⅳ级杆组，其特征是含有 4 个内接副。

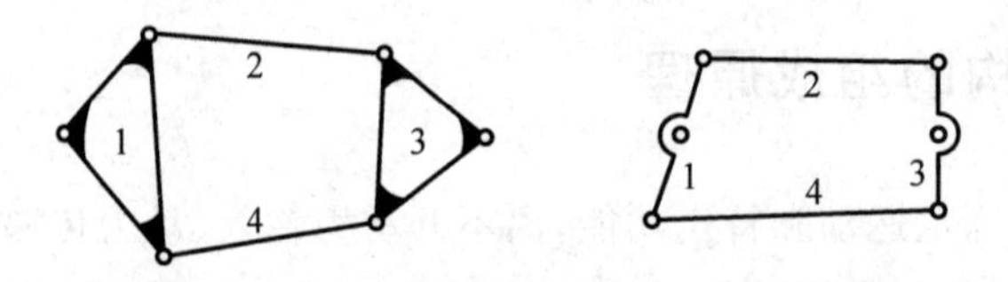

图 3.24 常见的Ⅳ级杆组形式

2. 机构的组成原理

由一个原动件和机架所组成的机构称为最简机构，任意复杂的平面机构都可看作是在最简机构的基础上连接一些基本杆组所构成的，这就是机构的组成原理。即，机构＝最简机构＋基本杆组。机构按所含最高杆组级别命名，且机构的级别与原动件的选择有关。把若干个自由度为零的基本杆组依次连接到原动件和机架上，就可组成一个新的机构，其自由度数与原动件数目相等。必须强调，杆组的各个外端副不可以同时加在同一个构件上，否则将成为刚体，如图 3.25 所示。

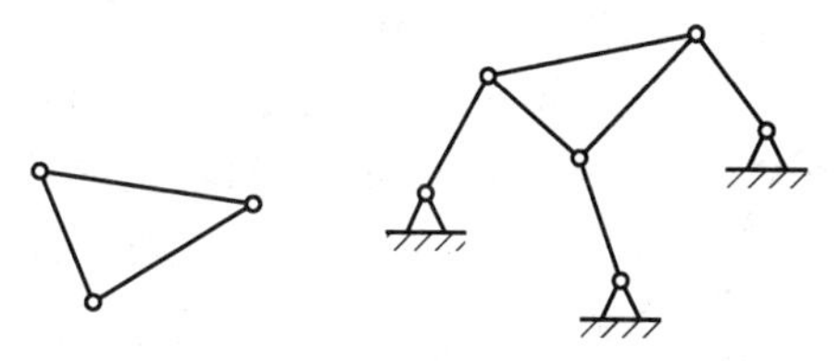

图 3.25　杆组外端副不可以连接同一构件

图 3.26 给出了按照机构组成原理组成八杆机构的过程。如图 3.26(a)所示，首先把图中Ⅱ级杆组 *BCD* 通过其外接副 *B*、*D* 连接到原动件 1 和机架 8 上形成四杆机构 *ABCD*。再把图 3.26(b)所示的Ⅲ级杆组通过外接副 *E*、*I*、*J* 依次与Ⅱ级杆组及机架连接，组成八杆机构。

八杆机构

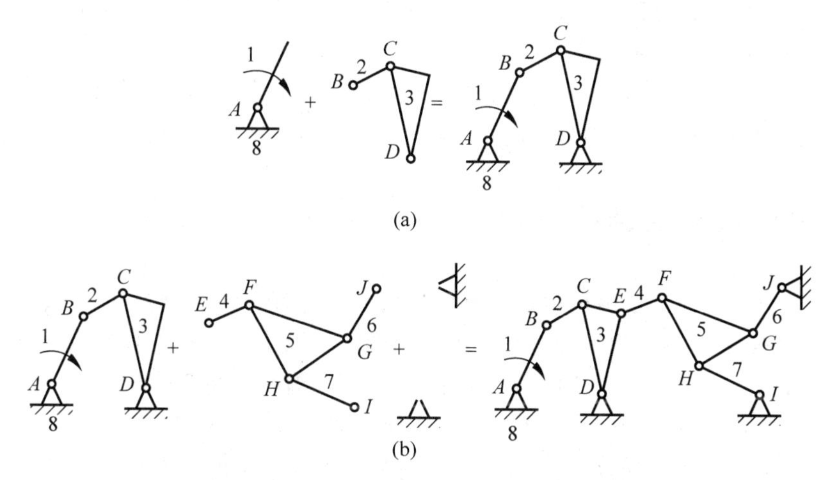

图 3.26　八杆机构的组成分析

因此，在进行机构创新设计时，就可以按设计要求和机构组成原理由杆组和最简机构组成机构，且机构的结构越简单、杆组的级别越低，则构件数和运动副的数目越少越好。

3.4.2　平面机构的高副低代

平面机构的高副低代是指采用低副代替高副进行变通处理的方法。通过高副低代，可以将平面低副机构的结构与运动分析方法推广到所有平面机构。

实现高副低代的关键是找出两高副元素的接触点处的公法线和曲率中心，且代换前后必须保持机构的自由度和运动关系不变。

(1) 代换前后机构的自由度不变

在平面机构中,一个高副会引入一个约束,而一个构件和两个低副也同样会引入一个约束。因此,为保证代换前后机构的自由度完全相同,最简单的方法就是用一个含有两个低副的虚拟构件来代替一个高副。

(2) 代替前后机构的瞬时速度和瞬时加速度不变

当高副元素为非圆曲线时,由于曲线各处曲率中心的位置不同,故在机构运动过程中,随着接触点的改变,高副元素在接触位置的曲率中心相对于构件和机架转动中心的距离也会随之改变。因此,对于一般的高副机构,在不同位置须用不同的瞬时替代机构。

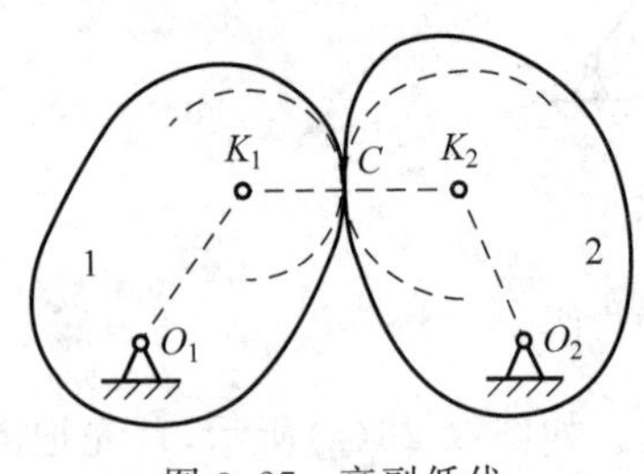

图 3.27　高副低代

如图 3.27 所示的高副机构,构件 1 和构件 2 分别绕点 O_1 和 O_2 转动,两者通过平面高副传递力和运动,且高副元素为非圆曲线。在机构运动过程中,高副元素在接触位置的曲率中心 K_1、K_2 相对于构件 1、2 和机架转动中心 O_1、O_2 的距离是不断变化的。因此,在图 3.27 所示的机构位置,可以考虑采用瞬时替代机构,以保持机构的自由度和运动关系不变。首先通过几何绘图,获得接触点 C 处的两高副元素曲率中心 K_1、K_2。为保证代替前后机构的瞬时速度和瞬时加速度不变,瞬时替代构件应位于两高副元素在接触点处的公法线上,可以用图 3.27 所示的四杆机构 $O_1K_1K_2O_2$ 代替原机构,即用两高副元素曲率中心 K_1、K_2 作为虚拟构件的转动副代替原机构中的高副 C。

根据上述方法将含有高副的平面机构进行低代后,即可将其转化为平面低副机构。因此,在讨论机构组成原理和结构分析时,只需研究含低副的平面机构。

3.4.3　平面机构的结构分析

平面机构的结构分析是由杆组依次组成机构的逆过程,即将机构分解为基本杆组、原动件和机架,因此通常也把它称为拆杆组。因机构的级别取决于机构中杆组的最高级别,通过平面机构的结构分析可以判定机构的级别,以便进一步对机构进行运动分析和力分析。

拆除杆组时应遵循下述原则:从远离原动件的部位开始拆杆组,首先考虑Ⅱ级杆组,若无法拆除,再试拆高一级别的杆组;拆下的杆组是自由度为零的基本杆组,每拆除一个杆组后,机构的剩余部分仍应是一个完整机构;最后剩下的原动件数目与自由度数相等。

下面以图 3.28(a)所示的平面机构为例,说明机构结构分析的过程。首先,计算机构的自由度,去除虚约束、局部自由度,并高副低代。确定凸轮 1 为原动件,标上箭头以示其运动方向,将滚子 2 的局部自由度去除(图 3.28(b)),将 A 处的高副进行低代,得到如图 3.28(c)所示的机构运动简图。然后,进行机构分解:从传动路线上远离原动件的部分开始试拆杆组,先试拆Ⅱ级组,若拆不出Ⅱ级组,再试拆Ⅲ级组。依次拆除由构件 6 和 7 组成的Ⅱ级杆组、由构件 2′、3、4 和 5 组成的Ⅲ级杆组,最后剩下原动件 1′和机架 8(图 3.28(d))。因机构可由不同级别的杆组组成,通常以机构中包含的基本杆组的最高级别来命名机构的级别。图 3.28(d)所示的机构包含了一个Ⅱ级杆组和一个Ⅲ级杆组,故称其为Ⅲ级机构。

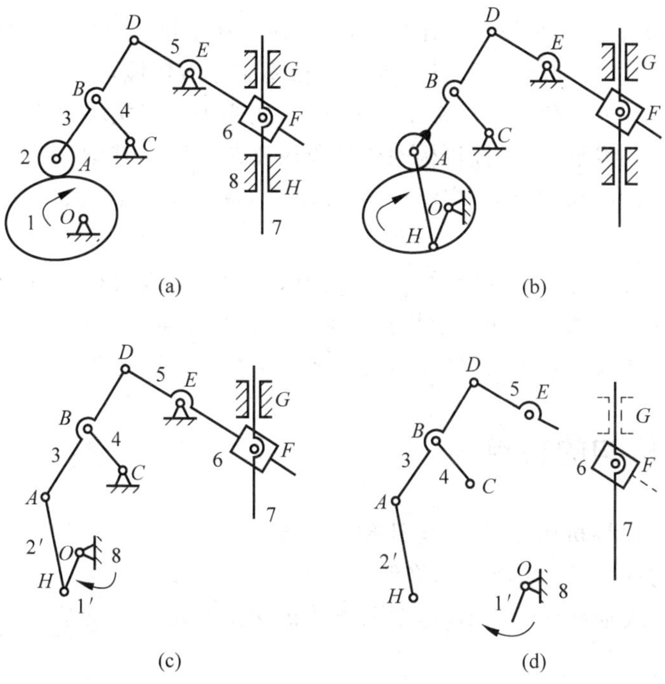

图 3.28　平面机构的结构分析

需要指出的是，同一个运动链，当原动件更换时，机构的级别有可能改变。例如图 3.29 所示的机构，当构件 1 为原动件时，它为Ⅲ级机构(图 3.29(a))；而当以构件 6 为原动件时，它为Ⅱ级机构(图 3.29(b))。

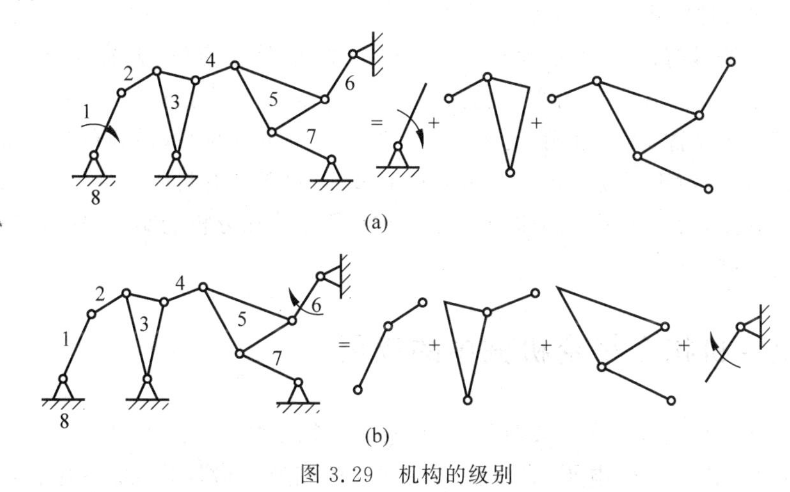

图 3.29　机构的级别

3.5　知识拓展：柔性机构概述

3.5.1　柔性机构定义及分类

柔性机构是指利用材料的弹性变形传递或转换运动、力或能量的新型机构。与刚性机构相比，柔性机构的优点是可以整体化加工，减小体积和重量，改变结构刚度，与人和环境互动更温和，便于能量存储和转化，可以抵抗冲击和适应恶劣环境，避免设备损坏。柔性机构这一概念自20世纪80年代提出以来发展迅猛，已成为现代机构学一个重要分支。柔性机构设计理论的构建与发展，为柔性机构的成功应用奠定了坚实基础。随着对柔性及柔性机构认识不断深入，柔性机构得到了广泛应用，在精密工程、仿生机器人、智能材料结构等领域发挥了重要作用。

柔性机构有部分柔性机构和全柔性机构之分，其中全柔性机构又分为具有集中柔度的全柔性机构和具有分布柔度的全柔性机构。前者的特征是柔性运动代替了全部的运动副，后者的特征是没有传统的铰链，柔性相对均匀地分布在整个机构之中。

3.5.2 柔性机构的特点

相对于传统的刚性机构，柔性机构具有以下特点：

(1) 可减少构件数目，无需装配，降低了成本。

(2) 无需铰链或轴承等运动副，运动和力的传递是利用组成其某些或全部构件的变形来实现。

(3) 无摩擦、磨损及传动间隙，无效行程小，且不需要润滑，可实现高精度运动，避免污染，提高寿命。

(4) 可存储弹性能，自身具有回程反力。

(5) 易于小型化和大批量生产。

(6) 易于和其他非机械动力相匹配。

由于柔性机构具有以上优点，使得它在微机电系统、精密定位、无装配设计和仿生机械等领域中得到了广泛应用。作为柔性机构最简单形式之一的柔性铰链机构，具有结构紧凑、体积小、无间隙、无摩擦、无需润滑、运动平滑连续和位移分辨率高(最高可达1 nm)等优点。

但是，柔性机构由于反复变形容易引起疲劳破坏，对于具有集中柔性的柔性机构又容易出现应力集中现象，大变形引起的非弹性变形加上其设计和分析的难度，使得它在实际应用中受到一定的限制。

3.5.3 柔性机构在精密机械中的应用

伴随着微纳米科技浪潮所引发的制造、信息、材料、生物、医疗和国防等众多领域的革命性变化，使得柔性机构在微电子、光电子元器件的微制造和微操作、微机电系统(MEMS)、生物医学工程等这些定位精度要求一般在亚微米级甚至纳米级的领域中得到了广泛应用。例如，基于传统刚性铰链结构的商用精密运动平台所能达到的分辨率极限是50 nm、精度1 μm，很难突破这一瓶颈。而柔性定位平台可以使同类产品的精度提高1～3个数量级。在精微领域，柔性机构可以设计作为精密运动定位平台、超精密加工机床、精密传动装置、执行器、传感器等。

图3.30所示为采用柔性铰链设计的执行器终端指向精调机构。该机构由压电陶瓷堆叠驱动机构、制动机构以及传动件组成，驱动机构用于输出直线位移，完成角度调节；制动

机构用于保持调节后的角度不变；传动件用于传递驱动机构输出的位移和力进而驱动负载。

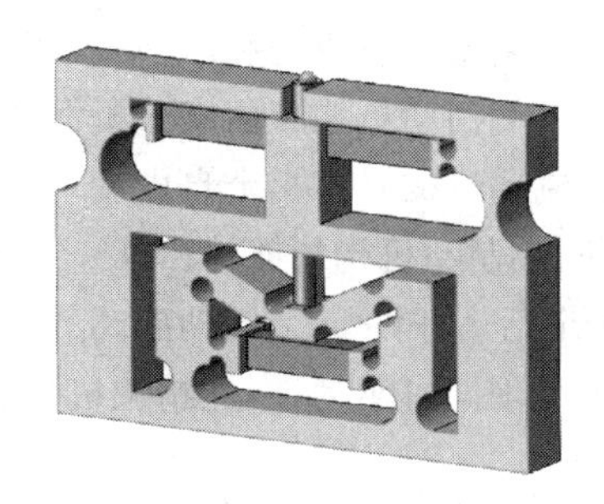

图 3.30 采用柔性铰链设计的执行器终端指向精调机构

如图 3.31 所示，该机构的运动是通过控制输入压电陶瓷堆叠的电信号时序实现的，具体工作原理如下。

(1) 时序 1：制动机构 A 通电，制动机构产生恢复力，使整机从制动（断电保持）状态变为释放（解除制动）状态，制动机构 A 与传动件 C 分离。

(2) 时序 2：制动机构 A 持续通电，驱动机构 B 通电，驱动机构 B 输出驱动力，驱动传动件 C 竖直向上运动，完成位移输出。

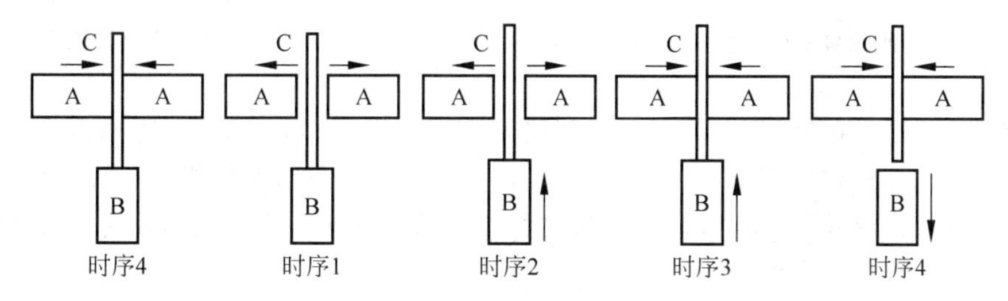

图 3.31 精调机构的工作原理

(3) 时序 3：驱动机构 B 持续通电，制动机构 A 断电，制动机构 A 由释放状态变为制动状态，制动机构 A 输出制动力将传动件 C 夹紧制动。

(4) 时序 4：驱动机构 B 断电，驱动机构 B 恢复到初始状态，传动件 C 保持位置不变，整机处于断电保持状态。

柔性机构因其结构的特殊性，在进行运动分析和机构自由度计算时，可将其近似等效为刚体铰链机构。图 3.32 为整机构型的等效机构运动简图。制动机构 A 由对称的两个一级杠杆微位移放大机构构成，包括压电陶瓷叠堆、柔性铰链、一级杠杆放大结构；驱动机构 B 由对称的杠杆-三角复合微位移放大机构构成，包括压电陶瓷叠堆、柔性铰链、杠杆-三角放大结构。

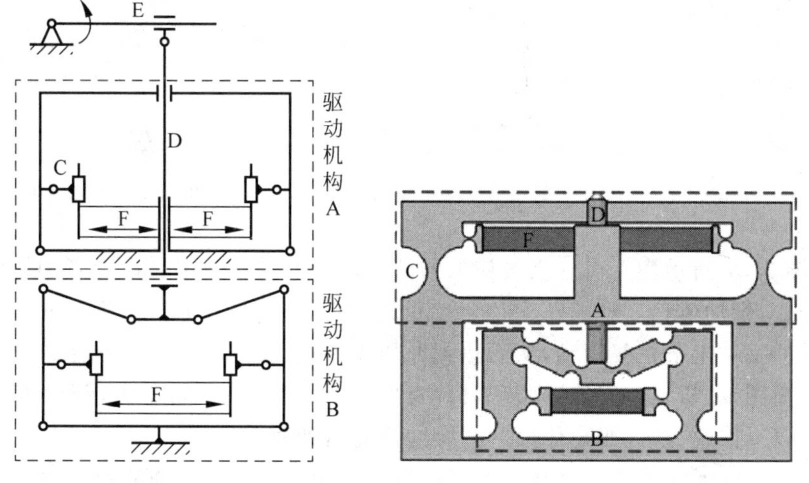

A—制动机构；B—驱动机构；C—柔性铰链；D—传动件；E—平台；F—压电叠堆(PZT)。

图 3.32 整机机构运动简图

由于制动机构和驱动机构相对独立，因此分别对二者自由度进行计算。如图 3.33 所示为单侧制动机构自由度分析简图，机构具有 3 个活动杆件，2 个转动副，2 个移动副，因此单侧制动机构具有 1 个自由度，完整制动机构具有 2 个自由度，每个自由度由一个压电叠堆驱动，故制动机构能够输出唯一运动。如图 3.34 所示为驱动机构自由度分析简图，机构具有 8 个活动杆件，8 个转动副，3 个移动副，因此驱动机构具有 2 个自由度，2 个自由度由同一压电叠堆同时驱动，因此精调机构整机可以输出唯一运动。

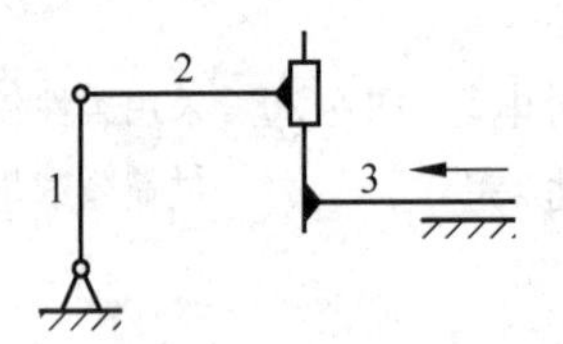

图 3.33 制动机构单侧自由度分析简图

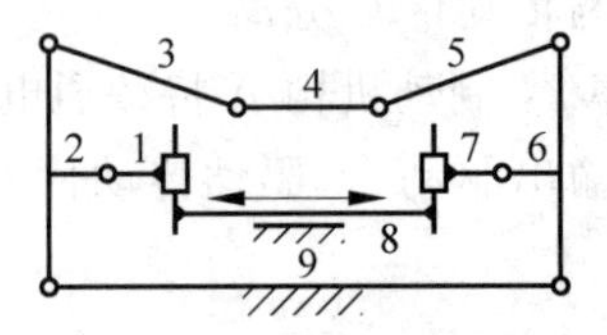

图 3.34 驱动机构自由度分析简图

柔性机构的固有弹性使其更容易与其他非机械作用相结合，不需要附加弹簧来恢复机构到原始位置，在机构内部它也可以与传感器有机融合。因此，柔性机构与智能结构的系统集成在航空航天、机器人和医疗外科领域具有重要的科学探索价值和巨大的应用潜能。

习 题

3.1 绘制图 3.35 所示各机械实体的机构运动示意图，并计算其自由度。

3.2 试判断图 3.36 所示的各运动链能否成为机构，并说明理由。

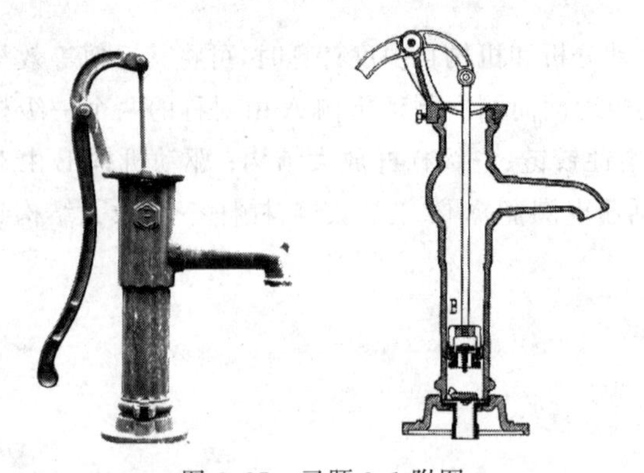

图 3.35 习题 3.1 附图

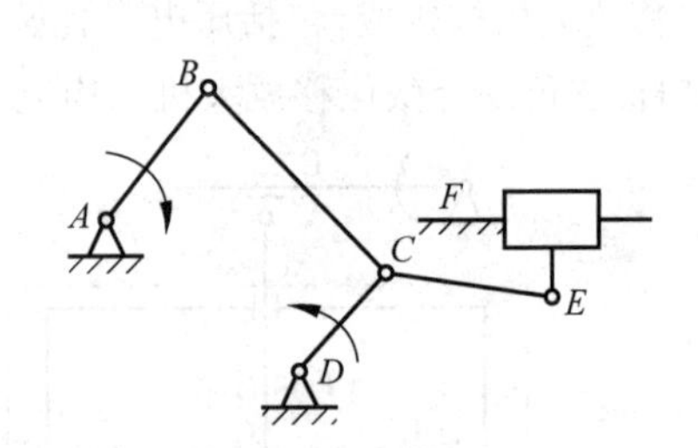

图 3.36 习题 3.2 附图

3.3 图 3.37 所示为一设计人员初拟的简易冲床的设计方案。设计者的思路是：动力由齿轮 1 输入，带动齿轮 2 连续转动；与齿轮 2 固结在一起的凸轮 2′与杠杆 3 组成的凸轮机构将带动冲头 4 上下往复运动，从而达到冲压工件的目的。试按比例绘制出该设计方案的机构运动简图，分析该方案能否实现设计意图，并说明理由。若不能，请在该方案的基础上提出两种以上修改方案，画出修改后方案的机构运动简图。

3.4 图 3.38 所示为手动冲床一个设计方案的示意图。设计思路是：动力由摇杆 1 输入，通过连杆 2 使摇杆 3 往复摆动，摇杆 3 又推动冲杆 5 作往复直线运动，以达到冲压的目

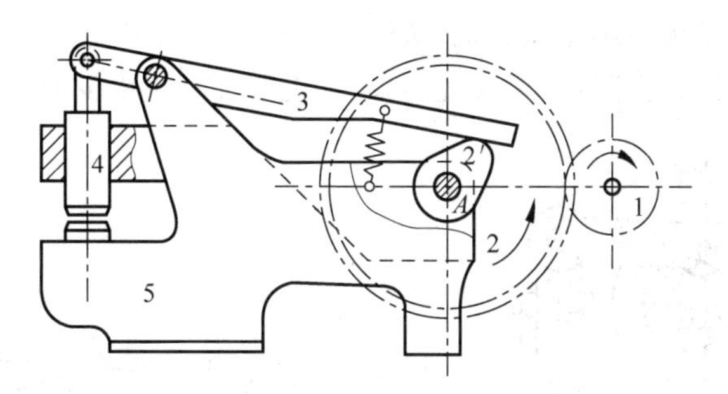

图 3.37 习题 3.3 附图

的。试按比例绘制出该设计方案的机构运动简图,分析该方案能否实现设计意图,并说明理由。若不能,请在该方案的基础上提出两种以上修改方案,画出修改后方案的机构运动简图。

3.5 图 3.39 所示为一脚踏式推料机设计方案示意图。设计思路是:动力由踏板 1 输入,通过连杆 2 使杠杆 3 摆动,进而使推板 4 沿导轨直线运动,完成输送工件或物料的工作。试按比例绘制出该设计方案的机构运动简图,分析该方案能否实现设计意图,并说明理由。若不能,请在该方案的基础上提出两种以上修改方案,画出修改后方案的机构运动简图。

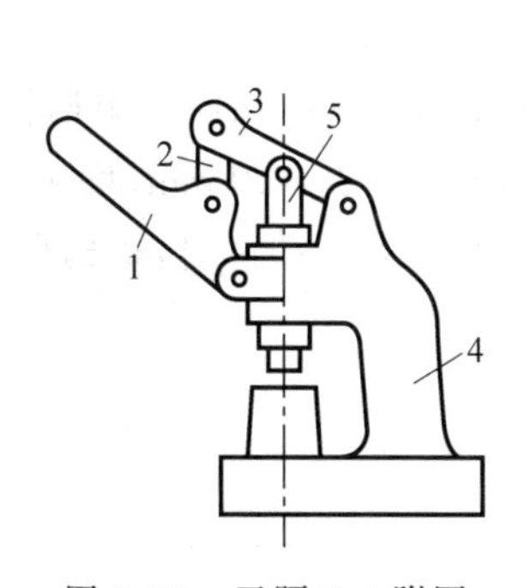

图 3.38 习题 3.4 附图

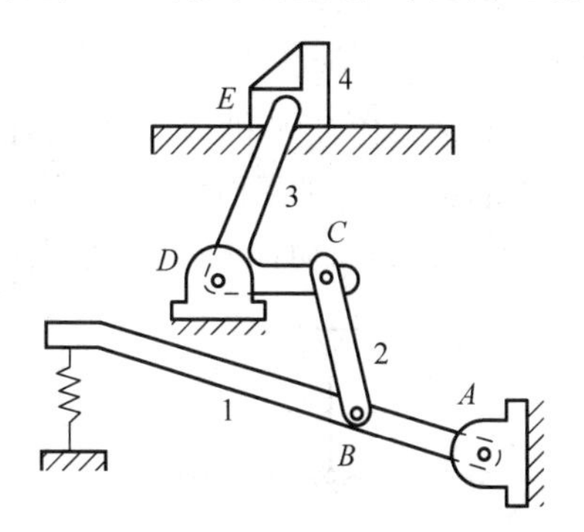

图 3.39 习题 3.5 附图

3.6 计算下列机构(如图 3.40 所示)的自由度(机构中如有复合铰链、局部自由度、虚约束时需在图中标出),并判断机构是否具有确定的相对运动。

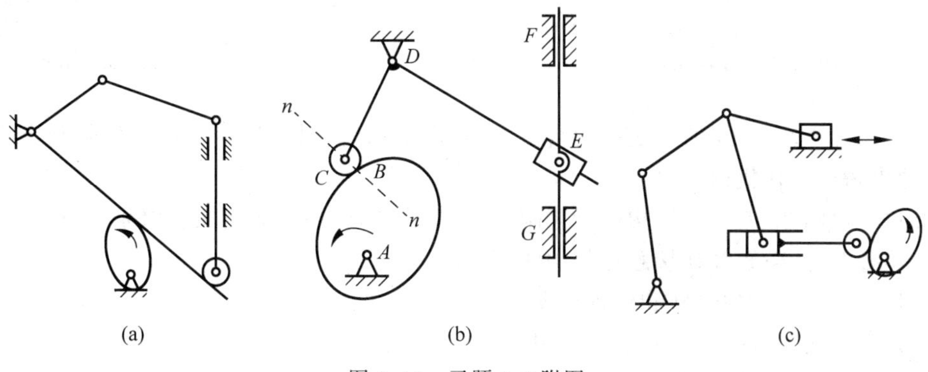

图 3.40 习题 3.6 附图

3.7 图 3.41 所示为一小型压力机,试绘制其机构运动简图,并计算机构自由度,指出其中是否含有复合铰链、局部自由度或虚约束,并说明计算自由度时应该如何处理。

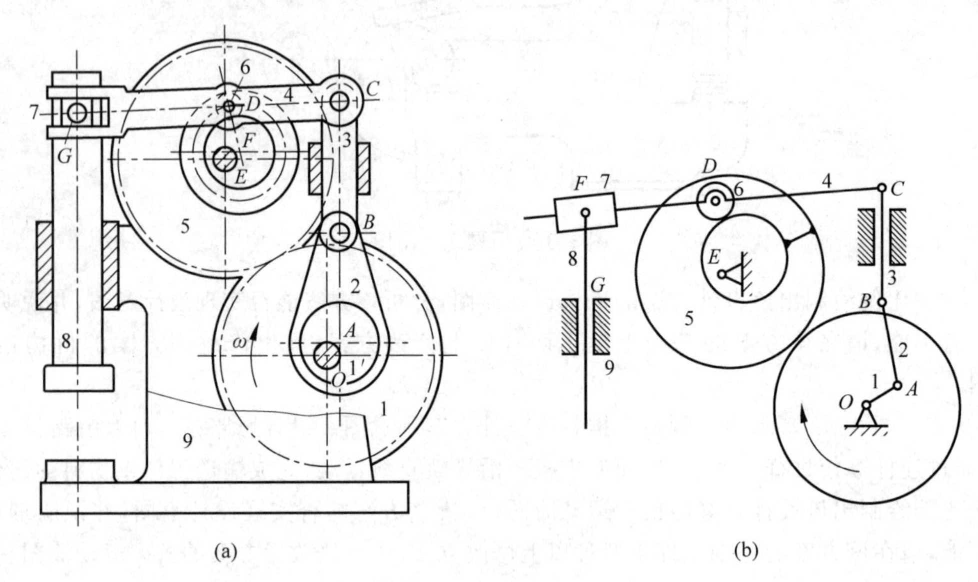

图 3.41 习题 3.7 附图

3.8 计算图 3.42 所示机构自由度,如有复合铰链、局部自由度和虚约束请指明。

3.9 如图 3.43 所示的平面机构。已知:曲柄 $l_1=20$ mm,连杆 $l_2=70$ mm,偏距 $e=10$ mm。求:(1)当曲柄为原动件时,机构最大压力角;(2)当滑块为原动件时,机构死点位置。

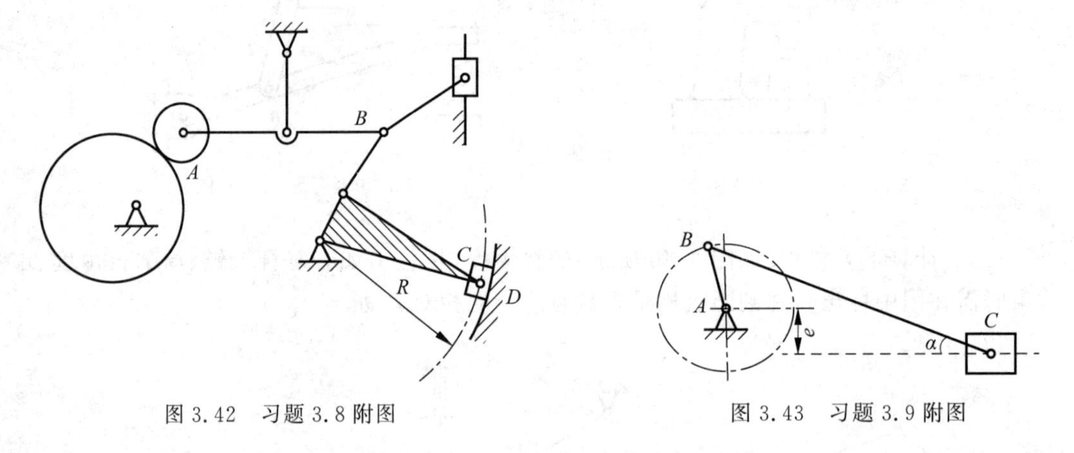

图 3.42 习题 3.8 附图

图 3.43 习题 3.9 附图

3.10 计算图 3.44 所示机构的自由度,确定机构所含杆组的数目与级别,确定机构级别,并画出瞬时替代机构。

3.11 对图 3.45 所示机构进行高副低代,并作结构分析,确定机构级别。点 P_1、P_2 为在图示位置时,凸轮廓线在接触点处的曲率中心。

3.12 已知机构的尺寸和位置如图 3.46 所示,试求:

(1) 计算机构的自由度 F 若存在复合铰链,局部自由度和虚约束请明确指出。

(2) 画出高副低代的机构运动简图。

(3) 对该机构进行结构分析,判断机构的级别。

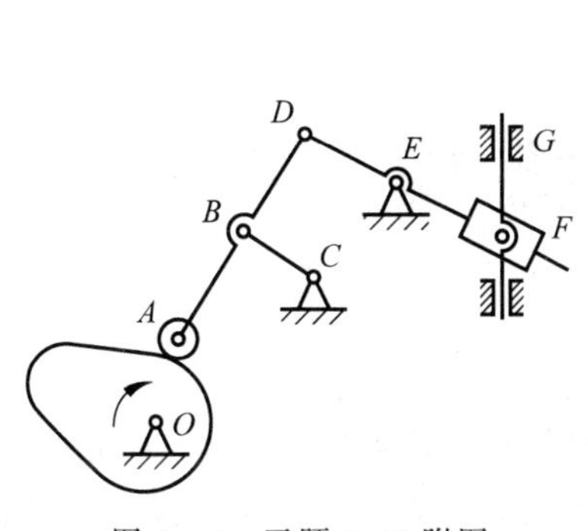

图 3.44　习题 3.10 附图

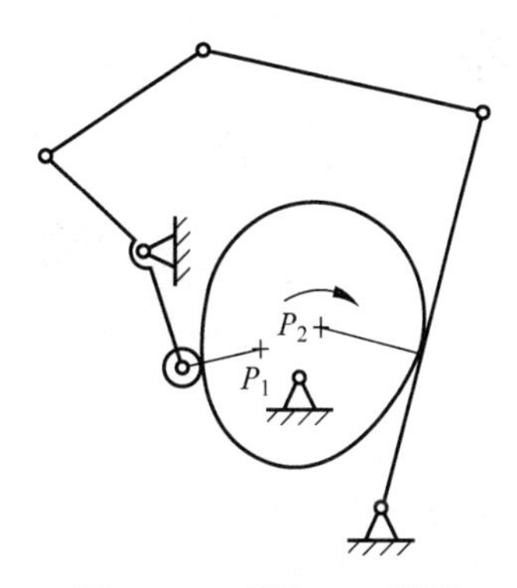

图 3.45　习题 3.11 附图

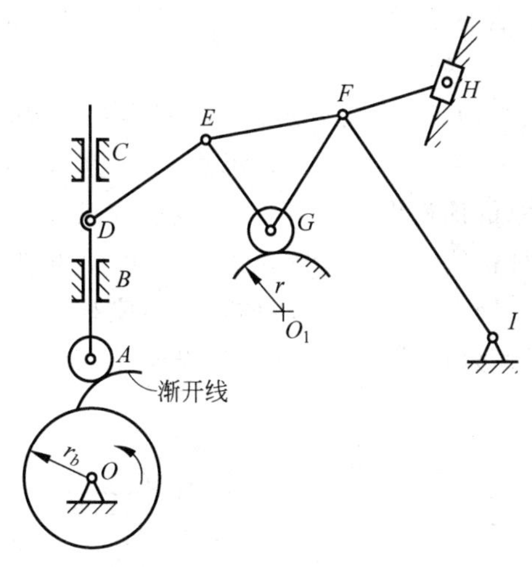

图 3.46　习题 3.12 附图

设计系列题

Ⅱ-3　粉料成型压片机的机构系统自由度分析

根据第 1 章设计项目Ⅱ(图 1.15 所示),试分别计算粉料压片机上冲头和下冲头冲压机构的自由度。

第4章

连杆机构

连杆机构是传递机械能的一种装置,通常是由刚体构件用转动副、移动副、球面副、球销副、圆柱副或螺旋副中的一种或几种连接而成的机构,因构成连杆机构的运动副均属于低副,连杆机构也称为低副机构。在连杆机构中,若各运动构件均在相互平行的平面内运动,则称为平面连杆机构;若各运动构件不都在相互平行的平面内运动,则称为空间连杆机构。

连杆机构可实现转动、摆动、移动等平面或空间的复杂运动,广泛应用于内燃机、搅拌机、输送机、椭圆仪、机械手爪、牛头刨床、车门、机器人、折叠伞等机械中,是设计高效率机械装置的常用机构。在第1章的课程设计题目Ⅲ中,我们要求设计图1.19所示的足端轨迹,其中可以采用切比雪夫连杆机构实现。如图4.1所示,由静止节、原动节、从动节、中间节和延长中间节组成的连杆机构即为切比雪夫连杆机构,可实现四足机器人腿部的抬腿、迈步、蹬地、前行的周期性动作。其余杆件与部分切比雪夫连杆组成平行四边形机构,用来保持机器人脚面与地面的平行。

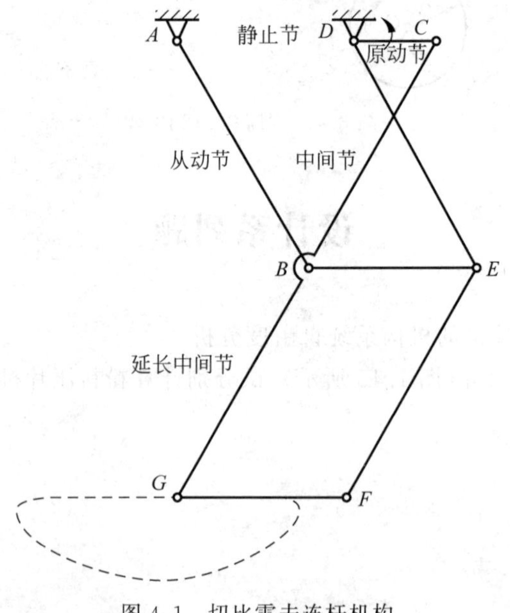

图4.1　切比雪夫连杆机构

本章以平面连杆机构运动设计为主线,首先介绍了平面连杆机构的基本形式及其演变方法,分析平面连杆机构的工作特性,介绍平面连杆机构的特点及功能;在此基础上,重点阐述平面连杆机构的运动分析、运动设计的基本原理与方法,最后简要介绍了机器人机构。

4.1　平面连杆机构的类型

4.1.1　平面连杆机构的基本形式

平面连杆机构中，以四个构件组成的四杆机构，应用最为广泛。许多多杆机构常可看成是在四杆机构的基础上增加基本杆组扩展而成。如图 4.1 所示的切比雪夫连杆机构，取其中的 $ABCD$ 即为四杆机构。因此，平面四杆机构是平面连杆机构的基本类型。

铰链四杆机构的结构特点是四个运动副均为转动副。图 4.2 所示为铰链四杆机构，各构件均以转动副相连接。其中固定不动的构件 4 为机架，与机架以转动副相连接的构件 1 和构件 3 称为连架杆；其中能做整周转动的连架杆称为曲柄，不能做整周转动的连架杆称为摇杆。不与机架相连的构件 2 称为连杆。

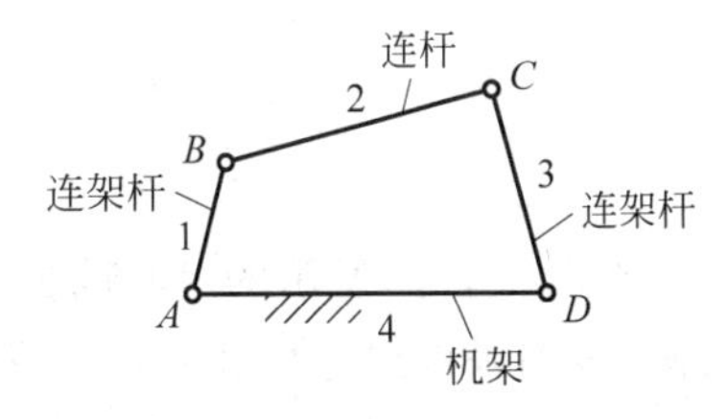

图 4.2　铰链四杆机构

按连架杆运动形式的不同，铰链四杆机构可分为曲柄摇杆机构、双曲柄机构、双摇杆机构三种型式。若两个连架杆一为曲柄，一为摇杆，则此铰链四杆机构称为曲柄摇杆机构，如图 4.3(a)所示的雷达天线俯仰机构即为曲柄摇杆机构；若两个连架杆都能做整周转动，则称为双曲柄机构，如图 4.3(b)所示的播种机料斗机构即为双曲柄机构；若两连架杆都是摇杆，则称为双摇杆机构，如图 4.3(c)所示的汽车转向机构即为双摇杆机构。

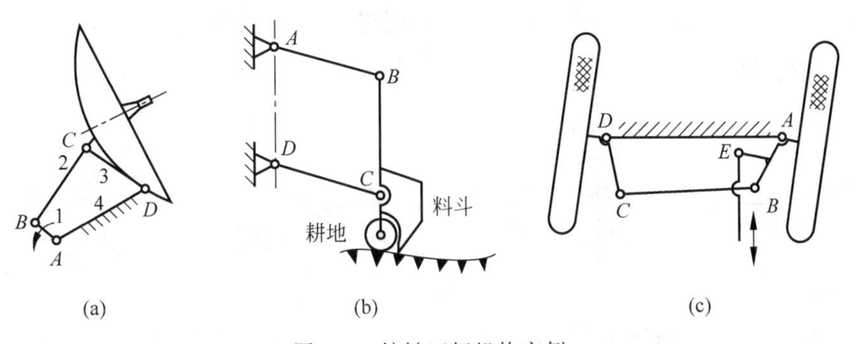

图 4.3　铰链四杆机构实例

铰链四杆机构实例动态视频

4.1.2　平面连杆机构的演变

除了上述基本的铰链四杆机构外，在工程实际中还广泛应用着其他类型的四杆机构。这些四杆机构都可以看作是由四杆机构通过下述不同方法演化而来的，掌握这些演化方法，有利于对连杆机构进行创新设计。

1. 改变构件的形状和运动尺寸

在图 4.4(a)所示的曲柄摇杆机构中，当曲柄 1 转动时，摇杆 3 上 C 点的轨迹是圆弧，且当摇杆长度越长时，曲线越平直。当摇杆为无限长时，C 点轨迹将成为一条直线，这时可以把摇杆做成滑块，转动副 D 将演化成移动副，这种机构称为曲柄滑块机构，如图 4.4(b)所示。滑块移动导路到曲柄回转中心 A 之间的距离 e 称为偏距。如果 e 不为零，称为偏置曲柄滑块机构；如果 e 等于零，称为对心曲柄滑块机构，如图 4.4(c)所示。内燃机、往复式抽水机、空气压缩机及冲床等机械系统的主机构都是曲柄滑块机构。

改变从动件的形状

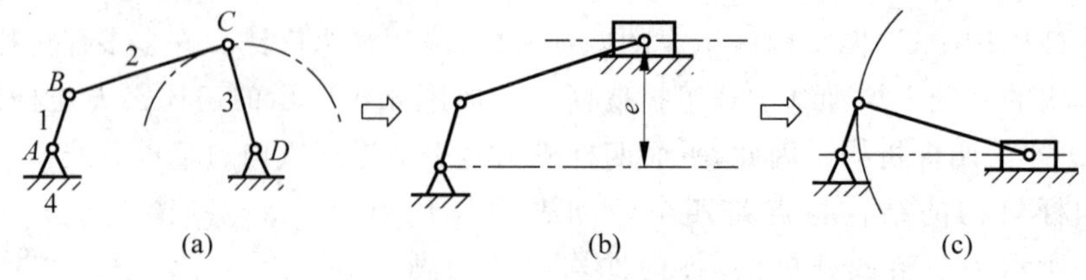

图 4.4　改变从动件的形状

在图 4.5(a)所示的对心曲柄滑块机构中，连杆 2 上的 B 点相对于转动副 C 的运动轨迹为圆弧，如果设想连杆 2 的长度变为无限长，圆弧将变成直线，如再把连杆做成滑块，则该曲柄滑块机构就演化成具有两个移动副的四杆机构，如图 4.5(b)所示，这种机构多用于仪表、解算装置中。由于从动件位移 S 和曲柄转角 φ 的关系为 $S=l_{AB}\sin\varphi$，故将该机构称为正弦机构。

2. 选取不同构件为机架

通过低副相连的构件间相对运动关系不会因取其中哪一个构件为机架而改变，这一性质称为低副运动可逆性。根据这一性质，在图 4.5(a)所示的曲柄滑块机构中若改取构件 1 为机架，则得如图 4.6(a)所示的转动导杆机构。同理，若改取构件 2 为机架，则得如图 4.6(b)所示的曲柄摇块机构。

改变连杆的形状

图 4.5　改变连杆的形状

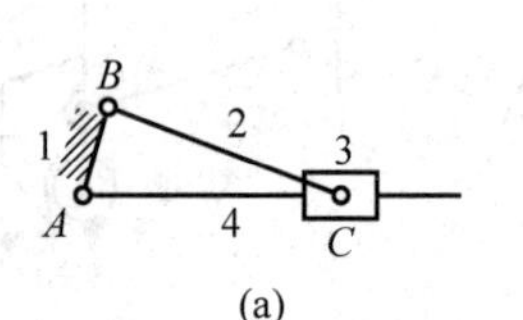

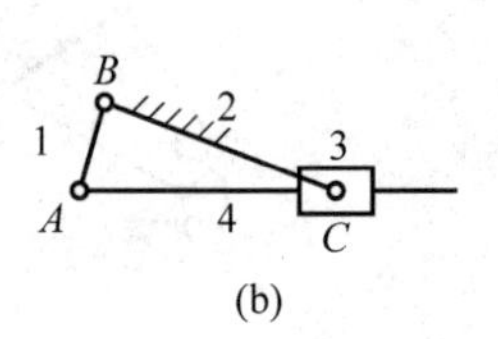

图 4.6　选取不同构件为机架

3. 变换构件的形态

在图 4.7(a)所示的机构中，滑块 3 绕 C 点作往复摆动，该机构称为曲柄摇块机构。在设计机构时，若由于实际需要，可将机构中的杆状构件 2 做成块状，而将块状构件 3 做成杆状，如图 4.7(b)所示。此时构件 3 为摆动导杆，故称之为摆动导杆机构。这两种机构本质上完全相同。

4. 扩大转动副的尺寸

在图 4.8(a)所示的曲柄滑块机构中，如果将曲柄 1 端部的转动副 B 的半径加大至超过

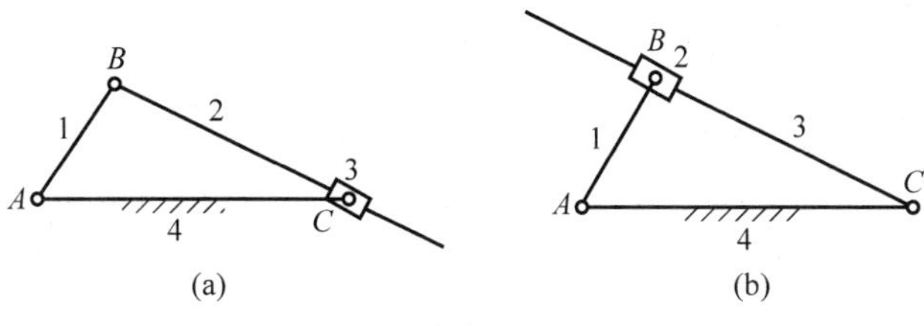

图 4.7　变换构件的形状

变换构件的形状

曲柄 1 的长度 $\overline{AB}$，便得到如图 4.8(b)所示的机构。此时，曲柄 1 变成了一个几何中心为 B、回转中心为 A 的偏心圆盘，其偏心距 e 即为原曲柄长。该机构与原曲柄滑块机构的运动特性完全相同，其机构运动简图也完全一样。在设计机构时，当曲柄长度很短、曲柄销需承受较大冲击载荷而工作行程很小时，常采用这种偏心盘结构型式，在冲床、剪床、压印机床、柱塞油泵等设备中，均可见到这种结构。

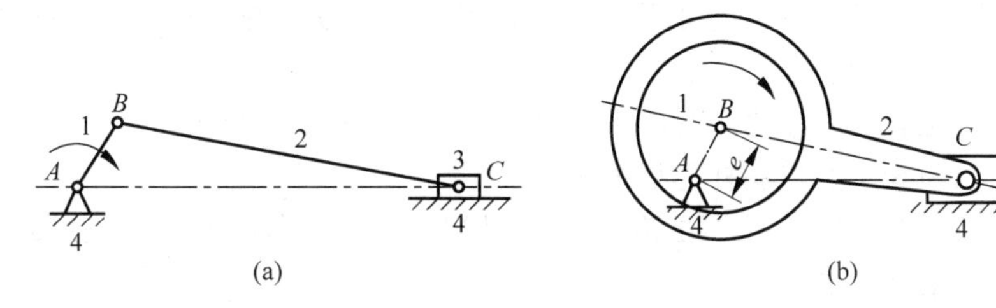

图 4.8　扩大转动副的尺寸

扩大转动副的尺寸

4.2　平面连杆机构的工作特性

平面连杆机构具有传递和变换运动的特性，称为平面连杆机构的工作特性。了解这些特性，对于正确选择平面连杆机构的类型、进而进行机构设计具有重要指导意义。

4.2.1　曲柄存在的条件

在铰链四杆机构中，能做整周转动的连架杆称为曲柄。机构中含有曲柄将有利于采用电机等连续传动装置进行驱动。曲柄是否存在取决于机构中各杆的长度关系，即曲柄存在条件。

下面讨论铰链四杆机构曲柄存在的条件。

图 4.9 所示铰链四杆机构中，设构件 1、构件 2、构件 3、构件 4 的长度分别为 a、b、c 和 d，并取 $a<d$。当构件 1 能绕点 A 做整周转动时，构件 1 必须能通过与构件 4 共线的两位置 AB_1 和 AB_2。故此可导出构件 1 作为曲柄的条件。

当构件 1 转至 AB_1 时，形成 $\triangle B_1C_1D$，根据三角形任意两边长度之和必大于第三边长度的几

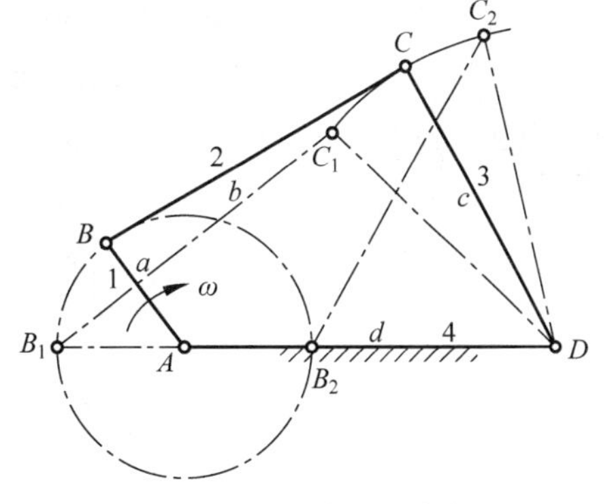

图 4.9　曲柄存在的条件

曲柄存在的条件

何关系并考虑到极限情况，得：

$$a + d \leqslant b + c \tag{4.1}$$

当构件 1 转至 AB_2 时，形成$\triangle B_2C_2D$，同理可得：

$$b \leqslant (d - a) + c \quad 及 \quad c \leqslant (d - a) + b \tag{4.2}$$

整理后可写成：

$$\begin{cases} a + b \leqslant c + d \\ a + c \leqslant b + d \end{cases} \tag{4.3}$$

将不等式(4.1)、式(4.2)、式(4.3)两两相加，化简后得：

$$\begin{cases} a \leqslant b \\ a \leqslant c \\ a \leqslant d \end{cases} \tag{4.4}$$

由上述关系可知，在铰链四杆机构中，要使构件 1 为曲柄，它必须是四杆中之最短杆，且最短杆与最长杆长度之和小于或等于其余两杆长度之和。考虑更一般的情形，可将铰链四杆机构曲柄存在条件概括为：

(1) 最短杆与最长杆长度之和必小于或等于其余两杆长度之和。

(2) 连架杆与机架中必有一杆是最短杆。

因此，当各构件长度不变，且满足第(2)条的情况下，若取不同构件作为机架时，可得到以下三种型式的铰链四杆机构：

(1) 以最短杆的相邻杆为机架时(如构件 4 或构件 2)，得到曲柄摇杆机构(图 4.10(a)、(b))。

(2) 以最短杆(如构件 1)为机架时，得到双曲柄机构(图 4.10(c))。

(3) 以最短杆的相对杆(如构件 3)为机架时，得到双摇杆机构(图 4.10(d))。

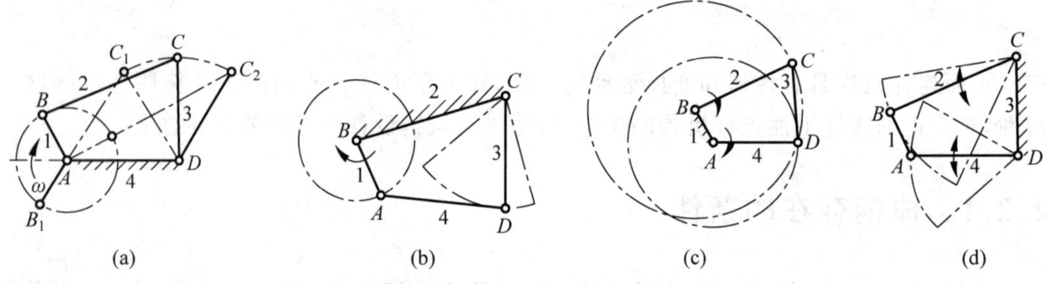

图 4.10　选不同构件为机架形成的铰链四杆机构

需要注意的是：当铰链四杆机构中最短杆与最长杆长度之和大于其余两杆长度之和时，则不论以哪一构件为机架，都不存在曲柄，只能是双摇杆机构。但要注意，该双摇杆机构中不存在能做整周转动的运动副。图 4.11 所示的汽车前轮转向机构就是没有周转副的双摇杆机构。

汽车
转向架

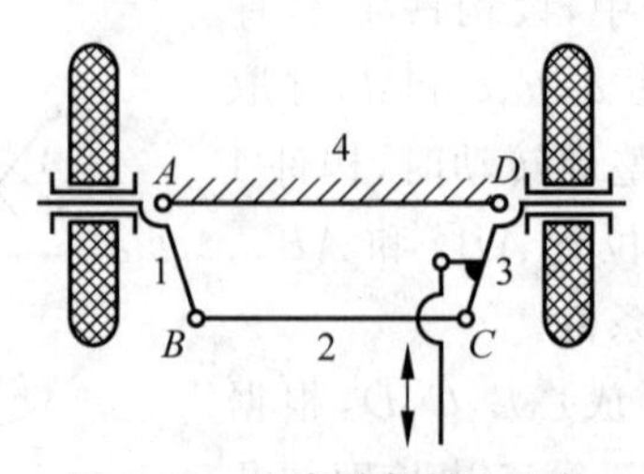

图 4.11　汽车前轮转向机构

4.2.2　急回特性

图 4.12 所示为一曲柄摇杆机构，设曲柄 AB 为主动件，摇杆 CD 为从动件。主动曲柄 AB 以等角速度 ω 顺时针转动一周的过程中，当曲柄 AB 转至 AB_1 位置与连杆 B_1C_1 重叠成一直线时，从动摇杆 CD 处于左极限位置 C_1D；而当曲柄 AB 转至 AB_2 位置与连杆 B_2C_2 拉成一直线时，从动摇杆 CD 处于右极限位置 C_2D。因此，当从动摇杆处于左、右两极限位置时，主动曲柄两个极限位置所夹的锐角 θ 称为极位夹角。从动摇杆两极限位置间的夹角 ψ 称为摇杆的摆角。

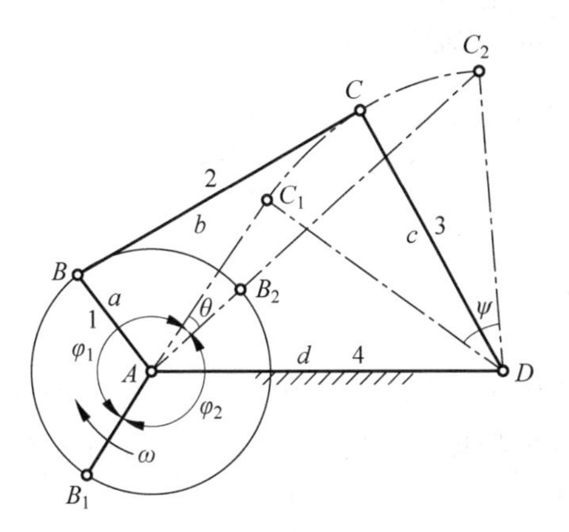

图 4.12　曲柄摇杆机构

如图 4.12 所示，当曲柄 AB 从 AB_1 位置转至 AB_2 位置时，其对应转角为 $\varphi_1=180°+\theta$，而摇杆由位置 C_1D 摆至 C_2D 位置，摆角为 ψ，设所需时间为 t_1，C 点的平均速度为 v_1；当曲柄 AB 再继续从 AB_2 位置转至 AB_1 位置时，其对应转角为 $\varphi_2=180°-\theta$，而摇杆则由 C_2D 位置摆回 C_1D 位置，摆角仍为 ψ，设所需时间为 t_2，C 点的平均速度为 v_2。摇杆往复摆动的摆角虽然相同，但是相应的曲柄转角不等，即 $\varphi_1>\varphi_2$，而曲柄又是等速转动的，所以有 $t_1>t_2$，$v_2>v_1$。

由此可见，当曲柄等速转动时，摇杆往复摆动的平均速度是不同的，摇杆的这种运动特性称为急回特性。为了表明该急回特性的相对程度，通常用 v_2 与 v_1 的比值 K 来衡量，K 称为行程速比系数，即

$$K=\frac{v_2}{v_1}=\frac{\widehat{C_2C_1}/t_2}{\widehat{C_1C_2}/t_1}=\frac{t_1}{t_2}=\frac{\varphi_1}{\varphi_2}=\frac{180°+\theta}{180°-\theta}\tag{4.5}$$

当给定行程速比系数 K 后，机构的极位夹角可由下式计算：

$$\theta=180°\,\frac{K-1}{K+1}\tag{4.6}$$

由上述分析可知，平面连杆机构急回运动特性取决于极位夹角 θ。不论是曲柄摇杆机构或者其他类型的平面连杆机构，只要机构的极位夹角 θ 不为零，则该机构就有急回运动，其行程速比系数 K 仍可用式(4.5)计算。

四杆机构的这种急回特性，可以用来节省空回行程(非工作行程)的时间，提高生产率。

例如,图 4.13 所示的牛头刨床中就利用了这一特性。

牛头刨床

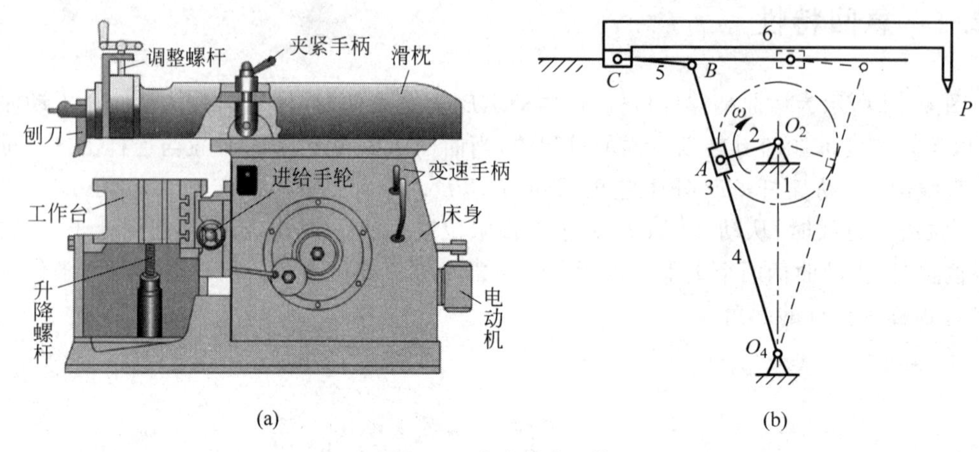

图 4.13 牛头刨床机构

4.2.3 运动连续性

当主动件连续运动时,从动件也能连续地占据预定的各个位置,称为机构具有运动的连续性。如图 4.14(a)所示的曲柄摇杆机构中,当主动件曲柄 AB 连续地转动时,从动件摇杆 CD 可以占据在其摆角 ψ 或 ψ' 内的某一预定位置。

运动的可行域

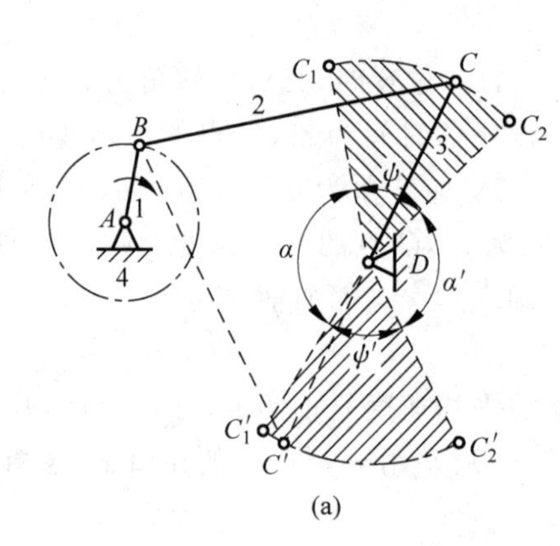

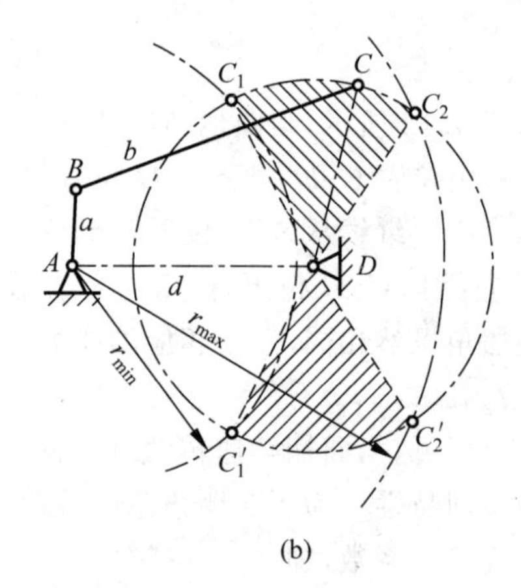

图 4.14 运动的连续性

角度 ψ 或 ψ' 所决定的从动件运动范围称为运动的可行域(图 4.14(a)中阴影区域)。由图可知,从动件摇杆根本不可能进入角度 α 或 α' 所决定的区域,这个区域称为运动的非可行域。

因此,从动件摇杆只能在某一可行域内运动,而不可能从一个可行域跃入另一个可行域内。在设计曲柄摇杆机构时,不能要求从动摇杆在两个不连通的可行域内运动。

可行域的范围受机构中构件长度的影响。当已知各构件的长度后,可行域可以用作图法求得,如图 4.14(b)所示。图中 $r_{max}=a+b$, $r_{min}=b-a$。至于摇杆究竟能在哪个可行域内运动,则取决于机构的初始位置。

综上所述，在铰链四杆机构中，若机构的可行域被非可行域分成不连续的几个域，而从动件各给定位置又不在同一个可行域内，则机构的运动必然是不连续的。

4.3　连杆机构的特点及功能

4.3.1　连杆机构的特点

连杆机构具有以下传动特点。

(1) 连杆机构可传递较大的动力。连杆机构的构件间以低副相连，低副两元素为面接触，在承受同样载荷的条件下压强较低，因而可用来传递较大的动力。

(2) 加工制造比较容易，易获得较高的精度。由于低副元素的几何形状比较简单(如平面、圆柱面)，故容易加工。

(3) 可以实现不同的运动规律和运动要求。连杆机构的构件运动形式具有多样性，既有绕定轴转动的曲柄，绕定轴往复摆动的摇杆，又有做空间一般运动的连杆、作往复直线移动的滑块等，利用连杆机构可以获得各种形式的运动，这在工程实际中具有重要价值。

(4) 连杆曲线形式多样，可满足不同轨迹的设计要求。连杆机构中的连杆，可以看作是在所有方向上无限扩展的一个平面，该平面称为连杆平面。在机构的运动过程中，固接在连杆平面上的各点，将描绘出各种不同形状的曲线，这些曲线称为连杆曲线，如图 4.15 所示。连杆上点的位置不同，曲线形状不同；改变各构件的相对尺寸，曲线形状也随之变化。这些千变万化、丰富多彩的曲线，可满足不同轨迹的设计要求，在机械工程中得到广泛应用。

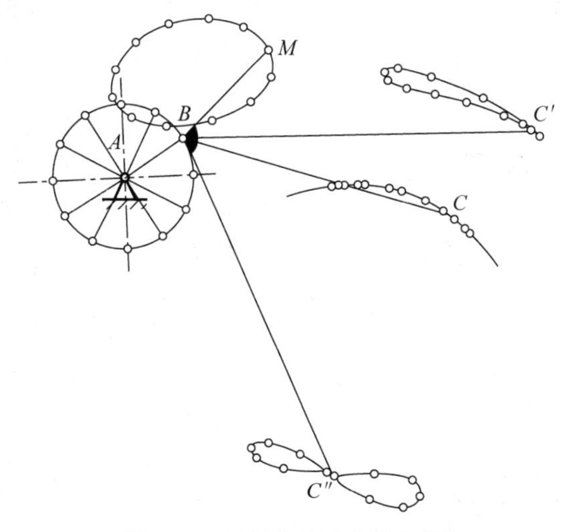

图 4.15　连杆曲线形式的多样性

连杆曲线形式的多样性

(5) 惯性力和惯性力矩不易平衡，因此不适用于高速传动。在连杆机构的运动过程中，一些构件的质心在做变速运动，由此产生的惯性力不好平衡，因而会增加机构的动载荷，使机构产生强迫振动。

(6) 运动传递的累积误差比较大。连杆机构中运动的传递要经过中间构件，而各构件的尺寸不可能做得绝对准确，再加上运动副间的间隙，故运动传递的累积误差比较大。

4.3.2 连杆机构的功能与应用

连杆机构以其鲜明的特点，在航天、航空、工程机械及日常生活中都得到广泛的应用，其应用主要有以下几个方面。

1. 实现有轨迹、位置或运动规律要求的运动

图 4.16 所示的四杆机构为车门开闭机构，利用反平行铰链四杆机构实现车门的开闭。

图 4.17 所示的反平行铰链四杆机构，为对开门机构。它利用连杆 2 将两侧车门 1 和 3 的运动联系起来，实现了开门和关门动作的同步。

车门开闭系统

图 4.16 车门开闭机构

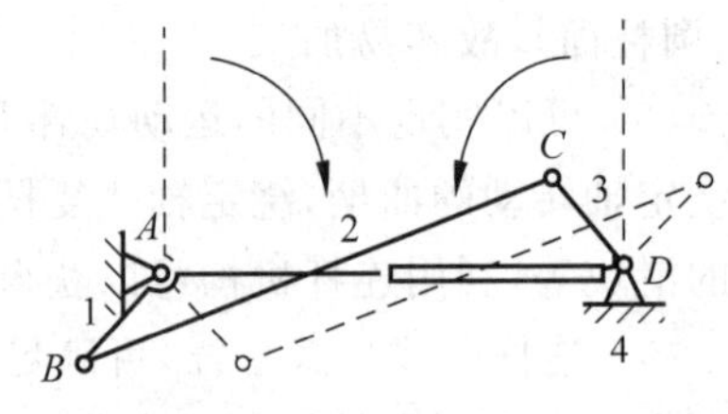

图 4.17 对开门机构

2. 实现从动件运动形式及运动特性的改变

图 4.18 所示的鹤式起重机为双摇杆机构，它与一般常见的连杆机构的不同之处在于从动连杆上的 E 点及其悬挂的重心在变幅过程中几乎无垂直位移。

鹤式起重机

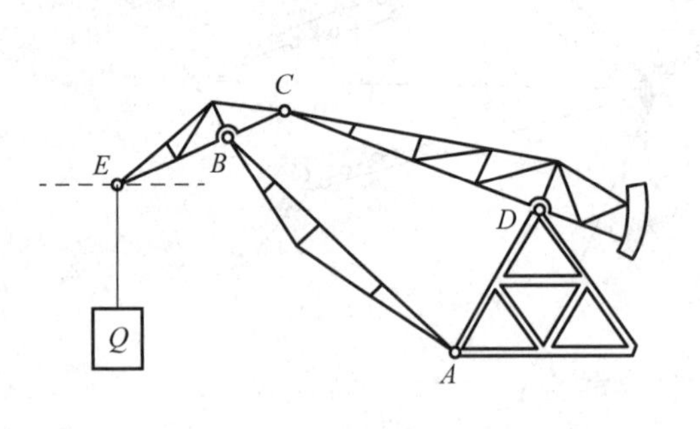

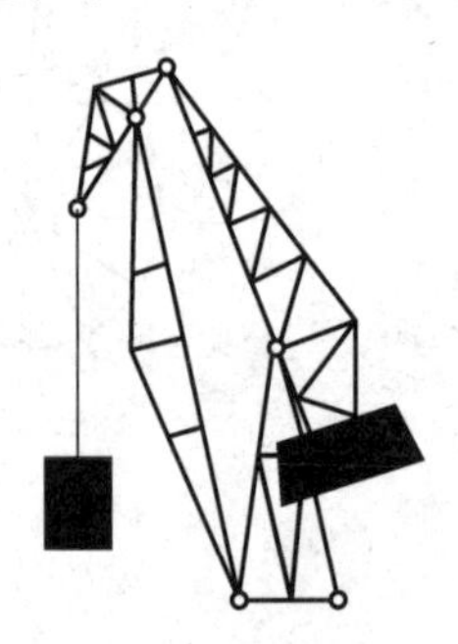

图 4.18 鹤式起重机

3. 实现较远距离的传动

由于连杆机构中构件的基本形状是杆状构件，因此可以传递较远距离的运动。如图 4.19 所示的自行车杆闸，通过装在车把上的闸杆，利用一套连杆机构，可以把刹车动作传递到车轮的刹车块上；在图 4.20 所示的曲杆道闸中，通过连杆机构把闸杆收起，以控制车辆进出停车场。

图 4.19　自行车杆闸

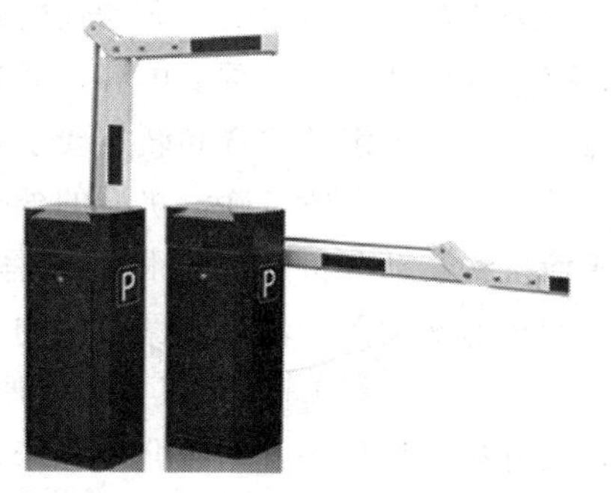

图 4.20　曲杆道闸

4. 调节、扩大从动件行程

图 4.21 所示为振动筛机构，通过双曲柄机构 $ABCD$ 及曲柄滑块机构 DCE，实现往复振动及运动行程放大。

5. 获得较大的机械增益

利用连杆机构，可以获得较大的机械增益，从而达到增力的目的。

图 4.22 所示为偏心轮式肘节机构的运动简图。在图示工作位置，DCE 的构形如同人的肘关节一样，该机构由此而得名。由于机构在该位置具有较大的传动角，故可获得较大的机械增益，产生增力效果。该机构常用于压碎机、冲床等机械中。

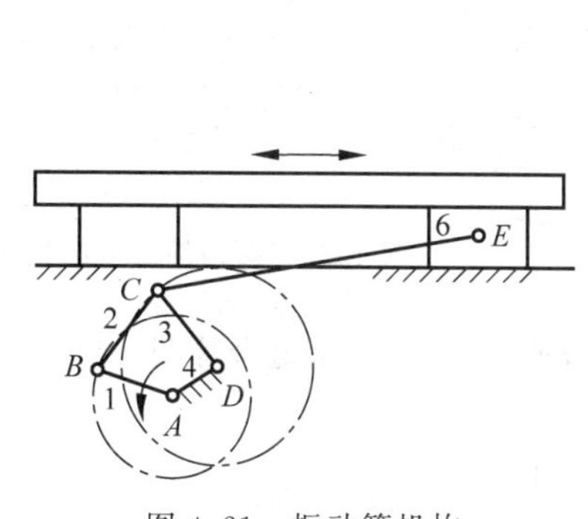

图 4.21　振动筛机构

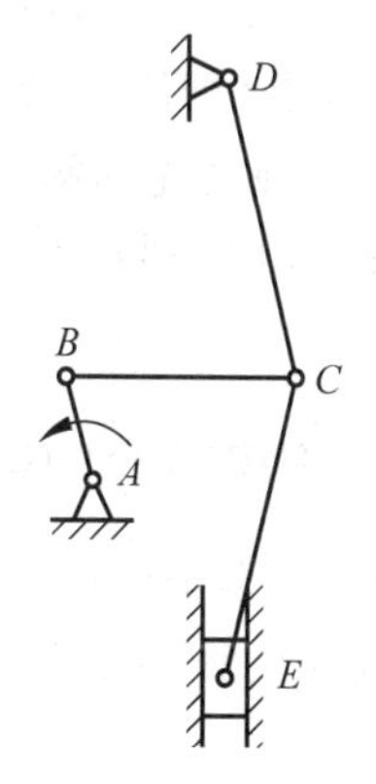

图 4.22　偏心轮式肘节机构

由于平面连杆机构较空间连杆机构应用更为广泛，故本章着重介绍平面连杆机构。

4.4　平面连杆机构的运动分析

机构的运动分析是在几何参数已知的机构中，从几何关系上来分析机构的位移、速度和加速度等运动。

运动分析的目的是为机械运动性能和动力性能研究提供必要的依据，是了解、剖析现有机械，优化、综合新机械的重要内容。通过对机构的位移和轨迹分析，可考察某构件或构件上某点能否实现预定的位置和轨迹要求，并可确定从动件的行程所带的运动空间，据此判断运动中是否产生干涉或者确定机器的外壳尺寸。

平面机构运动分析的方法很多，大体可以分为图解法和解析法两种。图解法又有速度瞬心法和相对运动图解法等。图解法的特点是形象直观，用于平面机构简单方便，但精确度有限。解析法计算精度高，不仅可以方便地对机械进行一个运动循环过程的研究，而且还便于把机构分析和机构综合问题联系起来，以寻求最优方案，但数学模型繁杂，计算工作量大。近年来，随着计算机的普及和数学工具的日臻完善，解析法已得到广泛的应用。

4.4.1 机构速度分析瞬心法

1. 速度瞬心

当两构件（即两刚体）1，2 做平面相对运动时（如图 4.23 所示），在任一瞬时，都可以认为它们是绕某一重合点作相对转动，而该重合点则称为瞬时速度中心，简称瞬心，以 P_{12}（或 P_{21}）表示。显然，两构件在其瞬心处是没有相对速度的，所以瞬心为互相做平面相对运动的两构件上在任一瞬时其相对速度为零的重合点。瞬心也可以说是做平面相对运动的两构件上在任一瞬时其速度相等的重合点（即瞬时等速重合点）。若该点的绝对速度为零，则为绝对瞬心；若绝对速度不为零，则为相对瞬心，用符号 P_{ij} 表示构件 i 和构件 j 的瞬心。

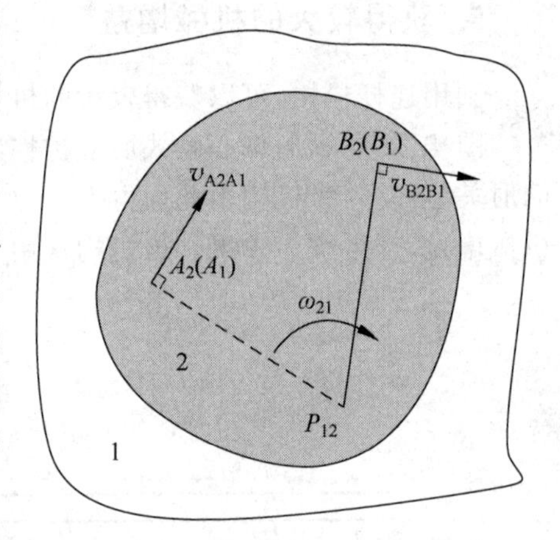

图 4.23 两构件做平面相对运动

2. 机构中瞬心的数目

由于任何两个构件之间都存在有一个瞬心，所以根据排列组合原理，由 n 个构件组成的机构，其总的瞬心数为：

$$N=n(n-1)/2 \tag{4.7}$$

3. 机构中瞬心位置的确定

如上所述，机构中每两个构件之间就有一个瞬心。如果两个构件是通过运动副直接连接在一起的，那么其瞬心位置可以很容易地通过直接观察加以确定。如果两构件并非直接连接形成运动副，则它们的瞬心位置需要用“三心定理”来确定，现分别介绍如下。

1）通过运动副直接相连的两构件瞬心

（1）以转动副连接的两构件瞬心。如图 4.24（a）、（b）所示，当两构件 1，2 以转动副连接时，则转动副的中心即为其瞬心 P_{12}。图 4.24（a）、（b）中的 P_{12} 分别为绝对瞬心和相对瞬心。

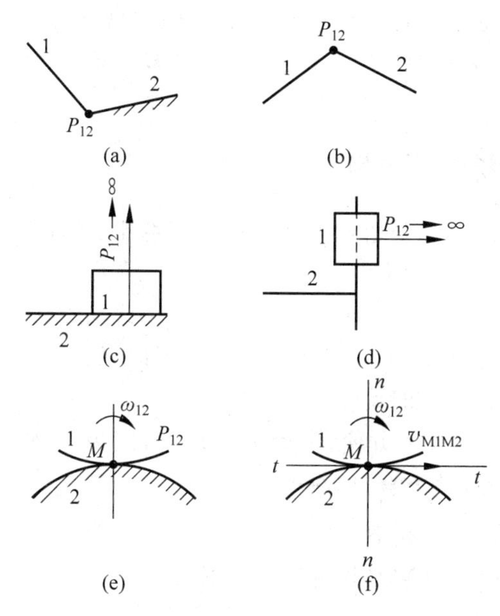

图 4.24　运动副直接相联的两构件瞬心

(2) 以移动副连接的两构件瞬心。如图 4.24(c)、(d)所示，当两构件以移动副连接时，构件 1 相对于构件 2 移动的速度平行于导路方向，因此瞬心 P_{12} 应位于移动副导路方向之垂线上的无穷远处，图 4.24(c)、(d)中的 P_{12} 分别为绝对瞬心和相对瞬心。

(3) 以平面高副连接的两构件瞬心。如图 4.24(e)、(f)所示，当两构件以平面高副连接时，如果高副两元素之间为纯滚动(ω_{12} 为相对滚动的角速度)，则两元素的接触点 M 即为两构件的瞬心 P_{12}。如果高副两元素之间既做相对滚动，又有相对滑动($v_{M_1M_2}$ 为两元素接触点间的相对滑动速度)，则不能直接定出两构件的瞬心 P_{12} 的具体位置。但是，因为构成高副的两构件必须保持接触；而且两构件在接触点 M 处的相对滑动速度必定沿者高副接触点处的公切线 tt 方向，由此可知两构件的瞬心 P_{12} 必位于高副两元素在接触点处的公法线 nn 上。

2) 不直接相连的两构件瞬心

对于不直接组成运动副的两构件的瞬心，可应用三心定理来求。三心定理即：做平面运动的三个构件共有三个瞬心，它们位于同一直线上。

现证明如下：

如图 4.25 所示，设构件 1,2,3 彼此做平面平行运动，根据式(4.7)它们共有三个瞬心，即 P_{12},P_{13},P_{23}。其中 P_{12},P_{13} 分别处于构件 2 与构件 1 及构件 3 与构件 1 所构成的转动副的中心处，故可直接求出。

现证明 P_{23} 必定位于 P_{12} 及 P_{13} 的连线上。

如图 4.25 所示，为方便起见，假定构件 1 是固定不动的，因瞬心为两构件上绝对速度(大小和方向)相等的重合点，如果 P_{23} 不在 P_{12} 和 P_{13} 连线上而在图示的 K 点，则

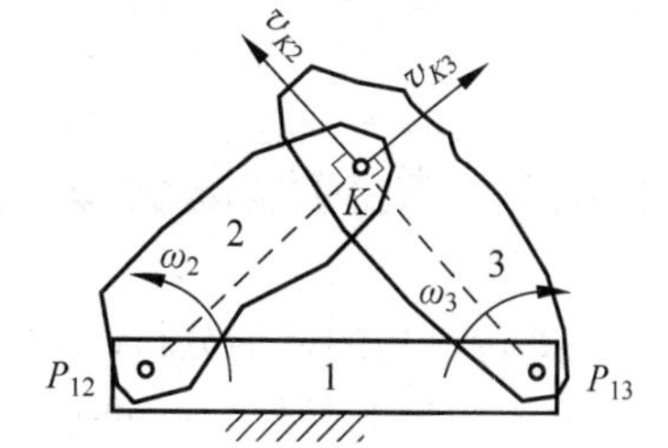

图 4.25　平面平行运动的两构件瞬心

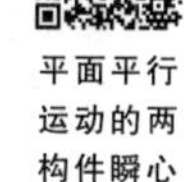

平面平行运动的两构件瞬心

其绝对速度 v_{K2} 和 v_{K3} 在方向上就不可能相同。显然，只有当 P_{23} 位于 P_{12} 和 P_{13} 的连线上时，构件 2 和构件 3 的重合点的绝对速度的方向才能一致，故知 P_{23} 必定位于 P_{12} 和 P_{13} 的连线上。

4. 瞬心在速度分析中的应用

利用瞬心法进行速度分析，可求出两构件的角速度比、构件的角速度以及构件上某点的线速度。

在图 4.26 所示的平面四杆机构中，设各构件的尺寸均为已知，又知主动件 2 以角速度 ω_2 等速回转，求从动件 4 的角速度 ω_4、ω_3/ω_4，及 C 点速度的大小 v_C。

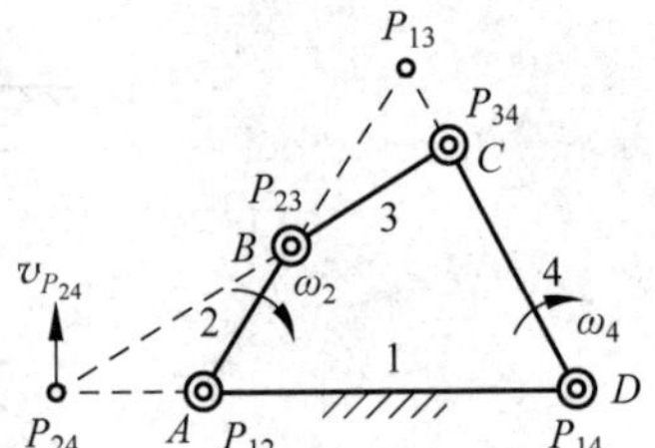

图 4.26 瞬心法分析四杆机构速度

此问题应用瞬心法求解极为方便，下面分别求解，因为 P_{24} 为构件 2 及构件 4 的等速重合点，故得：

$$\omega_2 \overline{P_{12}P_{24}} u_l = \omega_4 \overline{P_{14}P_{24}} u_l \tag{4.8}$$

式中，μ_l 为机构的尺寸比例尺，它是构件的真实长度与图示长度之比(m/ mm)。

由上式可得：

$$\frac{\omega_2}{\omega_4} = \overline{P_{14}P_{24}} / \overline{P_{12}P_{24}} \tag{4.9}$$

式中，ω_2/ω_4 为该机构的主动件 2 与从动件 4 的瞬时角速度之比，即机构的传动比。由上式可见，此传动比等于该两构件的绝对瞬心(P_{12}，P_{14})至其相对瞬心(P_{24})之距离的反比。此关系可以推广到平面机构中任意两构件 i 与 j 的角速度之间的关系中，即：

$$\frac{\omega_i}{\omega_j} = \overline{P_{1j}P_{ij}} / \overline{P_{1i}P_{ij}} \tag{4.10}$$

式中，ω_i、ω_j 分别为构件 i 与构件 j 的瞬时角速度；P_{1i} 及 P_{1j} 分别为构件 i 及构件 j 的绝对瞬心；而 P_{ij} 则为该两构件的相对瞬心。因此，在已知 P_{1i}，P_{1j} 及构件 i 的角速度的条件下，只要定出 P_{ij} 的位置，便可求得构件 j 的角速度 ω_j。由此可得

$$\frac{\omega_3}{\omega_4} = \overline{P_{14}P_{34}} / \overline{P_{13}P_{34}} \tag{4.11}$$

C 点的速度即为瞬心 P_{34} 的速度，则有：

$$v_c = \omega_3 \cdot \overline{P_{13}P_{34}} \cdot u_l = \omega_4 \cdot \overline{P_{14}P_{34}} \cdot u_l = \omega_2 \cdot \frac{\overline{P_{12}P_{24}}}{\overline{P_{14}P_{24}}} \cdot \overline{P_{14}P_{34}} \cdot u_l \tag{4.12}$$

4.4.2 机构运动分析图解法

进行机构的运动分析时，常遇到两类问题。其一是已知某个构件上一点的速度和加速度，求该构件上另外一点的速度和加速度。其二是两个做平面相对运动的构件之间，存在一个瞬时重合点，其中一个构件在这个重合点处的速度和加速度是已知的，求解另外一个构件在该点处的速度和加速度。

要解决这两类问题，首先要建立两点之间的速度和加速度矢量方程，然后通过求解矢量

方程来得到未知点的速度和加速度。下面就来讨论如何针对上述两类问题来建立速度和加速度矢量方程。

1. 相对运动图解法的基本原理

(1) 同一构件上两点之间的速度、加速度关系

根据理论力学的知识，作平面运动的物体上，任一点的运动都可以看成是随同基点的平动以及绕基点的转动的合成。在本书中，把运动已知的点视为基点，并讨论基点与任意点之间的速度矢量关系与加速度矢量关系。

图 4.27(a)所示的做平面运动的刚体，已知基点 A 的速度 $\boldsymbol{v}_A$，则该刚体上任意一点 B 的速度为：

$$\boldsymbol{v}_B = \boldsymbol{v}_A + \boldsymbol{v}_{BA} \tag{4.13}$$

式中，$\boldsymbol{v}_A$ 是 A 点的绝对速度(牵连运动速度)，方向已知。$\boldsymbol{v}_B$ 为 B 点的绝对速度，方向未知。$\boldsymbol{v}_{BA}=\omega l_{AB}$，是 B 点相对于 A 点的相对速度，其方向垂直于 AB。

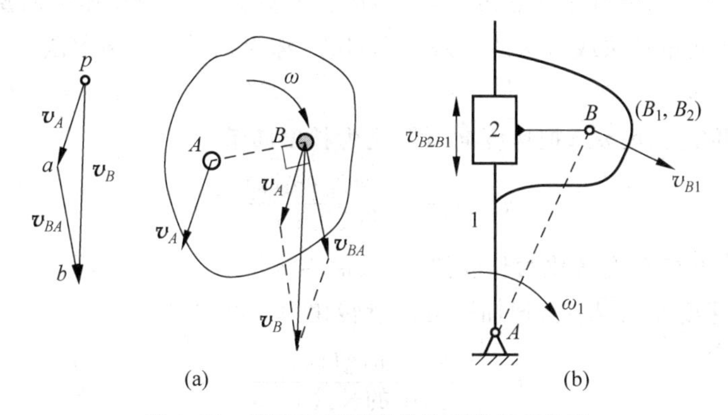

图 4.27　做平面运动刚体的速度矢量关系

同一构件上两点之间的运动关系可以概括为牵连运动是移动、相对运动是转动的运动关系。

B 点与 A 点之间的加速度关系可以表达如下：

$$\boldsymbol{a}_B = \boldsymbol{a}_A + \boldsymbol{a}_{BA}^n + \boldsymbol{a}_{BA}^t \tag{4.14}$$

式中，$a_{BA}^n=\dfrac{\boldsymbol{v}_{BA}^2}{l_{AB}}=\omega^2 l_{AB}$，是 B 点相对于 A 点的相对法向加速度，其方向由 B 指向 A。$a_{BA}^t=\alpha l_{AB}$，是 B 点相对于 A 点的相对切向加速度，其方向垂直于 A、B 两点的连线。ω、α 分别为该构件的角速度和角加速度。

(2) 构件重合点处的速度和加速度矢量关系

如图 4.27(b)所示，构件 1 和 2 用移动副连接，且构件 1 绕 A 点转动，两构件在重合点 B 处的运动关系可用理论力学中的牵连运动是转动、相对运动是移动来描述。

该重合点处的速度矢量关系为：

$$\boldsymbol{v}_{B2} = \boldsymbol{v}_{B1} + \boldsymbol{v}_{B2B1} \tag{4.15}$$

式中，$\boldsymbol{v}_{B2}$ 为构件 2 上 B 点的绝对速度，一般不知道其大小。$\boldsymbol{v}_{B1}$ 为构件 1 上 B 点的绝对速度，其方向垂直 AB。$\boldsymbol{v}_{B2B1}$ 为构件 2 上的 B 点相对构件 1 上的 B 点的相对速度，其方向

平行导路。$\boldsymbol{v}_{B2B1}$ 与 $\boldsymbol{v}_{B1B2}$ 的大小相等，方向相反。

两构件在重合点 B 处的加速度关系为：

$$\boldsymbol{a}_{B2}=\boldsymbol{a}_{B1}+\boldsymbol{a}^{k}_{B2B1}+\boldsymbol{a}^{\tau}_{B2B1} \tag{4.16}$$

式中，$\boldsymbol{a}_{B2}$ 为构件 2 上 B 点的绝对加速度。$\boldsymbol{a}_{B1}$ 为构件 1 上 B 点的绝对加速度，其值为 $\boldsymbol{a}_{B1}=\boldsymbol{a}^{n}_{B1}+\boldsymbol{a}^{t}_{B1}$；如构件 1 等速转动其值为 $\boldsymbol{a}_{B1}=a^{n}_{B1}=\omega_1^2 l_{AB}$，方向由 B 指向 A。$\boldsymbol{a}^{\tau}_{B2B1}$ 为构件 2 上的 B 点相对构件 1 上的 B 点的相对加速度，其方向与导路方向平行。$\boldsymbol{a}^{k}_{B2B1}$ 为构件 2 上的 B 点相对构件 1 上的 B 点的科氏加速度，其方向为把 $\boldsymbol{v}_{B2B1}$ 沿 ω_1 方向转过 90°，其值为 $\boldsymbol{a}^{k}_{B2B1}=2\boldsymbol{v}_{B2B1}\omega_1$。

在进行机构的运动分析时，要注意科氏加速度的出现场合。当两构件以相同的角速度转动且有相对移动时，其重合点处必有科氏加速度。

2. 相对运动图解法

把上述的速度向量方程中的速度向量、加速度向量方程中的加速度向量转化为长度向量方程，然后进行向量加法或减法的图解运算过程，称为相对运动图解法。

主要过程如下：

(1) 引入速度比例尺 μ_v，把速度向量转化为长度向量。

$$u_v=\frac{\text{实际速度(m/s)}}{\text{图中的长度(mm)}} \tag{4.17}$$

这样，可把已知的速度转化为长度向量，其值为 v/μ_v。

(2) 引入加速度比例尺 μ_a，把加速度向量转化为长度向量。

$$u_a=\frac{\text{实际加速度(m/s}^2\text{)}}{\text{图中的长度(mm)}} \tag{4.18}$$

这样，可把已知的加速度转化为长度向量，其值为 a/μ_a。

(3) 进行矢量加法或减法的图解运算。每个矢量具有方向和大小，每个矢量方程可求解两个未知数。为求解方便，在列矢量方程时，应使未知数在等号两侧各有一个。

具体步骤如下：

① 选长度比例尺 μ_l，画出机构运动简图。

② 列出速度矢量方程，标注出速度的大小与方向的已知与未知情况。

③ 选择速度比例尺 μ_v 作矢量图，求出未知量。

④ 列出加速度矢量方程，标注出加速度的大小与方向的已知与未知情况。

⑤ 选择加速度比例尺 μ_a 作矢量图。求出未知量。

⑥ 进行运动分析时，如果知道同一构件上两点的速度或加速度时，可利用在速度多边形和加速度多边形上作出与对应构件的相似三角形的方法求解第三点的速度或加速度，这也称为影像法。

下面举例说明相对运动图解法的具体应用。

例 4-1 在图 4.28 所示机构中，已知曲柄 AB 以逆时针方向等速转动，其角速度为 ω_1，求构件 2、3 的角速度 ω_2、ω_3 和角加速度 α_2、α_3，求构件 2 上 E 点的速度和加速度。

解：(1) 选长度比例尺 μ_l 画出如图 4.28(a)所示的机构运动简图。

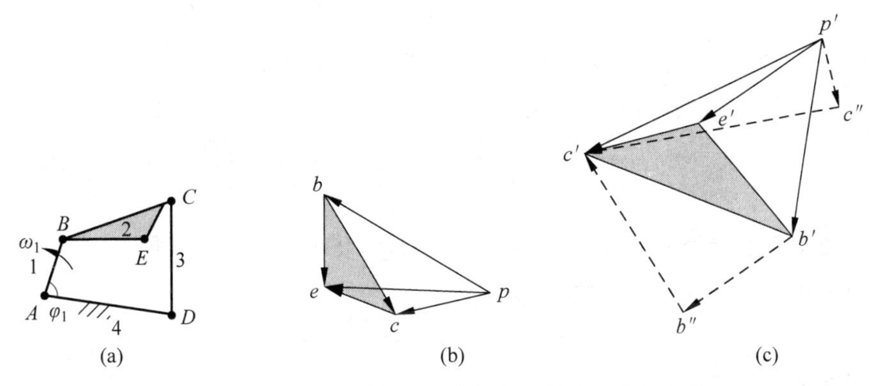

图 4.28　相对运动图解法求解机构的速度和加速度

(2) 速度分析。因为机构中 B 点的速度为已知，可从 B 点开始进行速度分析，构件 2 上 C 点与 B 点为同一构件上的两点，故有：

$$\boldsymbol{v}_{B1}=\boldsymbol{v}_{B2}=\boldsymbol{v}_B=\boldsymbol{\omega}_1\times\boldsymbol{l}_{AB}$$

$$\begin{array}{llll} & \boldsymbol{v}_C = & \boldsymbol{v}_B + & \boldsymbol{v}_{CB} \\ \text{大小} & ? & \omega_1 l_{AB} & ? \\ \text{方向} & \perp DC & \perp AB & \perp BC \end{array}$$

该速度向量方程有两个代表大小的未知数，可用向量加法求得 $\boldsymbol{v}_C$、$\boldsymbol{v}_{CB}$ 的值。

上述速度向量方程可通过引入速度比例尺转化为下列向量方程。该方程可用高等数学中的向置运算求解，如图 4.28(b)所示。

选择速度比例尺，$u_v=\dfrac{v_B}{pb}$，则 $pb=\dfrac{u_v}{v_B}$。

任选一点 p，简称极点，作线段 $pb\perp AB$，代表速度 $\boldsymbol{v}_B$。过 p 点作 CD 的垂直线，代表 $\boldsymbol{v}_C$ 的方向。过 b 点作 BC 的垂直线，代表 $\boldsymbol{v}_{CB}$ 的方向线，交点即为 c 点。pc 代表速度 $\boldsymbol{v}_C$，bc 代表速度 $\boldsymbol{v}_{CB}$。

$$v_c=u_c pc v_{CB}=u_v bc \tag{4.19}$$

已知构件 BC 上两点的速度以后，可以用影像法求解该构件上另一点 E 的速度。在图 4.28(b)所示的速度多边形中，以 be 为边，作三角形 bce 与构件 BCE 相似，即 $\triangle bce\cong\triangle BCE$，可在速度多边形中直接求得 e 点，pe 代表速度 v_E。作相似三角形时要注意保持速度多边形和机构中构件的字母顺序的一致性。

构件 2、3 的角速度很容易求出来。

$\omega_2=\dfrac{v_{CB}}{l_{BC}}=\dfrac{u_v bc}{l_{BC}}$，根据 be 的方向可判别构件 2 的角速度方向为顺时针方向。

$\omega_3=\dfrac{v_C}{l_{DC}}=\dfrac{u_v pc}{l_{DC}}$，根据 pc 的方向可判别构件 3 的角速度方向为逆时针方向。

(3) 加速度分析。因为机构中 B 点的加速度为已知，可从 B 点开始进行加速度分析，构件 2 上 C 点与 B 点为同一构件上的两点，故有：

$$
\begin{array}{llllllllll}
 & \boldsymbol{a}_C^n & + & \boldsymbol{a}_C^t & = & \boldsymbol{a}_B^n & + & \boldsymbol{a}_{CB}^n & + & \boldsymbol{a}_{CB}^t \\
\text{大小} & \omega_3^2 l_{CD} & & ? & & \omega_1^2 l_{AB} & & \omega_2^2 l_{BC} & & ? \\
\text{方向} & /\!/ DC & & \perp DC & & /\!/ AB & & /\!/ AB & & \perp BC
\end{array}
$$

式中,$a_B^n=\omega_1^2 l_{AB}$,$a_{CB}^n=\omega_2^2 l_{BC}$,$a_C^n=\omega_3^2 l_{CD}$,均为已知数;$a_C^t=\alpha_3 l_{DC}$,$a_{CB}^t=\alpha_2 l_{BC}$,为待求的值。

上述加速度向量方程可通过引入加速度比例尺转化为下列向量方程。该方程可用高等数学中的向量运算求解,向量方程表达如下:

$$\overrightarrow{p'b'}+\overrightarrow{b'b''}+\overrightarrow{b''c'}=\overrightarrow{p'c''}+\overrightarrow{c''c'} \tag{4.20}$$

图解法的具体过程为:

任选极点 p',作 $p'b' /\!/ AB$,$p'b'$代表a_B^n,过 b'作$b'b'' /\!/ BC$,$b'b''$代表a_{CB}^n;过 b''作 BC 的垂直线,代表 a_{CB}^t 的方向线;过 p' 作 $p'c'' /\!/ DC$,$p'c''$代表a_C^n;过 C''作 DC 的垂直线,代表 a_C^t 的方向线,交点 c'即为所求。$p'c'$代表 C 点的加速度 a_C。

$a_C^t=c''c'\mu_a$,$\alpha_3=\dfrac{a_C^t}{l_{DC}}$,其方向由 $c''c'$的方向判别,为逆时针方向

$a_{CB}^t=b''c'\mu_a$,$\alpha_2=\dfrac{a_{CB}^t}{l_{BC}}$,其方向由 $b''c'$的方向判别,为逆时针方向。

连杆上 E 点的加速度也可用加速度影像法直接求出来。

$a_E=u_a p'e'$,方向如图 4.28(c)所示。

3. 机构运动分析中应注意的若干问题

(1) 正确判别科氏加速度存在的条件。在处理两构件重合点的加速度时,科氏加速度的存在条件是两构件以相同的角速度共同转动的同时,还必须做相对运动,其重合点才存在科氏加速度。

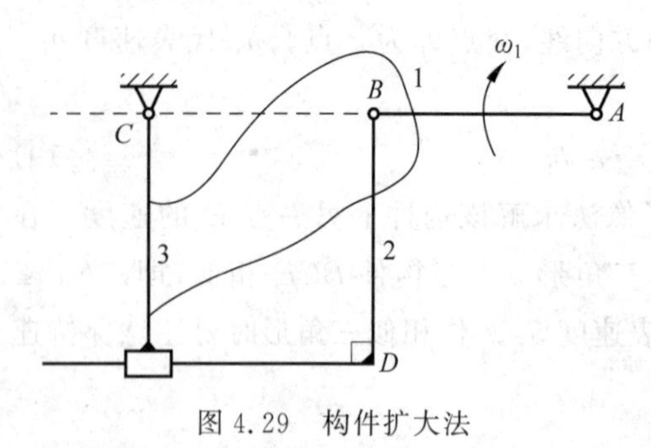

图 4.29 构件扩大法

(2) 建立速度或加速度向量方程时,一定要从已知速度或加速度的点开始列方程,另一个构件与该点不接触时,可采用构件扩大的方法扩大到该点,这样就可以建立两个重合点的速度方程或加速度方程。如图 4.29 所示机构中,若想求出构件 3 的角速度,只要把构件 3 按图示扩大,即可列出简单的速度方程和加速度方程实现求解的目的。

在速度方程中,要注意构件 3 在 B 点的速度方向垂直 BC,构件 2 在 B 点的速度等于构件 1 在 B 点的速度,且可直接求解。构件 3 与构件 2 在 B 点的相对速度方向平行导路方向。重合点选取得当,可使求解过程大大简化。

(3) 机构在极限位置、共线位置等特殊位置时,其速度和加速度多边形变得简单,要注意对基本概念的理解。图 4.30(a)所示铰链四杆机构的曲柄与连杆共线,图 4.30(b)所示的导杆机构中导杆 BC 处于极限位置,它们的速度和加速度多边形均处于最简单状态,如图 4.30(c)所示。

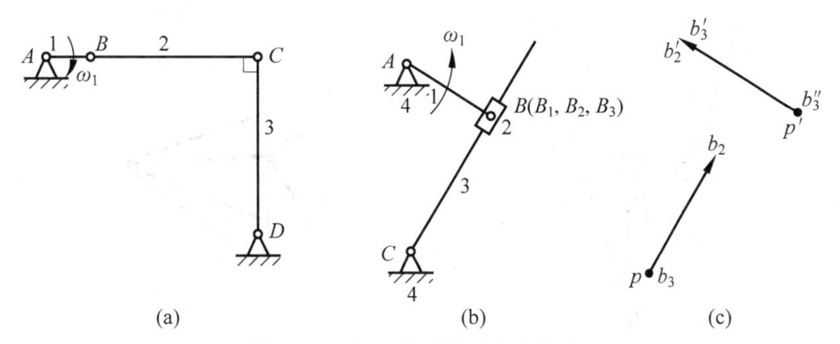

图 4.30 特殊位置的速度和加速度

(4) 进行凸轮等高副机构的运动分析时,可采用高副低代方法,对相应的低副机构进行运动分析,二者具有相同的运动特性。以图 4.31(a)所示的摆动从动件盘形凸轮机构为例,代替后的低副机构为摆动导杆机构 $ABKO$。因此,可用相对运动图解法进行运动分析,其速度多边形和加速度多边形分别如图 4.31(b)、(c)所示。

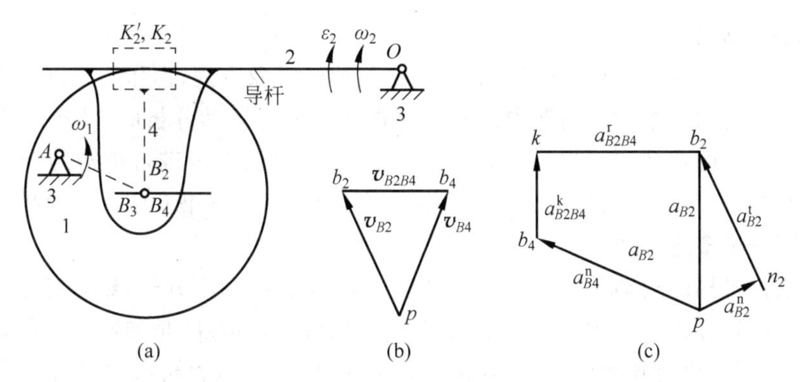

图 4.31 高副低代前后机构的瞬时运动关系不变

(5) 液压机构的运动分析可转化为相应的导杆机构进行。图 4.32(a)所示的摆动液压油缸机构可转化为图 4.32(b)所示的导杆机构,然后再用相对运动图解法进行运动分析。

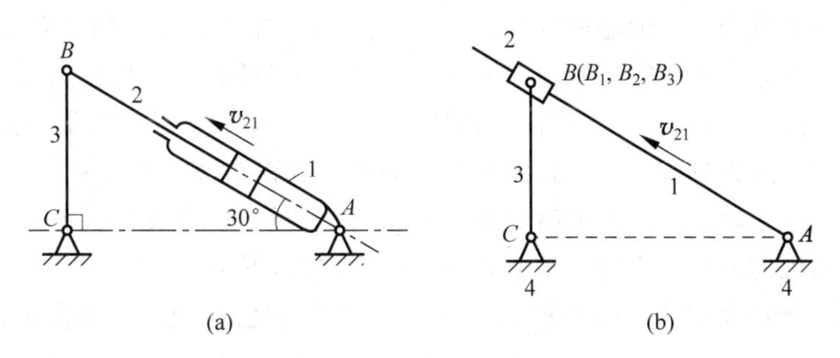

图 4.32 摆动液压油缸机构转化为导杆机构

(6) 综合运用速度瞬心法和相对运动图解法,可进行较复杂机构的速度分析。如图 4.33(a)所示的顶级机构,用相对运动图解法难以求解。当找出瞬心 P_{36} 后,构件 3 上 C 点的速度方向就确定了,因此可求解出速度 v_e,进而可以进行整个机构的运动分析。其速度多边形如图 4.33(b)所示。

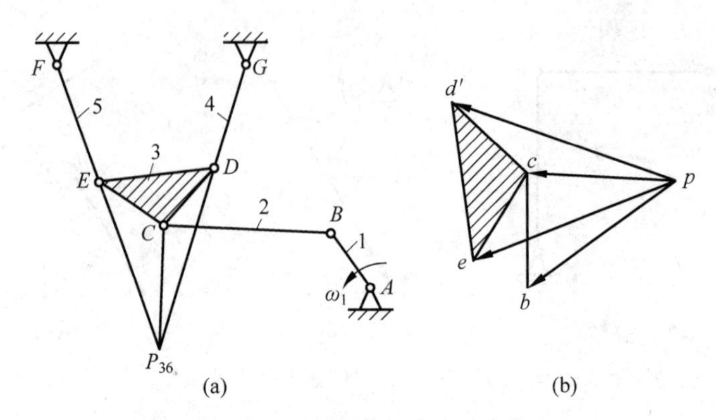

图 4.33　综合运用速度瞬心法和相对运动图解法

4.4.3　机构运动分析解析法

1）解析法的基本思想

用相对运动图解法进行机构的运动分析，虽然比较形象直观，但作图精度有限且费时较多。当需要对机构的一个运动周期中的多个位置逐一进行运动分析时，图解法就显得尤为繁琐。随着计算机的普及和工程软件的日趋完善，解析法已成为进行机构运动分析的更为有效、实用的方法。平面机构运动分析的解析方法有很多种，本书介绍一种比较容易掌握的方法——封闭矢量多边形法。

用解析法作机构的运动分析，首先需要建立机构位置的约束方程，然后对方程求关于时间的一阶及二阶导数来建立相应的速度、加速度或构件的角速度、角加速度方程。对这些方程用数学方法求解，可得到相应的位移、速度和加速度。因此，解析法的过程实质是建立机构的位置方程、速度方程、加速度方程，并求解的过程。

解析法的一般步骤为：

(1) 建立直角坐标系。一般情况下，坐标系的原点与构件的转动中心重合，同时尽量与主动件的转动中心重合。x 轴通过机架，y 轴的确定按直角坐标系法则处理。

(2) 建立机构运动分析数学模型。把机构看作一个封闭环，各构件运动副之间的运动尺寸看作矢量，连架杆的矢量方向指向与连杆连接的铰链中心。其余矢量方向可任意选定。最后列出的机构封闭矢量应为零。封闭矢量环的建立过程是解析法的关键。

(3) 各矢量与 x 轴的夹角以逆时针方向为正，把矢量方程中各矢量向 x 轴、y 轴投影，其投影方程即为机构的位置方程。该方程为非线性方程，可用牛顿法求解。

(4) 位置方程中的各项对时间求导数，可得到机构的速度方程，从中解出待求的角速度或某点的速度。

(5) 速度方程中的各项对时间求导数，可得到机构的加速度方程，从中解出待求的角加速度或点的加速度。

2）解析法在机构运动分析中的应用

以下通过几个示例说明解析法的具体应用。

例 4-2　已知图 4.34 所示的铰链四杆机构中各构件的尺寸和原动件 1 的位置 φ_1 和角

速度 ω_1，求解构件 2、3 的角速度 ω_2、ω_3 和角加速度 α_2、α_3。

解：按上述步骤逐一进行。

(1) 建立直角坐标系 xAy，坐标原点位于 A 点，x 轴沿机架 AD 方向。

(2) 封闭矢量环如图 4.34 所示，连架杆矢量外指(分别指向与连杆连接处的铰链中心)，余者任意确定。封闭环矢量方程为：

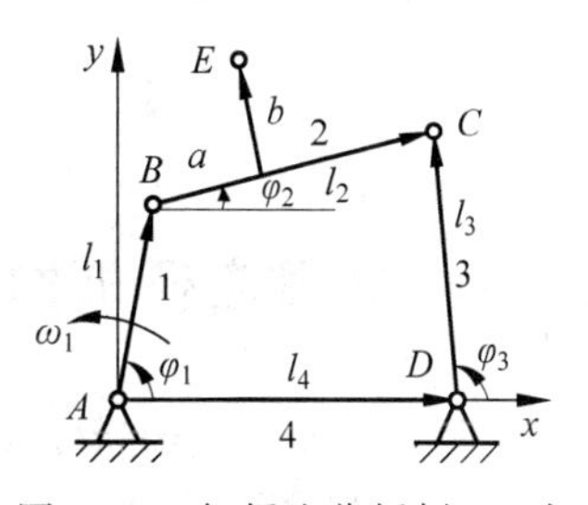

图 4.34　解析法分析例 4-2 中的铰链四杆机构

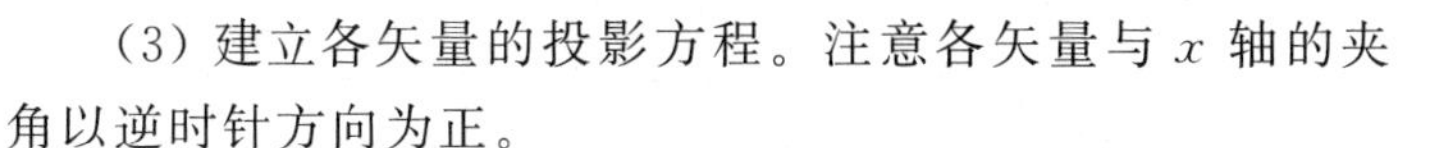

$$\vec{l_1}+\vec{l_2}-\vec{l_3}-\vec{l_4}=0 \tag{4.21}$$

(3) 建立各矢量的投影方程。注意各矢量与 x 轴的夹角以逆时针方向为正。

$$\begin{cases} l_1\cos\varphi_1+l_2\cos\varphi_2-l_3\cos\varphi_3-l_4=0 \\ l_1\sin\varphi_1+l_2\sin\varphi_2-l_3\sin\varphi_3=0 \end{cases} \tag{4.22}$$

该位置方程为非线性方程组，可用牛顿法解出构件 2、3 的转角位移 φ_2、φ_3。

(4) 位置方程对时间求导数，可得到速度方程：

$$\begin{cases} -l_1\omega_1\sin\varphi_1-l_2\omega_2\sin\varphi_2+l_3\omega_3\sin\varphi_3=0 \\ l_1\omega_1\cos\varphi_1+l_2\omega_2\cos\varphi_2-l_3\omega_3\cos\varphi_3=0 \end{cases} \tag{4.23}$$

移项后：

$$\begin{cases} -l_2\omega_2\sin\varphi_2+l_3\omega_3\sin\varphi_3=l_1\omega_1\sin\varphi_1 \\ l_2\omega_2\cos\varphi_2-l_3\omega_3\cos\varphi_3=-l_1\omega_1\cos\varphi_1 \end{cases} \tag{4.24}$$

写成矩阵方程：

$$\begin{pmatrix} -l_2\sin\varphi_2 & l_3\sin\varphi_3 \\ l_2\cos\varphi_2 & -l_3\cos\varphi_3 \end{pmatrix}\cdot\begin{pmatrix} \omega_2 \\ \omega_3 \end{pmatrix}=\begin{pmatrix} l_1\omega_1\sin\varphi_1 \\ -l_1\omega_1\cos\varphi_1 \end{pmatrix} \tag{4.25}$$

此方程为线性方程组，可用消元法求解出构件 2、3 的角速度 ω_2、ω_3。

(5) 速度方程再对时间求一阶导数，可得加速度方程。

$$\begin{pmatrix} -l_2\sin\varphi_2 & l_3\sin\varphi_3 \\ l_2\cos\varphi_2 & -l_3\cos\varphi_3 \end{pmatrix}\cdot\begin{pmatrix} \alpha_2 \\ \alpha_3 \end{pmatrix}=-\begin{pmatrix} -l_2\omega_2\cos\varphi_2 & l_3\omega_3\cos\varphi_3 \\ -l_2\omega_2\sin\varphi_2 & l_3\omega_3\sin\varphi_3 \end{pmatrix}\cdot\begin{pmatrix} \omega_2 \\ \omega_3 \end{pmatrix}+\begin{pmatrix} l_1\omega_1^2\cos\varphi_1 \\ l_1\omega_1^2\sin\varphi_1 \end{pmatrix} \tag{4.26}$$

此为线性方程组，可求解出构件 2、3 的角加速度 α_2、α_3。

如求构件 2 上 E 点的速度或加速度，可写出 E 点的坐标，然后求导数。

$$\begin{cases} x_E=l_1\cos\varphi_1+a\cos\varphi_2+b\cos(\varphi_2+90°) \\ y_E=l_1\sin\varphi_1+a\sin\varphi_2+b\sin(\varphi_2+90°) \\ v_E=\sqrt{x'^2_E+y'^2_E} \\ a_E=\sqrt{x''^2_E+y''^2_E} \end{cases} \tag{4.27}$$

解析法的关键是建立封闭的矢量环方程，矢量环方程的投影及求导数只是常规的数学运算问题，所以封闭矢量环的建立是解析法的关键。

4.5 平面连杆机构的运动设计

4.5.1 平面连杆机构设计的基本问题

根据平面连杆机构所要实现运动的需求不同，平面连杆机构的设计通常可归纳为三大类：刚体导引机构的设计、函数生成机构的设计以及轨迹生成机构的设计。

1. 刚体导引机构的设计

在这类设计问题中，要求所设计的机构能引导一个刚体顺序通过一系列给定的位置。该刚体一般是机构的连杆。例如图 4.35 所示的铸造造型机砂箱翻转机构，砂箱固结在连杆 BC 上，要求所设计的机构中的连杆能依次通过位置Ⅰ、Ⅱ，以便引导砂箱实现造型和拔模两个动作。这类设计问题通常称为刚体导引机构的设计。

2. 函数生成机构的设计

在这类设计问题中，要求所设计机构的主、从动连架杆之间的运动关系能满足某种给定的函数关系，此类问题称为实现函数关系的机构设计。图 4.36 所示机构是按照主动件和从动件的转角位置中心之间的对应关系设计的。再比如，在工程实际的许多应用中，要求在主动连架杆匀速运动的情况下，从动连架杆的运动具有急回特性，以提高劳动生产率。这类设计问题通常称为函数生成机构的设计。

刚体导引机构

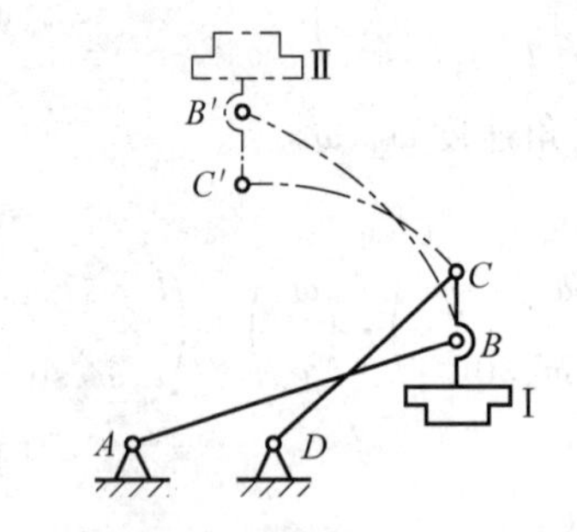

图 4.35 刚体导引机构

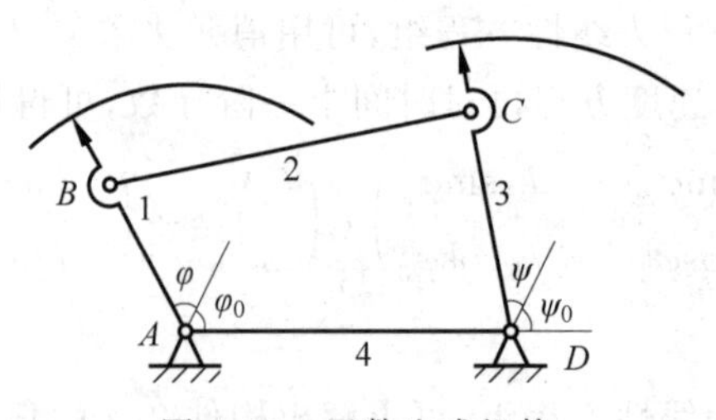

图 4.36 函数生成机构

函数生成机构

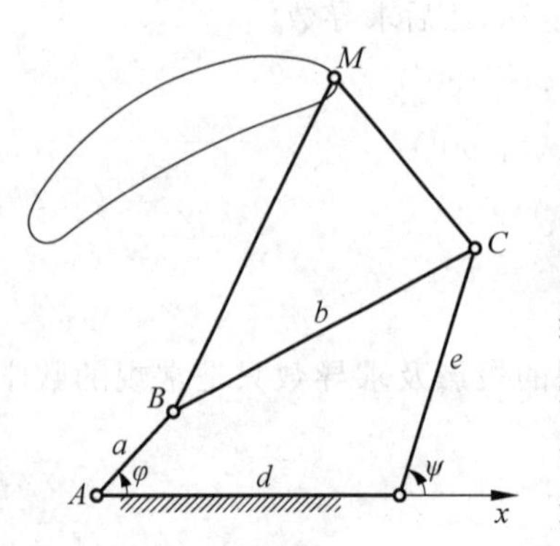

图 4.37 轨迹生成机构

3. 轨迹生成机构的设计

在这类设计问题中，要求所设计的机构连杆上一点的轨迹，能与给定的曲线相一致，或者能依次通过给定曲线上的若干有序列的点。例如，图 4.37 所示的连杆做复杂平面运动，连杆上不同位置点能描绘出各种各样的高次曲线。给定曲线上的若干点，寻求能否再现这些点的连杆机构则是此类问题的主要任务。这类设计问题通常称为轨迹生成机构的设计。

轨迹生成机构

平面连杆机构的设计方法大致可分为图解法、解析法和试验法三类。其中图解法直观性强，简单易行。对于某些设计图解法往往比解析法方便有效，它是连杆机构设计的一种基本方法，但设计精度低，不同的设计要求，图解的方法各异。对于较复杂的设计要求，图解法很难解决。解析法精度较高，但计算量大，目前由于计算机及数值计算方法的迅速发展，解析法已得到广泛应用。试验法通常用于设计运动要求比较复杂的连杆机构，或者用于对机构进行初步设计。设计时选用哪种方法，应视具体情况来决定。

4.5.2　刚体导引机构的设计

如图 4.38 所示，设工作要求某刚体在运动过程中能依次占据Ⅰ、Ⅱ、Ⅲ三个给定位置，试设计一铰链四杆机构，引导该刚体实现这一运动要求。

由于在铰链四杆机构中，两连架杆均做定轴转动或摆动，只有连杆做平面一般运动，故能够实现上述运动要求的刚体必是机构中的连杆。设计问题为实现连杆给定位置的设计。

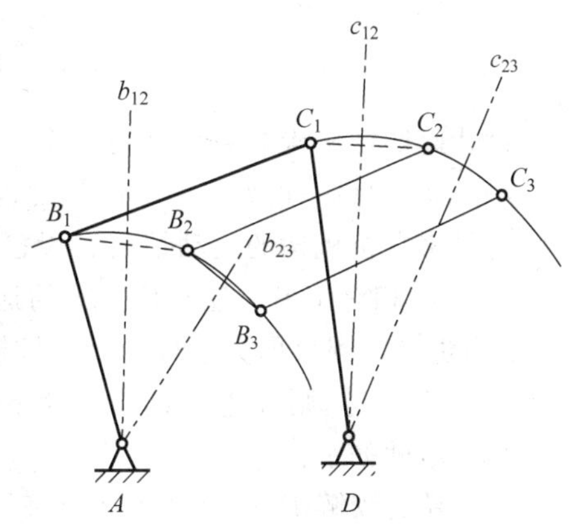

图 4.38　刚体导引机构的设计方法

刚体导引机构设计方法

具体步骤如下：

（1）选择活动铰链点 B、C 的位置。

一旦确定了 B，C 的位置，结合刚体的具体结构，对应于刚体 3 个位置时活动铰链的位置 B_1C_1，B_2C_2，B_3C_3 也就确定了。

（2）确定固定铰链点 A、D 的位置。

因为连杆上活动铰链 B，C 分别绕固定铰链 A，D 转动，所以连杆在三个给定位置上的 B_1，B_2 和 B_3 点，应位于以 A 为圆心，连架杆 AB 为半径的圆周上；同理，C_1，C_2 和 C_3 三点应位于以 D 为圆心，以连架杆 DC 为半径的圆周上。因此，连接 B_1、B_2 和 B_2、B_3，再分别作这两条线段的中垂线 a_{12} 和 a_{23}，其交点即为固定铰链中心 A。同理，可得另一固定铰链中心 D。则 AB_1C_1D 即为所求四杆机构在第一个位置时的机构运动简图。

在选定了连杆上活动铰链点位置的情况下，由于三点唯一地确定一个圆，故给定连杆三个位置时，其解是确定的。改变活动铰链点 B，C 的位置，其解也随之改变。从这个意义上讲，实现连杆三个位置的设计，其解有无穷多个。如果给定连杆两个位置，则固定铰链点 A，D 的位置可在各自的中垂线上任取，故其解有无穷多个。设计时，可添加其他附加条件（如机构尺寸、传动角大小、有无曲柄等），从中选择合适的机构。

综上所述，刚体导引机构的设计，就其本身的设计方法而言，一般并不困难，关键在于如何判定一个工程实际中的具体设计问题是属于刚体导引机构的设计。

4.5.3　函数生成机构的设计

如图 4.39 所示，设已知四杆机构中两固定铰链 A 和 D 的位置，连架杆 AB 的长度，要求两连架杆的转角能实现三组对应关系。

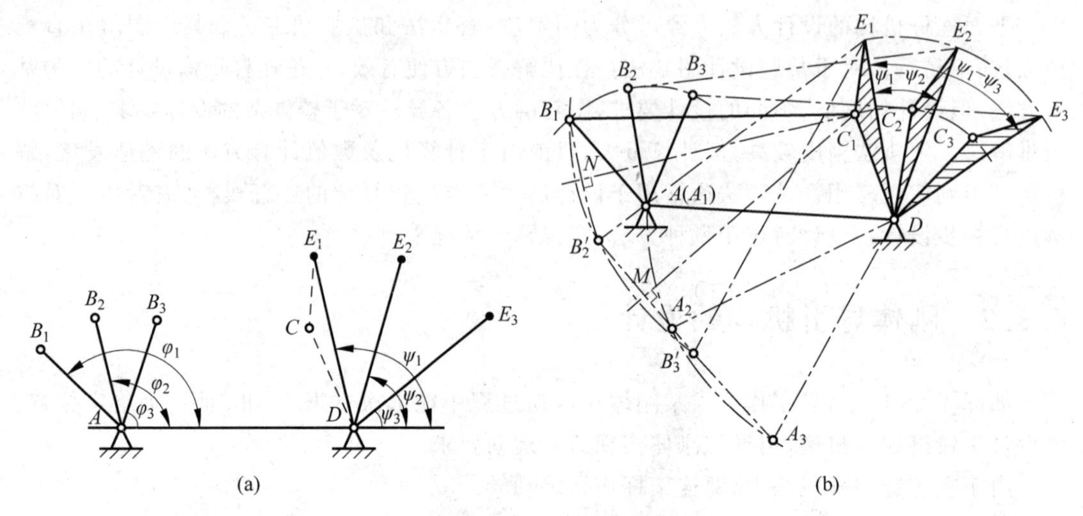

图 4.39 函数生成机构的设计方法

设计此四杆机构的关键是确定连杆 BC 上活动铰链点 C 的位置，一旦确定了 C 点的位置，连杆 BC 和另一连架杆 DC 的长度也就确定了。

函数生成机构设计方法

首先来分析机构的运动情况。设已有四杆机构 $ABCD$，当主动连架杆 AB 运动时，连杆上铰链 B 相对于另一连架杆 CD 的运动，是绕铰链点 C 的转动。因此，以 C 为圆心，以 BC 长为半径的圆弧即为连杆上已知铰链点 B 相对于铰链点 C 的运动轨迹。如果能确定铰链 B 的运动轨迹，则铰链 C 的位置就不难确定了。

具体步骤如下：

(1) 确定铰链 B 的相对运动轨迹。如图 4.39(a)所示，当主动连架杆分别位于 AB_1、AB_2、AB_3 位置时，从动连架杆则分别位于 DE_1、DE_2、DE_3 位置。根据低副运动的可逆性，如果改取从动连架杆 DE 为机架，则机构中各构件间的相对运动关系并没有改变。但此时，原来的机架 AD 和连杆 BC 却成为连架杆，而原来的原动连架杆 AB 则成为连杆了，铰链 B 即为连架杆 BC 上的一点。这样，问题的实质已转化成已知连杆位置的设计了。因此，连接 DB_2E_2 和 DB_3E_3 成三角形(如图 4.39(b)所示)并将其视为刚体，令上述两三角形绕铰链 D 分别反转$(\psi_1-\psi_2)$和$(\psi_1-\psi_3)$角度，则可得到铰链 B 的两个转位点 B_2' 和 B_3'。

(2) 确定铰链点 C。如前所述 B_1，B_2' 和 B_3' 应位于同一圆弧上，其圆心即为铰链点 C。确定铰链点 C 位置的具体做法为：连接 B_1B_2' 及 $B_2'B_3'$，分别作这两线段的中垂线，其交点 C_1 即为所求，图中的 AB_1C_1D 即为所求四杆机构在第一个位置时的机构简图。

从以上分析可知，若给定两连架杆转角的三组对应关系，则有确定解。需要说明的是，在工程实际的设计问题中，主动连架杆上活动铰链点 B 的位置是由设计者根据具体情况自行选取的。改变 B 点的位置，其解也随之改变。从这个意义上讲，实现两连架杆对应三组角位置的设计问题，也有无穷多个解。若给定两连架杆转角的两组对应关系，则其解有无穷多个。设计时可根据具体情况添加其他附加条件，从中选择合适的机构。

4.5.4 轨迹生成机构的设计

如图 4.40 所示设计一个四杆机构作为轨迹生成机构，实线所示为工作要求实现的运动轨迹。

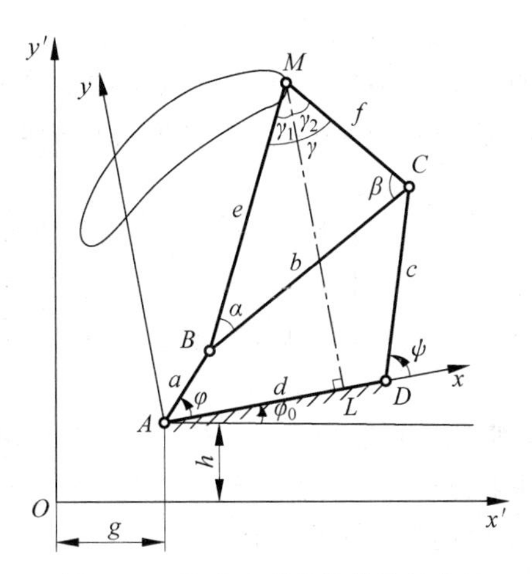

图 4.40 轨迹生成机构的设计方法

为了确定机构的尺度参数和连杆上 M 点的位置，首先需要建立四杆机构连杆上 M 点的位置方程，即连杆曲线方程。

设在坐标系 xAy 中，连杆上 M 点的坐标为 (x,y)，该点的位置方程可如下求得。由四边形 $ABML$ 可得：

$$\begin{cases} x = a\cos\varphi + e\sin\gamma_1 \\ y = a\sin\varphi + e\cos\gamma_1 \end{cases} \tag{4.28}$$

由四边形 $DCML$ 可得：

$$\begin{cases} x = d + c\cos\psi - f\sin\gamma_2 \\ y = c\sin\psi + f\cos\gamma_2 \end{cases} \tag{4.29}$$

将前两式平方相加消去 φ，后两式平方相加消去 ψ，可分别得：

$$\begin{cases} x^2 + y^2 + e^2 - a^2 = 2e(x\sin\gamma_1 + y\cos\gamma_1) \\ (d - x)^2 + y^2 + f^2 - c^2 = 2f[(d - x)\sin\gamma_2 + y\cos\gamma_2] \end{cases} \tag{4.30}$$

根据 $\gamma_1 + \gamma_2 = \gamma$ 的关系，消去上述两式中的 γ_1 和 γ_2，即可得连杆上 M 点的位置方程：

$$U^2 + V^2 = W^2 \tag{4.31}$$

该式又称为连杆曲线方程。式中：

$$\begin{cases} U = f[(x - d)\cos\gamma + y\sin\gamma](x^2 + y^2 + e^2 - a^2) - ex[(x - d)^2 + y^2 + f^2 - c^2] \\ V = f[(x - d)\sin\gamma - y\cos\gamma](x^2 + y^2 + e^2 - a^2) + ey[(x - d)^2 + y^2 + f^2 - c^2] \\ W = 2ef\sin\gamma[x(x - d) + y^2 - \mathrm{d}y\cot\gamma] \end{cases} \tag{4.32}$$

上式中共有6个待定尺寸参数 a,c,d,e,f,γ，故如在给定的轨迹中选取6组坐标值 (x_i,y_i)，分别代入上式，即可得到6个方程，联立求解这6个方程，即可解出全部待定尺寸。这说明连杆曲线上只有6个点与给定的轨迹重合。设计时，为了使连杆曲线上能有更多点与给定轨迹重合，可再引入坐标系 $x'Oy'$，如图4.40所示，此即引入了表示机架在 $x'Oy'$ 坐标系中位置的3个待定参数 g,h,φ_0。然后用坐标变换的方法将式(4.31)变换到坐标系 $x'Oy'$ 中，即可得到在该坐标系中的连杆曲线方程：

$$F(x',y',a,c,d,e,f,g,h,\gamma,\varphi_0)=0 \tag{4.33}$$

式中共含有9个待定尺寸参数，这说明铰链四杆机构的连杆上的一点最多能精确地通过给定轨迹上所选的9个点。若在给定的轨迹上选定的9个点的坐标为(x_i,y_i)，代入式(4.33)，即可得到9个非线性方程，利用数值方法解此非线性方程组，便可求得所要设计机构的9个待定尺寸参数。

在用上述方法进行轨迹生成机构设计时，由于需要用数值方法联立求解9个非线性方程，因此比较繁琐。加之所设计出的机构只能实现给定轨迹上的9个精确点，而不能完全精确实现给定的轨迹，故在工程设计中，人们也常常采用一种比较直观可行的试验法来进行轨迹生成机构的设计。

如图4.41所示，设要求实现的轨迹为mm。在用试验法求解时，可先准备两个构件，使它们铰接在点B。其中构件1为长度a可调的构件，构件2为具有若干分支杆的构件，其各分支杆不仅长度可调，且相互之间的夹角也可调。

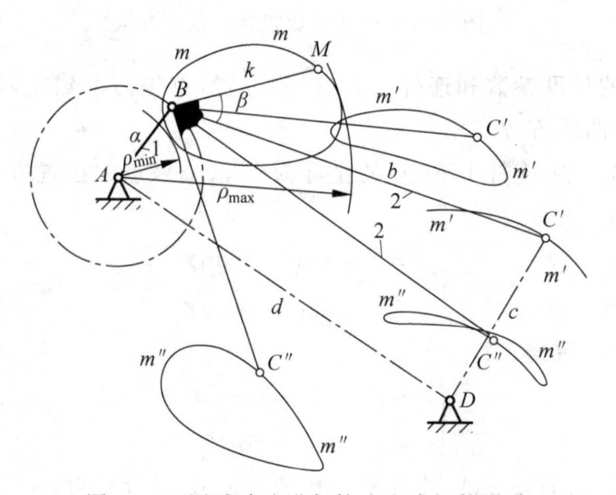

图4.41　用试验法进行轨迹生成机构设计

首先在相对于曲线mm的合适位置上，选定曲柄转轴A。以A点为圆心作两个圆弧，分别与所给曲线mm相切于最远点和最近点，得$\rho_{\max}$和$\rho_{\min}$，如图4.41所示。然后调整构件1的长度a和构件2上某一分支杆BM的长度k，使该分支杆的端点M既能到达曲线mm的最远点，又能适应曲线mm的最近点。

在确定了构件1的长度a和构件2上分支杆BM的长度k之后，可把构件1的端点A安装在所选A点的位置上作为固定转轴。由于此时由构件1、构件2和机架所组成的运动链ABM是一个自由度为2的运动链，故可以让构件1绕A点作圆周运动，同时使构件2的分支杆BM上的M点沿着给定曲线mm运动一周。与此同时，构件2的其他分支杆上的C^{I}，C^{II}，C^{III}，…点，将描绘出各自相应的曲线$m^{\mathrm{I}}m^{\mathrm{I}}$，$m^{\mathrm{II}}m^{\mathrm{II}}$，$m^{\mathrm{III}}m^{\mathrm{III}}$，如图4.41所示。从这些曲线中寻找一条近似于圆弧的轨迹，则此圆弧曲线（如图4.41中的曲线$m^{\mathrm{II}}m^{\mathrm{II}}$）的曲率中心$D$，即为连架杆$CD$的固定铰链中心。这时$BC^{\mathrm{II}}$即为所求的连杆长度$b$，$C^{\mathrm{II}}D$即为所求的连架杆$CD$的长度$c$，而$AD$则为机架长度$d$。如果从这些曲线中能找到一条近似于直线的轨迹，则以该直线为导路，即可得到曲柄滑块机构。如果在这些曲线中找不到一条近似的圆弧曲线或直线，则可重新调整构件2的其他各分支杆的长度或角度，或另行选择A

点的位置，重新进行上述试验求解。

除试验法外，在工程实际的某些设计中，还利用“连杆曲线图谱”来进行轨迹生成机构的设计。在根据预期运动轨迹设计四杆机构时，可先从图谱中查找与给定轨迹形状相同或相似的连杆曲线，并查出相应的各构件的相对长度；然后用缩放仪确定图谱中的连杆曲线与给定轨迹曲线之间相差的倍数，再按各构件的相对长度乘以此倍数，即可求得机构中各构件的实际尺寸参数。

4.6 知识拓展：航天器对接机构

4.6.1 空间对接机构概念

抓接捕获机构是空间交会对接的主要动作装置，用于主/被动抓接机构之间的机械对接及电液连通、对接锁紧以及重新回到各自轨道。航天器交会对接技术是在轨捕获技术的基础，两航天器成功完成交会对接后，才能进行在轨接近、接触、捕获和校正。因此空间交会技术是实现在轨捕获的前期基础，在轨捕获需要更精确的控制与位置姿态调整，所以在轨捕获技术是空间交会对接技术的最高水平和最终目标。

图 4.42 嫦娥五号上升器与轨道器返回器组合体交会对接

航天器交会对接

连杆机构是空间对接机构的核心组成部分，在航天器交会对接中发挥着重要作用。对接抓持机构的结构设计和试验是空间在轨捕获能否成功的关键。图 4.42 展示的是嫦娥五号上升器成功与轨道器返回器组合体交会对接，并将月球样品容器安全转移至返回器中。其中，通过远程导引和近程自主控制，轨道器返回器组合体逐步靠近上升器，以“抱爪”的方式捕获上升器，完成交会对接。

4.6.2 对接与样品转移机构

交会与对接既离不开测量系统，也必须有对接机构，二者缺一不可。根据不同的组成结构和工作原理，可以将空间对接机构分为以下四类：“环-锥”式机构、“杆-锥”（也叫“栓-锥”）式机构、“异体同构周边”式机构、“抓手-碰撞锁”式机构。嫦娥五号采用的对接方式与载人航天对接方式有很大区别。相比位于近地轨道运行的载人航天器，月球探测器的飞行距离更远，受运载工具、燃料等限制更大，质量、体积均有严格要求。因此，嫦娥五号探测器的对接机构必须做到小而精，其重量要减小到普通载人航天器所用的“异体同构周边式对接机构”的十五分之一。同时，嫦娥五号探测器的对接机构还要具备样品容器捕获、自动转移功能，对接结构要求重量更轻、精度更高、过程更稳。

交汇对接过程中，两航天器位置、姿态、相对速度的控制精度是影响对接成败的重要限制因素。优良的对接机构应当能够自动适应两航天器在一定范围内的位姿和速度偏差,顺利完成对接任务。位姿自适应机构便是基于这一要求而设计的。如图 4.43 所示,托盘与 U 型支座通过十字轴连接,构成一个 U 副,能适应主、被动飞行器之间的姿态偏差。横向寻址大臂与横向寻址小臂构成平面 2-DOF 机构,可适应主、被动飞行器之间的横向位置偏差。3R 铰链由 3 个正交的转动铰链串联而成,相当于球铰。用串联 3R 副替代 S 副的目的是为了提高运动副的可靠性,降低制造难度。在对接过程中位姿偏差补偿机构具有缓冲吸能和自动寻址两大功能。

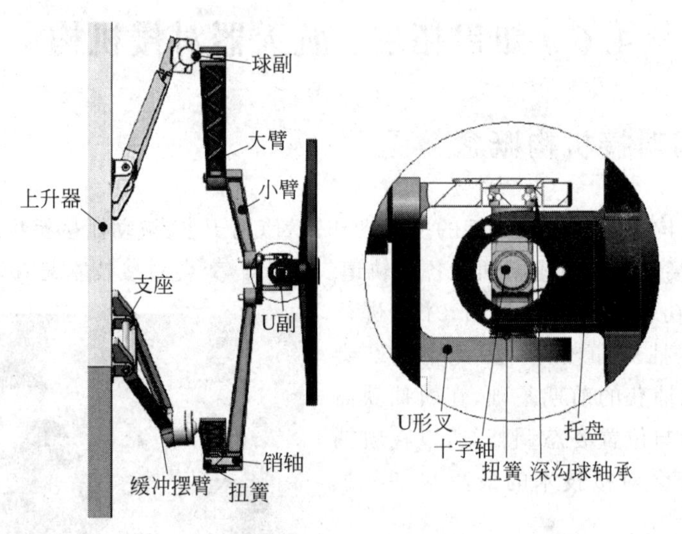

图 4.43　位姿偏差补偿机构

习　题

4.1　试绘制图 4.44 所示三种机械实体的机构运动示意图,并说明它们各是何种机构。

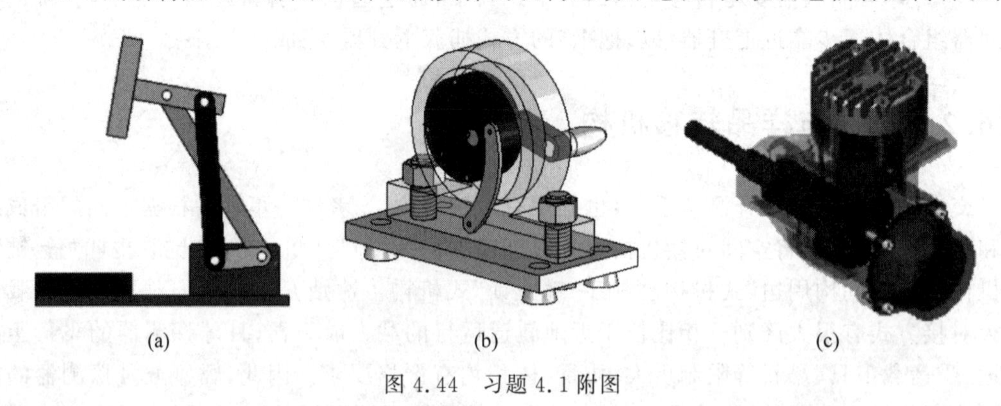

图 4.44　习题 4.1 附图

4.2　如图 4.45 所示的铰链四杆机构各杆长 $l_1=28, l_2=52, l_3=50, l_4=72$ mm,试求:

(1) 取杆 4 为机架,该机构的极位夹角 θ、杆 3 的最大摆角 φ、最小传动角 $\gamma_{\min}$ 和行程速

比系数 K。

(2) 当取杆 1 为机架，将演化成何种机构？这时 C、D 是整转副还是摆动副。

(3) 当取杆 3 为机架，将演化成何种机构？这时 A、B 是整转副还是摆动副。

4.3 如图 4.46(a)、(b)所示。

(1) 说明如何从一个曲柄摇杆机构演化为图 4.46(a)的曲柄滑块机构，再演化为图 4.46(b)的摆动导杆机构。

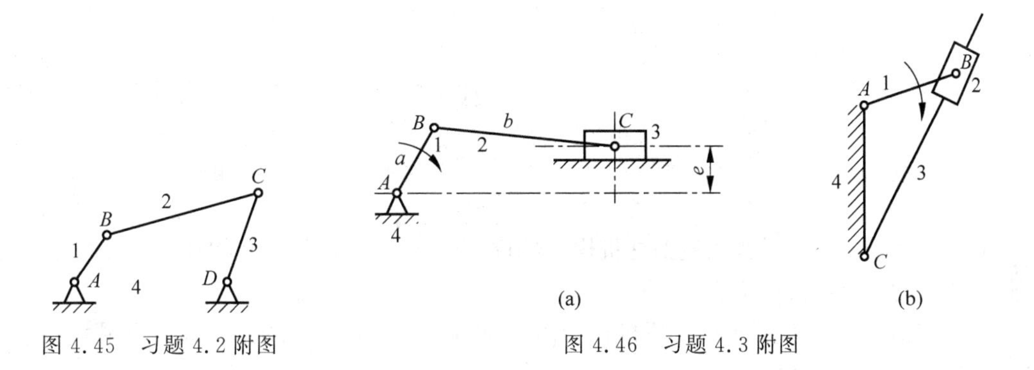

图 4.45 习题 4.2 附图

图 4.46 习题 4.3 附图

(2) 确定构件 AB 为曲柄的条件。

(3) 当图 4.46(a)为偏置曲柄滑块机构，而图 4.46(b)为摆动导杆机构时，画出构件 3 的极限位置，并标出极位夹角。

4.4 标出图 4.47 所示的齿轮-连杆组合机构中所有瞬心，并用瞬心法求齿轮 1 与齿轮 3 的传动比 ω_1/ω_3。

4.5 在图 4.48 所示的铰链四杆机构中，已知该机构的结构参数以及构件 1 的转速为 ω_1，机构运动简图的比例尺为 μ_l。利用速度瞬心法，求在图示位置时，构件 2 和构件 3 的转速 ω_2 和 ω_3 的大小和方向。

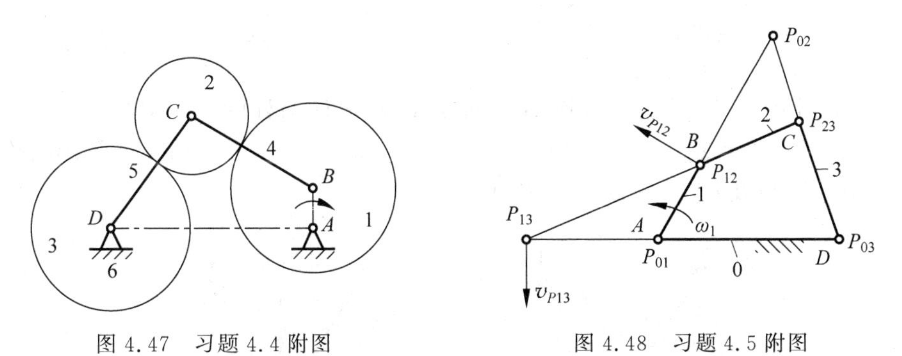

图 4.47 习题 4.4 附图

图 4.48 习题 4.5 附图

4.6 如图 4.49 所示，曲柄摆动导杆机构中各杆长，已知 $a=400\ \text{mm}$，$d=500\ \text{mm}$，$l_{BD}=250\ \text{mm}$，构件 1 以等角速度 $\omega_1=20\ \text{rad/s}$ 绕 A 顺时针方向转动，求此时 v_D 及角速度比 ω_1/ω_3。

4.7 如图 4.50 所示曲柄滑块机构中，已知 $a=100\ \text{mm}$，$\alpha=60°$，$\angle ABC=90°$，$v_c=2\ \text{m/s}$。指出速度瞬心 P_{13}，并用瞬心法求构件 1 的角速度 ω_1。

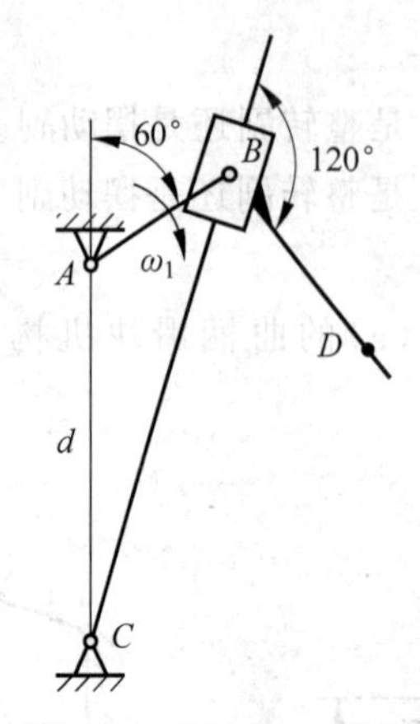

图 4.49 习题 4.6 附图

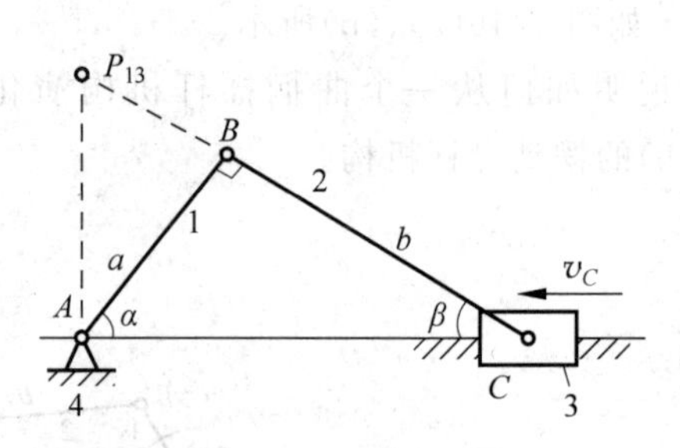

图 4.50 习题 4.7 附图

4.8 如图 4.51 所示为铰链四杆机构，试用瞬心法分析当构件 2 和构件 3 上任何重合点的速度相等时对应的机构位置 φ_1 值。

4.9 如图 4.52 所示曲柄滑块机构中若已知 a，b，e，当 φ_1 给定后，试导出滑块位移 s 和连杆转角 φ_2 的表达式。

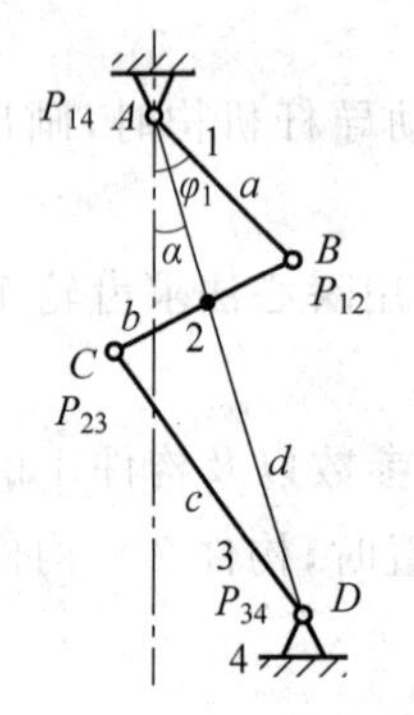

图 4.51 习题 4.8 附图

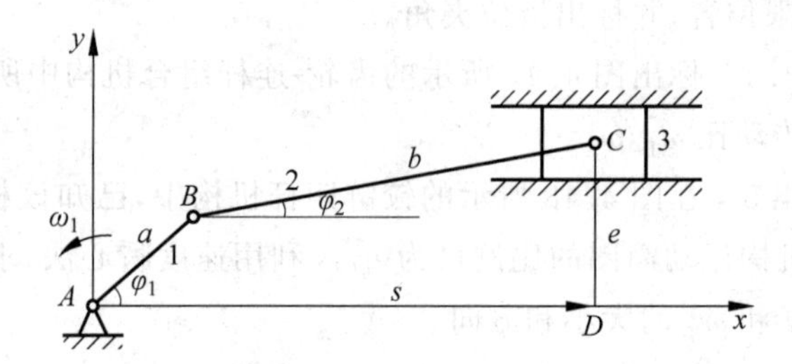

图 4.52 习题 4.9 附图

4.10 设计图 4.53 所示的铰链四杆机构，已知两连架杆的三组对应位置 $\varphi_1=120°$，$\psi_1=105°$，$\varphi_2=90°$，$\psi_2=85°$，$\varphi_3=60°$，$\psi_3=65°$，且 $l_{AB}=20$ mm，$l_{AD}=50$ mm。试用图解法确定 BC 和 CD 的长度以及 C_1D 与 E_1D 的夹角。

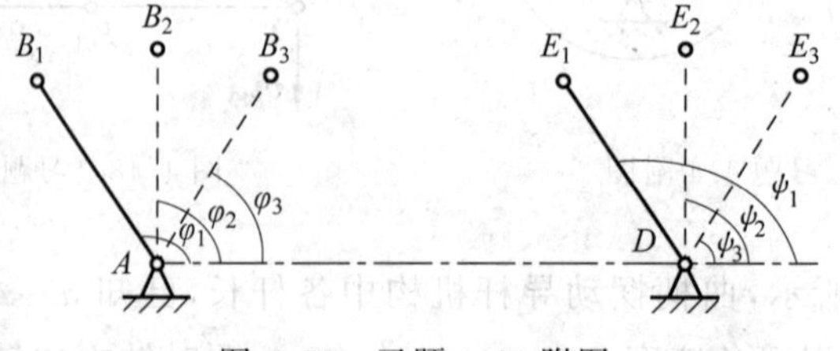

图 4.53 习题 4.10 附图

4.11 设计图 4.54 所示的曲柄滑块机构，已知滑块和曲柄的三组对应关系 $\varphi_1=60°$、$s_1=36$ mm，$\varphi_2=85°$、$s_2=28$ mm，$\varphi_3=120°$、$s_3=19$ mm，偏置距离 $e=10$ mm，试用图解法求各构件的长度。

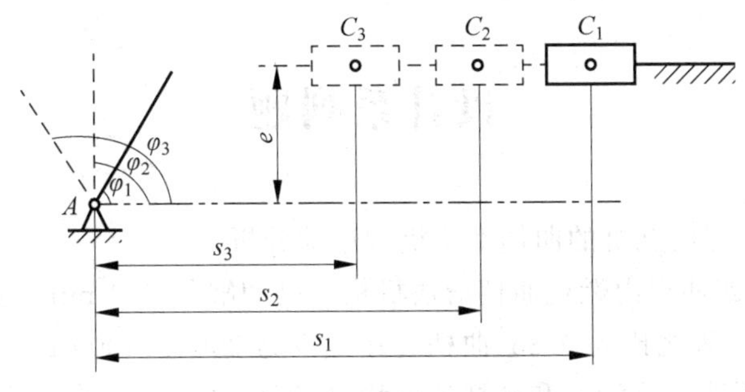

图 4.54 习题 4.11 附图

4.12 已知：图 4.55 所示四杆机构的各构件尺寸和 ω_1，试用解析法求 θ_2、θ_3、ω_2、ω_3、α_2、α_3。

4.13 图 4.56 所示机床变速箱中操纵滑动齿轮的操纵机构，已知滑动齿轮行程 $H=60$ mm，$l_{DE}=100$ mm，$l_{CD}=120$ mm，$l_{AD}=250$ mm，其相互位置如图所示。当滑动齿轮在行程的另一端时，操纵手柄朝垂直方向，试设计此机构。

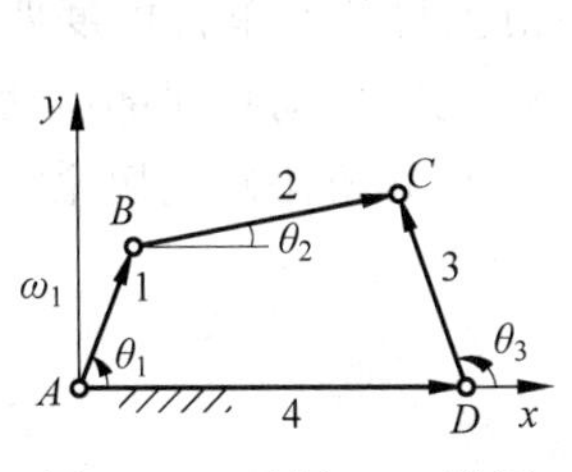

图 4.55 习题 4.12 附图

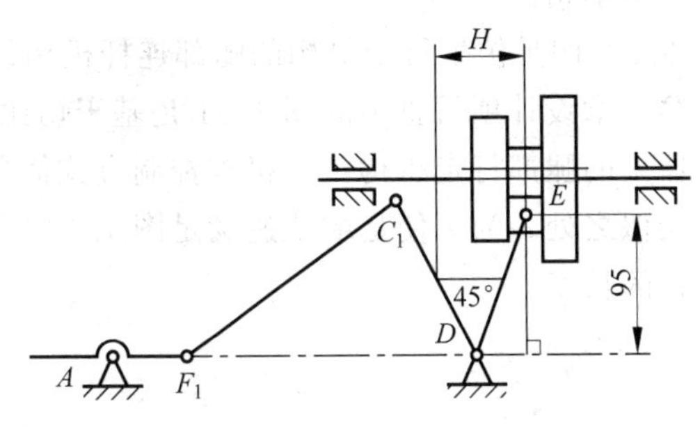

图 4.56 习题 4.13 附图

4.14 如图 4.57 所示，用铰链四杆机构作为加热炉炉门的启闭机构。炉门上两铰链的中心距为 50 mm，炉门打开后成水平位置时，要求炉门的外边朝上，固定铰链装在 xy 轴线上，其相互位置的尺寸如图 4.57 所示。试设计此机构。

4.15 如图 4.58 所示，设计一偏置曲柄滑块机构，已知滑块的行程速度变化系数 $K=1.5$，滑块的冲程 $l_{C1C2}=50$ mm，导路的偏距 $e=20$ mm，求曲柄长度 l_{AB} 和连杆长度 l_{BC}。

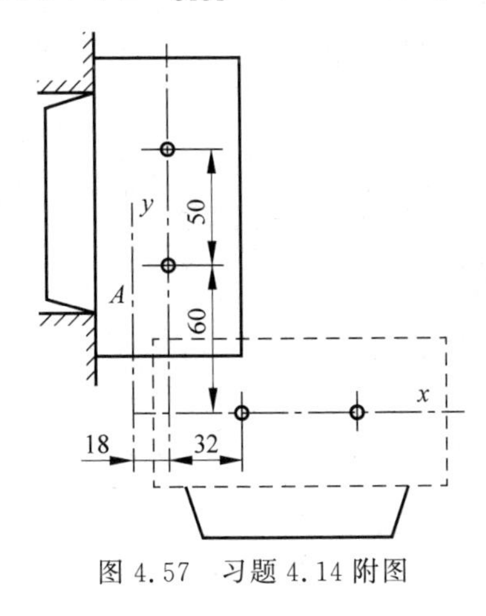

图 4.57 习题 4.14 附图

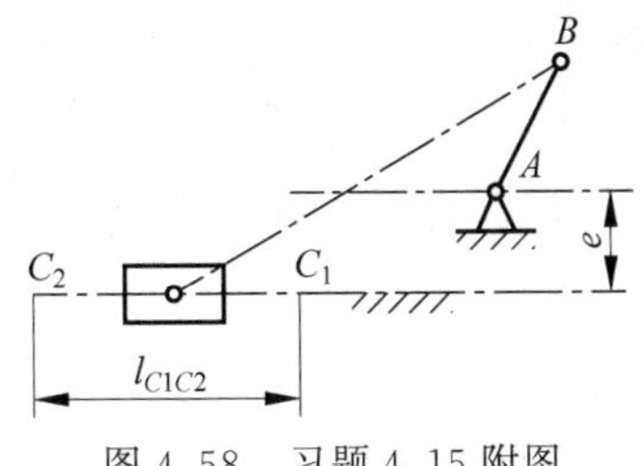

图 4.58 习题 4.15 附图

设计系列题

Ⅰ-2　单缸四冲程内燃机的曲柄滑块机构运动分析

图 1.12 为单缸四冲程内燃机曲柄滑块机构。已知缸径 762 mm,连杆与曲柄长度之比为 3.5,缸径与活塞冲程之比为 0.85,曲柄转速范围为 2000～4000 r/min,可选其中之一进行计算。试采用解析法计算活塞和连杆的位移、速度以及加速度在一个工作循环内随曲柄转角的变化规律。

Ⅱ-4　粉料成型压片机的上冲头加压机构运动分析

第 1 章设计项目Ⅱ中的图 1.16 为粉料压片机上冲头加压机构。已知各杆长分别为 $AB=35$ mm, $BD=120$ mm, $CD=DE=100$ mm。曲柄 AB 为原动件,以等角速度 35 r/min 进行顺时针运动。试进行运动分析,求:(1)冲头的位移、速度和加速度;(2)机构的最小传动角。

Ⅲ-2　四足仿生行走机构的腿部连杆机构设计

第 1 章设计项目Ⅲ中的图 1.21 是基于切比雪夫四杆机构衍生得到的单自由度四足仿生机器人的腿部行走机构。该机构控制方式简单,承载能力较大,与节肢动物腿部运动方式略有相似之处。为了使足端轨迹满足图 1.19 所示的运动规律,试用解析法确定切比雪夫机构各杆的长度。

第 5 章

凸轮机构

凸轮机构是由具有曲线轮廓或凹槽的构件，通过高副接触带动从动件实现预期运动规律的一种高副机构。图 5.1 所示为凸轮机构的典型应用之一——内燃机的配气机构。凸轮 1 做等角速度转动时，其曲线轮廓通过与气阀 2 的平底接触，使气阀有规律的开启和闭合(关闭是弹簧的作用)，以控制可燃物质在适当的时间进入气缸或排出废气。工作对气阀的动作程序及其速度和加速度都有严格的要求，这些要求是通过凸轮 1 的轮廓曲线来实现的。此外，图 5.1 中气阀 2 要想获得预期的运动规律，必须使气阀 2 的平底与凸轮 1 的轮廓始终保持接触，这里是利用弹簧来实现的。在实际凸轮机构的应用中，可利用重力、弹簧力或其他外力，也可以利用高副元素本身的几何形状(如凹槽)使凸轮轮廓与从动件保持接触。

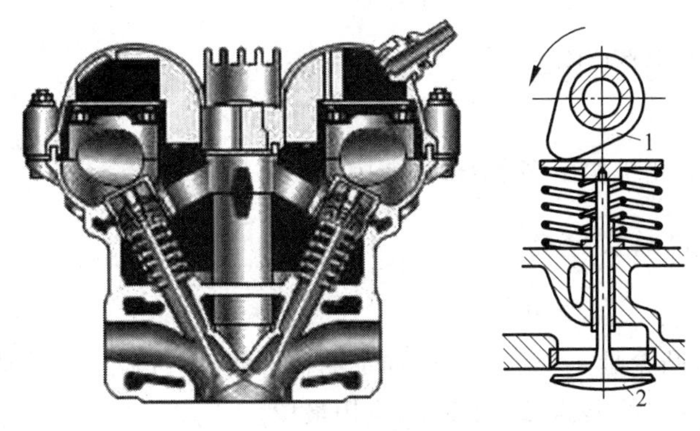

内燃机
配气机构

1—凸轮；2—气阀。

图 5.1　内燃机的配气机构

凸轮机构的基本特点是只要适当的设计凸轮的轮廓曲线，就可以使从动件实现几乎任意复杂的运动。当从动件的位移、速度和加速度必须严格地按照预定的规律变化，尤其当原动件作连续运动而从动件必须作间歇运动时，最适宜采用凸轮机构。凸轮机构广泛应用于各种自动机械、操纵控制装置和装配生产线中。当凸轮机构用于传动机构时，可以实现各种复杂的运动规律；当凸轮机构用作导引机构时，可以使工作部件实现复杂的运动轨迹；凸轮机构也适宜于用作控制机构，可以控制执行机构的自动工作循环。凸轮机构是工程中用于实现机械化和自动化的一种常用机构，其设计和制造方法对现代制造业具有重要意义。本章将介绍凸轮机构设计的基本理论。首先介绍凸轮机构的组成和类型，然后围绕凸轮机构的设计，重点介绍从动件运动规律设计、凸轮轮廓曲线设计和凸轮机构基本参数设计等，最后介绍凸轮机构的计算机辅助设计。

5.1 凸轮机构的组成和类型

5.1.1 凸轮机构的组成

图 5.2 所示为凸轮机构应用的另一个实例——自动机床的进刀机构。当凸轮 1 等速回转时,凸轮曲线凹槽的侧面推动从动件 2 做往复摆动,通过扇形齿轮和固结在刀架 3 上的齿条,控制刀架做进刀和退刀运动。刀架的运动规律则取决于凸轮 1 曲线凹槽的形状。

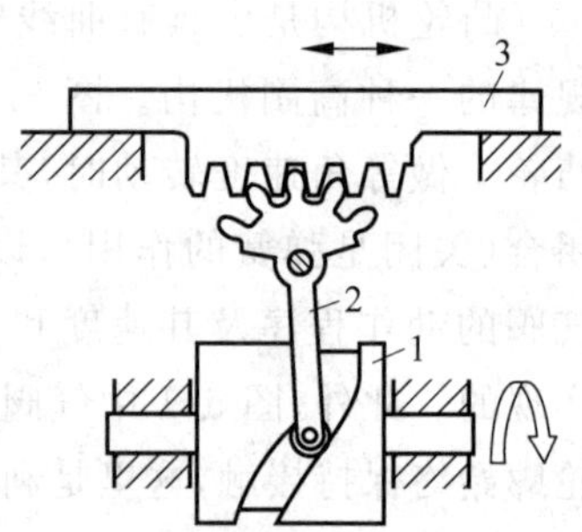

图 5.2 自动机床进刀机构

圆柱凸轮齿轮齿条机构

从以上两个例子可以看出,凸轮机构的主要特征是其含有一个具有曲线轮廓或凹槽的构件——凸轮,当凸轮运动时,依靠其上的曲线轮廓或凹槽与从动件的高副接触,控制从动件的运动规律。

凸轮机构主要是由凸轮、从动件和机架这三个基本构件组成的一种高副机构。

5.1.2 凸轮机构的类型

实际使用中的凸轮机构由多种形式,常按以下方法分类。

1. 按照凸轮的形状分类

1) 盘形凸轮

如图 5.1 所示,凸轮是一个具有变化向径的盘形构件,且做定轴转动,推动从动件运动。盘形凸轮是凸轮最基本的形式,结构简单,应用最广。

2) 移动凸轮

当盘形凸轮的转轴在无穷远处时,就变为如图 5.3 所示的移动凸轮。凸轮呈板状,相对于机架做往复直线移动。

以上两种凸轮机构中,凸轮与从动件之间的相对运动均为平面运动,故可统称为平面凸轮机构。

3) 圆柱凸轮

如图 5.2 所示,凸轮的轮廓曲线做在圆柱体上,凸轮与从动件之间的相对运动是空间运动,故它属于空间凸轮机构。

移动凸轮机构

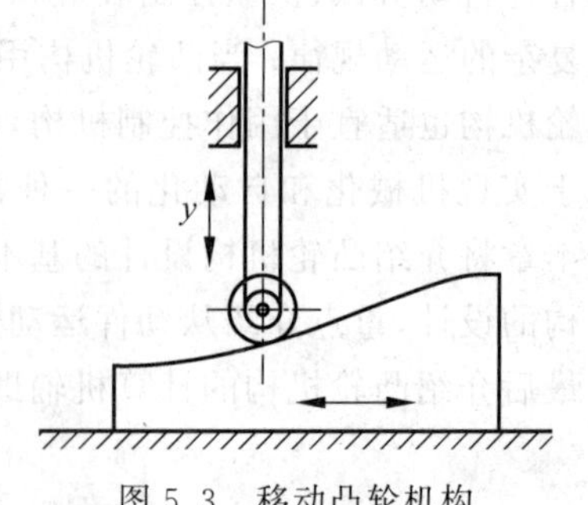

图 5.3 移动凸轮机构

2. 按照从动件的形状分类

1) 尖端从动件

如图 5.4(a)所示,从动件的尖端能够与任意复杂形状的凸轮轮廓保持接触。但其尖端处易磨损，因此，一般适用于传力较小和速度较低的机构。

2）曲面从动件

为了克服尖端从动件的缺点，可以把从动件的端部做成曲面形状，如图 5.4(b)所示，称为曲面从动件。该结构形式的从动件在生产中应用较多。

3）滚子从动件

由于凸轮与从动件之间的摩擦为滑动摩擦，为了减小摩擦磨损，可以在从动件端部安装一个滚轮，如图 5.4(c)所示。滚子的存在使凸轮与从动件之间的滑动摩擦转化为滚动摩擦，减小了摩擦磨损。因此，可用来传递较大的动力。

4）平底从动件

如图 5.4(d)所示，从动件与凸轮轮廓之间为线接触，接触处易形成油膜，润滑状态好。此外，凸轮对从动件的作用力始终垂直于从动件的底部，因此，平底从动件凸轮受力平稳、传动效率高，常用于高速场合，其缺点是凸轮轮廓曲线必须全部外凸。

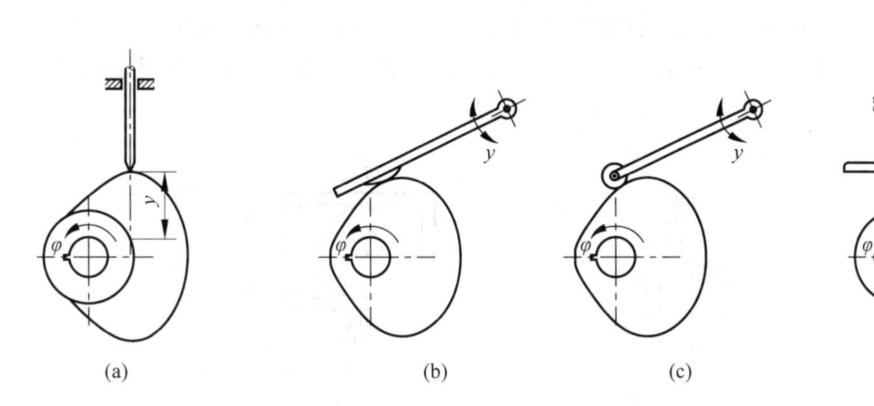

不同形状从动件的凸轮机构动态视频

图 5.4　不同形状从动件的凸轮机构

3. 按照从动件的运动形式分类

按照从动件的运动形式不同，凸轮机构可分为移动从动件和摆动从动件两种。

(1) 移动从动件如图 5.4(a)、(d)所示，从动件做往复移动。

(2) 摆动从动件如图 5.4(b)、(c)所示，从动件做往复摆动。

对于移动从动件凸轮机构，当从动件的导路中心线通过凸轮的回转中心时，称为对心移动从动件凸轮机构，反之则称为偏置从动件凸轮机构。

4. 按照凸轮与从动件维持高副接触的方法分类

凸轮机构是一种高副机构，凸轮轮廓与从动件必须始终保持高副接触。因为维持凸轮轮廓与从动件高副接触的方法不同，故凸轮机构可以分为以下两类。

1）力封闭型凸轮机构

利用弹簧力、从动件自身重力或其他外力来保证从动件与凸轮轮廓始终保持接触。图 5.1 就是利用弹簧力保持高副接触的例子。显然，力封闭型凸轮机构中，这个作用于运动副的外力只能是推力。

2）形封闭型凸轮机构

依靠凸轮和从动件特殊的几何形状来维持凸轮机构的高副接触。常用的形封闭型凸轮机构有以下几种。

(1) 槽凸轮机构如图 5.5(a)所示，凸轮轮廓曲线做成凹槽，从动件的滚子放于凹槽中，从而使凸轮与从动件始终保持接触。这种封闭方式结构简单，但加大了凸轮的外廓尺寸和重量。

(2) 等宽凸轮机构如图 5.5(b)所示，凸轮从动件做成矩形框架，凸轮与从动件的两个高副接触点之间的距离处处相等，且等于框架内侧的宽度，这样凸轮与从动件始终保持接触。

(3) 等径凸轮机构如图 5.5(c)所示，凸轮从动件上装有两个滚子，在运动过程中，两滚子中心之间的距离与对应凸轮径向距离处处相等，保证从动件的两个滚子同时与凸轮接触。

(4) 共轭凸轮机构如图 5.5(d)所示，两个固结在一起的凸轮控制一个具有两滚子的从动件，一个凸轮推动从动件完成正行程的运动，另一个凸轮推动从动件完成反行程的运动。设计出其中一个凸轮的轮廓曲线后，另一个凸轮的轮廓曲线可根据共轭条件求出，故称之为共轭凸轮。

常用的形封闭型凸轮机构动态视频

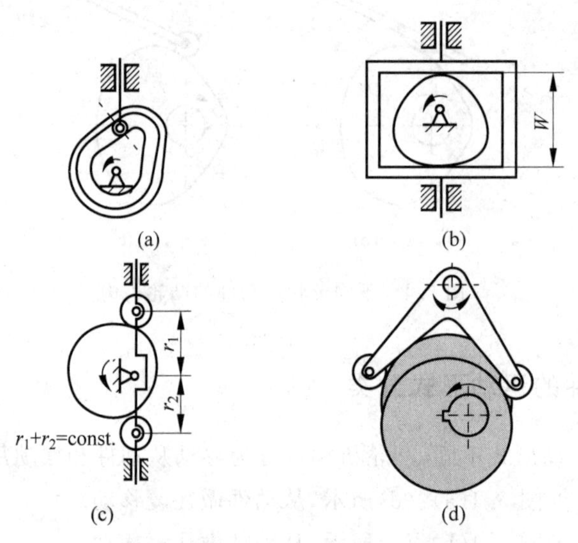

图 5.5　常用的形封闭型凸轮机构

5.2　凸轮机构的特点及应用

5.2.1　凸轮机构的特点

凸轮机构具有的活动构件少、占据的空间较小，是一种结构简单紧凑的机构，并且设计方便。由于从动件的运动规律取决于凸轮廓线的形状，只要适当的设计凸轮廓线，就可以使从动件实现预期的运动。几乎任意要求的从动件运动规律，都可以毫无困难地通过设计出凸轮廓线来实现。这是凸轮机构的最大特点。

凸轮机构的主要缺点是：凸轮廓线与从动件之间为点接触或线接触，易于磨损，故通常用在传力不大的场合。

5.2.2　凸轮机构的应用

凸轮机构因其明显的优点在实际生产中得到了广泛的应用，主要有以下几个方面。

1. 实现无特定运动规律要求的工作行程

在一些装置中，只需要从动件实现一定的工作行程，而对从动件的运动规律及运动和动力特性并无特殊要求，采用凸轮机构可很方便的实现这类工作行程。图5.6所示为某车床的主轴变速操纵机构。图中1为手柄，2，7为摆杆，3，6为拨叉，4，5分别为三联和双联滑移齿轮，8为圆柱凸轮，凸轮廓线为两条曲线凹槽。摆杆2和7的端部各装有一个滚子，分别置于凸轮的两个凹槽中。转动手柄1时，圆柱凸轮8转动，带动摆杆在一定范围内摆动，通过拨叉3和6，分别带动三联齿轮4和双联齿轮5在花键轴上滑移，使不同的齿轮进入（或脱离）啮合，进而改变车床主轴转速。

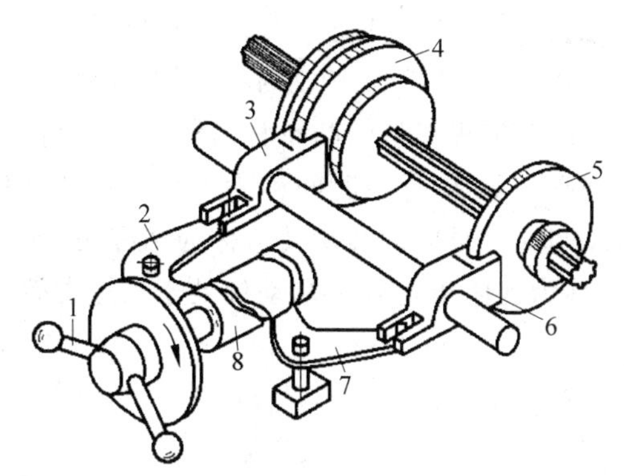

图5.6　车床主轴变速操纵机构

2. 实现有特定运动规律要求的工作行程

在工程实际中，很多情况下要求从动件实现复杂的运动规律。图5.2所示的自动机床的进刀机构中，刀具的进给运动包括以下几个动作：到位行程，即刀具以较快的速度接近工件；工作行程，即刀具等速切削工件；返回行程，即刀具完成切削动作后快速退回；停歇，即刀具复位后停留一段时间以便更换工件等。这样复杂的运动规律就是通过摆动从动件圆柱凸轮机构来实现的。

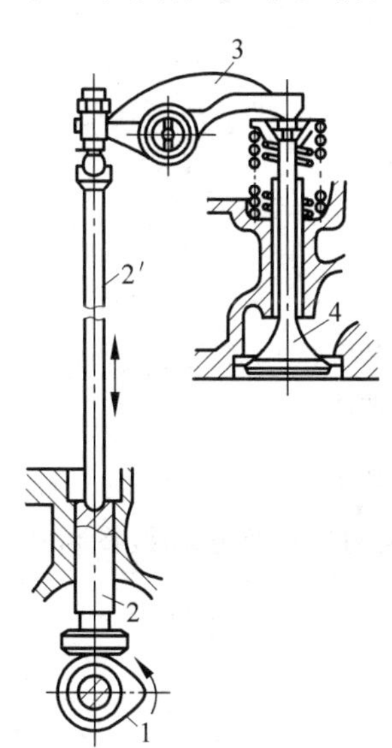

图5.7　船用柴油机的配气机构

3. 实现对运动和动力特性有特殊要求的工作行程

图5.7所示为船用柴油机的配气机构。当固接在曲轴上的凸轮1转动时，会推动从动件2、2′往复移动，通过摆臂3使气阀4开启或关闭，以控制可燃物质在适当时间进入气缸或趁机排除废气。因为曲轴转速很高，阀门必须在很短时间内完成启闭动作，所以要求机构具有良好的动力学性能。通过设计适当的凸轮轮廓曲线可实现这样的工作行程。

5.3 从动件运动规律设计

如前文所述，从动件的运动是由凸轮廓线的形状决定的。要使从动件产生一定规律的运动，凸轮需具有一定的轮廓曲线形状。因此，设计从动件的运动规律是凸轮机构设计的关键。

图 5.8(a)所示是移动从动件盘形凸轮机构，以凸轮的回转中心 O 为圆心、以凸轮轮廓的最小向径 r_b 为半径所作的圆称为凸轮的基圆，r_b 称为凸轮的基圆半径。图 5.8(b)为凸轮的转角与从动件位移的关系曲线，横坐标代表凸轮的转角 φ，纵坐标代表从动件的位移 s。当凸轮以角速度 ω 转动时，从动件从距凸轮轴心最近位置运动至最远位置的运动过程称为推程，与推程对应的凸轮转角称为推程角 ϕ，从动件的最大位移 h 称为从动件的升距；从动件静止不动的那段时间称为停歇；而从动件从最远位置回至最近位置的运动过程称为回程，与回程对应的凸轮转角称为回程角 ϕ'。从动件处于最远位置静止不动所对应的凸轮转角称为远休止角 ϕ_s；从动件处于最近位置静止不动所对应的凸轮转角称为近休止角 ϕ_s'。

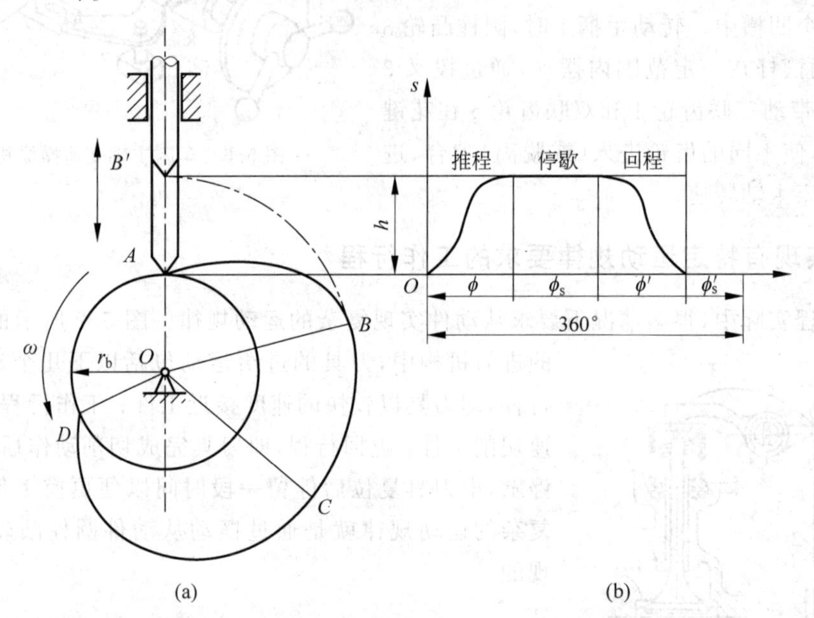

图 5.8 直动从动件盘形凸轮机构及其位移曲线

从动件的运动规律是指从动件的位移 s、速度 v、加速度 a 及加速度的变化率 j 随时间 t 或凸轮转角 φ 变化的规律。表示 s、v、a 随时间 t 或转角 φ 变化的从动件运动线图可以全面反映从动件的运动特性及其变化规律。

5.3.1 从动件常见运动规律

从动件的运动规律多种多样，表 5-1 列出了工程实际中常用运动规律的运动方程式和运动线图。

（1）等速运动规律的速度曲线不连续，从动件在行程的初始和终点位置速度有突变，此时加速度在理论上由零变为趋于无穷大，使从动件产生非常大的惯性力，从而使机构产生强烈冲击，这种冲击称为刚性冲击。

（2）等加速等减速运动规律的速度曲线连续，不会产生刚性冲击。但其加速度曲线在运动的起始、中间和终点位置不连续，即加速度在运动的起始、中间和终点位置有突变，加速度的变化率（即跃度 j）在这些位置为无穷大。这说明惯性力的变化率极大，即加速度产生的惯性力在瞬间突然加到从动件上，从而引起冲击，这种冲击称为柔性冲击。

（3）简谐运动规律其速度曲线连续，不会产生刚性冲击。但在运动的起始和终点位置，加速度曲线不连续，加速度有突变，因此会产生柔性冲击。当从动件做无停歇的升-降-升连续往复运动时，加速度曲线变为连续，可避免柔性冲击。

表 5-1　从动件常用运动规律

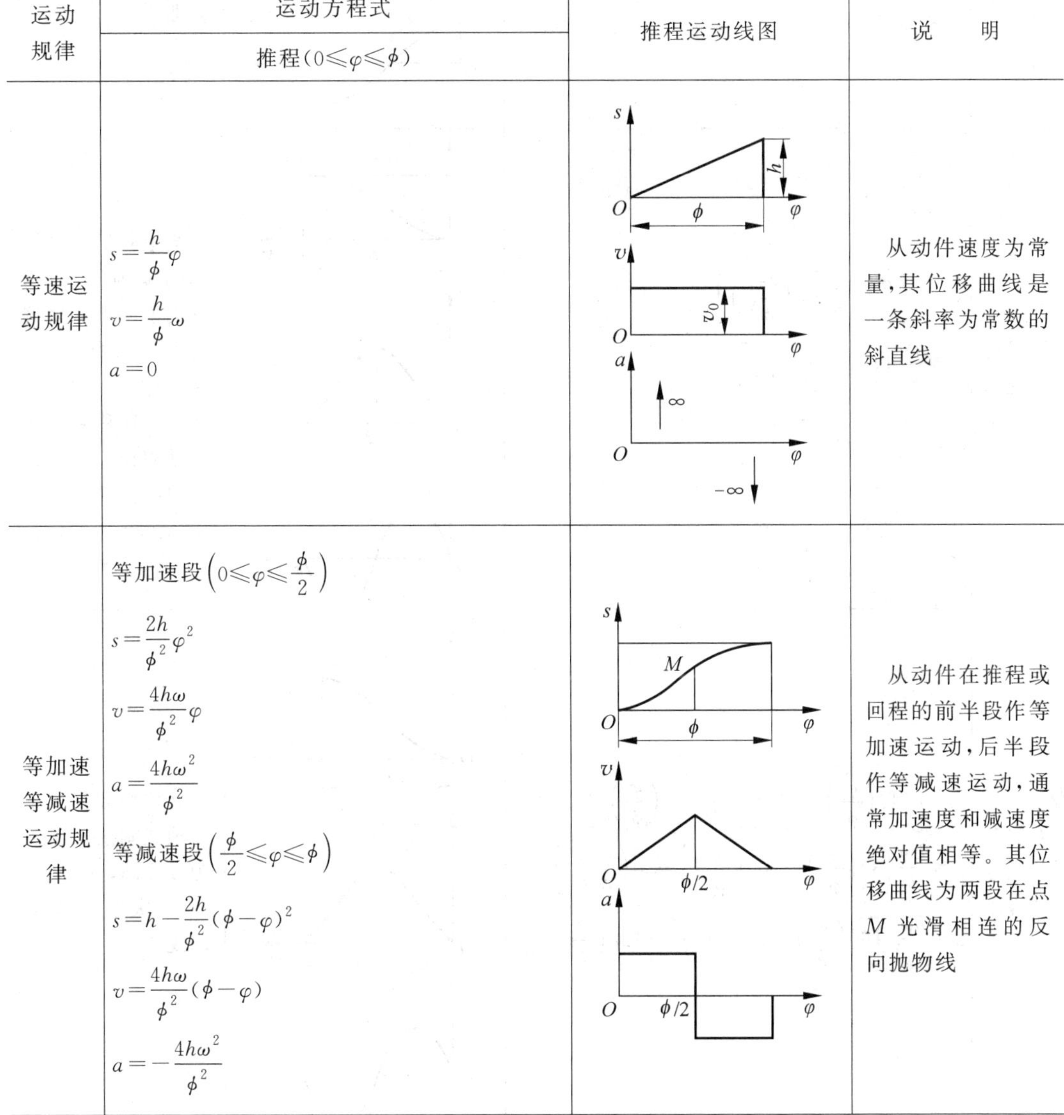

运动规律	运动方程式 推程（$0\leqslant\varphi\leqslant\phi$）	推程运动线图	说　明
等速运动规律	$s=\dfrac{h}{\phi}\varphi$ $v=\dfrac{h}{\phi}\omega$ $a=0$		从动件速度为常量，其位移曲线是一条斜率为常数的斜直线
等加速等减速运动规律	等加速段$\left(0\leqslant\varphi\leqslant\dfrac{\phi}{2}\right)$ $s=\dfrac{2h}{\phi^2}\varphi^2$ $v=\dfrac{4h\omega}{\phi^2}\varphi$ $a=\dfrac{4h\omega^2}{\phi^2}$ 等减速段$\left(\dfrac{\phi}{2}\leqslant\varphi\leqslant\phi\right)$ $s=h-\dfrac{2h}{\phi^2}(\phi-\varphi)^2$ $v=\dfrac{4h\omega}{\phi^2}(\phi-\varphi)$ $a=-\dfrac{4h\omega^2}{\phi^2}$		从动件在推程或回程的前半段作等加速运动，后半段作等减速运动，通常加速度和减速度绝对值相等。其位移曲线为两段在点 M 光滑相连的反向抛物线

续表

运动规律	运动方程式 推程（$0\leqslant\varphi\leqslant\phi$）	推程运动线图	说明
简谐运动规律	$s=\frac{h}{2}\left[1-\cos\left(\frac{\pi}{\phi}\varphi\right)\right]$ $v=\frac{\pi h\omega}{2\phi}\sin\left(\frac{\pi}{\phi}\varphi\right)$ $a=\frac{\pi^2 h\omega^2}{2\phi^2}\cos\left(\frac{\pi}{\phi}\varphi\right)$	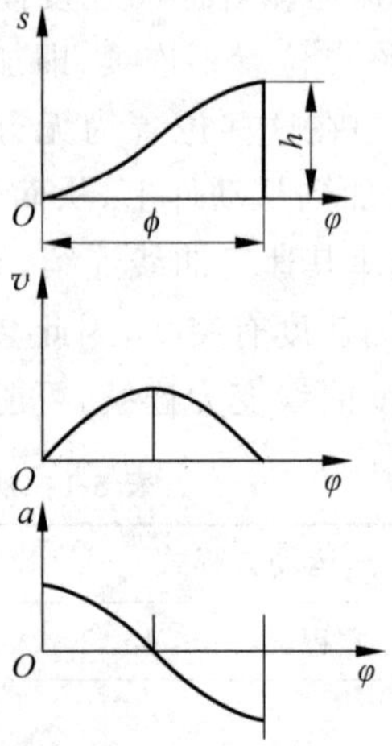 s h O φ φ v O φ a O φ	当一动点沿圆周作等速运动时，该点在圆直径上投影的运动称为简谐运动。当从动件按简谐运动规律运动时其加速度曲线为余弦曲线
摆线运动规律	$s=h\left[\frac{\varphi}{\phi}-\frac{1}{2\pi}\sin\left(\frac{2\pi}{\phi}\varphi\right)\right]$ $v=\frac{h\omega}{\phi}\left[1-\cos\left(\frac{2\pi}{\phi}\varphi\right)\right]$ $a=\frac{2\pi h\omega^2}{\phi^2}\sin\left(\frac{2\pi}{\phi}\varphi\right)$	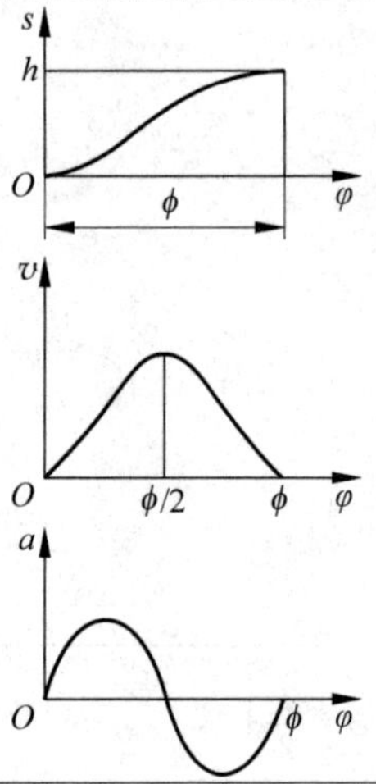 s h O φ φ v O φ/2 φ φ a O φ φ	当滚圆沿纵坐标作匀速纯滚动时，圆周上一点的轨迹为摆线，此时该点在坐标轴上的投影运动规律称为摆线运动规律。其加速度曲线为正弦曲线
五次多项式运动规律	$s=h\left[10\left(\frac{\varphi}{\phi}\right)^3-15\left(\frac{\varphi}{\phi}\right)^4+6\left(\frac{\varphi}{\phi}\right)^5\right]$ $v=\frac{h\omega}{\phi}\left[30\left(\frac{\varphi}{\phi}\right)^2-60\left(\frac{\varphi}{\phi}\right)^3+30\left(\frac{\varphi}{\phi}\right)^4\right]$ $a=\frac{h\omega^2}{\phi^2}\left[60\left(\frac{\varphi}{\phi}\right)-180\left(\frac{\varphi}{\phi}\right)^2+120\left(\frac{\varphi}{\phi}\right)^3\right]$	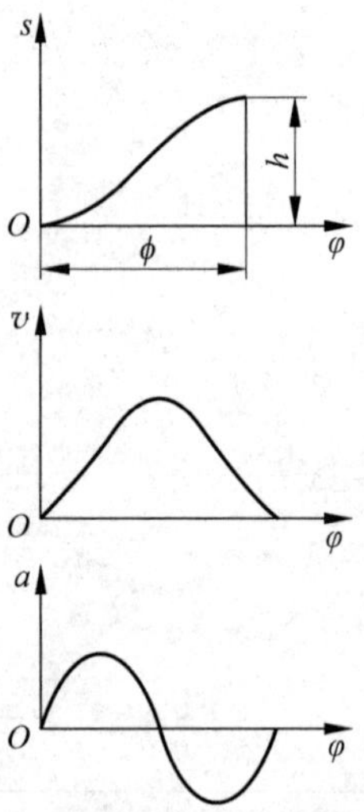 s h O φ φ v O φ a O φ	其位移方程式中多项式剩余项次数为 3、4、5。故又称 3-4-5 次多项式运动规律

(4) 摆线运动规律其速度曲线和加速度曲线均连续而无突变,既无刚性冲击又无柔性冲击。

(5) 五次多项式运动规律其速度曲线和加速度曲线均连续而无突变,既无刚性冲击又无柔性冲击。其运动特性与摆线运动规律类似。

5.3.2 从动件运动规律的选择

从动件运动规律的选择或设计,涉及多方面的因素。通常,在选择或设计从动件运动规律时,应考虑以下两个方面的问题:

1. 考虑凸轮机构具体的使用场合和工作条件

(1) 当机械的工作过程只要求从动件实现一定的工作行程,而对运动规律无特殊要求时,应考虑所选运动规律使凸轮机构具有较好的动力特性且便于加工。如对于低速轻载的凸轮机构,主要考虑凸轮廓线便于加工,可选择圆弧等易于加工的曲线作为凸轮廓线。

(2) 当机械的工作过程对从动件的运动规律有特殊要求,而凸轮转速又不太高时,应首先从满足工作需要来选择从动件运动规律,其次考虑其动力特性和便于加工。如图5.2所示的机床上控制进刀的凸轮机构,由于一般要求切削时刀具做等速运动,在设计对应于切削过程的从动件运动规律时,应选择等速运动规律。但考虑全推程等速运动规律在运动起始和终点位置时有刚性冲击,可在这两处做适当改进,以使其有较好的动力特性。

(3) 当机械的工作过程对从动件的运动规律有特殊要求,而凸轮转速又较高时,应兼顾两者来设计从动件的运动规律,通常可把不同形式的常用运动规律恰当的组合起来。

2. 综合考虑运动规律的各项特性指标

在选择或设计从动件运动规律时,除了考虑其冲击特性外,还要考虑反映从动件运动或动力特性的从动件运动参数特性值,这些特性值包括从动件最大速度 v_{max}、最大加速度 a_{max} 和跃度的最大值 j_{max}。从动件最大速度 v_{max} 越大,其动量 mv 越大,当从动件的运动受阻时会产生极大的冲击力而危及机器和人身安全。从动件最大加速度 a_{max} 越大,产生的惯性力 ma 越大,则作用在凸轮与从动件之间的接触应力越大,因而需要增加机构的强度和耐磨性。跃度表示加速度的变化率,减小跃度的最大值 j_{max},有利于提高系统工作的平稳性。因此,设计从动件运动规律时,总是希望最大速度 v_{max}、最大加速度 a_{max} 和跃度的最大值 j_{max} 越小越好。但这些特性指标往往是互相制约的,这就需要针对具体情况确定选择运动规律。

5.3.3 从动件运动规律的组合

工程实际中对凸轮机构的运动和动力特性有多种要求,特别是在一些具有特殊运动要求及非对称运动的应用场合，从动件的常用运动规律具有较大的局限性。这时，可在一定条件下将几种常用运动规律组合使用，以满足机构的工作需求。从动件运动规律进行组合时，可根据凸轮机构的工作性能指标，选择一种常用运动规律作为主体，再用其他类型的基本运动规律与之组合。

进行运动规律组合时应满足下列条件：

(1) 保证各段运动规律在衔接点处的运动参数(位移、速度、加速度)必须连续，在运动的起始点和终止点上保证运动参数满足边界条件，从而避免在运动的始、末位置发生刚性冲击或柔性冲击。

(2) 降低运动参数的幅值以提高凸轮的运动和动力性能。应使最大速度 $v_{\max}$ 和最大加速度 $a_{\max}$ 的值尽可能小，因为动量和惯性力分别与速度 v 和加速度 a 成正比。

表 5-2 介绍了工程中广泛应用的三种从动件运动规律的组合。

表 5-2　典型组合运动规律

运动规律	运动线图	说明
改进等速运动规律	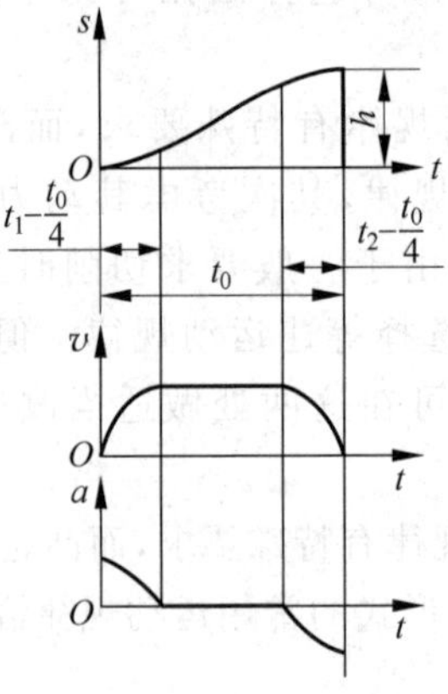	等速运动的最大速度较小，但速度曲线和加速度曲线都不连续，有刚性冲击。采用简谐运动修正等速运动规律时，对于“停-升-停”类型的从动件，在行程的始、末位置有柔性冲击
	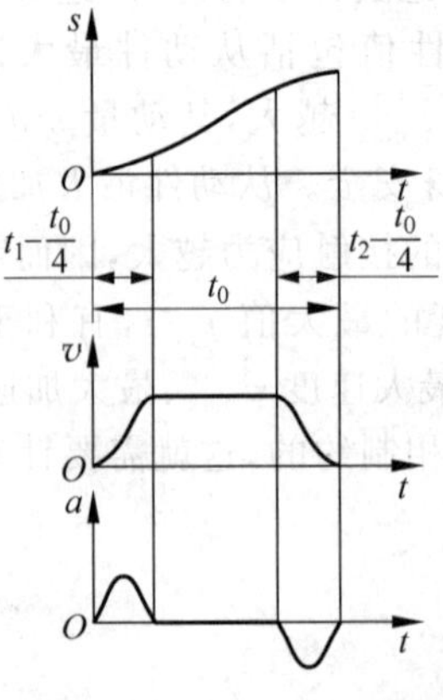	采用摆线运动修正等速运动规律的加速度曲线无突变现象，因此从动件无刚性冲击和柔性冲击

续表

运动规律	运动线图	说　明
改进梯形加速度运动规律	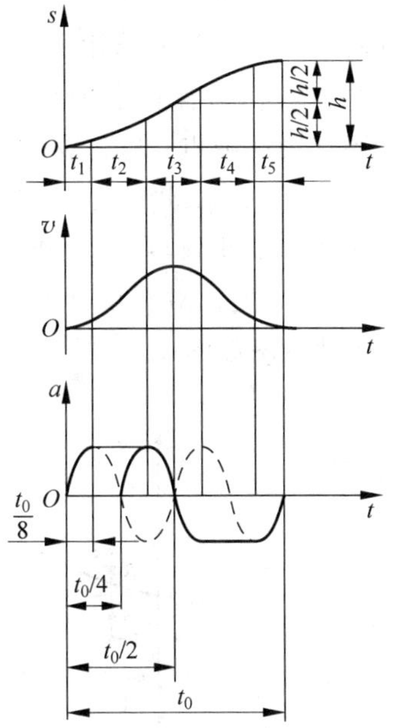 s, O, t, t_1, t_2, t_3, t_4, t_5, h/2, h/2, h, v, O, t, a, O, t, $\frac{t_0}{8}$, $t_0/4$, $t_0/2$, t_0	等加速和等减速运动规律的最大加速度值较小，但是加速度曲线不连续。用加速度曲线连续的正弦曲线来弥补。剖开周期为 $t_0/2$ 的正弦曲线插入等加速等减速曲线即可获得特性较好的运动规律曲线
改进正弦加速度运动规律	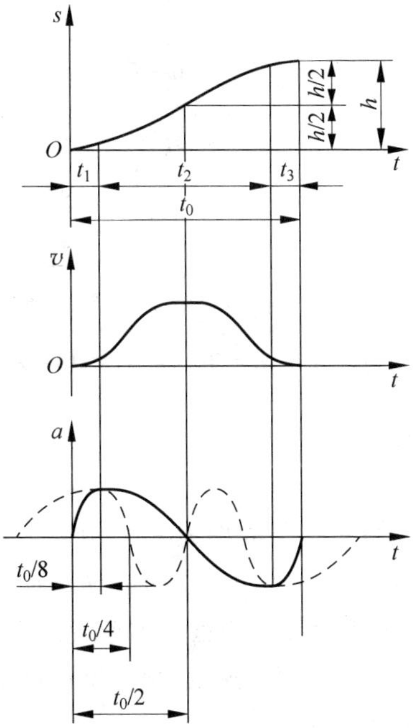 s, O, t, t_1, t_2, t_3, t_0, h/2, h/2, h, v, O, t, a, t, $t_0/8$, $t_0/4$, $t_0/2$	此种运动规律的加速度曲线由三段组成：第一、三段为 1/4 个周期为 $t_0/2$ 的正弦曲线，第二段是 1/2 个周期为 $3t_0/2$ 的正弦曲线。它可以看作是余弦加速度运动规律的改进，即吸取了余弦加速度运动规律最大速度比较小的优点，又改进了它的加速度曲线不连续、有冲击的缺点

例 5-1　在某卧式加工中心的换刀装置中，如图 5.9 所示，摆动从动件盘形凸轮机构与摇杆滑块机构组合实现夹持器装刀、拔刀动作。已知凸轮转速为 20 r/min，摆动从动件最大摆角 $\psi_{max}=30°$，摆动从动件盘形凸轮机构实现停歇、推程、停歇、回程、停歇运动过程。每阶段相对应凸轮转角为 54°、54°、144°、54°、54°。试设计凸轮机构摆动从动件的运动规律。

解：

(1) 换刀装置凸轮机构从动件运动规律选择。对于换刀装置凸轮机构推程、回程阶段从动件运动规律选择，应考虑机构使用场合及工作条件。换刀装置为高速运动机械，要求机构有良好的动力学性能，避免产生过大的振动和冲击。为此选用组合型运动规律。改进正弦加速度运动规律是对余弦加速度运动规律的改进，既保持了余弦加速度运动规律 $v_{\max}$、$a_{\max}$ 都较小的优点，又克服了其两端加速度不连续的缺点；与其他组合型运动规律相比，改进正弦加速度运动规律的优点是 $v_{\max}$、$a_{\max}$ 都较小，$j_{\max}$ 也不大，综合性能较好，适用于中、高速及重载机构，是比较理想的双停歇型运动规律。此外，在起始和结束阶段，采用了倍频的正弦运动规律，使升程比较明显，给加工带来了方便。故在设计自动换刀装置时，凸轮机构从动件选用改进正弦加速度运动规律，其运动线图如图 5.10 所示。

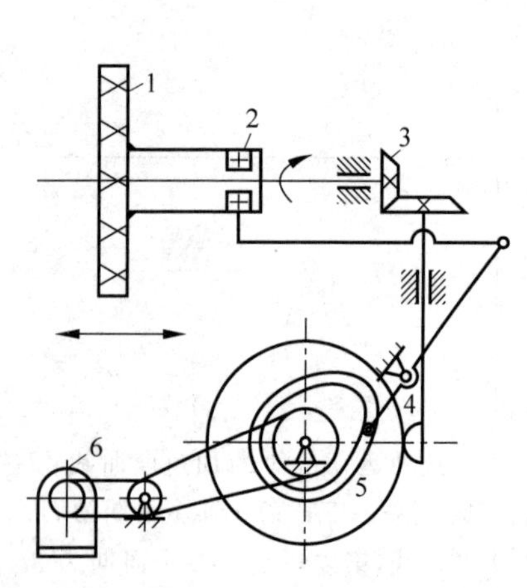

1—夹持器；2—轴承；3—锥齿轮；4—蜗杆凸轮间歇机构；5—摆动滚子盘形凸轮机构；6—驱动电动机。

图 5.9　某卧式加工中心的换刀装置示意图

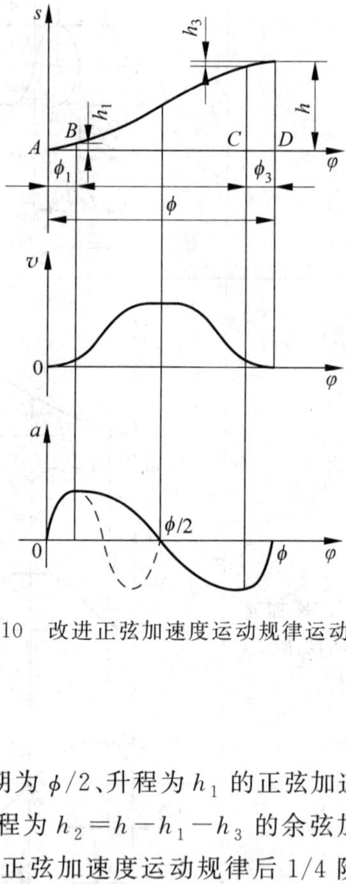

图 5.10　改进正弦加速度运动规律运动线图

由图 5.10 中可知，$\phi_1=\phi_3=\phi/8$，AB 段运动与周期为 $\phi/2$、升程为 h_1 的正弦加速度运动规律前 1/4 阶段符合；BC 段运动与周期为 $3\phi/2$、升程为 $h_2=h-h_1-h_3$ 的余弦加速度运动规律符合；CD 段运动与周期为 $\phi/2$、升程为 h_3 的正弦加速度运动规律后 1/4 阶段符合；根据相应的常用运动规律方程，利用各阶段位移、速度、加速度连续的边界条件，可推导出改进正弦加速度运动规律推程的运动方程式：

AB 段：$0\leqslant\varphi\leqslant\phi/8$

$$s=\frac{\pi h}{2(\pi+4)}\left[\frac{2\varphi}{\phi}-\frac{1}{2\pi}\sin\left(\frac{4\pi}{\phi}\varphi\right)\right]$$

$$v=\frac{\pi h\omega}{(\pi+4)\phi}\left[1-\cos\left(\frac{4\pi}{\phi}\varphi\right)\right]$$

$$a=\frac{4\pi^2 h\omega^2}{(\pi+4)\phi^2}\sin\left(\frac{4\pi}{\phi}\varphi\right)$$

BC 段：$\phi/8\leqslant\varphi\leqslant 7\phi/8$

$$s=\frac{h}{\pi+4}\left\{2+\frac{\pi\varphi}{\phi}-\frac{9}{4}\sin\left[\frac{\pi}{3}\left(\frac{4\pi}{\phi}\varphi+1\right)\right]\right\}$$

$$v=\frac{\pi h\omega}{(\pi+4)\phi}\left\{1-3\cos\left[\frac{\pi}{3}\left(\frac{4\pi}{\phi}\varphi+1\right)\right]\right\}$$

$$a=\frac{4\pi^2 h\omega^2}{(\pi+4)\phi^2}\sin\left[\frac{\pi}{3}\left(\frac{4\pi}{\phi}\varphi+1\right)\right]$$

CD 段：$7\phi/8\leqslant\varphi\leqslant\phi$

$$s=\frac{h}{\pi+4}\left[4+\frac{\pi\varphi}{\phi}-\frac{1}{4}\sin\left(\frac{4\pi}{\phi}\varphi\right)\right]$$

$$v=\frac{\pi h\omega}{(\pi+4)\phi}\left[1-\cos\left(\frac{4\pi}{\phi}\varphi\right)\right]$$

$$a=\frac{4\pi^2 h\omega^2}{(\pi+4)\phi^2}\sin\left(\frac{4\pi}{\phi}\varphi\right)$$

当凸轮机构从动件回程的运动规律与推程相同时，它们的运动线图具有对应的特征，当推程角 ϕ 与回程角 ϕ' 相等时，两阶段运动线图对称相等。在设计凸轮机构时，从动件回程的运动方程式可由推程对应的运动方程式，通过以下关系求得：

$$s'=h-s$$

$$v'=-v$$

$$a'=-a$$

式中，各等号右边项可直接引用相应的推程运动方程式。引用时将各方程式中的参数 φ 和 ϕ 用回程参数 φ' 和 ϕ' 取代。其中变量 $\varphi'=\varphi-[\varphi']$，$[\varphi']$ 为回程起始位置对应的凸轮转角 φ 值。

(2) 摆动从动件盘形凸轮机构运动方程式。摆动从动件盘形凸轮机构在运动周期内实现停歇、推程、停歇、回程、停歇运动过程，每阶段相对应凸轮转角为 54°、54°、144°、54°、54°，周期内各阶段运动方程式如下。

① 停歇阶段(近休止阶段 1)，凸轮转角 $\varphi\in[0,3\pi/10]$

$$\psi=0$$

$$\frac{d\psi}{dt}=0$$

$$\frac{d^2\psi}{dt^2}=0$$

② 推程阶段，凸轮转角 $\varphi\in[3\pi/10,3\pi/5]$

当 $\varphi\in[3\pi/10,27\pi/80]$：

$$\psi=\frac{5\pi}{9(\pi+4)}\left(\varphi-\frac{3}{10}\pi\right)-\frac{1}{24(\pi+4)}\sin\left[\frac{40}{3}\left(\varphi-\frac{3}{10}\pi\right)\right]$$

$$\frac{d\psi}{dt}=\frac{5\pi\omega}{9(\pi+4)}-\frac{5\pi\omega}{9(\pi+4)}\cos\left[\frac{40}{3}\left(\varphi-\frac{3}{10}\pi\right)\right]$$

$$\frac{\mathrm{d}^2\psi}{\mathrm{d}t^2}=\frac{200\pi\omega^2}{27(\pi+4)}\sin\left[\frac{40}{3}\left(\varphi-\frac{3}{10}\pi\right)\right]$$

当 $\varphi\in[27\pi/80,9\pi/16]$：

$$\psi=\frac{\pi}{3(\pi+4)}+\frac{5\pi}{9(\pi+4)}\left(\varphi-\frac{3}{10}\pi\right)-\frac{3\pi}{8(\pi+4)}\sin\left[\frac{\pi}{3}+\frac{40}{9}\left(\varphi-\frac{3}{10}\pi\right)\right]$$

$$\frac{\mathrm{d}\psi}{\mathrm{d}t}=\frac{5\pi\omega}{9(\pi+4)}-\frac{5\pi\omega}{3(\pi+4)}\cos\left[\frac{\pi}{3}+\frac{40}{9}\left(\varphi-\frac{3}{10}\pi\right)\right]$$

$$\frac{\mathrm{d}^2\psi}{\mathrm{d}t^2}=\frac{200\pi\omega^2}{27(\pi+4)}\sin\left[\frac{\pi}{3}+\frac{40}{9}\left(\varphi-\frac{3}{10}\pi\right)\right]$$

当 $\varphi\in[9\pi/16,3\pi/5]$：

$$\psi=\frac{2\pi}{3(\pi+4)}+\frac{5\pi}{9(\pi+4)}\left(\varphi-\frac{3}{10}\pi\right)-\frac{1}{24(\pi+4)}\sin\left[\frac{40}{3}\left(\varphi-\frac{3}{10}\pi\right)\right]$$

$$\frac{\mathrm{d}\psi}{\mathrm{d}t}=\frac{5\pi\omega}{9(\pi+4)}-\frac{5\pi\omega}{9(\pi+4)}\cos\left[\frac{40}{3}\left(\varphi-\frac{3}{10}\pi\right)\right]$$

$$\frac{\mathrm{d}^2\psi}{\mathrm{d}t^2}=\frac{200\pi\omega^2}{27(\pi+4)}\sin\left[\frac{40}{3}\left(\varphi-\frac{3}{10}\pi\right)\right]$$

③ 停歇阶段(远休止阶段)，凸轮转角 $\varphi\in[3\pi/5,7\pi/5]$

$$\psi=\frac{\pi}{6}$$

$$\frac{\mathrm{d}\psi}{\mathrm{d}t}=0$$

$$\frac{\mathrm{d}^2\psi}{\mathrm{d}t^2}=0$$

④ 回程阶段，凸轮转角 $\varphi\in[7\pi/5,17\pi/10]$

当 $\varphi\in[7\pi/5,23\pi/16]$：

$$\psi=\frac{\pi}{6}-\frac{5\pi}{9(\pi+4)}\left(\varphi-\frac{7}{5}\pi\right)+\frac{1}{24(\pi+4)}\sin\left[\frac{40}{3}\left(\varphi-\frac{7}{5}\pi\right)\right]$$

$$\frac{\mathrm{d}\psi}{\mathrm{d}t}=\frac{5\pi\omega}{9(\pi+4)}\cos\left[\frac{40}{3}\left(\varphi-\frac{7}{5}\pi\right)\right]-\frac{5\pi\omega}{9(\pi+4)}$$

$$\frac{\mathrm{d}^2\psi}{\mathrm{d}t^2}=-\frac{200\pi\omega^2}{27(\pi+4)}\sin\left[\frac{40}{3}\left(\varphi-\frac{7}{5}\pi\right)\right]$$

当 $\varphi\in[23\pi/16,133\pi/80]$：

$$\psi=\frac{\pi}{6}-\frac{\pi}{3(\pi+4)}-\frac{5\pi}{9(\pi+4)}\left(\varphi-\frac{7}{5}\pi\right)+\frac{3\pi}{8(\pi+4)}\sin\left[\frac{\pi}{3}+\frac{40}{9}\left(\varphi-\frac{7}{5}\pi\right)\right]$$

$$\frac{\mathrm{d}\psi}{\mathrm{d}t}=\frac{5\pi}{3(\pi+4)}\cos\left[\frac{\pi}{3}+\frac{40}{9}\left(\varphi-\frac{7}{5}\pi\right)\right]-\frac{5\pi\omega}{9(\pi+4)}$$

$$\frac{\mathrm{d}^2\psi}{\mathrm{d}t^2}=-\frac{200\pi\omega^2}{27(\pi+4)}\sin\left[\frac{\pi}{3}+\frac{40}{9}\left(\varphi-\frac{7}{5}\pi\right)\right]$$

当 $\varphi\in[133\pi/80,17\pi/10]$：

$$\psi=\frac{\pi}{6}-\frac{2\pi}{3(\pi+4)}-\frac{5\pi}{9(\pi+4)}\left(\varphi-\frac{7}{5}\pi\right)+\frac{1}{24(\pi+4)}\sin\left[\frac{40}{3}\left(\varphi-\frac{7}{5}\pi\right)\right]$$

$$\frac{\mathrm{d}\psi}{\mathrm{d}t}=\frac{5\pi\omega}{9(\pi+4)}\cos\left[\frac{40}{3}\left(\varphi-\frac{7}{5}\pi\right)\right]-\frac{5\pi\omega}{9(\pi+4)}$$

$$\frac{\mathrm{d}^2\psi}{\mathrm{d}t^2}=-\frac{200\pi\omega^2}{27(\pi+4)}\sin\left[\frac{40}{3}\left(\varphi-\frac{7}{5}\pi\right)\right]$$

⑤ 停歇阶段(近休止阶段2),凸轮转角 $\varphi\in[17\pi/10,2\pi]$

$$\psi=0$$

$$\frac{\mathrm{d}\psi}{\mathrm{d}t}=0$$

$$\frac{\mathrm{d}^2\psi}{\mathrm{d}t^2}=0$$

(3) 将已知参数代入运动方程式,计算从动件运动参数,绘制从动件运动线图如图5.11所示。

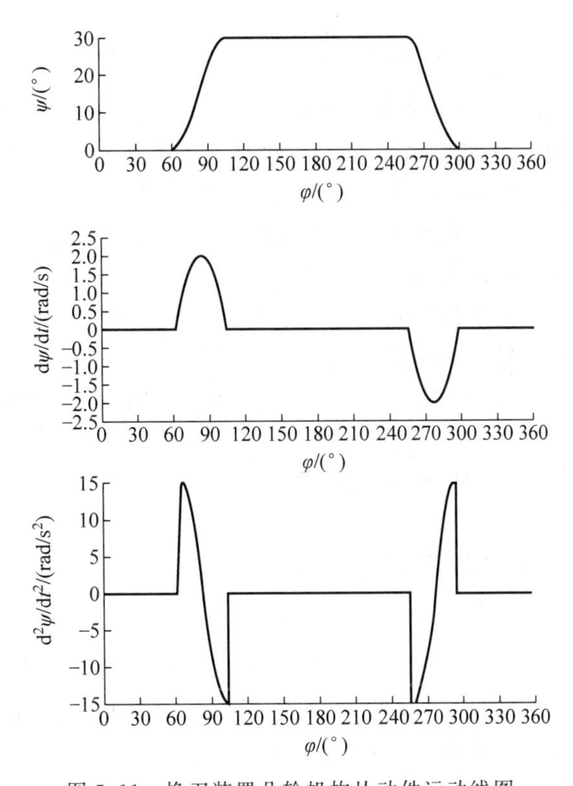

图5.11　换刀装置凸轮机构从动件运动线图

5.4　凸轮轮廓曲线设计

5.4.1　凸轮轮廓曲线设计的基本原理

凸轮轮廓曲线设计就是已知凸轮机构参数和从动件的运动规律,确定凸轮的轮廓曲线。图5.12(a)为对心尖端移动从动件盘形凸轮机构。设凸轮与从动件之间的接触点为 P,以机架为参考系时，点 P 的运动规律即为从动件的运动规律。以凸轮为参考系时，见图 5.12(b)所示，点 P 在凸轮参考系下的运动轨迹即为凸轮轮廓曲线。

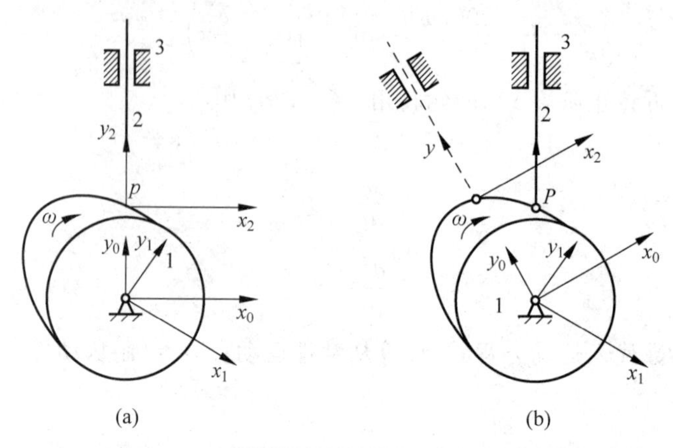

图 5.12 尖底直动从动件盘形凸轮机构及坐标系反转法

从上述分析可知，在设计凸轮轮廓曲线时，应该选择凸轮作为参考系，即凸轮相对固定不动。当凸轮以角速度 ω 等速转动时，在凸轮坐标系中考察从动件相对凸轮的运动为复合运动，从动件一方面随导路以$(-\omega)$角速度绕凸轮回转中心转动，另一方面在导路中相对机架按相应规律移动。由于从动件尖端在运动过程中始终与凸轮轮廓保持接触，所以从动件尖端的位置一定位于凸轮轮廓曲线上。从动件尖端在凸轮运动平面上的轨迹即为所求凸轮轮廓曲线。由于这种方法假定凸轮固定不动而使从动件连同导路一起反转，故称为反转法。反转法原理适用于各种凸轮轮廓曲线的设计。

凸轮轮廓曲线的设计方法有图解法和解析法，下面分别介绍这两种方法。

5.4.2 图解法设计凸轮轮廓曲线

1. 移动从动件盘形凸轮廓线的设计

1) 尖端从动件

如图 5.13(a)所示凸轮机构，已知凸轮的基圆半径为 r_b，从动件轴线偏于凸轮轴心的左侧，偏心距为 e，凸轮以等角加速度 ω 顺时针方向转动，从动件的位移曲线如图 5.13(b)所示。应用图解法求解凸轮的轮廓曲线，设计步骤如下：

(1) 选取适当的比例尺，将位移线图的横坐标分成若干等份，得各等分点 1、2、…、12。

(2) 选取同样的比例尺，以 O 为圆心，r_b 为半径作基圆，并根据从动件的偏置方向画出从动件的初始位置线，得到该位置线与基圆的交点 B_0 即为从动件的初始位置。

(3) 以 O 为圆心、偏心距 e 为半径作偏距圆，该圆与从动件的起始位置线相切于 K 点。

(4) 自 K 点开始，沿 $-\omega$ 方向将偏距圆分成与图 5.11(b)的横坐标对应的区间和等份，得若干分点。过各分点作偏距圆的切线，这些线代表从动件在反转过程中所依次占据的位置。他们与基圆的交点分别为 C_1、C_2、…、C_{11}。

(5) 在上述切线上，从基圆起向外截取线段，使其分别等于图 5.13(b)中相应的纵坐标，得点 B_1、B_2、…、B_{11}。这些点代表反转过程中从动件尖端依次占据的位置。

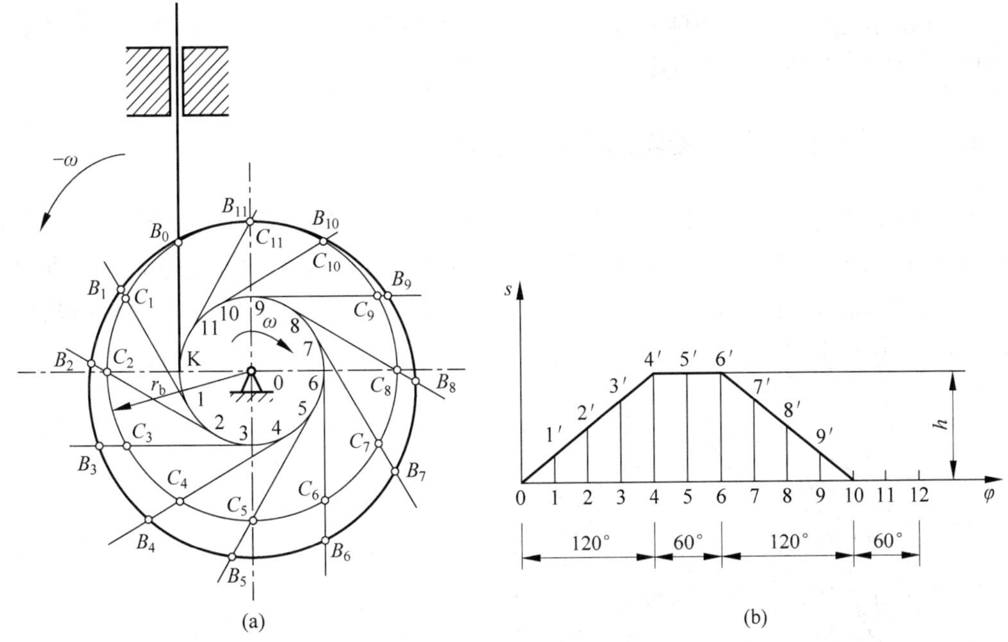

(a)　　　　　　　　(b)

图5.13　偏置移动尖端从动件盘形凸轮机构的设计

(6) 将点 B_0、B_1、B_2、…连成光滑的曲线即为所求的凸轮轮廓曲线。

2) 滚子从动件

对图5.14所示的偏置移动滚子从动件盘形凸轮机构，求解凸轮廓线的具体作图步骤如下。

(1) 将滚子中心 B 假想为尖端从动件的尖端，按照上述尖端从动件凸轮轮廓曲线的设计方法作出反转过程中滚子中心的运动轨迹 η，称其为凸轮的理论廓线。

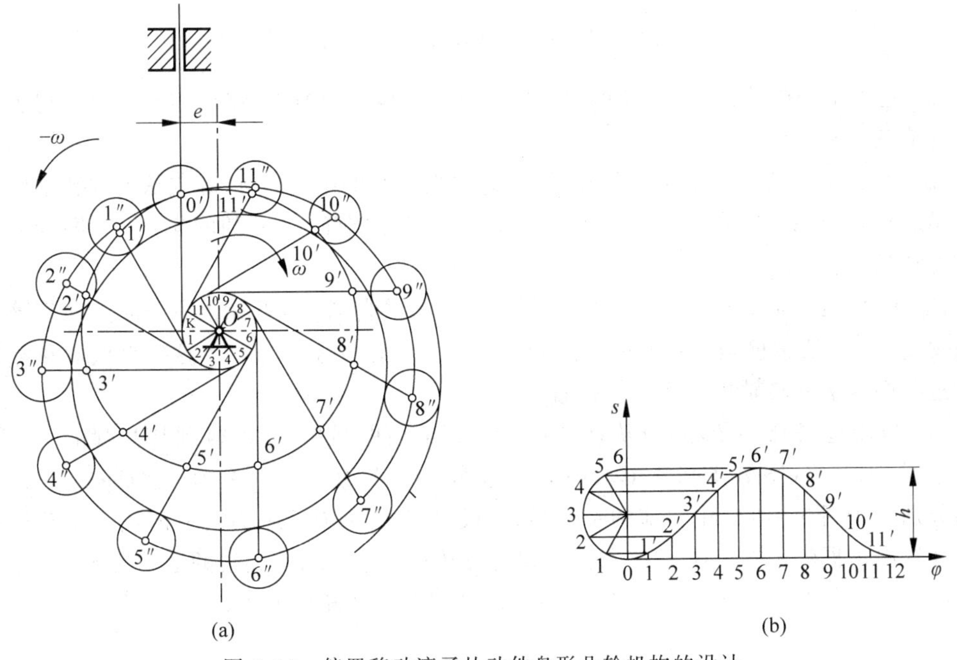

(a)　　　　　　　　(b)

图5.14　偏置移动滚子从动件盘形凸轮机构的设计

(2) 以理论廓线上各点为圆心,以滚子半径为半径,作一系列滚子圆,然后作这族滚子圆的内包络线 η',即为所求的凸轮的实际轮廓曲线。

2. 摆动从动件盘形凸轮轮廓曲线的设计

图 5.15(a)所示为一尖端摆动从动件盘形凸轮机构。已知凸轮的基圆半径为 r_b,凸轮转动轴心与从动件摆动轴心的中心距为 a,从动件长度为 l,凸轮以等角速度 ω 逆时针方向转动,从动件的角位移曲线如图 5.15(b)所示。依据反转法原理使用图解法求解凸轮的轮廓曲线,具体设计步骤如下。

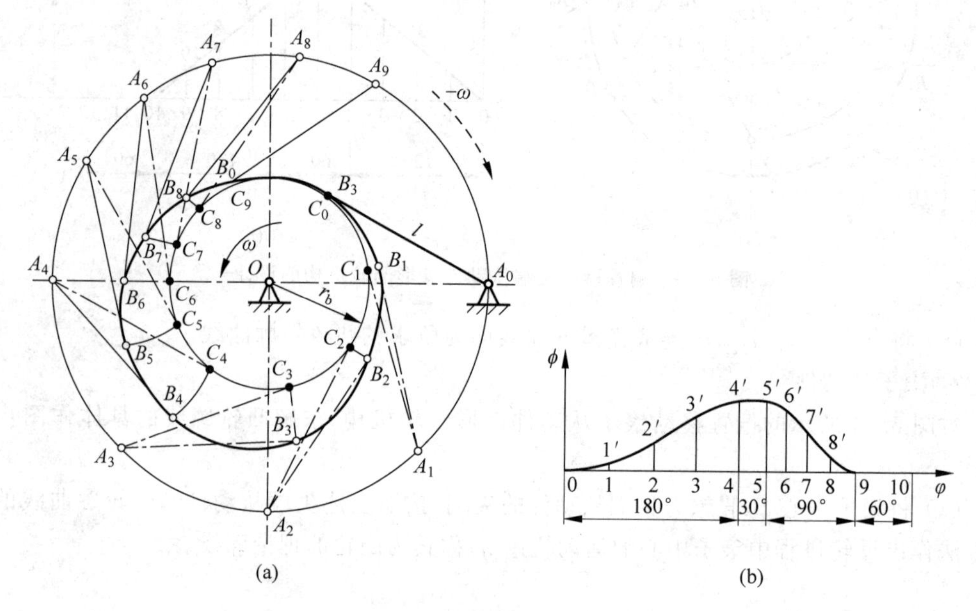

图 5.15 尖端摆动从动件盘形凸轮机构设计

(1) 选取适当的比例尺,将推程和回程区间位移线图的横坐标分成若干等份,得各等分点和对应角位移。

(2) 以 O 为圆心,以 r_b 为半径作基圆,并根据已知的中心距 a,确定从动件转轴的初始位置 A_0,然后以 A_0 为圆心,以从动件杆长 l 为半径作圆弧,与基圆的交点 C_0 即为从动件尖端的初始位置。

(3) 以 O 为圆心,以 $OA_0=a$ 为半径作转轴圆,并自 A_0 点开始沿着 $-\omega$ 方向将该圆分成与图 5.10(b)所示横坐标对应的区间和等份,得点 A_1、A_2、…、A_9。这些点代表从动件在反转过程中从动件转轴依次占据的位置。

(4) 以上述各点为圆心,以从动件杆长 l 为半径做圆弧,分别得到与基圆的交点 C_1、C_2、…,分别以 A_1C_1、A_2C_2、A_3C_3、…为一边作 $\angle C_1A_1B_1$、$\angle C_2A_2B_2$、$\angle C_3A_3B_3$、…,使它们分别等于图 5.10(b)中对应的角位移,线段 A_1B_1、A_2B_2、A_3B_3、…即代表反转过程中从动件依次占据的位置。B_1、B_2、B_3、…即为反转过程中从动件尖端的运动轨迹。

(5) 将 B_0、B_1、B_2、B_3、…连成光滑曲线,即得凸轮的轮廓曲线。

5.4.3 解析法设计凸轮轮廓曲线

解析法设计凸轮轮廓曲线，是根据已知的凸轮机构参数和从动件运动规律，求出凸轮轮廓曲线方程，即凸轮轮廓曲线坐标与凸轮转角的方程式。

1. 直动从动件盘形凸轮廓线的设计

如图5.16(a)所示，在直动滚子从动件盘形凸轮机构上建立直角坐标系Oxy，原点O位于凸轮的回转中心。当从动件在1位置时，设滚子中心B_0点为凸轮推程段的理论廓线的起始点。当整个凸轮机构反转φ角后，从动件到达2位置，B_0点到达B点，此时，从动件的位移$s=\overline{B'B}$。从图上可以看出，从动件上B点的运动可以看作是由B_0点先绕O点反转φ角到达凸轮理论廓线基圆上的B'点，然后，B'点再沿导路移动位移s到达B点。设凸轮机构的偏距为e，B_0点的坐标为(x_{B0},y_{B0})，B点的坐标为(x,y)，因此，利用刚体的旋转变换和平移变换，可求得B点的坐标为：

$$\begin{bmatrix} x \\ y \end{bmatrix} = \begin{bmatrix} \cos\varphi & \sin\varphi \\ -\sin\varphi & \cos\varphi \end{bmatrix} \begin{bmatrix} x_{B0} \\ y_{B0} \end{bmatrix} + \begin{bmatrix} s_x \\ s_y \end{bmatrix} \tag{5.1}$$

式中，$\begin{cases} x_{B0}=e \\ y_{B0}=s_0=\sqrt{r_b^2-e^2} \end{cases}$，$\begin{cases} s_x=s\sin\varphi \\ s_y=s\cos\varphi \end{cases}$。

代入式(5.1)并整理得：

$$\begin{cases} x=(s_0+s)\sin\varphi+e\cos\varphi \\ y=(s_0+s)\cos\varphi-e\sin\varphi \end{cases} \tag{5.2}$$

式(5.2)即为直动滚子从动件盘形凸轮的理轮廓线方程。

由前述可知，凸轮的实际廓线是圆心位于理论廓线上的一系列滚子圆族的包络线，如

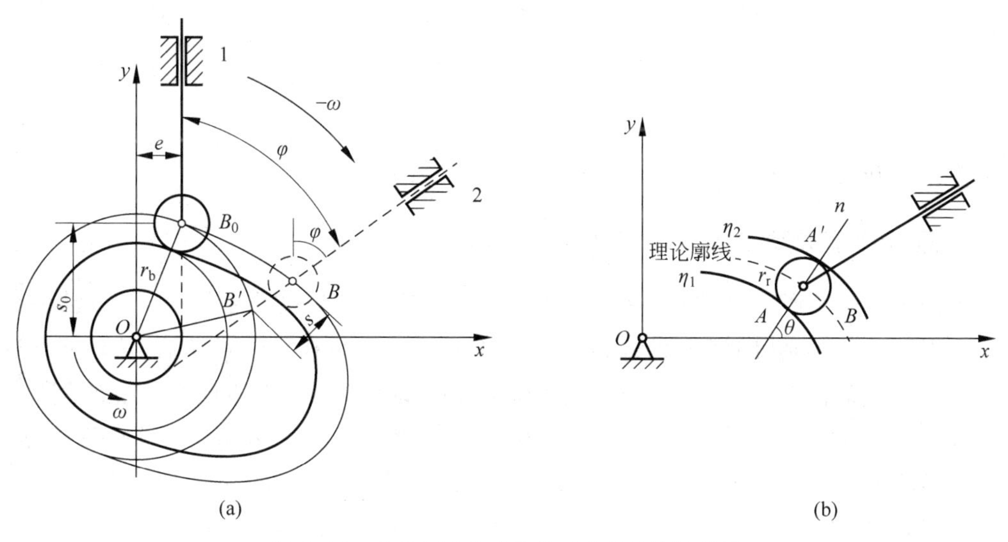

图5.16　直动滚子从动件盘形凸轮的廓线设计

图 5.16(b)所示，而且，滚子圆族的包络线应该有两条(η_1 和 η_2)，分别对应于外凸轮和内凸轮的轮廓线。理论廓线与包络线之间的法向距离等于滚子的半径 r_r。设过凸轮理论廓线上 B 点的法线与滚子圆族的包络线交于 A(或 A')点，则 A(或 A')点也是凸轮实际廓线上的点。设 A(或 A')点的坐标为(x_A，y_A)，则凸轮的实际廓线方程为：

$$\begin{cases} x_A = x \mp r_r \cos\theta \\ y_A = y \mp r_r \sin\theta \end{cases} \tag{5.3}$$

式中，θ 为公法线与 x 轴的夹角，(x，y)为滚子圆心(位于理论廓线上)的坐标。需要说明的是，公式中上面一组符号用于求解外凸轮的实际廓线 η_1，下面一组符号用于计算内凸轮的实际廓线 η_2。

利用高等数学的知识，曲线上任意一点法线的斜率与该点处切线斜率互为负倒数，所以有：

$$\tan\theta = \frac{\sin\theta}{\cos\theta} = -\frac{\mathrm{d}x}{\mathrm{d}y} = \frac{\dfrac{\mathrm{d}x}{\mathrm{d}\varphi}}{-\dfrac{\mathrm{d}y}{\mathrm{d}\varphi}} \tag{5.4}$$

对式(5.2)求导可得：

$$\begin{cases} \dfrac{\mathrm{d}x}{\mathrm{d}\varphi} = (s_0 + s)\cos\varphi + \dfrac{\mathrm{d}s}{\mathrm{d}\varphi}\sin\varphi - e\sin\varphi \\ \dfrac{\mathrm{d}y}{\mathrm{d}\varphi} = -(s_0 + s)\sin\varphi + \dfrac{\mathrm{d}s}{\mathrm{d}\varphi}\cos\varphi - e\cos\varphi \end{cases} \tag{5.5}$$

综合式(5.4)、式(5.5)可得到式(5.6)：

$$\begin{cases} \sin\theta = \dfrac{\dfrac{\mathrm{d}x}{\mathrm{d}\varphi}}{\sqrt{\left(\dfrac{\mathrm{d}x}{\mathrm{d}\varphi}\right)^2 + \left(\dfrac{\mathrm{d}y}{\mathrm{d}\varphi}\right)^2}} \\ \cos\theta = \dfrac{-\dfrac{\mathrm{d}y}{\mathrm{d}\varphi}}{\sqrt{\left(\dfrac{\mathrm{d}x}{\mathrm{d}\varphi}\right)^2 + \left(\dfrac{\mathrm{d}y}{\mathrm{d}\varphi}\right)^2}} \end{cases} \tag{5.6}$$

将方程(5.6)代入方程(5.3)，可求解凸轮的实际廓线坐标值。

2. 直动平底从动件盘形凸轮廓线的设计

建立如图 5.17 所示的直角坐标系 xOy，原点 O 位于凸轮的回转中心。当从动件在 1 位置时，从动件的平底切于推程的起始点 B_0。当整个凸轮机构反转 φ 角后，从动件到达 2 位置，凸轮与从动件平底的切点从 B_0 到达 B 点，而从动件导路线与平底的交点到达 B'' 点，此时，从动件的位移 $s = B'B''$。从图上可以看出，从动件上 B 点的运动可以看作是 B_0 点先绕 O 点反转 φ 角，到达基圆上的 B' 点，再由 B' 点沿导路方向移动位移 s 到达 B'' 点，然后，B'' 点再沿平底方向移动到 B 点。设 B_0 点的坐标为(x_{B_0}，y_{B_0})，B 点的坐标为(x，y)，因此，利用刚体的旋转变换和平移变换，很容易写出 B 点的运动方程

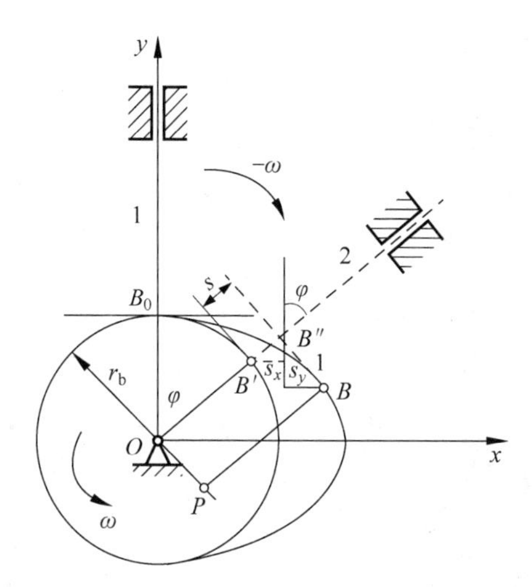

图5.17 直动平底从动件盘形凸轮的廓线设计

$$\begin{bmatrix} x \\ y \end{bmatrix} = \begin{bmatrix} \cos\varphi & \sin\varphi \\ -\sin\varphi & \cos\varphi \end{bmatrix} \begin{bmatrix} x_{B0} \\ y_{B0} \end{bmatrix} + \begin{bmatrix} s_x \\ s_y \end{bmatrix} + \begin{bmatrix} l\cos\varphi \\ -l\sin\varphi \end{bmatrix} \tag{5.7}$$

式中，

$$\begin{cases} x_{B0} = 0 \\ y_{B0} = r_b \end{cases},\quad \begin{cases} s_x = s\sin\varphi \\ s_y = s\cos\varphi \end{cases},\quad l = \overline{BB''} = \overline{OP} = \frac{v}{\omega} = \frac{ds}{d\varphi}。$$

代入式(5.8)并整理得：

$$\begin{cases} x = (r_b + s)\sin\varphi + \dfrac{ds}{d\varphi}\cos\varphi \\ y = (r_b + s)\cos\varphi - \dfrac{ds}{d\varphi}\sin\varphi \end{cases} \tag{5.8}$$

式(5.8)即为平底从动件盘形凸轮的实际廓线方程。

3. 摆动滚子从动件盘形凸轮廓线的设计

建立如图5.18所示的直角坐标系 xOy，原点 O 位于凸轮的回转中心。当从动件在1位置时，从动件位于行程的起始位置 A_0B_0。当整个凸轮机构反转 φ 角后，从动件到达2位置，A_0B_0 运动到 AB 位置。此时，从动件的角位移 $\psi = \angle B'AB$，从图中可以看出，从动件 AB 的运动还可以看作是 A_0B_0 先绕 A_0 点反转 φ 角到达 AB' 位置，然后，AB' 再绕 A 点摆动 ψ 角到达 AB 位置，然后，AB' 再平移到 AB 位置。不妨设机架 OA 的长度为 a，摆杆 AB 的长度为 l，B_0 点的坐标为(x_{B_0}, y_{B_0})，B 点的坐标为(x, y)，因此，利用刚体的旋转变换和平移变换，可求得 B 点的坐标为：

$$\begin{bmatrix} x \\ y \end{bmatrix} = \begin{bmatrix} \cos(\varphi+\psi) & \sin(\varphi+\psi) \\ -\sin(\varphi+\psi) & \cos(\varphi+\psi) \end{bmatrix} \begin{bmatrix} x_{B_0} - x_{A_0} \\ y_{B_0} - y_{A_0} \end{bmatrix} + \begin{bmatrix} x_A \\ y_A \end{bmatrix} \tag{5.9}$$

式中，$\begin{cases} x_A = a\sin\varphi \\ y_A = a\cos\varphi \end{cases}$，$\begin{cases} x_{A_0} = 0 \\ y_{A_0} = a \end{cases}$，$\begin{cases} x_{B_0} = -l\sin\psi_0 \\ y_{B_0} = a - l\cos\psi_0 \end{cases}$，$\psi_0$ 为摆杆的初始位置角，且有

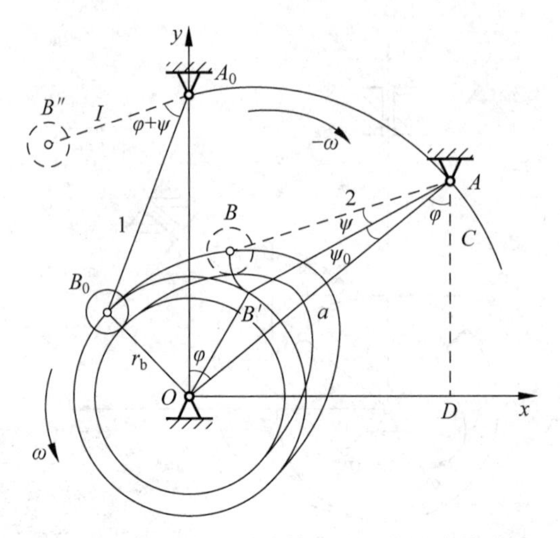

图 5.18 摆动滚子从动件盘形凸轮的廓线设计

$$\psi_0 = \arccos\left(\frac{a^2 + l^2 - r_b^2}{2al}\right)$$

将其代入方程(5.9),并整理得:

$$\begin{cases} x = a\sin\varphi - l\sin(\varphi + \psi_0 + \psi) \\ y = a\cos\varphi - l\cos(\varphi + \psi_0 + \psi) \end{cases} \tag{5.10}$$

式(5.10)即为摆动滚子从动件盘形凸轮的实际廓线方程。

4. 摆动平底从动件盘形凸轮廓线的设计

建立如图 5.19 所示的直角坐标系 xOy,居点 O 位于凸轮的回转中心。当从动件在 1 位置时,从动件位于行程的起始位置 A_0B_0,B_0 为从动件的平底与凸轮的切点。当整个凸轮机构反转 φ 角后,从动件到达 2 位置,A_0B_0 运动到 AB 位置,B 点为从动件的平底与凸轮在 2 位置时切点。此时,从动件的角位移 $\psi = \angle B'AB$。

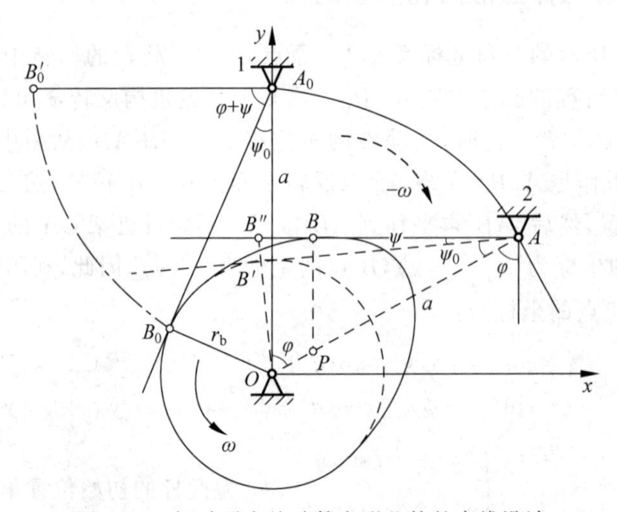

图 5.19 摆动平底从动件盘形凸轮的廓线设计

从图 5.19 可以看出，从动件 AB 的运动可以看作是 A_0B_0 先绕 O 点反转 φ 角到达 AB' 位置，然后，AB' 再绕 A 点摆动 ψ 角到达 ABB'' 位置。从动件 AB 的运动也可以看作是 A_0B_0 先绕 A_0 点反转 $\varphi+\psi$ 角到达 A_0B_0' 位置，然后 A_0B_0' 再平移到 AB'' 位置，B'' 沿 AB'' 移动到 B。设机架的长度为 a，BB'' 的长度为 b，B_0 点的坐标为 (x_{B_0}, y_{B_0})，B 点的坐标为 (x, y)，则利用刚体的旋转变换和平移变换，可求得 B 点的坐标为：

$$\begin{bmatrix} x \\ y \end{bmatrix} = \begin{bmatrix} \cos(\varphi+\psi) & \sin(\varphi+\psi) \\ -\sin(\varphi+\psi) & \cos(\varphi+\psi) \end{bmatrix} \begin{bmatrix} x_{B_0}-x_{A_0} \\ y_{B_0}-y_{A_0} \end{bmatrix} + \begin{bmatrix} x_A \\ y_A \end{bmatrix} + \begin{bmatrix} b\sin(\varphi+\psi_0+\psi) \\ b\cos(\varphi+\psi_0+\psi) \end{bmatrix} \tag{5.11}$$

式中，$\begin{cases} x_A = a\sin\varphi \\ y_A = a\cos\varphi \end{cases}$，$\begin{cases} x_{A_0} = 0 \\ y_{A_0} = a \end{cases}$，$\begin{cases} x_{B_0} = -a\sin\psi_0\cos\psi_0 \\ y_{B_0} = a\sin^2\psi_0 \end{cases}$，$\psi_0$ 为摆杆的初始位置角，且有：

$$\psi_0 = \arcsin\left(\frac{r_b}{a}\right)$$

当从动件位于 AB 位置时，瞬心位于 P 点，由三心定理可求出 $\overline{AP}$ 和 $\overline{OP}$，进而求出 $\overline{AB}$，故有：

$$\begin{cases} \overline{AP} = \dfrac{a}{1+\dfrac{d\psi}{d\varphi}} \\ \overline{AB} = \overline{AP}\cos(\psi_0+\psi) = \dfrac{a\cos(\psi_0+\psi)}{1+\dfrac{d\psi}{d\varphi}} \end{cases} \tag{5.12}$$

所以，有：

$$b = \overline{AB''} - \overline{AB} = \overline{AB'} - \overline{AB} = a\cos\psi_0 - \frac{a\cos(\psi_0+\psi)}{1+\dfrac{d\psi}{d\varphi}} \tag{5.13}$$

将式(5.13)代入式(5.11)并整理得：

$$\begin{cases} x = a\sin\varphi - (l-b)\sin(\varphi+\psi_0+\psi) \\ y = a\cos\varphi - (l-b)\cos(\varphi+\psi_0+\psi) \end{cases} \tag{5.14}$$

式中，$l=\overline{A_0B_0}=\overline{AB'}=\overline{AB''}=a\cos\psi_0$。则式(5.14)即为摆动平底从动件盘形凸轮的实际廓线方程。

5. 圆柱凸轮廓线的设计

圆柱凸轮机构属于空间凸轮机构，圆柱凸轮的轮廓曲线是空间曲线，不能直接在平面上表示。但由于圆柱面是可展曲面，因此，圆柱凸轮通过展开可演变为平面移动凸轮，从而使问题的求解得到简化。图 5.20(a)所示为一直动从动件圆柱凸轮机构，其中，从动件的运动方向与圆柱凸轮的轴线平行。设凸轮的平均圆柱半径为 r，则其展开图为一个宽度等于 $2\omega r$ 的移动凸轮。利用相对运动原理，对整个移动凸轮机构加以速度 $v=-\omega r$ 的反向移动后，凸轮静止不动，而从动件一方面与其导轨一起以 $(-v)$ 速度反向移动，同时又沿 y 轴方向按其运动轨迹运动。

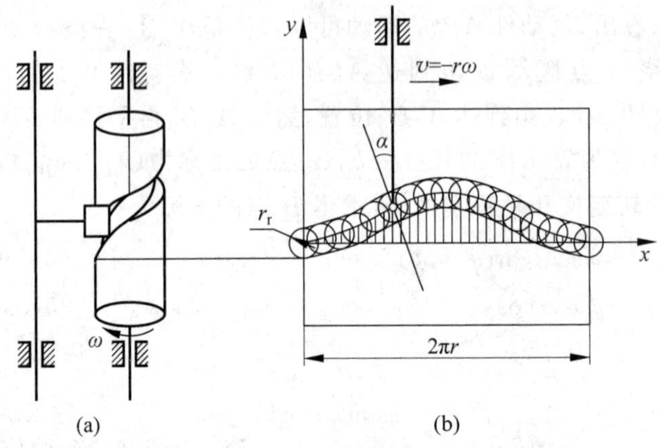

图 5.20 圆柱凸轮廓线的设计

根据图 5.20 中的几何关系，设凸轮理论廓线的坐标方程为：

$$\begin{cases} x = r\varphi \\ y = s \end{cases} \tag{5.15}$$

则凸轮的实际廓线方程为：

$$\begin{cases} x_a = x \pm r_r \sin\alpha \\ y_a = y \mp r_r \cos\alpha \end{cases} \tag{5.16}$$

式中，上面一组符号用于下面的外凸轮廓线，下面一组符号用于上面的内凸轮廓线。

对于摆动滚子从动件圆柱凸轮机构，圆柱凸轮的廓线方程也可按上述方法推导。

6. 刀具中心轨迹的坐标计算

凸轮可以在数控铣床、磨床或线切割机床上进行加工。加工凸轮时，通常需要给出刀具中心的运动轨迹。以铣削为例，如果铣刀的半径 r_c，正好等于滚子的半径 r_r，则刀具中心的运动轨迹就是凸轮的理轮廓线。但是，当无法选到与滚子半径相等的刀具时，刀具中心的运动轨迹就与凸轮的理论廓线不重合。这时，就必须考虑刀具的半径补偿问题，即需要计算出刀具的中心轨迹坐标。如图 5.21 所示，刀具的中心轨迹与凸轮的理论廓线、实际廓线均为等距曲线。因此，如果以凸轮的理论廓线上任一点为圆心，$|r_c-r_r|$ 为半径作一系列圆，则该圆族的包络线即为刀具的中心轨迹。因此，用 $|r_c-r_r|$ 代替包络线方程(5.3)中的滚子半径 r_r，即可求出刀具的中心轨迹坐标方程。

$$\begin{cases} x_C = x \pm |r_c - r_r| \dfrac{\dfrac{\mathrm{d}y}{\mathrm{d}\varphi}}{\sqrt{\left(\dfrac{\mathrm{d}x}{\mathrm{d}\varphi}\right)^2 + \left(\dfrac{\mathrm{d}y}{\mathrm{d}\varphi}\right)^2}} \\ y_C = y \mp |r_c - r_r| \dfrac{\dfrac{\mathrm{d}x}{\mathrm{d}\varphi}}{\sqrt{\left(\dfrac{\mathrm{d}x}{\mathrm{d}\varphi}\right)^2 + \left(\dfrac{\mathrm{d}y}{\mathrm{d}\varphi}\right)^2}} \end{cases} \tag{5.17}$$

式中，当 $r_c>r_r$ 时，取下面一组符号，表明刀具的中心轨迹位于理论廓线的外侧；当 $r_c<r_r$ 时，取上面一组符号，表明刀具的中心轨迹位于理论廓线的内侧。

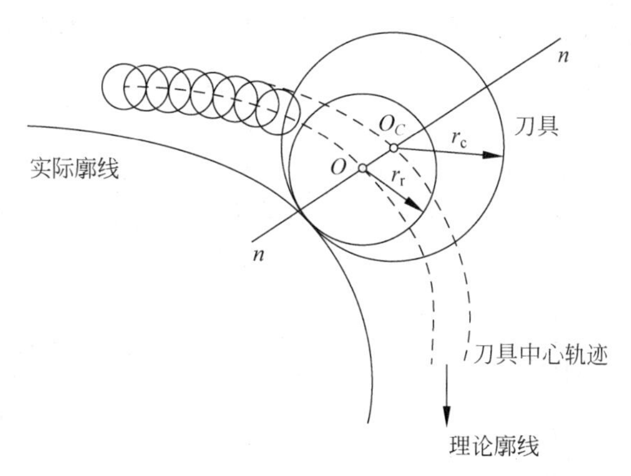

图 5.21 刀具中心轨迹

5.5 凸轮机构基本尺寸的设计

设计凸轮机构的凸轮轮廓曲线时，不仅要求从动件能够实现预期的运动规律，还应该保证凸轮机构具有合理的结构尺寸和良好的运动、力学性能。因此，基圆半径、偏距和滚子半径、压力角等基本尺寸和参数的选择也是凸轮机构设计的重要内容。

5.5.1 凸轮机构的压力角

凸轮机构的压力角是指不计摩擦时，凸轮与从动件在某瞬时接触点处的公法线方向与从动件运动方向之间所夹的锐角，常用 α 表示。压力角是衡量凸轮机构受力情况好坏的一个重要参数。

1. 直动从动件凸轮机构的压力角

图 5.22(a)中为直动滚子从动件盘形凸轮机构，接触点 B 处的压力角如图示，P 点为从动件与凸轮的瞬心。压力角 α 可从几何关系中找出

$$\tan\alpha = \frac{\overline{OP} \mp e}{s_0 + s} = \frac{\dfrac{\mathrm{d}s}{\mathrm{d}\varphi} \mp e}{\sqrt{r_\mathrm{b}^2 - e^2} + s} \tag{5.18}$$

正确选择从动件的偏置方向有利于减小凸轮机构的压力角。此外，压力角还与凸轮的基圆半径和偏距等参数有关。

当偏距 $e=0$ 时，代入式(5.18)，即可得到对心直动从动件盘形凸轮机构的压力角计算公式：

$$\tan\alpha = \frac{\dfrac{\mathrm{d}s}{\mathrm{d}\varphi}}{r_\mathrm{b} + s} \tag{5.19}$$

对于图 5.22(b)所示的直动平底从动件盘形凸轮机构，根据图中的几何关系，其压力角为：

$$\alpha = 90° - \gamma$$

式中，γ 为从动件的平底与导路中心线的夹角。显然，平底直动从动件凸轮机构的压力角为常数，机构的受力方向不变，运转平稳性好。如果从动件的平底与导路中心线之间的夹角 $\gamma = 90°$，则压力角 $\alpha = 0°$。

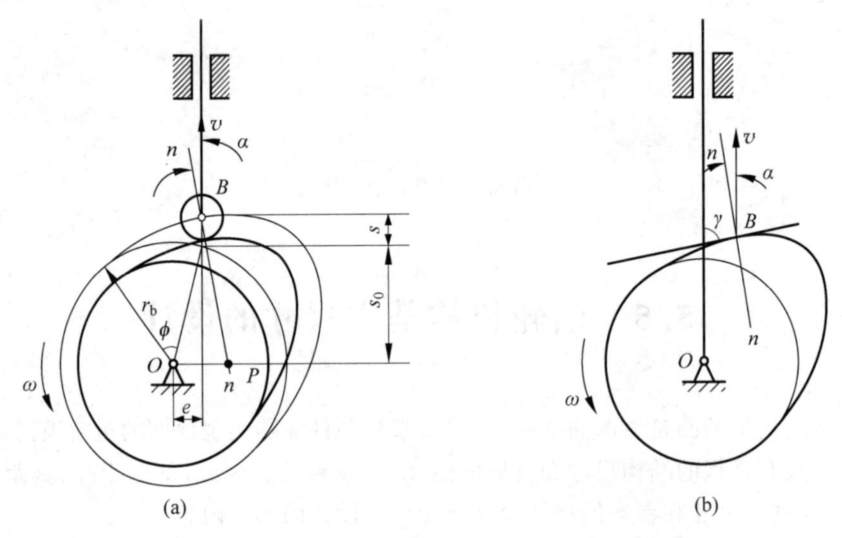

图 5.22　直动从动件盘形凸轮机构的压力角

2. 摆动从动件凸轮机构的压力角

图 5.23 所示为摆动从动件盘形凸轮机构的压力角示意图。其中，图 5.23(a)为滚子从动件的压力角示意图，摆杆 AB 在滚子中心 B 点的速度方向垂直 AB，与过接触点的公法线之间夹角为对应的压力角。摆杆 AB 的摆动弧与基圆交点和行程起始点在基圆上的圆心角为对应的凸轮转角。

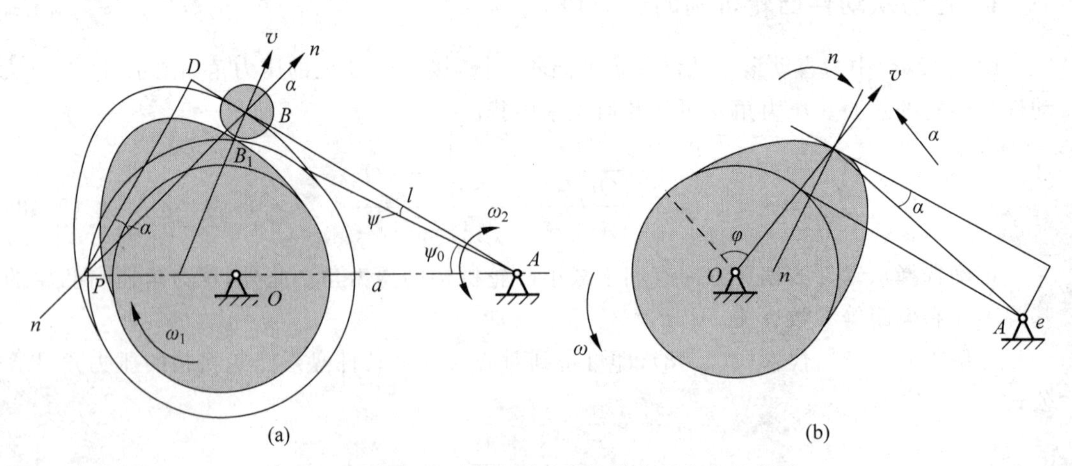

图 5.23　摆动从动件盘形凸轮机构的压力角示意图

对于摆动滚子从动件凸轮机构(图 5.23(a)),不妨设摆杆的长度 $\overline{AB}=l$,机架的长度 $\overline{OA}=a$。

过瞬心 P 作摆杆 AB 的垂线,交 AB 的延长线于 D 点,则根据图中的几何关系,有:

$$\tan\alpha=\frac{\overline{BD}}{\overline{PD}}=\frac{\overline{AP}\cos(\psi_0+\psi)-l}{\overline{AP}\sin(\psi_0+\psi)} \tag{5.20}$$

根据瞬心的性质可得:

$$\overline{AP}=\overline{OP}+a=\frac{\left(\dfrac{\mathrm{d}\psi}{\mathrm{d}\varphi}\right)a}{1-\dfrac{\mathrm{d}\psi}{\mathrm{d}\varphi}}+a=\frac{a}{1-\dfrac{\mathrm{d}\psi}{\mathrm{d}\varphi}}$$

将上式代入式(5.20)并整理,即可得到摆动滚子从动件凸轮机构压力角的计算公式:

$$\tan\alpha=\frac{a\cos(\psi_0+\psi)-l\left(1-\dfrac{\mathrm{d}\psi}{\mathrm{d}\varphi}\right)}{a\sin(\psi_0+\psi)} \tag{5.21}$$

对于摆动平底从动件盘形凸轮机构,如图 5.23(b)所示,凸轮与从动件的接触点 B 的速度方向垂直于 AB,而 B 点的受力方向垂直于平底。因此,其压力角计算公式为

$$\sin\alpha=\frac{e}{\overline{AB}} \tag{5.22}$$

式中,显然,如果 $e=0$,则其压力角也为零。

由式(5.21)、式(5.22)可知,对于摆动从动件盘形凸轮机构,其压力角受从动件的运动规律、摆杆长度、机架长度等因素的影响,在设计时要更加注意。

3. 凸轮机构的许用压力角

凸轮机构的压力角与基圆半径、偏距和滚子半径等基本尺寸有直接的关系。这些参数之间往往互相制约。增大凸轮的基圆半径可以获得较小的压力角,但凸轮尺寸会增大。反之,减小凸轮的基圆半径,可以获得较为紧凑的结构,但同时又使凸轮机构的压力角增大。压力角过大会降低机械效率。因此,必须对凸轮机构的最大压力角加以限制,使其小于许用压力角,即 $\alpha_{\max}<[\alpha]$。凸轮机构的许用压力角如表 5-3 所示,供设计人员参考。

表 5-3　凸轮机构的许用压力角

封闭形式	从动件的运动方式	推程	回程
力封闭	直动从动件	$[\alpha]=25°\sim35°$	$[\alpha']=70°\sim80°$
	摆动从动件	$[\alpha]=35°\sim45°$	$[\alpha']=70°\sim80°$
形封闭	直动从动件	$[\alpha]=25°\sim35°$	$[\alpha']=[\alpha]$
	摆动从动件	$[\alpha]=35°\sim45°$	$[\alpha']=[\alpha]$

5.5.2　凸轮机构基本尺寸的设计

1. 基圆半径的设计

对于直动滚子从动件盘形凸轮,可根据式(5.18)求解出凸轮的基圆半径:

$$r_b=\sqrt{\left(\frac{\frac{ds}{d\varphi}\mp e}{\tan\alpha}-s\right)^2+e^2} \tag{5.23}$$

显然,压力角 α 越大,基圆半径越小,机构尺寸越紧凑。在其他参数不变的情况下,当 $\alpha=[\alpha]$,可以使凸轮机构在满足压力角条件的同时,获得紧凑的结构尺寸。此时,最小基圆半径为:

$$r_{bmin}=\sqrt{\left(\frac{\frac{ds}{d\varphi}\mp e}{\tan[\alpha]}-s\right)^2+e^2} \tag{5.24}$$

对于直动平底从动件盘形凸轮,凸轮廓线上各点的曲率半径 $\rho>0$。曲率半径的计算公式为:

$$\rho=\frac{(1+y'^2)^{\frac{3}{2}}}{y''} \tag{5.25}$$

式中,$y'=\frac{dy}{dx}=\frac{\frac{dy}{d\varphi}}{\frac{dx}{d\varphi}}$,代入式(5.25)并整理得

$$\rho=\frac{\left[\left(\frac{dx}{d\varphi}\right)^2+\left(\frac{dy}{d\varphi}\right)^2\right]^{\frac{3}{2}}}{\frac{dx}{d\varphi}\cdot\frac{d^2y}{d\varphi^2}-\frac{dy}{d\varphi}\cdot\frac{d^2x}{d\varphi^2}} \tag{5.26}$$

令 $\rho>\rho_{min}$,代入平底从动件盘形凸轮的廓线方程,可得

$$r_b>\rho_{min}-s-\frac{d^2s}{d\varphi^2} \tag{5.27}$$

2. 滚子半径的设计

在设计滚子尺寸时,必须保证滚子同时满足运动特性要求和强度要求。

图 5.24 所示为外凸廓线中的滚子圆族的包络情况。设理论廓线上某点的曲率半径为 ρ,实际廓线在对应点的曲率半径为 ρ_a,滚子半径为 r_r,根据图中的几何关系有:$\rho_a=\rho-r_r$。

图 5.24(a)中,$\rho-r_r>0$,图 5.23(b)中,$\rho-r_r=0$,实际廓线的最小曲率半径为零,表明在该位置出现尖点,运动过程中容易磨损;图 5.24(c)中,$\rho-r_r<0$,实际廓线曲率半径为负值,说明在包络加工过程中,图中交叉的阴影部分将被切掉,从而导致机构的运动失真。因此,为了避免发生这种现象,要对滚子的半径加以限制。通常情况下,应保证:

$$r_r\leqslant 0.8\rho_{min}$$

对于图 5.24(d)所示的内凹廓线中滚子圆族的包络情况,由于 $\rho_a=\rho+r_r$ 不会出现运动失真问题。

从强度要求考虑,滚子半径应满足以下条件:

$$r_r\geqslant(0.1\sim0.5)r_b$$

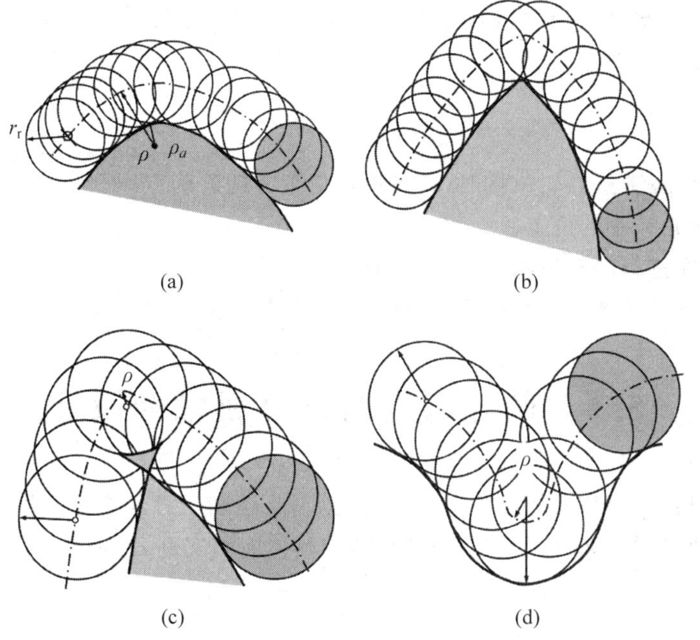

图 5.24　凸轮滚子尺寸与廓线的关系

3. 平底长度的设计

如图 5.25 所示，在平底从动件盘形凸轮机构运动过程中，应能保证从动件的平底在任意时刻均与凸轮接触，因此，平底的长度 l 应满足以下条件：

$$l = 2\overline{OP}_{\max} + \Delta l = 2\left(\frac{\mathrm{d}s}{\mathrm{d}\varphi}\right)_{\max} + \Delta l$$

式中，Δl 为附加长度，由具体的结构而定，一般取 $\Delta l = 5 \sim 7$ mm。

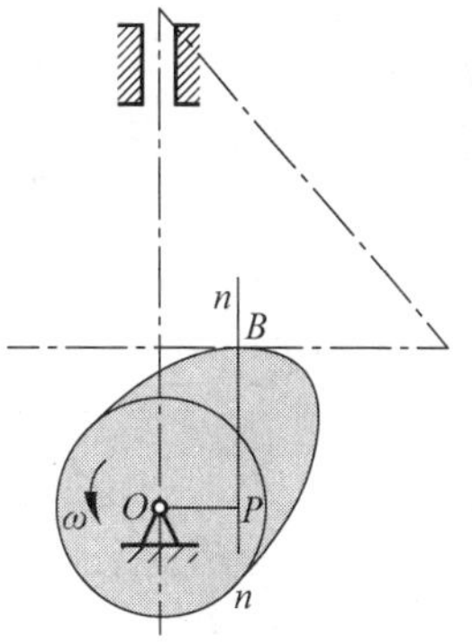

图 5.25　平底从动件的长度

4. 偏距的设计

从动件的偏置方向可直接影响凸轮机构压力角的大小，因此，在选择从动件的偏置方向时需要遵循的原则是：尽可能减小凸轮机构在推程阶段的压力角，其偏置的距离可按下式计算。

$$\tan\alpha = \frac{\dfrac{\mathrm{d}s}{\mathrm{d}\varphi} - e}{\sqrt{r_{\mathrm{b}}^2 - e^2} + s} = \frac{\dfrac{v}{\omega} - e}{s_0 + s} = \frac{v - e\omega}{(s_0 + s)\omega} \tag{5.28}$$

一般情况下，从动件运动速度的最大值发生在凸轮机构压力角最大的位置，则式(5.28)可改写为：

$$\tan\alpha = \frac{v_{\max} - e\omega}{(s_0 + s)\omega} \tag{5.29}$$

由于压力角为锐角，故有：

$$v_{\max} - e\omega \geqslant 0$$

由式(5.29)可知,增大偏距有利于减小凸轮机构的压力角,但偏距的增加也有限度,其最大值应满足以下条件:

$$e_{\max} \leqslant \frac{v_{\max}}{\omega}$$

因此,当设计偏置式凸轮机构时,其从动件偏置方向的确定原则是:从动件应置于使该凸轮机构的压力角减小的位置。

综上所述,在进行凸轮机构基本尺寸的设计时,由于各参数之间有时是互相制约的,因此,在设计时应该综合考虑各种因素,使其综合性能指标满足设计要求。

5.6 凸轮廓线的计算机辅助设计

随着计算机技术和精密数控加工技术的发展,凸轮加工已经摆脱了图解设计法。解析法应用日渐广泛。图5.26所示框图为解析法的具体应用实例,也是凸轮机构计算机辅助设计的基本过程。

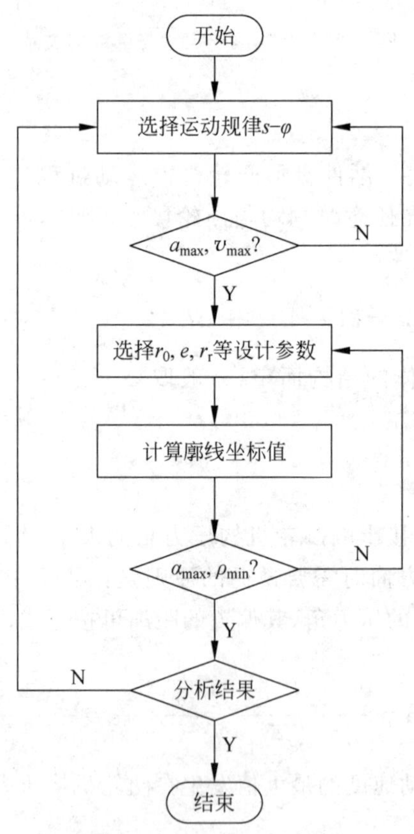

图5.26 凸轮廓线设计框图

例5-2 设计一偏置直动滚子从动件盘形凸轮机构,已知从动件的行程 $h=28$ mm,在推程阶段和回程阶段分别以摆线运动规律和简谐运动规律运动,且有 $\phi=135°$、$\phi_s=45°$、$\phi'=80°$、$\phi'_s=100°$,凸轮的角速度 $\omega=12$ rad/s,且以逆时针匀速转动,基圆半径 $r_b=$

65 mm；凸轮机构偏距 $e=12$ mm，滚子半径 $r_{\mathrm{r}}=12$ mm。试用解析法设计此凸轮机构的凸轮廓线。

解：

1）选择从动件的偏置方向

建立如图5.27所示的直角坐标系 xOy，为可减小压力角，从动件置于凸轮转动中心右侧。

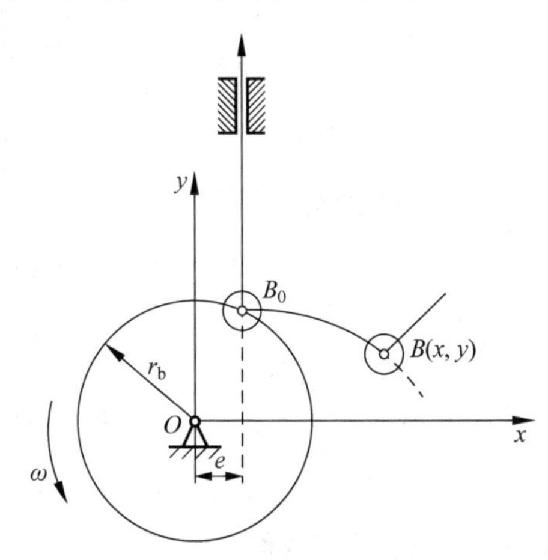

图5.27　凸轮轮廓曲线的设计

2）求解凸轮的理论廓线

凸轮的理论廓线方程为：

$$\begin{cases} x=(s_0+s)\sin\varphi+e\cos\varphi \\ y=(s_0+s)\cos\varphi-e\sin\varphi \end{cases}$$

式中，$s_0=\sqrt{r_{\mathrm{b}}^2-e^2}$。

从动件在不同阶段的位移方程分别为

$$s=\begin{cases} \dfrac{h}{\phi}\varphi-\dfrac{h}{2\pi}\sin\left(\dfrac{2\pi}{\phi}\varphi\right); & \varphi\in[0^\circ,135^\circ]\ \text{推程阶段} \\ 28; & \varphi\in(135^\circ,180^\circ)\ \text{远休止阶段} \\ s=\dfrac{h}{2}+\dfrac{h}{2}\cos\left(\dfrac{\pi}{\phi'}\varphi\right); & \varphi\in[180^\circ,260^\circ]\ \text{回程阶段} \\ 0; & \varphi\in(260^\circ,360^\circ)\ \text{近休止阶段} \end{cases}$$

3）求解凸轮的实际廓线

设该凸轮机构中的凸轮构件是外凸轮，凸轮的实际廓线方程为：

$$\begin{cases} x_{\mathrm{a}}=x-r_{\mathrm{r}}\cos\theta \\ y_{\mathrm{a}}=y-r_{\mathrm{r}}\sin\theta \end{cases}$$

其中，

$$\sin\theta=\frac{\dfrac{\mathrm{d}x}{\mathrm{d}\varphi}}{\sqrt{\left(\dfrac{\mathrm{d}x}{\mathrm{d}\varphi}\right)^2+\left(\dfrac{\mathrm{d}y}{\mathrm{d}\varphi}\right)^2}}$$

$$\cos\theta=\frac{-\dfrac{\mathrm{d}y}{\mathrm{d}\varphi}}{\sqrt{\left(\dfrac{\mathrm{d}x}{\mathrm{d}\varphi}\right)^2+\left(\dfrac{\mathrm{d}y}{\mathrm{d}\varphi}\right)^2}}$$

而

$$\frac{\mathrm{d}x}{\mathrm{d}\varphi}=(s_0+s)\cos\varphi+\frac{\mathrm{d}s}{\mathrm{d}\varphi}\sin\varphi-e\sin\varphi$$

$$\frac{\mathrm{d}y}{\mathrm{d}\varphi}=-(s_0+s)\sin\varphi+\frac{\mathrm{d}s}{\mathrm{d}\varphi}\cos\varphi-e\cos\varphi$$

同样,由于位移 s 与从动件所处的运动阶段有关,所以有:

$$\frac{\mathrm{d}s}{\mathrm{d}\varphi}=\begin{cases}\dfrac{h}{\phi}-\dfrac{h}{\phi}\sin\left(\dfrac{2\pi}{\phi}\varphi\right); & \varphi\in[0^\circ,135^\circ]\ \text{推程阶段}\\ 0; & \varphi\in(135^\circ,180^\circ)\ \text{远休止阶段}\\ -\dfrac{h\pi}{2\phi'}\sin\left(\dfrac{\pi}{\phi'}\varphi\right); & \varphi\in[180^\circ,260^\circ]\ \text{回程阶段}\\ 0; & \varphi\in(260^\circ,360^\circ)\ \text{近休止阶段}\end{cases}$$

代入已知条件,并利用 MATLAB 语言编程求解,得到凸轮理论廓线和实际廓线的坐标值,分别将凸轮理论廓线和实际廓线上的所有坐标点光滑连接,即可得到该凸轮的理论廓线和实际廓线,如图 5.28 所示。

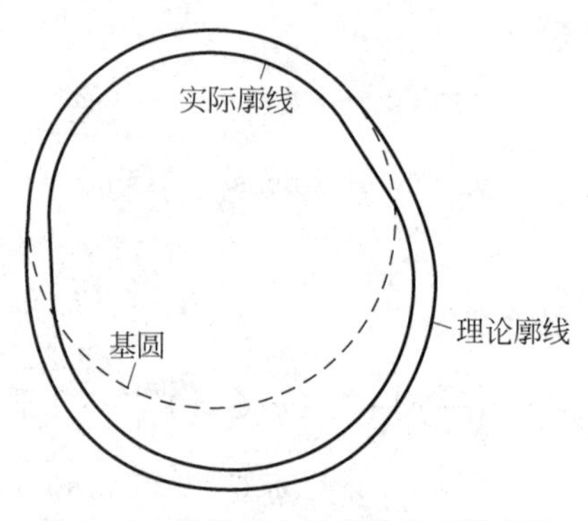

图 5.28 凸轮的理论廓线和实际廓线

5.7 知识拓展:凸轮机构在飞机舱门中的应用

民用飞机舱门的设计要求操纵方式直接,从输入到输出使用最少的组件来完成机构运动的传递,所以常用四杆机构或凸轮机构或两者的结合来实现。其中凸轮机构能够实现顺序控制,通过修改凸轮轨迹廓线,能够实现不同的顺序运动,并且作用在凸轮上的力和扭矩产生的效率要比连杆机构更有效,因此在舱门机构设计中得到了广泛的应用。

以民用飞机的某机型半堵塞式货舱门为例,其典型机构包括通风口机构、锁机构、闩机构、提升机构和打开机构。通过手动操作外手柄把门向内提升后,利用电动作动筒打开舱门。舱门在整个提升过程中,由外手柄控制并通过凸轮实现机构的控制顺序。舱门机构的控制时序为：打开通风口、解锁、解闩、提升。这里只介绍前通风口和闩典型机构。

通风口机构是典型的由一个四杆机构和凸轮机构相结合的串联式机构，如图5.29所示。首先设计四杆机构 $OABC$。如已知通风口需要打开的角度为39°，即连杆 OA 旋转39°，通过四杆机构反推出连杆 CB 的摆动角度。凸轮机构的摆杆 CD 和四杆机构的从动杆 CB 固接在一起，作为一个零件来设计，这样摆杆 CB 与凸轮机构的摆杆 CD 旋转同样的角度。利用这个已知条件，进行凸轮机构的设计。由于凸轮安装在手柄轴上，在设计舱门机构的最初已经确定了手柄时序控制角度，这样就已经确定了凸轮摆杆初态和末态位置，就可以对凸轮轮廓曲线进行设计了。

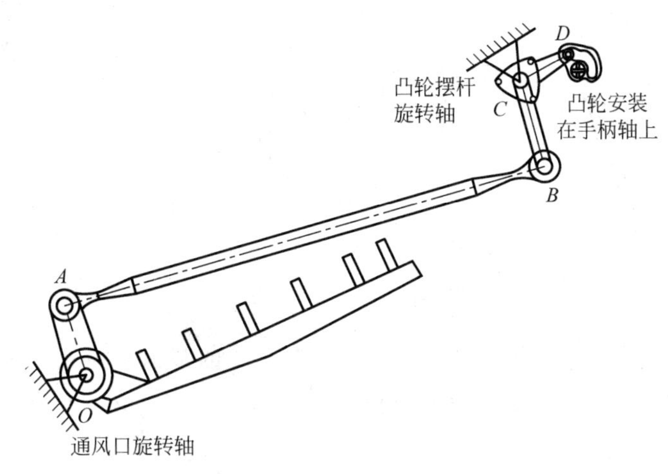

图5.29　通风口机构模型

闩机构按照凸轮机构和四杆机构相结合来设计。闩机构的凸轮安装在手柄轴上，手柄轴带动闩凸轮，凸轮带动摆杆旋转一定的角度，凸轮摆杆和四杆机构其中一摆杆固接，从而相应的带动四杆机构运动，四杆机构其中另一个摆杆安装在闩轴上，这样就实现了闩轴旋转运动的目的。

总之，在舱门机构设计中通常采用凸轮机构。这是由于通过修改凸轮轮廓曲线，能够实现不同的顺序运动，并且作用在凸轮上的力和扭矩产生的效率要比连杆机构更有效。但是，设计者在设计凸轮驱动的机构时，要考虑如下问题：严格控制加工误差，凸轮有服役磨损年限要求；凸轮有很高的接触应力，凸轮加工费用很高以及需要处理摩擦和侧隙问题。

习　　题

5.1　设计一偏置移动滚子从动件盘形凸轮机构。已知凸轮以等角速度 ω 顺时针转动，基圆半径 $r_b=50$ mm，滚子半径 $r_r=10$ mm，凸轮轴心偏于从动件轴线右侧，偏距 $e=10$ mm。工件对从动件运动的要求如下：当凸轮转过120°时，从动件上升30 mm；当凸轮接着转过30°时，从动件停歇不动；当凸轮再转过150°时，从动件返回原处；当凸轮转过一周中其余角度时，从动件又停歇不动。

5.2　在如图5.30所示的三个凸轮机构中，已知 $R=40$ mm，$a=20$ mm，$e=15$ mm，

$r_r=20$ mm。试用反转法求从动件的位移曲线 s-$s(\varphi)$，并比较之。(要求选用同一比例尺，画在同一坐标系中，均以从动件最低位置为起始点。)

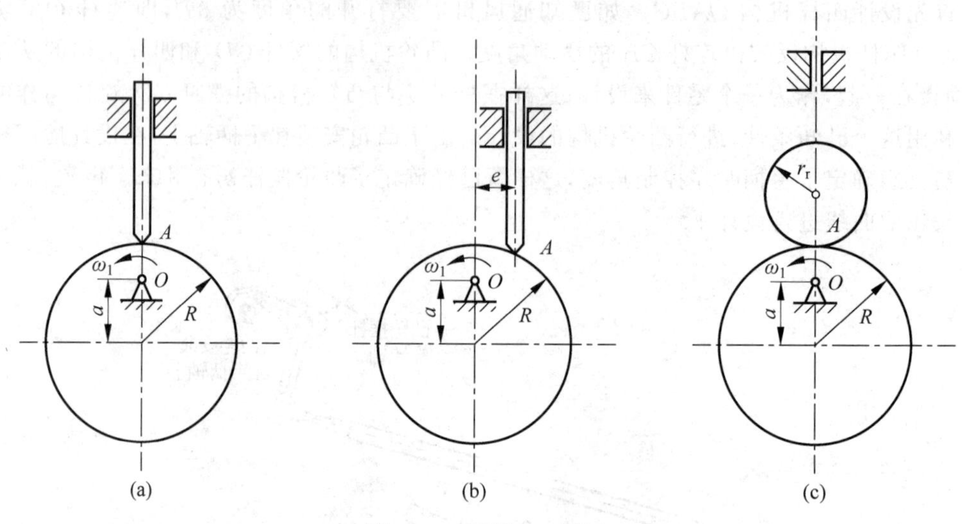

图 5.30 习题 5.2 附图

5.3 设计对心滚子直动推杆盘形凸轮。已知凸轮的基圆半径 $r_b=35$ mm，凸轮以等角速度 ω 逆时针转动，推杆行程 $h=20$ mm，滚子半径 $r_r=10$ mm，位移曲线如图 5.31 的 s-δ 所示。

5.4 设计偏置滚子直动推杆盘形凸轮。已知凸轮以等角速度 ω 顺时针转动，凸轮转轴 O 偏于推杆中心线的右方 10 mm 处，基圆半径 $r_b=35$ mm，推杆行程 $h=32$ mm，滚子半径 $r_r=10$ mm，其位移曲线如图 5.32 的 s-δ 所示。

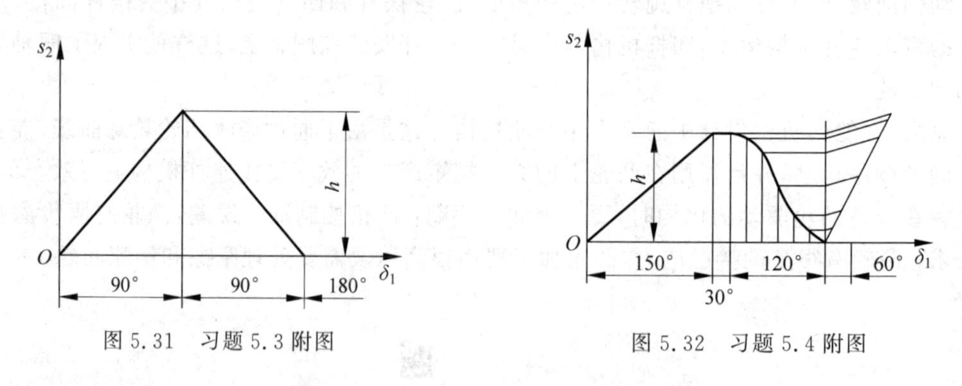

图 5.31 习题 5.3 附图

图 5.32 习题 5.4 附图

5.5 在图 5.33 所示偏置滚子直动从动件盘形凸轮机构中，凸轮 1 的工作轮廓为圆，其圆心和半径分别为 C 和 R，凸轮 1 沿逆时针方向转动，推动从动件往复移动。已知：$R=100$ mm，$OC=20$ mm，偏距 $e=10$ mm，滚子半径 $r_r=10$ mm，试求：

(1) 凸轮基圆半径 r_b 和从动件行程 h。

(2) 推程运动角 ϕ_0，回程运动角 ϕ_0'，远休止角 ϕ_s 和近休止角 ϕ_s'。

(3) 凸轮机构的最大压力角 α_{max} 和最小压力角 α_{min}。

5.6 如图 5.34 所示，设计摆动滚子从动件盘形凸轮机构，已知：推程按照正弦加速度运动规律运动，推程运动角为 $\phi=120°$，最大摆角为 $\psi_{max}=20°$，远休止角为 $\phi_s=60°$；回程按 3-4-5 次多项式运动规律运动，回程运动角为 $\phi'=150°$，近休止角为 $\phi_s'=30°$。凸轮以角速度 $\omega=60$ rad/s 逆时针转动，实际廓线基圆半径为 $r_b=40$ mm，$l_{OA}=100$ mm，$l_{AB}=70$ mm，滚子半径为 $r_r=12$ mm。

5.7　如图 5.35 所示一偏置直动尖顶从动件盘形凸轮机构。已知凸轮为一偏心圆盘，圆盘半径 $R=30$ mm，几何中心为 A，回转中心为 O，从动件偏距 $OD=e=10$ mm，$OA=10$ mm。凸轮以等角速度 ω 逆时针方向转动。当凸轮在图示位置，即 $AD\perp CD$ 时，试求：

(1) 凸轮的基圆半径 r_b。

(2) 图示位置的凸轮机构压力角 α。

(3) 图示位置的凸轮转角 φ。

(4) 图示位置的从动件的位移 s。

(5) 该凸轮机构中的从动件偏置方向是否合理，为什么？

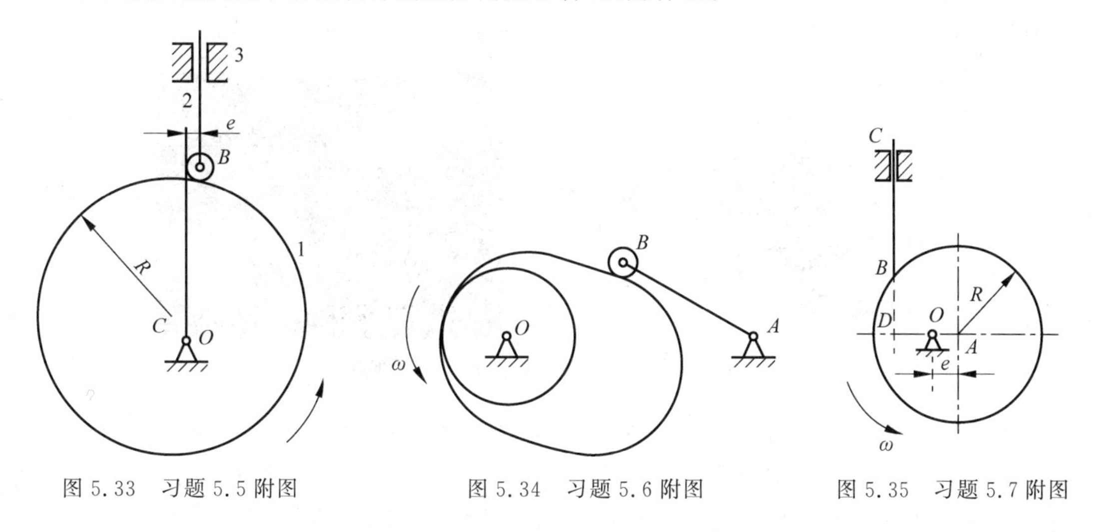

图 5.33　习题 5.5 附图　　图 5.34　习题 5.6 附图　　图 5.35　习题 5.7 附图

设计系列题

Ⅰ-3　单缸四冲程内燃机的凸轮机构设计

对于第 1 章设计项目Ⅰ中的单缸四冲程内燃机，已知凸轮从动件冲程 $h=20$ mm，推程和回程的许用压力角 $[\alpha]=30°$、$[\alpha']=75°$，推程运动角 $\phi=50°$，远休止角 $\phi_s=50°$，回程运动角 $\phi'=50°$，从动件的运动规律如图 1.13 所示。试按照许用压力角确定凸轮机构的基本尺寸，选取滚子半径，画出凸轮实际廓线。

Ⅱ-5　粉料成型压片机的凸轮机构设计

如第 1 章设计项目Ⅱ中图 1.17 所示，粉料压片机下冲头加压机构可采用凸轮机构来实现其动作要求，下冲头做往复直线运动，应能实现按静止(图 1.14 中工艺流程(1)、(2)、(3))、下降(工艺流程(4))、上升(工艺流程(5))和快速上升(工艺流程(6))顺序做复杂运动。已知下冲头的最大行程为 19 mm，凸轮以等角速度 35 r/min 顺时针转动，基圆半径 40 mm，滚子半径 10 mm。试设计该凸轮机构。

第6章

齿 轮 机 构

齿轮机构是应用非常广泛的一种机械传动机构，可以用来传递空间任意两轴间的运动和动力。其主要特点是传动功率和速度范围广、传动比准确、传动平稳且效率高、使用寿命长、工作可靠等；但其制造和安装精度要求高，成本较高，且不宜用于远距离两轴间传动。

图6.1是扫描仪进纸装置中的齿轮机构。其中小齿轮由电机驱动后，通过啮合将运动传递至大齿轮，进而使进纸器转动，将纸张拖入扫描仪进行扫描。此时，齿轮的作用是将主动轴的运动传递给从动轴。

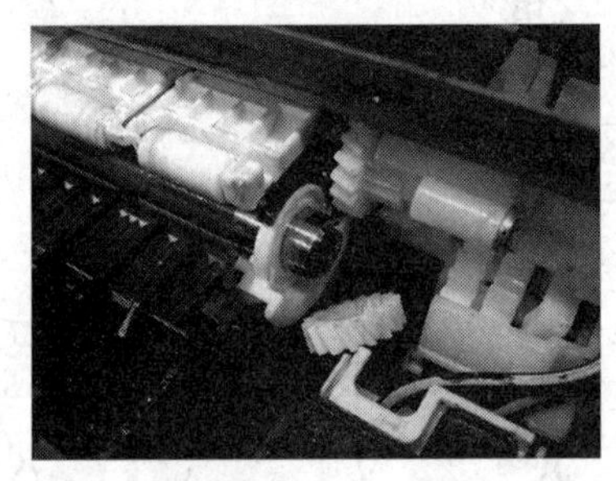

图6.1　扫描仪进纸装置中的齿轮机构

本章以渐开线直齿圆柱齿轮机构为主线，系统阐述齿廓啮合基本定律、渐开线齿廓啮合特性、渐开线标准齿轮基本参数和几何尺寸计算。在此基础上，介绍斜齿圆柱齿轮机构、圆锥齿轮机构、蜗杆蜗轮机构等其他齿轮机构的传动特点和基本参数的计算。

6.1　齿轮机构的组成和类型

齿轮机构是由齿轮和机架组成的高副机构。根据齿轮机构中两齿轮轴线的相对位置，可将齿轮机构分为平面齿轮机构和空间齿轮机构两大类。

6.1.1　平面齿轮机构

用于传递两平行轴间运动和动力的齿轮机构称为平面齿轮机构，如直齿圆柱齿轮机构、斜齿圆柱齿轮机构和人字齿轮机构。

图6.2为直齿圆柱齿轮机构的三种形式，其轮齿方向均与齿轮轴线平行。图6.2(a)为外啮合直齿圆柱齿轮机构，两个齿轮的轮齿分布在两个圆柱体的外表面上，两齿轮的转动方向相反；图6.2(b)为内啮合直齿圆柱齿轮机构，其中一个齿轮的轮齿分布在空心圆柱体的

内表面上，两齿轮的转动方向相同；图 6.2(c)为齿轮齿条机构，其中齿条可看作是由半径为无穷大的外齿轮演变而成，它能够将齿轮的回转运动转变为齿条的直线移动。

(a)

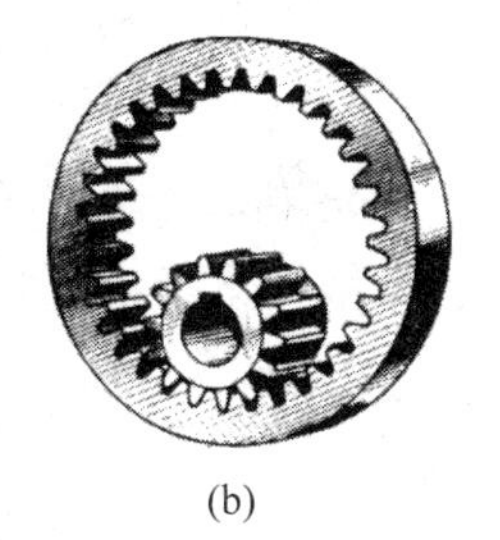
(b)

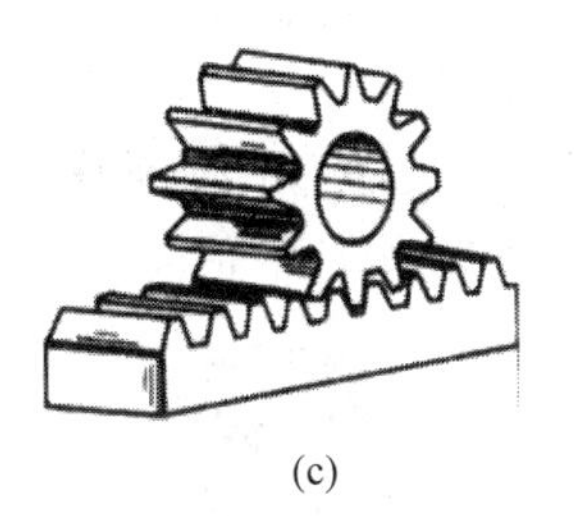
(c)

图 6.2 直齿圆柱齿轮机构

直齿圆柱齿轮机构动态视频

图 6.3 为斜齿圆柱齿轮机构，其轮齿方向与齿轮的轴线有一倾斜角，称为螺旋角。斜齿圆柱齿轮工作时存在轴向力，所需的轴承支承复杂，但齿轮传动较平稳，承载能力较强，适用于速度较高、载荷较大的场合。

图 6.4 为人字齿轮机构，其轮齿方向呈“人”字形，可看成由两个旋向相反的斜齿轮拼接而成，传动时轴向力能相互抵消。这种齿轮承载能力较强，但加工复杂，多用于重载传动。

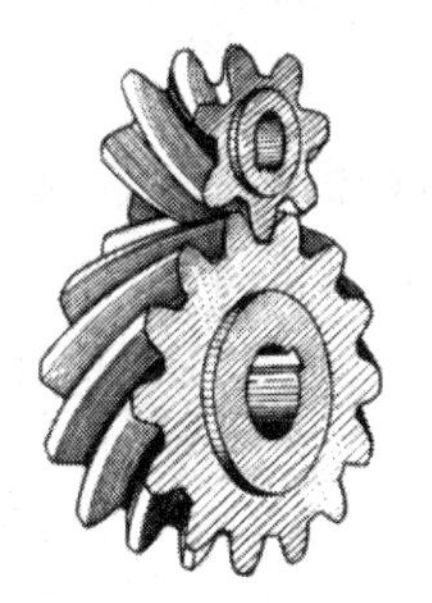
图 6.3 斜齿圆柱齿轮机构

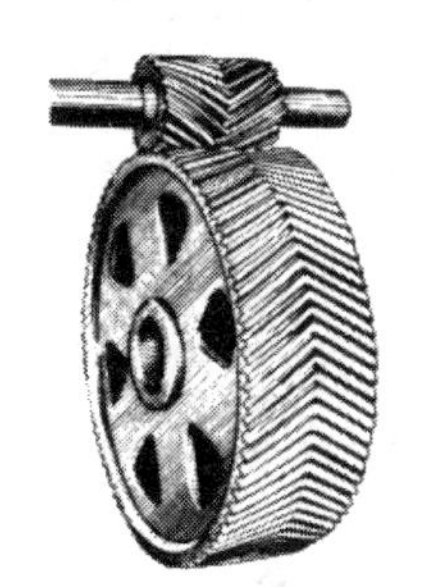
图 6.4 人字齿轮机构

斜齿轮

人字齿轮

6.1.2 空间齿轮机构

用于传递相交轴或交错轴间运动和动力的齿轮机构称为空间齿轮机构，如圆锥齿轮机构、蜗杆蜗轮机构和交错轴斜齿轮机构。

如图 6.5 所示，圆锥齿轮机构中两齿轮的轴线相交。圆锥齿轮的轮齿分布在圆锥体的表面上，有直齿(图 6.5(a))、斜齿(图 6.5(b))和曲齿圆锥齿轮(图 6.5(c))之分。直齿圆锥齿轮制造较为简单，应用最广泛；斜齿圆锥齿轮的轮齿倾斜于圆锥母线，制造困难；曲齿圆

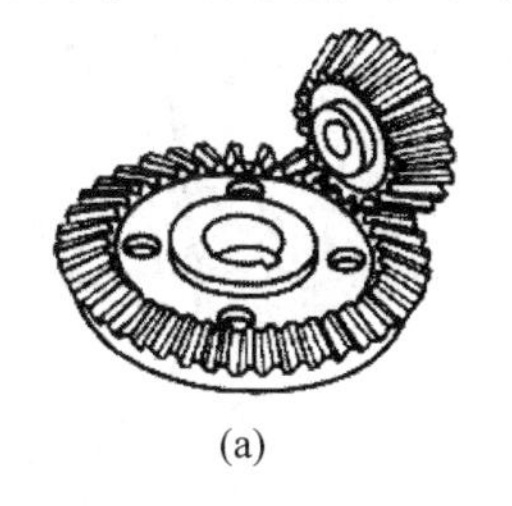
(a)

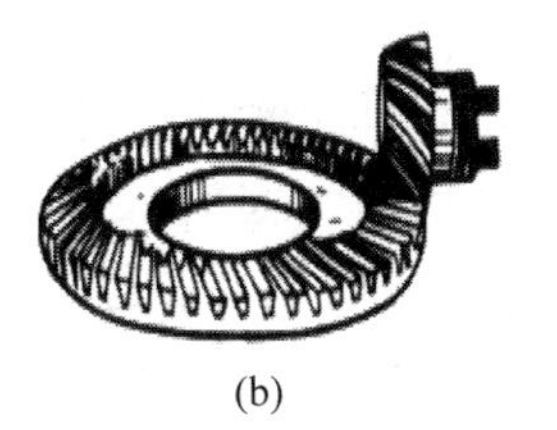
(b)

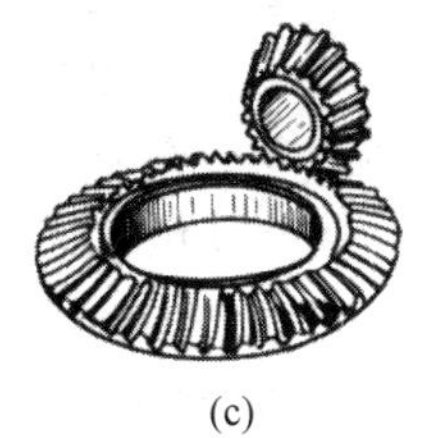
(c)

图 6.5 圆锥齿轮机构

直齿圆锥齿轮

锥齿轮的轮齿为曲线形，曲齿锥齿轮传动平稳，适用于高速、重载传动中，但制造成本较高。

如图 6.6 所示，交错轴斜齿轮机构通常用于两交错轴间的传动，其单个齿轮均为斜齿圆柱齿轮。交错轴斜齿轮机构工作时是点接触，传动效率较低，适用于载荷较小、速度较低的场合。

如图 6.7 所示，蜗杆蜗轮机构通常用于两交错垂直轴之间的传动，可看作由交错轴斜齿轮机构演变而来。蜗杆蜗轮机构传动比较大，结构紧凑，传动平稳，但易发热，传动效率低。

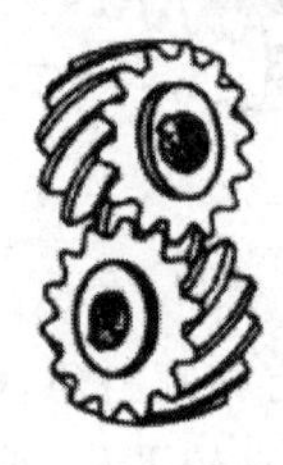

图 6.6 交错轴斜齿轮机构

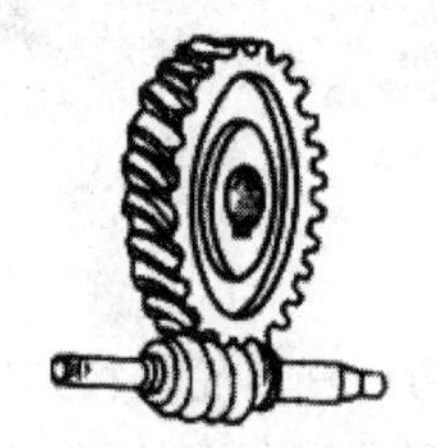

图 6.7 蜗杆蜗轮机构

6.2 齿廓啮合基本定律

一对齿轮的传动是靠主动齿轮的齿廓推动从动齿轮的齿廓来实现的。设 ω_1、ω_2 分别为两齿轮的瞬时角速度，则 $i_{12}=\omega_1/\omega_2$ 为齿轮机构的瞬时传动比。实现恒定传动比是对齿轮传动的基本要求，齿廓形状不同，其瞬时传动比也不同，因此需要研究齿廓曲线与两轮传动比之间的关系，即齿廓啮合基本定律。

6.2.1 齿廓啮合基本定律

图 6.8 为一对相互啮合的平面齿廓。齿廓 C_1 以角速度 ω_1 绕固定轴 O_1 顺时针转动，并推动齿廓 C_2 以角速度 ω_2 绕固定轴 O_2 逆时针转动。两齿廓在 K 点接触，过 K 点作两齿廓的公法线 nn，此公法线与连心线 O_1O_2 交于 P 点。由三心定理可知，P 点是两齿廓的相对速度瞬心，因此两齿廓在该点具有相同的速度，即：

$$v_P=\overline{O_1P}\omega_1=\overline{O_2P}\omega_2$$

则

$$i_{12}=\frac{\omega_1}{\omega_2}=\frac{\overline{O_2P}}{\overline{O_1P}} \tag{6.1}$$

P 点称为两齿廓 C_1 和 C_2 的啮合节点，简称节点。

式(6.1)表明，一对相互啮合的齿轮，其瞬时传动比等于连心线 O_1O_2 被节点 P 所分成的两线段 O_1P 和 O_2P 的反比。这一规律称为齿廓啮合基本定律。

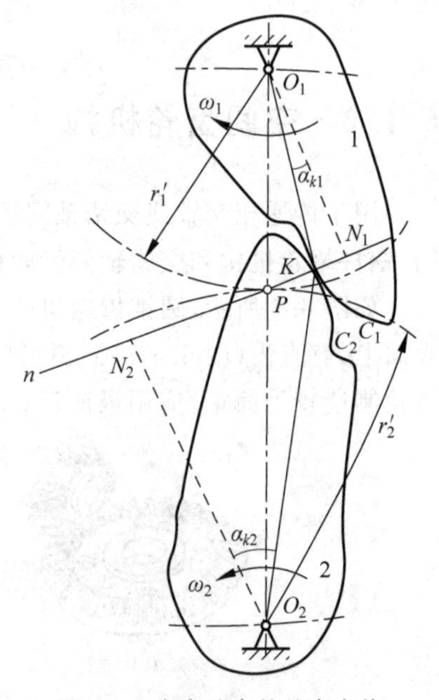

图 6.8 齿廓啮合的基本定律

当两齿轮加工并安装后，连心线 O_1O_2 为定长。因此由式(6.1)可知,若使两齿轮的瞬时传动比为常数,节点 P 必为定点。此时节点 P 在齿轮 1 运动平面上的轨迹为以 O_1 为圆心、O_1P 为半径的圆。同理,节点 P 在齿轮 2 运动平面上的轨迹为以 O_2 为圆心、O_2P 为半径的圆。这两个圆分别称为齿轮 1 和齿轮 2 的节圆,其半径分别以 r_1' 和 r_2' 表示,这种齿轮机构称为圆形齿轮机构。

两轮的节圆在节点 P 相切,且在节点处的线速度相等,因此圆形齿轮传动相当于两轮节圆在作纯滚动,则有:

$$i_{12}=\frac{\omega_1}{\omega_2}=\frac{\overline{O_2P}}{\overline{O_1P}}=\frac{r_2'}{r_1'}=\text{常数}$$

6.2.2　齿廓曲线的选择

能满足齿廓啮合基本定律的一对齿廓称为共轭齿廓,共轭齿廓的齿廓曲线称为共轭曲线。理论上说,可以作为共轭齿廓的曲线有无穷多,但在实际中选择齿廓曲线时除了满足定传动比的要求外,还应考虑设计、制造、测量、安装、互换性和强度等各方面因素。由于渐开线齿廓能够较为全面地满足上述几方面的要求,因此渐开线是目前最常用的齿廓曲线。

6.3　渐开线齿廓及其性质

6.3.1　渐开线的形成及性质

1. 渐开线的形成

如图 6.9 所示,当一直线 NK 沿一圆周作纯滚动时,直线上任意一点 K 的轨迹 $\overset{\frown}{AK}$ 就形成该圆的渐开线。这个圆称为渐开线的基圆,其半径用 r_b 表示。直线 NK 称为渐开线的发生线,A 为渐开线在基圆上的起始点,$\theta_K=\angle AOK$ 称为渐开线在 K 点的展角,r_K 称为渐开线在 K 点的向径。

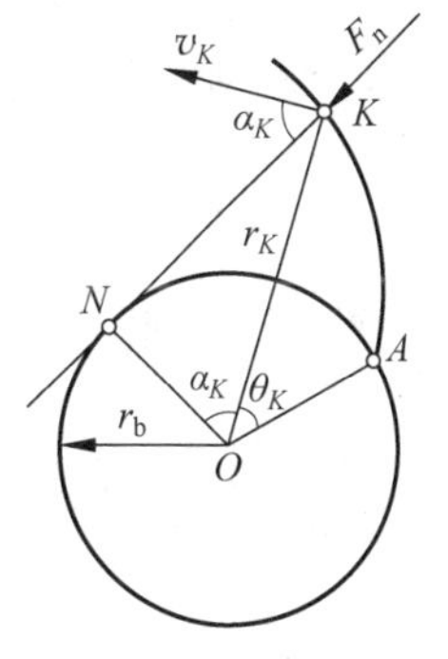

图 6.9　渐开线的形成及性质

渐开线的形成

2. 渐开线的特性

根据渐开线的形成过程,可知渐开线具有以下特性:

(1) 发生线沿基圆作纯滚动,因此发生线沿基圆滚过的长度 $\overline{KN}$ 等于基圆上被滚过的弧长 $\overset{\frown}{AN}$,即 $\overline{KN}=\overset{\frown}{AN}$。

(2) 渐开线上任意一点的法线必是基圆的切线。如图 6.9 所示,当发生线沿基圆纯滚动时,N 为速度瞬心,故发生线就是渐开线在 K 点的法线。又因发生线总是与基圆相切,因此渐开线上任意一点的法线必是基圆的切线。

(3) 发生线与基圆的切点 N 是渐开线在 K 点的曲率中心,$\overline{KN}$ 即为渐开线在 K 点的曲率半径。显然,渐开线上各点的曲率半径不同,离基圆越远,曲率半径越大,渐开线越平直；反之，离基圆越近，曲率半径越小，渐开线越弯曲。渐开线在基圆上的起始点 A 的曲率半径为零，基圆内没有渐开线。

(4) 渐开线的形状取决于基圆的大小。如图 6.10 所示，基圆半径越小，渐开线越弯曲；基圆半径越大，渐开线越平直。当基圆半径为无穷大时，渐开线将成为一垂直于 NK 的直线，此即齿条的齿廓曲线。

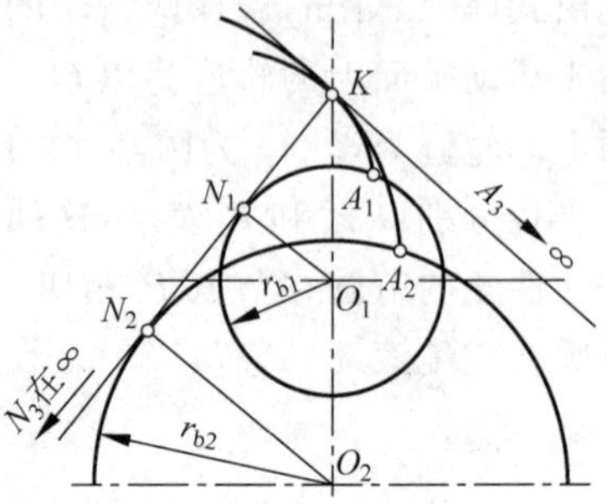

图 6.10 渐开线的形状与基圆

6.3.2 渐开线方程式

在研究渐开线齿轮啮合原理和几何尺寸计算时，经常需要用到渐开线的代数方程式。根据渐开线的性质，可建立以极坐标形式表示的渐开线方程式。

如图 6.9 所示，取基圆圆心为原点，OA 为极坐标轴，则渐开线上任意一点 K 的位置可由其向径 r_K 和展角 θ_K 来确定。此外，如该渐开线齿轮的齿廓与另一齿轮的齿廓在 K 点啮合时，K 点所受正压力 F_n 方向(法线 NK 方向)与该点速度 v_K 方向(垂直于直线 OK)所夹的锐角称为渐开线在 K 点的压力角，用 α_K 表示。

由图 6.9 的几何关系可得渐开线上任意点 K 的向径 r_K、压力角 α_K 和基圆半径 r_b 之间的关系为：

$$r_K = \frac{r_b}{\cos\alpha_K}$$

又

$$\tan\alpha_K = \frac{\overline{NK}}{\overline{ON}} = \frac{\widehat{AN}}{r_b} = \frac{r_b(\alpha_K + \theta_K)}{r_b} = \alpha_K + \theta_K$$

即：

$$\theta_K = \tan\alpha_K - \alpha_K$$

上式表明，展角 θ_K 是压力角 α_K 的函数，工程上常用 $\mathrm{inv}\alpha_K$ 表示 θ_K，并称其为渐开线函数，即：

$$\theta_K = \mathrm{inv}\alpha_K = \tan\alpha_K - \alpha_K$$

综上所述，渐开线的极坐标方程为：

$$\begin{aligned} r_K &= \frac{r_b}{\cos\alpha_K} \\ \theta_K &= \mathrm{inv}\alpha_K = \tan\alpha_K - \alpha_K \end{aligned} \tag{6.2}$$

6.3.3 渐开线齿廓的啮合特性

一对渐开线齿廓进行啮合传动时，具有如下特点：

1. 瞬时传动比恒定不变

图 6.11 为一对渐开线齿廓啮合示意图。设两齿廓在任意位置 K 啮合，过啮合点 K 作

两齿廓的公法线 N_1N_2，根据渐开线的性质可知，该公法线必同时与两齿廓的基圆相切且为其内公切线，切点分别为 N_1 和 N_2。当两齿轮基圆大小和位置一定时，其在同一个方向上的内公切线是唯一的，因此它与连心线的交点 P 必为定点。由图 6.11 可知，两齿轮的瞬时传动比为

$$i_{12}=\frac{\omega_1}{\omega_2}=\frac{\overline{O_2P}}{\overline{O_1P}}=\frac{r'_2}{r'_1}=\frac{r_{b2}}{r_{b1}}=\text{常数} \tag{6.3}$$

因此一对渐开线齿廓能实现定传动比传动，其传动比不仅与两轮的节圆半径成反比，也与两轮的基圆半径成反比。

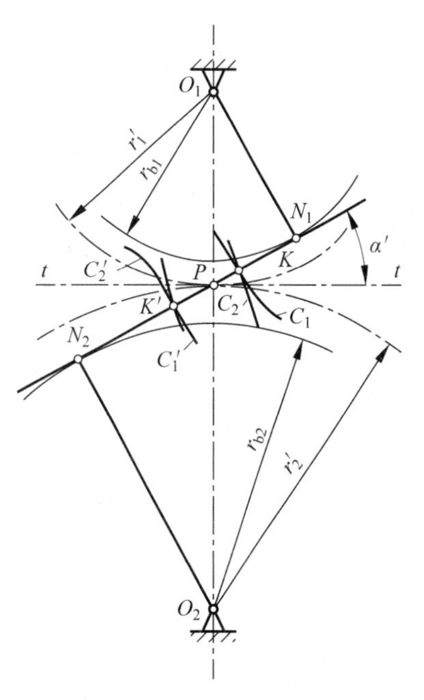

图 6.11　渐开线齿廓的啮合

2. 渐开线齿廓传动中心距具有可分性

如上所述，一对渐开线齿轮的传动比取决于两基圆半径的大小。当齿轮加工完成之后，其基圆半径就已确定。此时，即使两轮的安装中心距存在误差，其传动比也保持不变。这就是说中心距变化不影响传动比，渐开线齿廓的这一特性称为中心距的可分性。这一特性有利于渐开线齿轮的加工、安装和使用，也是渐开线齿廓被广泛采用的主要原因之一。

3. 啮合线是一条定直线

一对渐开线齿廓无论在何处啮合，其啮合点只能在直线 N_1N_2 上移动，N_1N_2 为啮合点的轨迹，称为啮合线，故一对渐开线齿廓的啮合线为一条定直线。啮合线 N_1N_2 与两轮节圆公切线 tt（节点 P 的速度方向）所夹的锐角 α' 称为啮合角，它等于渐开线在节圆上的压力角，如图 6.11 所示。当不计齿面间的摩擦力时，齿面间的作用力始终沿啮合点的公法线方向，也即沿啮合线方向，因此齿面间作用力的方向始终保持不变。若渐开线齿轮传递的转矩一定，则齿面间作用力的大小也不变。渐开线齿轮齿廓间作用力的方向及大小始终不变，对于齿轮传动的平稳性十分有利。

6.4　渐开线标准直齿圆柱齿轮的基本参数及尺寸计算

1. 渐开线齿轮各部分的名称

图 6.12 为一渐开线直齿圆柱外齿轮的一部分，各部分名称如下：

(1) 齿顶圆：过轮齿顶端所做的圆，其半径和直径分别用 r_a 和 d_a 表示。

(2) 齿根圆：过齿槽底部所做的圆，其半径和直径分别用 r_f 和 d_f 表示。

(3) 分度圆：是设计齿轮的基准圆，其半径和直径分别用 r 和 d 表示。

(4) 基圆：产生渐开线的圆，其半径和直径分别用 r_b 和 d_b 表示。

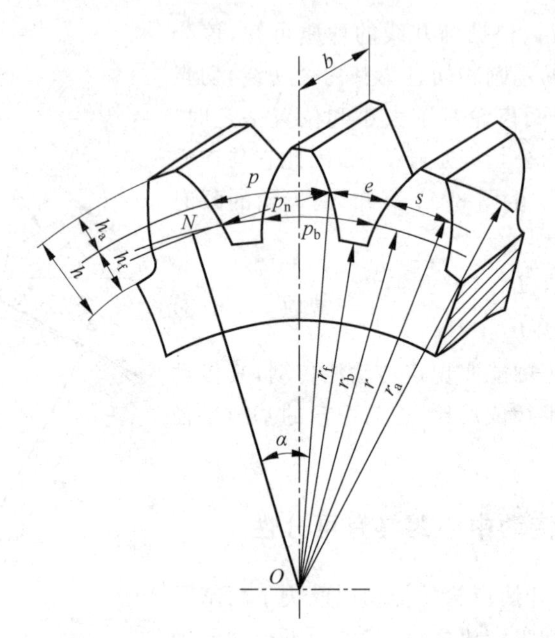

图 6.12 渐开线直齿圆柱齿轮各部分名称

(5) 齿厚、齿槽宽、齿距：在半径为 r_K 的任意圆周上，每个轮齿两侧齿廓间的弧长称为该圆上的齿厚，用 s_K 表示，其中分度圆上的齿厚用 s 表示。每个齿槽两侧齿廓间的弧长称为该圆上的齿槽宽，用 e_K 表示，其中分度圆上的齿槽宽用 e 表示。相邻两轮齿同侧齿廓间的弧长称为该圆上的齿距，用 p_K 表示，其中分度圆上的齿距用 p 表示。显然，在半径为 r_K 的圆周上，齿距等于齿厚与齿槽宽之和，即 $p_K=s_K+e_K$。

(6) 齿顶高、齿根高、全齿高：分度圆与齿顶圆之间的径向距离称为齿顶高，用 h_a 表示；分度圆与齿根圆之间的径向距离称为齿根高，用 h_f 表示；齿根圆与齿顶圆之间的径向距离称为全齿高，用 h 表示，$h=h_a+h_f$。

(7) 法向齿距：相邻两个轮齿同侧齿廓间沿公法线方向上的距离，用 p_n 表示。根据渐开线性质，法向齿距 p_n 等于基圆齿距 p_b。

2. 渐开线齿轮的基本参数

(1) 齿数 z：齿轮上轮齿的总数。

(2) 分度圆模数 m：齿轮的分度圆是计算各部分尺寸的基准。其周长 $\pi d=pz$，因此分度圆直径为：

$$d=\frac{p}{\pi}z$$

由于 π 是无理数，分度圆直径也将成为无理数。以一无理数的尺寸作为设计基准，将给齿轮的设计、计算、制造和检测带来不便。为此，人们规定 $\frac{p}{\pi}=m$ 为有理序列，称 m 为齿轮分度圆的模数，单位为 mm。于是分度圆直径 $d=mz$。模数已标准化，表 6-1 为 GB/T 1357—2008 规定的标准模数系列。齿数相同的齿轮，若模数不同，则其尺寸也不同，如图 6.13 所示。

表 6-1 圆柱齿轮标准模数系列(GB/T 1357—2008)

第一系列	0.12 0.15 0.2 0.25 0.3 0.4 0.5 0.6 0.8 11.25 1.5 2 2.5 3 4 5 6 8 10 12 16 20 25 32 40 50
第二系列	0.35 0.7 0.9 1.75 2.25 2.75 (3.25) 3.5 (3.75) 4.5 5.5 (6.5) 7 9 (11) 14 18 22 28 (30) 36 45

注：选用模数时，应优先选用第一系列，其次是第二系列，括号内的模数尽可能不用。

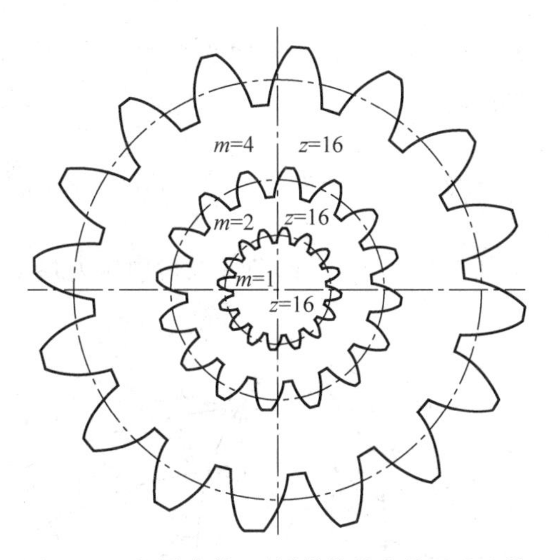

图 6.13 相同齿数、不同模数的齿轮尺寸比较

(3) 分度圆压力角 α：由式(6.2)可知，对于同一渐开线齿廓，其压力角随向径 r_K 的不同而不同。如果没有特殊说明，通常所说的压力角是指齿轮分度圆上的压力角。为了设计、制造和检测方便，国家标准(GB/T 1356—2001)中规定分度圆压力角为标准值 $\alpha=20°$。在某些装置中也可采用 $\alpha=14.5°$、$15°$、$22.5°$、$25°$等值。

齿轮的分度圆压力角 α，基圆半径 r_b 和分度圆半径 r 之间的关系为：

$$r_b = r\cos\alpha = \frac{mz}{2}\cos\alpha \tag{6.4}$$

由上式可知，齿轮的基圆半径是由齿轮的模数 m，齿数 z 和压力角 α 决定的，而渐开线的形状又是由基圆半径决定的。因此，分度圆压力角 α 是决定渐开线齿廓形状的基本参数。至此可以给分度圆下一个确切的定义：分度圆就是齿轮上具有标准模数和标准压力角的圆。

(4) 齿顶高系数 h_a^*：齿轮的齿顶高 $h_a=h_a^* m$，其中 h_a^* 称为齿顶高系数。国标规定正常齿 $h_a^*=1$，短齿 $h_a^*=0.8$。

(5) 顶隙系数 c^*：一对齿轮啮合时，为了避免一个齿轮的齿顶与另一齿轮的齿槽底直接接触而卡死，同时有利于存储润滑油，需在一个齿轮的齿顶与另一齿轮的齿槽底之间留有一定的间隙，此间隙的高度称为顶隙。齿轮的齿根高 $h_f=(h_a^*+c^*)m$，c^* 称为顶隙系数，c^*m 称为标准顶隙。国标规定正常齿 $c^*=0.25$，短齿 $c^*=0.3$。

以上的五个参数，即齿数 z、分度圆模数 m、分度圆上压力角 α、齿顶高系数 h_a^* 和顶隙系数 c^* 为渐开线齿轮的基本参数。

3. 任意圆上的齿厚

在设计、加工和检验齿轮时，需要知道某一圆周上的齿厚。如为了确定齿轮啮合时的齿侧间隙，需要确定节圆上的齿厚；为了检测齿顶强度，需要算出齿顶圆上的齿厚。下面将推导齿轮任意半径 r_K 的圆周上的齿厚 s_K 的计算公式。

图 6.14 表示齿轮的一个轮齿，r、s、α 和 θ 分别为分度圆的半径、齿厚、压力角和展角。由图可知：

$$\angle COC' = \angle BOB' - 2\angle BOC = \frac{s}{r} - 2(\theta_K - \theta)$$

则任意半径 r_K 的圆周上的齿厚 s_K 为：

$$s_K = r_K \frac{s}{r} - 2r_K(\theta_K - \theta) = s\frac{r_K}{r} - 2r_K(\mathrm{inv}\alpha_K - \mathrm{inv}\alpha) \tag{6.5}$$

式中，$\alpha_K = \arccos\left(\frac{r_b}{r_K}\right)$ 为在任意半径 r_K 上的渐开线齿廓压力角。

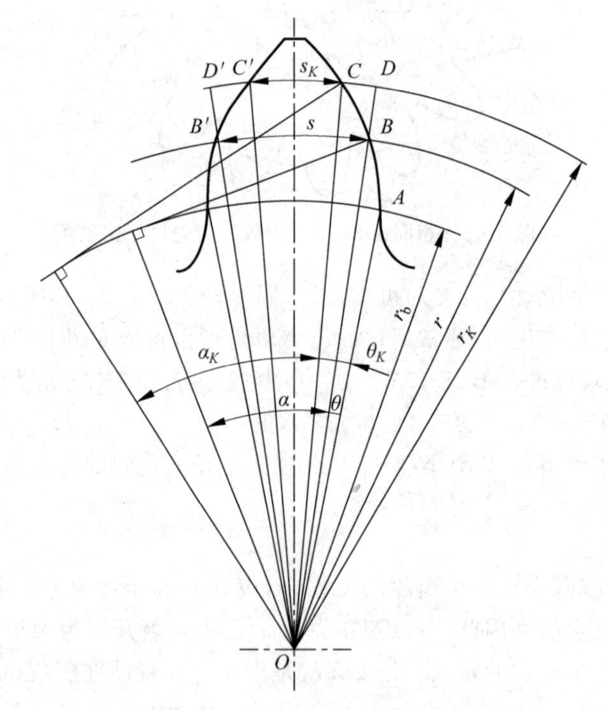

图 6.14 任意圆上的齿厚

4. 内齿轮的结构及其特点

图 6.15 为一圆柱内齿轮的一部分，其轮齿分布在空心圆柱体的内表面上，称为内齿轮。内齿轮的齿槽相当于外齿轮的轮齿，内齿轮的轮齿相当于外齿轮的齿槽；内齿轮的齿顶圆小于分度圆，而齿根圆大于分度圆。为保证内齿轮齿顶以外为渐开线，其齿顶圆必须大于基圆。

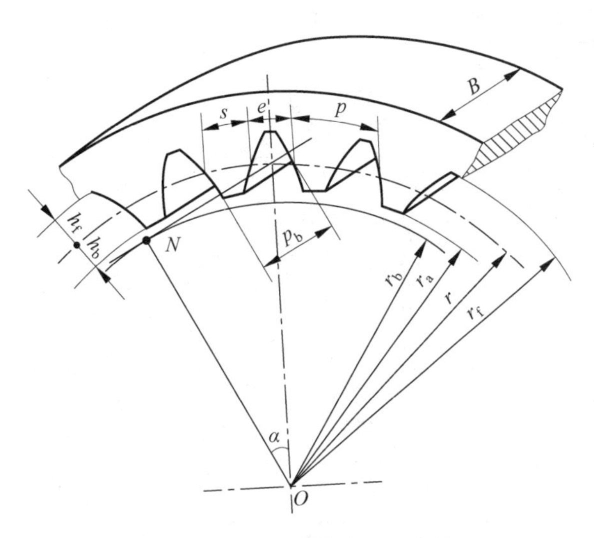

图 6.15 渐开线内齿圆柱齿轮

5. 齿条的结构及其特点

图 6.16 所示为一标准齿条，它是齿轮的一种特殊形式。当标准外齿轮的齿数为无穷多时，其分度圆、齿顶圆、齿根圆分别演变为分度线、齿顶线、齿根线，且相互平行，此时基圆半径为无穷大，渐开线演变为一条直线，齿轮则变为作直线运动的齿条。齿条与齿轮相比具有如下特点：

(1) 齿条齿廓为直线，齿廓上各点的压力角均为标准值，且等于齿条齿廓的倾斜角，也称齿形角。

(2) 在平行于齿条齿顶线的各条直线上，齿条的齿距均相等，模数为同一标准值。与齿顶线平行且齿厚等于齿槽宽($s=e=\pi m/2$)的直线称为齿条的分度线，也称中线，它是计算齿条尺寸的基准线。

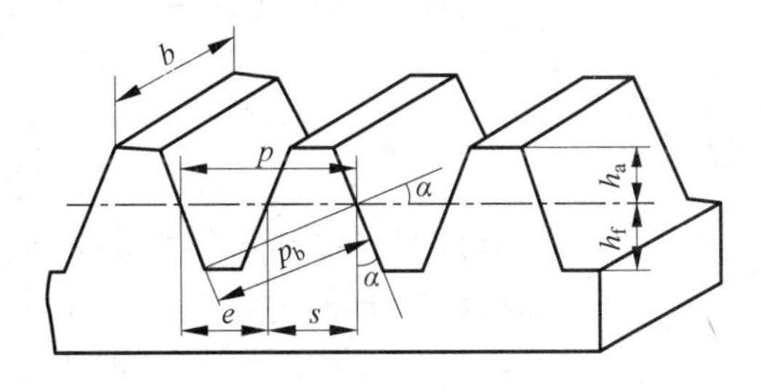

图 6.16 标准齿条

6. 渐开线标准直齿圆柱齿轮几何尺寸计算

具有标准模数 m、标准压力角 $\alpha=20°$、标准齿顶高系数 h_a^*、标准顶隙系数 c^*，并且分度圆上的齿厚 s 等于分度圆上的齿槽宽 e 的齿轮称为标准齿轮。已知齿轮的基本参数，由表 6-2 即可计算出渐开线标准直齿圆柱齿轮各部分的几何尺寸。

表 6-2 渐开线标准直齿圆柱齿轮的几何尺寸计算公式

名　称	符　号	计算公式
分度圆直径	d	$d_1=mz_1$；$d_2=mz_2$
基圆直径	d_b	$d_{b1}=d_1\cos\alpha$；$d_{b2}=d_2\cos\alpha$
齿顶高	h_a	$h_a=h_a^* m$
齿根高	h_f	$h_f=(h_a^*+c^*)m$
全齿高	h	$h=h_a+h_f=(2h_a^*+c^*)m$
齿顶圆直径	d_a	$d_{a1}=d_1\pm 2h_a=(z_1\pm 2h_a^*)m$；$d_{a2}=d_2\pm 2h_a=(z_2\pm 2h_a^*)m$
齿根圆直径	d_f	$d_{f1}=d_1\mp 2h_f=(z_1\mp 2h_a^*\mp 2c^*)m$； $d_{f2}=d_2\mp 2h_f=(z_2\mp 2h_a^*\mp 2c^*)m$
齿距	p	$p=\pi m$
分度圆齿厚	s	$s=\dfrac{\pi m}{2}$
分度圆齿槽宽	e	$e=\dfrac{\pi m}{2}$
基圆齿距	p_b	$p_b=p\cos\alpha$
顶隙	c	$c=c^* m$
中心距	a	$a=m(z_2\pm z_1)/2$

注：“±”和“∓”上面符号用于外齿轮，下面符号用于内齿轮。

6.5 渐开线直齿圆柱齿轮的啮合传动

6.5.1 正确啮合条件

虽然渐开线齿廓能满足定传动比传动要求，但这并不意味着任意两个渐开线齿轮都能搭配起来正确地啮合传动。所谓正确啮合，是指两齿轮在啮合传动时既不发生分离，也不出现干涉。那么，一对渐开线齿轮需要满足什么条件才能正确啮合传动呢？

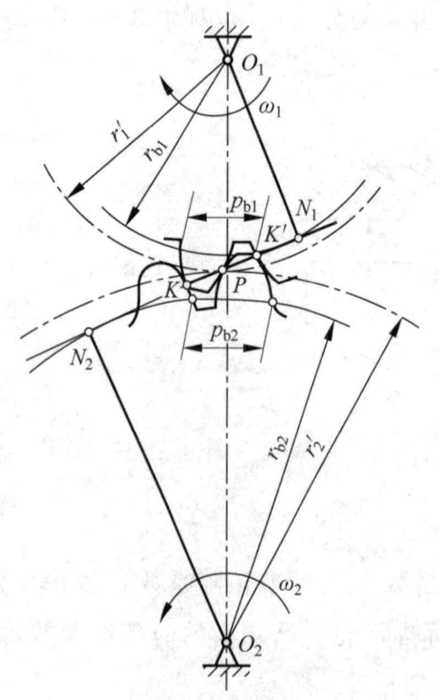

图 6.17　正确啮合条件

如图 6.17 所示，一对渐开线齿轮在传动时，其齿廓啮合点应都位于啮合线上。假设有两对轮齿同时参加啮合，前一对轮齿在啮合线 N_1N_2 上的 K 点啮合，为保证两齿轮正确啮合，则后一对轮齿应在啮合线 N_1N_2 上的 K' 点啮合，也就是说两齿轮在啮合线上的法向齿距必须相等。根据渐开线的性质，齿轮的法向齿距等于基圆齿距，因此正确啮合条件为：

$$\overline{KK'}=p_{b1}=p_{b2}$$

因 $p_{b1}=\pi m_1\cos\alpha_1$，$p_{b2}=\pi m_2\cos\alpha_2$，于是 $\pi m_1\cos\alpha_1=\pi m_2\cos\alpha_2$。

由于齿轮的模数和压力角均已标准化，为满足上式，应使 $m_1=m_2=m$；$\alpha_1=\alpha_2=\alpha$。故一对渐开线齿轮传动的正确啮合条件为两轮的模数和压力角分别相等。

6.5.2　连续传动条件

1. 轮齿的啮合过程

图6.18为一对轮齿的啮合过程。主动轮1以角速度ω_1顺时针方向转动，推动从动轮2以角速度ω_2逆时针方向转动。开始啮合时，主动轮齿根推动从动轮齿顶进入啮合。由于啮合点必落在啮合线上，因此从动轮齿顶圆与啮合线N_1N_2的交点B_2为啮合起始点。随着传动的进行，两轮齿廓的啮合点沿啮合线N_1N_2移动，在主动轮齿廓上由齿根到齿顶，在从动轮齿廓上由齿顶到齿根，直到啮合点到达主动轮1的齿顶圆与啮合线N_1N_2的交点B_1时，两轮齿即将脱离啮合，称B_1点为啮合终止点。因此线段$\overline{B_1B_2}$才是啮合点实际所走过的轨迹，称为实际啮合线。若增大两轮的齿顶圆半径，B_1、B_2将分别接近于N_2、N_1，啮合线将加长，但由于基圆内没有渐开线，因此实际啮合线不会超过N_1N_2，即线段$\overline{N_1N_2}$是理论上最长的啮合线，称为理论啮合线。

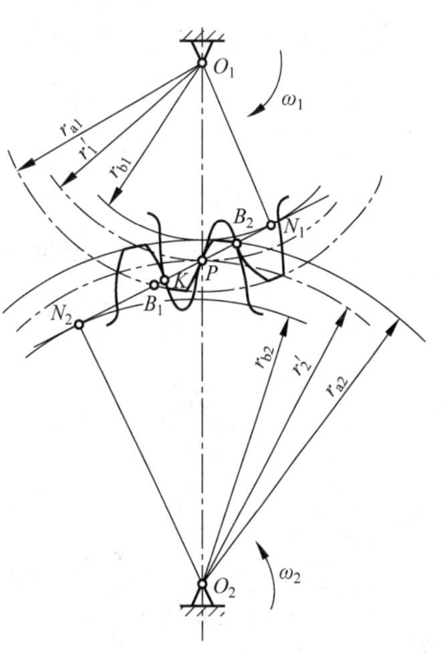

图6.18　轮齿的啮合过程

2. 连续传动条件

齿轮正确啮合条件只能保证两轮能搭配在一起啮合传动，但并不能保证传动能连续进行。从一对轮齿的啮合过程来看，要使齿轮传动连续进行，应使前一对轮齿在B_1点退出啮合之前，后一对轮齿就已经从B_2点进入啮合。为此，要求实际啮合线段$\overline{B_1B_2}$的长度大于等于轮齿的法向齿距p_b，即$\overline{B_1B_2}\geqslant p_b$。

通常把实际啮合线段$\overline{B_1B_2}$的长度与法向齿距p_b的比值称为齿轮传动的重合度，用ε_a表示。因此，齿轮连续传动的条件为：

$$\varepsilon_a=\frac{\overline{B_1B_2}}{p_b}\geqslant 1$$

3. 重合度的计算

下面介绍齿轮重合度计算公式的推导。由图6.19可知

$$\overline{B_2B_1}=\overline{PB_1}+\overline{PB_2}$$

$$\overline{PB_1}=\overline{N_1B_1}-\overline{N_1P}=r_{b1}(\tan\alpha_{a1}-\tan\alpha')=\frac{mz_1}{2}\cos\alpha(\tan\alpha_{a1}-\tan\alpha')$$

$$\overline{PB_2}=\overline{N_2B_2}-\overline{N_2P}=r_{b2}(\tan\alpha_{a2}-\tan\alpha')=\frac{mz_2}{2}\cos\alpha(\tan\alpha_{a2}-\tan\alpha')$$

又

$$p_{\mathrm{b}} = p\cos\alpha = \pi m\cos\alpha$$

可得外啮合直齿圆柱齿轮的重合度的计算公式：

$$\varepsilon_{\alpha} = \frac{\overline{B_2B_1}}{p_{\mathrm{b}}} = \frac{1}{2\pi}[z_1(\tan\alpha_{\mathrm{a1}} - \tan\alpha') + z_2(\tan\alpha_{\mathrm{a2}} - \tan\alpha')] \tag{6.6}$$

式中，α'为啮合角，也就是节圆压力角；α_{a1}、α_{a2}分别为齿轮1、2的齿顶圆压力角，其值为$\alpha_{\mathrm{a1}} = \arccos\frac{r_{\mathrm{b1}}}{r_{\mathrm{a1}}}$，$\alpha_{\mathrm{a2}} = \arccos\frac{r_{\mathrm{b2}}}{r_{\mathrm{a2}}}$。

如图6.20所示，当齿轮2的齿数增大到无穷多，即为齿轮与齿条啮合时，实际啮合线长度为：

$$\overline{B_2B_1} = \overline{PB_1} + \overline{PB_2} = (\overline{N_1B_1} - \overline{N_1P}) + \frac{h}{\sin\alpha}$$

$$= \frac{mz_1}{2}\cos\alpha(\tan\alpha_{\mathrm{a1}} - \tan\alpha) + \frac{h_{\mathrm{a}}^{*} m}{\sin\alpha}$$

因此齿轮齿条传动的重合度为：

$$\varepsilon_{\alpha} = \frac{\overline{B_2B_1}}{p_{\mathrm{b}}} = \frac{1}{2\pi}\left[z_1(\tan\alpha_{\mathrm{a1}} - \tan\alpha) + \frac{4h^{*}}{\sin 2\alpha}\right] \tag{6.7}$$

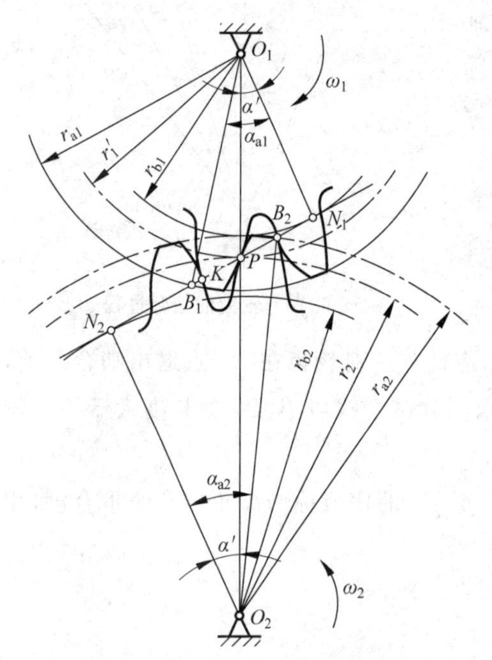

图6.19 重合度的计算

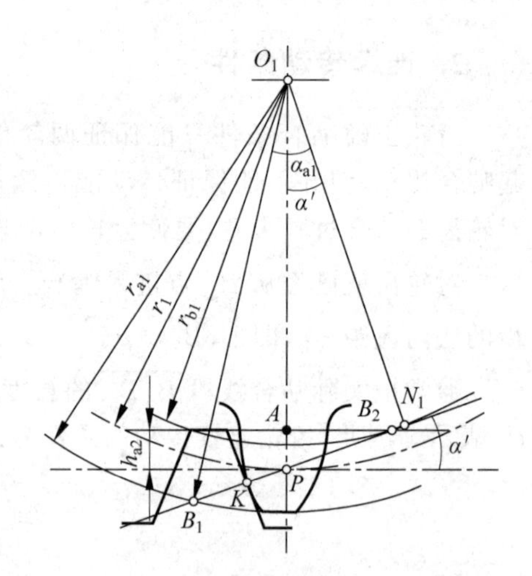

图6.20 齿轮齿条啮合

重合度的大小实质上表明了齿轮啮合传动时，同时参与啮合的轮齿对数的多少。$\varepsilon_{\alpha}=1$表明齿轮传动过程中始终只有一对轮齿啮合，$\varepsilon_{\alpha}=2$表明始终有两对轮齿啮合；如果ε_{α}不是整数，例如$\varepsilon_{\alpha}=1.3$(如图6.21所示)时，重合度的含义为：一对轮齿从B_2点进入啮合，当啮合点沿啮合线走过一个法向齿距到达D点时，后一对轮齿又开始从B_2点进入啮合，此后便是两对齿同时参与啮合；当前一对轮齿的啮合点继续由D点移动到B_1点时，后一对轮齿的啮合点由B_2点移动到C点，在此期间，两对轮齿都经过了$0.3p_{\mathrm{n}}$。当前一对轮齿在

B_1 点脱离接触后，后一对轮齿的啮合点继续由 C 点移动到 D 点，在这段时间内，只有一对轮齿啮合，啮合点经过了 $0.7p_n$。而当这对轮齿到达 D 点的同时，后面又有一对轮齿从 B_2 点进入啮合，如此循环往复。因此，在啮合线上 B_2C 和 B_1D 两段范围内，有两对轮齿同时啮合，称双齿啮合区；在 DC 段内，只有一对轮齿啮合，称单齿啮合区。

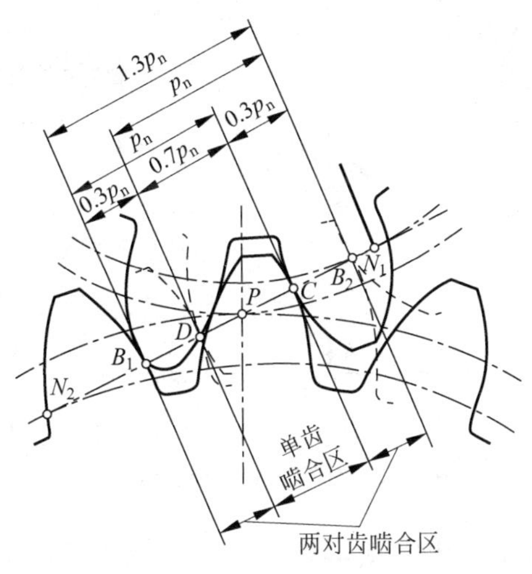

图 6.21　重合度的意义

可见，重合度越大，同时参与啮合的轮齿对数越多，传动越平稳，每对轮齿所承受的载荷越小，齿轮承载能力也越高。因此，重合度是衡量齿轮传动性能的重要指标之一。

6.5.3　无齿侧间隙啮合条件

为了避免齿轮反向传动时出现空程和冲击，齿轮安装时要求啮合的轮齿间没有齿侧间隙，简称侧隙。由于一对齿轮啮合传动相当于两个节圆作纯滚动，显然为保证无齿侧间隙啮合，一个齿轮节圆上的齿厚 s'_1 应等于另一个齿轮节圆上的齿槽宽 e'_2，即：

$$s'_1=e'_2 \quad \text{或} \quad s'_2=e'_1 \tag{6.8}$$

此条件称为齿轮传动的无侧隙啮合条件。

但在工程实际中，为了使齿面间形成润滑油膜，防止轮齿因受力变形及热膨胀引起挤压，两轮齿间应有一定的侧隙，通常由齿轮的制造和装配公差来实现。在进行齿轮机构设计时，仍按无侧隙啮合来计算齿轮的几何尺寸和中心距。

除此之外，为避免齿轮的齿顶与啮合齿轮的齿槽底相接触，并能有一定的空隙存储润滑油，还应使该齿轮的齿顶与啮合齿轮的齿槽底间留有一定的间隙，称为顶隙，其标准值为 $c=c^*m$。

一对齿轮实际安装中心距 a' 为两齿轮节圆半径之和。如果一对标准齿轮在安装时能保证分度圆正好相切，如图 6.22(a)所示，则两齿轮的节圆分别与其分度圆重合，实际中心距 a' 就等于两齿轮分度圆半径之和，即标准中心距 a。由于标准齿轮的分度圆齿厚等于分度圆齿槽宽，所以无侧隙啮合条件能自然满足。此时，其顶隙值为：

$$c'=a-r_{a1}-r_{f2}=r_1+r_2-(r_1+h_a^*m)-(r_2-h_a^*m-c^*m)=c^*m$$

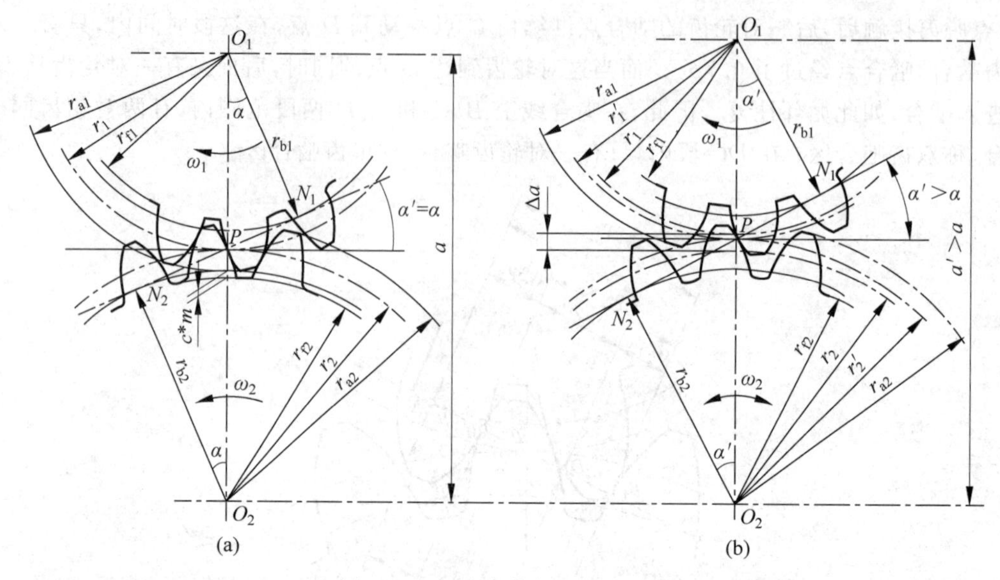

图 6.22　标准安装与非标准安装

因此，一对标准齿轮分度圆相切的安装，能实现无侧隙啮合并保证标准顶隙，称为标准齿轮的标准安装。

如图 6.22(b)所示，如一对标准齿轮的实际安装中心距大于标准中心距，称为非标准安装。此时齿轮的节圆与其分度圆不再重合，啮合角、顶隙增大，齿侧也将产生间隙。根据 $r_b = r\cos\alpha = r'\cos\alpha'$，可得实际中心距与标准中心距关系为：

$$a\cos\alpha = a'\cos\alpha' \tag{6.9}$$

6.5.4　齿轮和齿条传动

如图 6.23 所示，当齿轮与齿条标准安装时(图中实线部分)，齿轮的分度圆与齿条的分

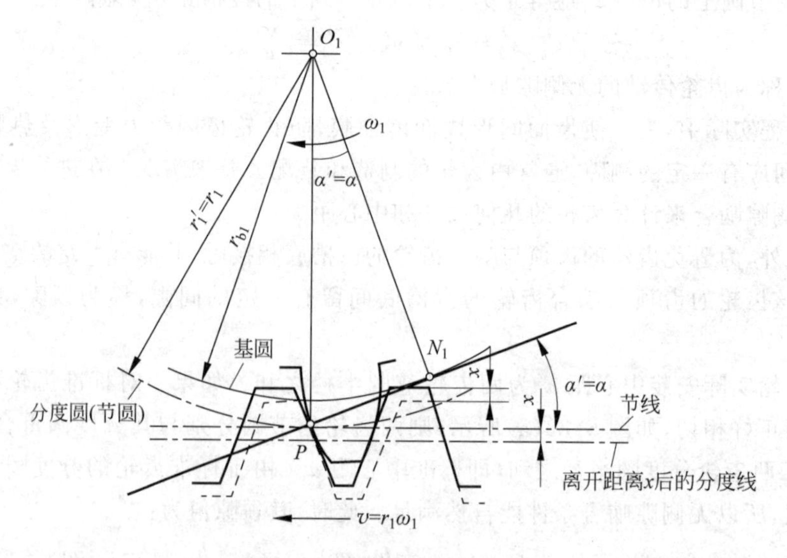

图 6.23　齿轮与齿条啮合

度线相切并做纯滚动,齿轮与齿条作无侧隙啮合传动且具有标准顶隙。此时齿轮的分度圆与节圆重合,齿条分度线与节线重合,啮合角 α' 等于齿轮分度圆压力角 α,也等于齿条齿形角。当齿轮与齿条非标准安装时(图中虚线部分),即将齿条位置向远离齿轮轮心方向移动一段距离 x,由于节点 P 不变,所以齿轮的分度圆仍然与节圆重合,但齿条分度线与节线不再重合,而是相距一段距离 x。

因此,对于齿轮与齿条啮合传动,无论是否标准安装,齿轮分度圆总与节圆重合。但只有在标准安装时,齿条的中线才与节线重合。

6.6　渐开线齿轮的加工

6.6.1　渐开线齿轮的加工方法

齿轮的加工方法很多,如铸造法、热压法、冲压法、粉末冶金法和切削法等。但从加工原理来看可分为仿形法和范成法两大类。

1. 仿形法

仿形法加工是用与齿槽形状相同的成形刀具将轮坯齿槽的材料去除,从而直接加工出齿轮的齿廓。仿形法常用的刀具有盘状铣刀(图 6.24(a))和指状铣刀(图 6.24(b))两种。切齿时刀具绕自身轴线转动,同时轮坯沿自身轴线移动。当铣完一个齿槽后,轮坯退回原处,用分度盘将轮坯旋转 $360/z$ 度,再继续铣下一个齿槽,直至铣出全部轮齿。仿形法加工简单,但精度较低。这是因为渐开线形状取决于基圆的大小,由 m、z 和 α 决定,所以即使 m、α 相同,齿数不同的齿轮也应有不同的成型刀具加工,这在实际中是难以做到的。工程中通常规定相同模数的铣刀为 8 把(1~8 号铣刀),每号铣刀加工同组不同齿数的齿轮,必将产生齿形误差。

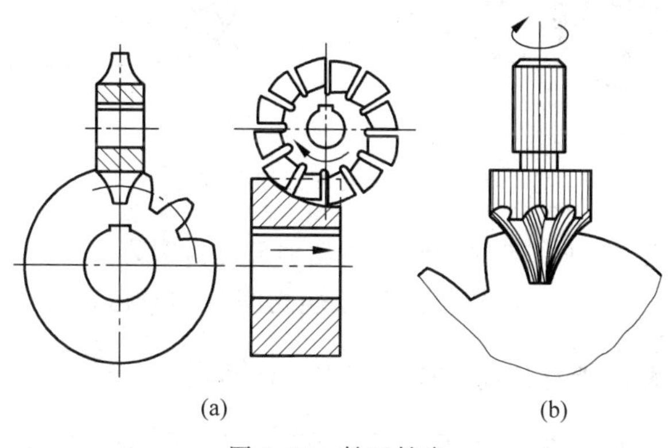

图 6.24　铣刀铣齿

2. 范成法

范成法是根据一对齿轮互相啮合时其齿廓曲线互为包络线的原理来加工轮齿的,分为插齿法和滚齿法。用范成法加工齿轮的常用刀具有齿轮插刀(图 6.25)、齿条插刀(图 6.26)和齿轮滚刀(图 6.27)。

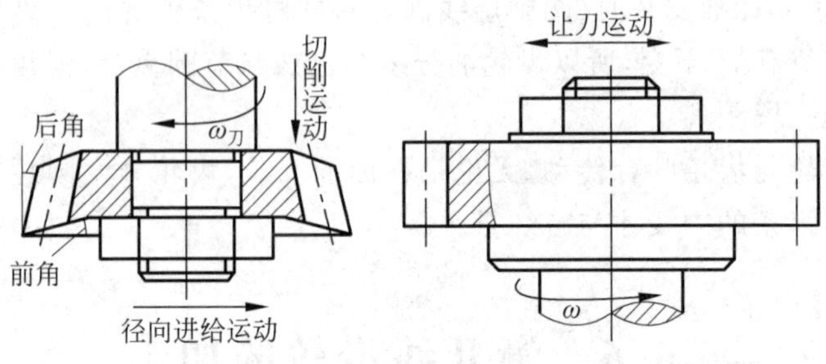

图 6.25　齿轮插刀加工齿轮

齿条插刀加工齿轮

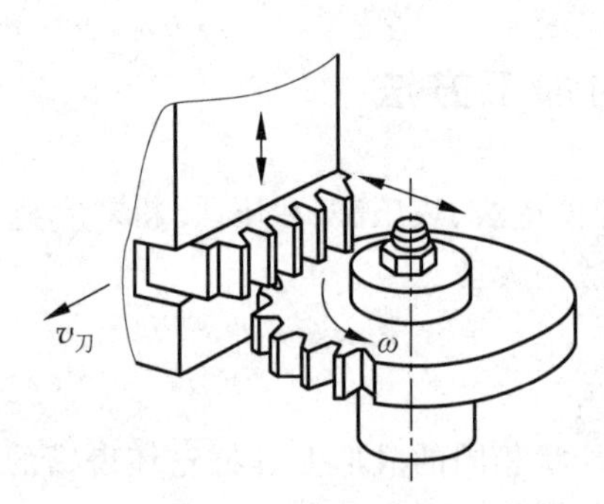

图 6.26　齿条插刀加工齿轮

齿轮滚刀加工齿轮

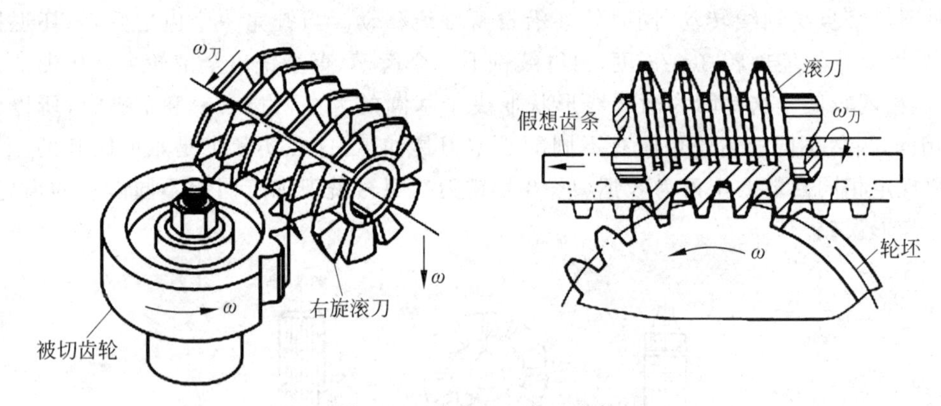

图 6.27　齿轮滚刀加工齿轮

齿轮插刀切制齿轮时,如图 6.25 所示,齿轮插刀是齿廓为刀刃的外齿轮,其模数和压力角与被切制齿轮相同。加工时,齿轮插刀和轮坯之间的相对运动有:①范成运动:齿轮插刀和轮坯就像一对齿轮的啮合传动一样以恒定的传动比 $i_{12}=\dfrac{\omega_1}{\omega_2}=\dfrac{z_{被加工齿轮}}{z_{刀具}}$ 转动,此为加工齿轮的主运动;②切削运动:为切出齿槽,齿轮插刀沿轮坯轴线方向作往复运动;③进给运动:为切出齿高,齿轮插刀沿轮坯径向进给;④让刀运动:为避免插刀在每次回程时插伤已形成的表面,轮坯沿径向作微量让刀运动。

齿条插刀切制齿轮时,如图 6.26 所示,齿条插刀为齿廓为刀刃的齿条,加工时相当于齿条插刀与轮坯作啮合运动,机床的传动系统使齿条插刀的移动速度与被加工齿轮的分度圆线速度相等。

上述两种刀具都是间断切削，生产率较低，采用齿轮滚刀加工齿轮时可以克服这一缺点。如图 6.27 所示，滚刀类似于一个螺杆，其轴向截面的齿形为一齿条，因此齿轮滚刀切齿相当于齿条插刀加工齿轮。不同之处在于齿条插刀的切削运动和范成运动由齿轮滚刀的螺旋运动所替代。这种加工方法能实现连续切削，生产率较高，是目前使用广泛的齿轮加工方法。

6.6.2 渐开线齿廓的根切

用范成法加工齿轮时，当被加工齿轮的齿数较少时，其轮齿根部的渐开线齿廓被切去一部分，这种现象称为根切现象，如图 6.28 所示。产生根切的齿轮，一方面会削弱轮齿的强度，另一方面会使实际啮合线缩短，重合度降低，影响传动的平稳性。因此，在设计齿轮时应尽量避免发生根切现象。

1. 根切产生原因

下面以齿条形刀具加工标准齿轮为例，说明产生根切现象的原因。齿条刀的齿形(图 6.29)与标准齿条的齿形相同，只是刀顶线比标准齿条的齿顶高 c^*m。在范成法切齿过程中，刀顶刃切出齿轮的齿根圆，而高度为 c^*m 的齿顶圆角刃则切出齿轮根部的过渡曲线，只有齿条刀齿侧直刃才能切制出齿轮齿廓的渐开线部分。

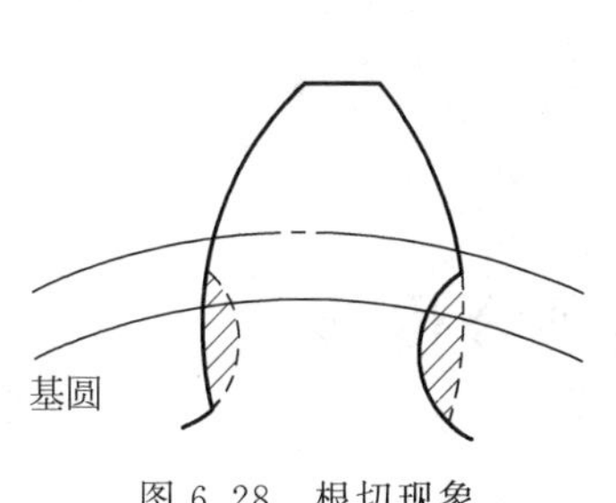

图 6.28 根切现象

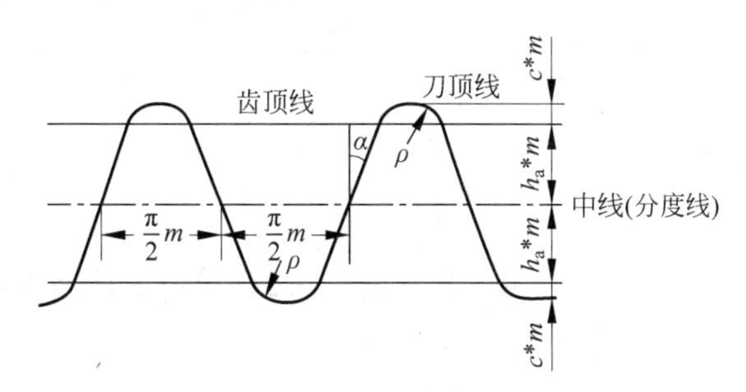

图 6.29 标准齿条插刀的齿廓形状

在加工标准齿轮时，如图 6.30 所示，齿条刀的中线与被切齿轮的分度圆相切于节点 P。N 为被切齿轮啮合的极限点，B_1 为被切齿轮齿顶圆与啮合线的交点，B_2 为刀具齿顶线与啮合线的交点。刀具从 B_1 点开始切制齿轮轮坯的渐开线部分，当刀具向右移动并通过啮合极限点 N 时，刀具的 NF 段已完全切出轮坯的渐开线齿廓 $\widehat{NE}$。但由于刀具的齿顶线 MM' 超过了啮合极限点 N，当刀具继续右移时，便开始出现根切，直至达到啮合终止点 B_2 为止。

2. 不发生根切的最小齿数

如前所述，用范成法加工标准齿轮时，如果要避免根切，必须使刀具的齿顶线不超过啮合极限点 N。如图 6.31 所示，即刀具的齿顶线到节线距离 h_a^*m 应小于等于啮合极限点 N 到节线距离 $\overline{NQ}$，即：

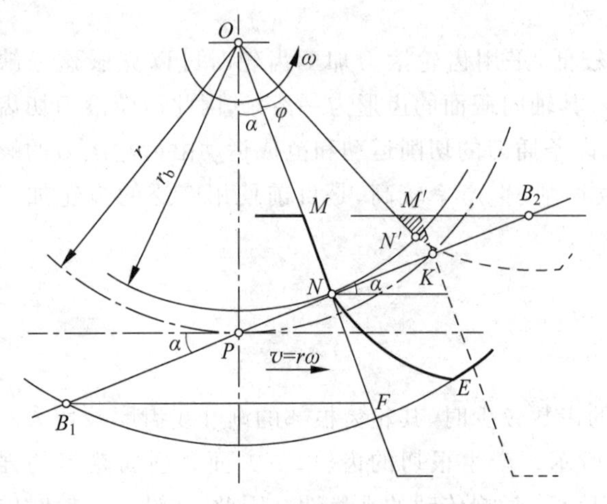

图 6.30　根切现象发生的原因

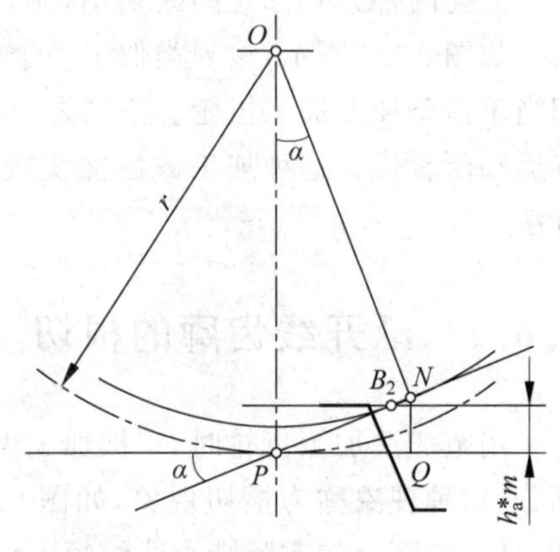

图 6.31　标准齿轮不产生根切的条件

$$h_a^* m \leqslant \overline{NQ} = r\sin^2\alpha = \frac{mz}{2}\sin^2\alpha$$

即：

$$z \geqslant \frac{2h_a^*}{\sin^2\alpha}$$

因此，加工标准齿轮不出现根切的最小齿数为：

$$z_{\min} = \frac{2h_a^*}{\sin^2\alpha} \tag{6.10}$$

当 $h_a^*=1$、$\alpha=20°$时，$z_{\min}=17$。

6.7　渐开线变位齿轮及其啮合传动

6.7.1　渐开线变位齿轮

1. 变位齿轮的概念

为使结构紧凑，有时需要制造齿数小于最少齿数 $z_{\min}$，而又不出现根切的齿轮。解决这一问题的办法是将刀具从标准安装位置向远离轮坯中心方向径向移动一段距离 xm，使刀具齿顶线不超过啮合极限点 N 点，从而避免根切现象。由于此时刀具的节线与中线不重合，故加工出的齿轮在分度圆上的齿厚与齿槽宽不相等，这种齿轮称为变位齿轮，x 称为变位系数。

2. 变位齿轮不发生根切的最小变位系数

如图 6.32 所示，当刀具远离轮坯中心方向径向移动一段距离 xm 时，如果刀具的齿顶线刚好通过啮合极限点 N，齿轮便完全没有根切。因此不发生根切的条件为：

$$(h_a^* - x)m \leqslant NQ = r\sin^2\alpha = \frac{mz}{2}\sin^2\alpha$$

与式(6.10)联合求解得：

$$x \geqslant h_a^* - \frac{z}{2}\sin^2\alpha = h_a^*\left(1 - \frac{z}{z_{\min}}\right)$$

因此变位齿轮不发生根切的最小变位系数为：

$$x_{\min} = h_a^*\left(1 - \frac{z}{z_{\min}}\right) \tag{6.11}$$

当 $h_a^* = 1$，$\alpha = 20°$时，$z_{\min} = 17$，$x_{\min} = \frac{17 - z}{17}$。由式(6.11)可知，当 $z < z_{\min}$ 时，$x_{\min} > 0$，为避免根切，刀具应由标准位置远离被加工齿轮轮心径向移动 xm，且 $x > x_{\min}$，称为正变位；当 $z = z_{\min}$ 时，如取 $x = x_{\min} = 0$，表明可以不移动，称为零变位；当 $z > z_{\min}$ 时，$x_{\min} < 0$，表明刀具向被加工齿轮轮心方向移动一段距离也不会出现根切，移动的最大距离为 $x_{\min}m$，称为负变位。

3. 变位齿轮与标准齿轮的比较

由齿条与齿轮啮合特点可知，无论是否标准安装，齿轮的分度圆总是与节圆重合，因此用标准齿条刀具加工的变位齿轮与标准齿轮相比，其模数、压力角、分度圆、基圆、齿距均相同，其齿廓是同一个基圆展开的渐开线，只是所取的部位不同而已，如图 6.33 所示。但由于变位齿轮随变位的不同，其渐开线截取的部位也各不相同，因此齿顶圆、齿根圆，齿顶高、齿根高，分度圆齿厚和齿槽宽均发生了变化。

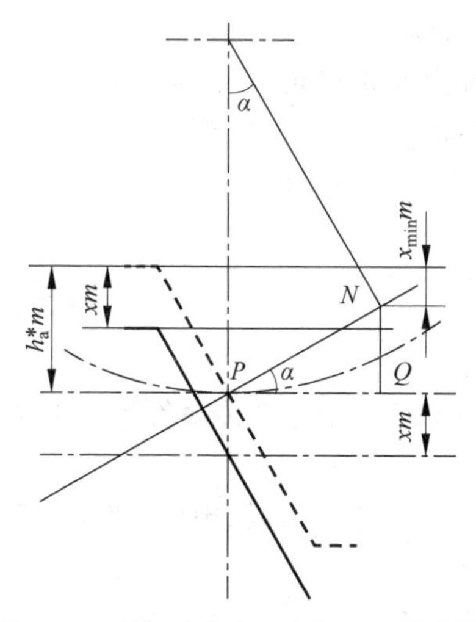

图 6.32　用标准齿条刀具加工变位齿轮

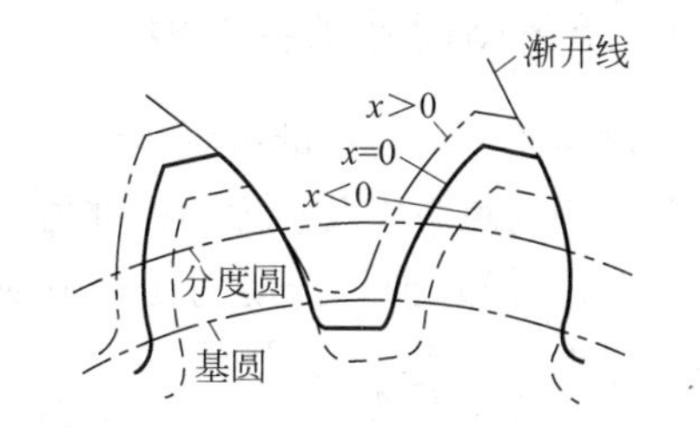

图 6.33　变位齿轮与标准齿轮比较

1) 齿厚与齿槽宽

如图 6.34 所示，对于正变位齿轮来说，刀具节线上的齿厚较刀具中线上的齿厚减少了 $2\overline{JK}$，由于在齿轮加工过程中，被切齿轮的分度圆与刀具节线作纯滚动，因此被切齿轮分度圆上的齿槽宽减少了 $2\overline{JK}$，而分度圆上的齿厚相应增加了 $2\overline{JK}$，即：

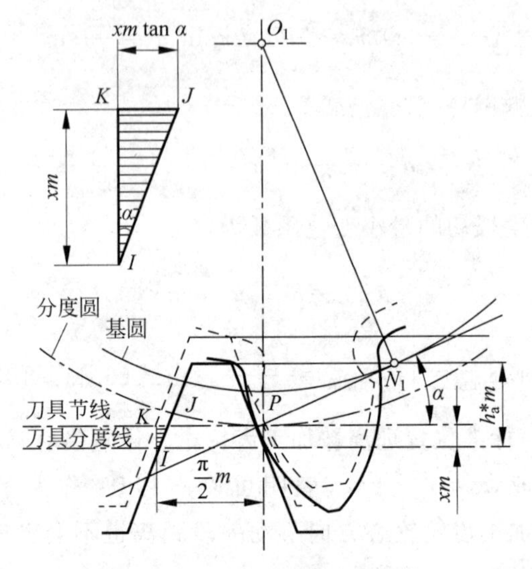

图 6.34　正变位齿轮齿厚变化

$$e=\frac{\pi m}{2}-2\overline{JK}=\frac{\pi m}{2}-2xm\tan\alpha$$

$$s=\frac{\pi m}{2}+2\overline{JK}=\frac{\pi m}{2}+2xm\tan\alpha$$

2）齿顶高及齿根高

如图 6.34 所示，对于变位量为 xm 的正变位齿轮，其齿根高比相应的标准齿轮减少了 xm，即：

$$h_f=(h_a^*+c^*-x)m \tag{6.12}$$

为保持全齿高不变，正变位齿轮的齿顶高较相应的标准齿轮增大 xm，即：

$$h_a=(h_a^*+x)m \tag{6.13}$$

6.7.2　变位齿轮的啮合传动

1. 无齿侧间隙啮合方程

变位齿轮传动与标准齿轮传动一样，除要满足正确啮合及连续传动条件外，在安装时也应满足齿侧间隙为零及顶隙为标准值这两个要求。

由前述可知，齿轮传动的无侧隙啮合条件为 $s'_1=e'_2$ 及 $s'_2=e'_1$，因此，两轮节圆齿距应满足：

$$p'=s'_1+e'_1=s'_1+s'_2 \tag{6.14}$$

由任意圆齿厚计算公式(6.5)得：

$$s'_1=s_1\frac{r'_1}{r_1}-2r'_1(\text{inv}\alpha'-\text{inv}\alpha)$$

$$s'_2=s_2\frac{r'_2}{r_2}-2r'_2(\text{inv}\alpha'-\text{inv}\alpha)$$

式中，$s_1=m\left(\frac{\pi}{2}+2x_1\tan\alpha\right)$，$s_2=m\left(\frac{\pi}{2}+2x_2\tan\alpha\right)$。

又

$$\frac{r'_1}{r_1}=\frac{\cos\alpha}{\cos\alpha'},\quad \frac{r'_2}{r_2}=\frac{\cos\alpha}{\cos\alpha'},\quad \frac{p'}{p}=\frac{\cos\alpha}{\cos\alpha'}$$

将以上各式代入式(6.12)可得：

$$\mathrm{inv}\alpha'=\frac{2(x_1+x_2)}{z_1+z_2}\tan\alpha+\mathrm{inv}\alpha \tag{6.15}$$

式(6.15)称为无齿侧间隙啮合方程，反映了一对变位齿轮作无齿侧间隙啮合时变位系数之和与啮合角之间的关系。若 $x+x_2=0$，则 $\alpha'=\alpha$，两轮节圆与分度圆重合，其无齿侧间隙啮合中心距 a' 等于标准中心距 a；若 $x+x_2\neq 0$，则 $\alpha'\neq\alpha$，两轮节圆与分度圆不重合，无齿侧间隙啮合中心距 a' 不等于标准中心距 a，两轮的分度圆分离或相交。

2. 中心距变动系数 *y*

设两轮作无齿侧间隙啮合时，中心距 a' 与标准中心距 a 之差为 ym，其中 m 为模数，y 称为中心距变动系数，则：

$$ym=a'-a$$

由于 $a'=a\,\frac{\cos\alpha}{\cos\alpha'}$，因此有：

$$y=\frac{z_1+z_2}{2}\left(\frac{\cos\alpha}{\cos\alpha'}-1\right) \tag{6.16}$$

3. 齿顶高变动系数 *σ*

加工变位齿轮时，分度圆大小不变。根据式(6.12)和式(6.13)，变位齿轮的齿顶圆和齿根圆半径分别为：

$$r_a=\frac{mz}{2}+(h_a^*+x)m \tag{6.17}$$

$$r_f=\frac{mz}{2}-(h_a^*+c^*-x)m \tag{6.18}$$

若要既保持两齿轮具有标准全齿高，又保证两轮间具有标准间隙，则会出现齿侧间隙。此时两轮中心距为：

$$a''=r_{f1}+r_{a2}+c^*m=r_1+r_2+(x_1+x_2)m$$

为了既实现无齿侧间隙啮合，又保证标准顶隙，工程实际中通常按无齿侧间隙啮合中心距 a' 安装，而将两轮的齿顶各削去一段 $\sigma_m=(x_1+x_2-y)m$，称 σ 为齿顶高变动系数，其值为：

$$\sigma=(x_1+x_2)-y \tag{6.19}$$

此时齿轮的齿顶高为：

$$h_a=h_a^*m+xm-\sigma m=(h_a^*+x-\sigma)m \tag{6.20}$$

6.7.3 变位齿轮传动的类型

根据一对齿轮变位系数和(x_1+x_2)的不同,变位齿轮传动可分为零传动、正传动和负传动三种类型。

1. 零传动($x_1+x_2=0$)

当齿轮变位系数和$x_1+x_2=0$时称为零传动。零传动又分为两种情形:①当$x_1+x_2=0$,且$x_1=x_2=0$时为标准齿轮传动,可看成是变位齿轮的一种特例。这类齿轮传动设计简单,只要齿数大于最少齿数就不会出现根切;②当$x_1+x_2=0$,且$x_1=-x_2\neq 0$时为高度变位齿轮传动(又称等变位齿轮传动)。

对于高度变位齿轮传动,因$x_1+x_2=0$,故有:

$$a'=a,\quad \alpha'=\alpha,\quad y=0,\quad \sigma=0$$

即无侧隙啮合中心距等于标准中心距,啮合角等于分度圆压力角,节圆与分度圆重合,且齿顶高不需要削减。高度变位齿轮传动中,$x_1=-x_2$,一般小齿轮采用正变位,而大齿轮采用负变位,其齿数可以小于最少齿数,只要满足$z_1+z_2\geqslant 2z_{\min}$就不会发生根切。这样可使大、小两齿轮强度趋于相等,从而提高一对齿轮传动的承载能力。但高度变位齿轮传动必须成对设计、制造和使用,当小齿轮作较大正变位时齿顶易变尖,重合度也有所降低。

2. 正传动($x_1+x_2>0$)

当齿轮变位系数和$x_1+x_2>0$时称为正传动。此时$a'>a$,$\alpha'>\alpha$,$y>0$,$\sigma>0$,即无侧隙啮合中心距大于标准中心距,啮合角大于分度圆压力角,节圆与分度圆相离,且齿顶高比标准齿轮减短了σm。正传动的优点是:两轮齿数和不受$z_1+z_2\geqslant 2z_{\min}$限制,机构可以更为紧凑;适当选择变位系数可提高齿轮传动的承载能力。正传动的缺点是:当变位系数和较大时,由于啮合角增大及实际啮合线段减短,重合度会降低较多;齿轮作较大正变位时齿顶易变尖。

3. 负传动($x_1+x_2<0$)

当齿轮变位系数和$x_1+x_2<0$时称为负传动。此时$a'<a$,$\alpha'<\alpha$,$y<0$,$\sigma>0$即无侧隙啮合中心距小于标准中心距,啮合角小于分度圆压力角,节圆与分度圆相交,齿顶高比标准齿轮减短σm。负传动优缺点与正传动相反,负传动的重合度略有增加,但轮齿的强度有所降低。一般来说,负传动除用于凑配中心距外,一般不宜采用。

正传动与负传动的啮合角不等于分度圆压力角,所以又将其统称为角度变位传动。

6.8 斜齿圆柱齿轮机构

6.8.1 斜齿轮齿廓曲面的形成

如前所述,直齿圆柱齿轮的齿廓是由发生线在基圆上作纯滚动而形成的渐开线齿廓。

事实上，轮齿是具有一定宽度的，直齿圆柱齿轮的齿廓曲面是由发生面 S 在基圆柱上作纯滚动时，其上任一条与基圆柱母线 NN' 平行的直线 KK' 在空间所展成的渐开面，如图 6.35 所示。当一对直齿轮进行啮合传动时，齿面的接触线 KK' 始终与齿轮的轴线平行，轮齿沿整个齿宽同时进入啮合或退出啮合，因此容易引起冲击和噪声，传动平稳性较差。

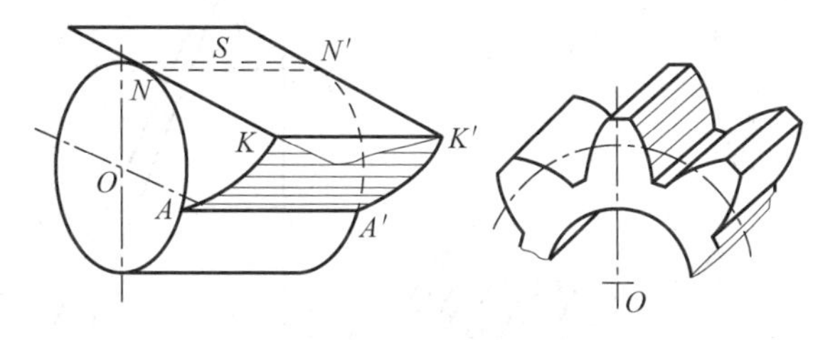

图 6.35 直齿圆柱齿轮齿廓曲面的形成

斜齿圆柱齿轮齿面的形成与直齿圆柱齿轮类似，只是直线 KK' 不再平行于基圆柱母线 NN'，而是形成一倾斜角 β_b，如图 6.36 所示。当发生面 S 沿基圆柱作纯滚动时，直线 KK' 在空间展出一渐开螺旋面，即为斜齿圆柱齿轮的齿廓曲面，其特点如下：

(1) 斜齿轮齿廓在垂直于齿轮轴线的平面(端面)内的齿形是渐开线。

(2) 与基圆柱同轴的所有圆柱面与齿廓曲面的交线都是螺旋线，该螺旋线的切线与轴线之间的夹角称为斜齿轮在相应圆柱上的螺旋角。基圆柱面上的螺旋角用 β_b 表示，分度圆柱面上的螺旋角简称螺旋角，用 β 表示。

(3) 一对斜齿圆柱齿轮啮合的接触线是斜直线。啮合时先在前端面从动轮齿顶的一点开始接触，然后接触线由短变长，再由长变短，最后在后端面从动轮靠近齿根的某一点分离。

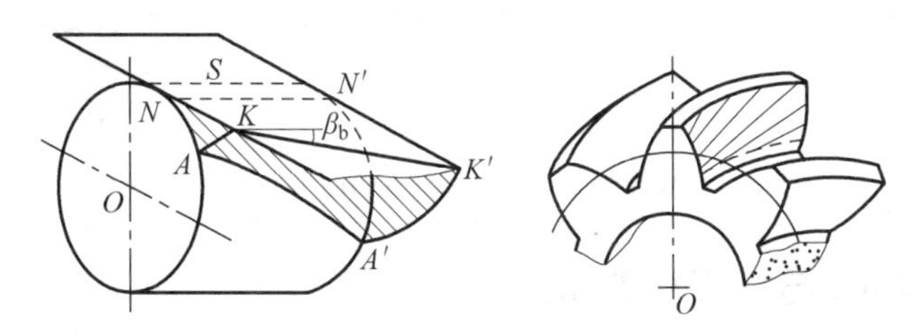

图 6.36 斜齿圆柱齿轮齿廓曲面的形成

6.8.2 斜齿轮的基本参数

由于斜齿圆柱齿轮的齿面为渐开螺旋面，所以其齿形和基本参数有端面和法面之分。垂直于轮齿方向的截面称为法面。当加工斜齿轮时，刀具通常沿螺旋线方向进刀，所以斜齿轮的法面齿廓与刀具齿廓相同，其法面参数 m_n、α_n、h_{an}^* 和 c_n^* 是与刀具参数相同的标准值。

垂直于齿轮轴线的截面称为端面。斜齿轮端面的齿廓是渐开线，在端面上计算和测量都比较方便，因此斜齿轮的几何尺寸计算通常采用端面参数 m_t、α_t、h_{at}^* 和 c_t^* 在端面上进行。

1. 螺旋角

如图 6.37 所示，b 为斜齿轮的轴向宽度。分度圆柱面展成平面后，螺旋线便成为一条

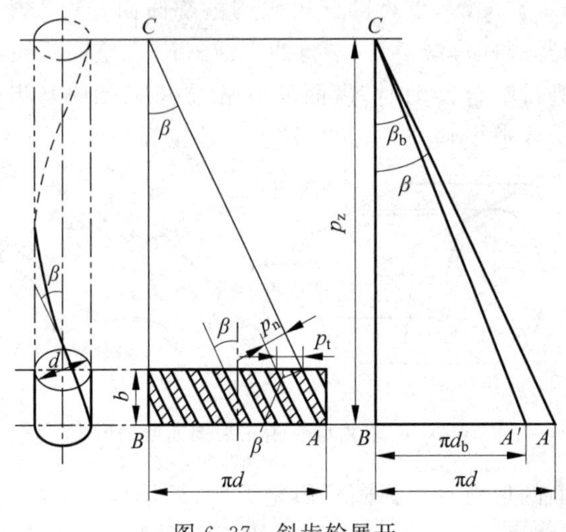

图 6.37 斜齿轮展开

斜直线,斜直线与轴线的夹角即为分度圆柱面上的螺旋角 β。由图中的几何关系可得:

$$\tan\beta = \frac{\pi d}{p_z}$$

式中,p_z 为螺旋线的导程,即螺旋线绕一周时沿齿轮轴线方向前进的距离。

斜齿轮各个圆柱面上螺旋线的导程相同,但不同圆柱面的直径不同,因此各圆柱面上的螺旋角也不相等,其中基圆柱面上的螺旋角 β_b 应为:

$$\tan\beta_b = \frac{\pi d_b}{p_z}$$

由以上两式得:

$$\tan\beta_b = \frac{d_b}{d}\tan\beta = \tan\beta\cos\alpha_t \tag{6.21}$$

2. 法面模数 m_n 与端面模数 m_t

图 6.37 中剖面部分为轮齿,空白部分为齿槽。p_n 为法面齿距,p_t 为端面齿距,根据图中的几何关系可得:

$$p_n = p_t\cos\beta$$

$$p_n = \pi m_n, \quad p_t = \pi m_t$$

所以端面和法面模数的关系为:

$$m_n = m_t\cos\beta \tag{6.22}$$

3. 齿顶高系数和顶隙系数

斜齿轮的齿顶高和齿根高,不论从法面或端面上看都是分别相等的,即:

$$h_a = h_{an}^* m_n = h_{at}^* m_t \quad 及 \quad c = c_n^* m_n = c_t^* m_t$$

所以:

$$h_{at}^* = h_{an}^* m_n / m_t = h_{an}^* \cos\beta \tag{6.23}$$

$$c_t^* = c_n^* m_n / m_t = c_n^* \cos\beta \tag{6.24}$$

4. 压力角

为便于分析，用斜齿条来说明法面压力角与端面压力角之间的换算关系。

如图 6.38 所示中，平面 BAC 为端面，此面内的压力角为端面压力角 α_t；平面 $B'A'C'$ 为法面，此面内的压力角为法面压力角 α_n。根据图中直角三角形几何关系可得：

$$\tan\alpha_n = \cos\beta\tan\alpha_t \tag{6.25}$$

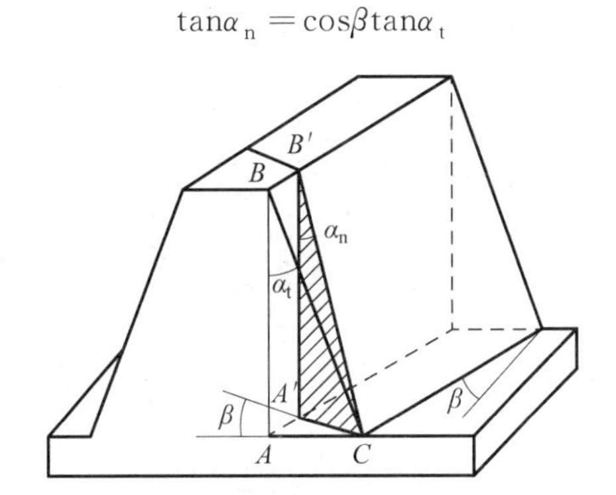

图 6.38 斜齿条的压力角

5. 法面变位系数 x_n 与端面变位系数 x_t

斜齿条在端面及法面上的变位量相同，即：

$$x_n m_n = x_t m_t$$

故：

$$x_t = x_n\cos\beta \tag{6.26}$$

6.8.3 斜齿轮的几何尺寸计算

一对平行轴斜齿圆柱齿轮啮合传动时，从端面看与一对直齿圆柱齿轮啮合传动一样，因此其几何尺寸计算方法也基本一致。不同的是，斜齿轮有端面参数与法面参数之分，一般来说法面参数为标准值，而设计计算在端面上。外啮合标准斜齿圆柱齿轮几何尺寸计算公式见表 6-3。

表 6-3 外啮合标准斜齿圆柱齿轮几何尺寸计算公式

基本参数		z、m_n、α_n、β、h_{an}^*、c_n^*
名 称	符 号	计算公式
螺旋角	β	一般取 8°～20°
端面模数	m_t	$m_t = \dfrac{m_n}{\cos\beta}$
端面压力角	α_t	$\tan\alpha_t = \dfrac{\tan\alpha_n}{\cos\beta}$
端面齿顶高系数	h_{at}^*	$h_{at}^* = h_{an}^*\cos\beta$
端面顶隙系数	c_t^*	$c_t^* = c_n^*\cos\beta$

续表

基本参数		$z、m_n、\alpha_n、\beta、h_{an}^*、c_n^*$
名称	符号	计算公式
端面齿距	p_t	$p_t=\pi m_n/\cos\beta$
分度圆直径	d	$d=m_t z=m_n z/\cos\beta$
基圆直径	d_b	$d_b=d\cos\alpha_t$
齿顶高	h_a	$h_a=h_{an}^* m_n=h_{at}^* m_t$
齿根高	h_f	$h_f=(h_{an}^*+c_n^*)m_n=(h_{at}^*+c_t^*)m_t$
齿全高	h	$h=h_a+h_f=(2h_{an}^*+c_n^*)m_n=(2h_{at}^*+c_t^*)m_t$
齿顶圆直径	d_a	$d_a=d+2h_a=(z+2h_{at}^*)m_t=(z/\cos\beta+2h_{an}^*)m_n$
齿根圆直径	d_f	$d_f=d-2h_f=(z-2h_{at}^*-2c_t^*)m_t=(z/\cos\beta-2h_{an}^*-2c_n^*)m_n$
顶隙	c	$c=c_n^* m_n=c_t^* m_t$
中心距	a	$a=(d_1+d_2)/2=(z_1+z_2)m_n/2\cos\beta$

6.8.4 斜齿圆柱齿轮机构的啮合传动

1. 正确啮合条件

一对平行轴斜齿圆柱齿轮正确啮合时，除满足直齿圆柱齿轮的正确啮合条件，即两个齿轮的模数和压力角分别相等外，两轮啮合处的轮齿倾斜方向也应一致。外啮合时，两轮螺旋角应大小相等，方向相反；内啮合时，两轮螺旋角应大小相等，方向相同。因此，一对平行轴斜齿圆柱齿轮的正确啮合条件为：

$$m_{n1}=m_{n2} \quad 或 \quad m_{t1}=m_{t2}$$

$$\alpha_{n1}=\alpha_{n2} \quad 或 \quad \alpha_{t1}=\alpha_{t2} \tag{6.27}$$

$$\beta_1=\pm\beta_2(外啮合取“-”，内啮合取“+”)$$

2. 重合度计算

为便于分析斜齿轮机构的重合度，现将端面参数相同的一对直齿轮传动和一对斜齿轮传动进行对比。如图6.39(a)所示，对于直齿圆柱齿轮，轮齿沿整个齿宽 B 在 B_2B_2 进入啮合，到 B_1B_1 处整个轮齿脱离啮合，啮合区长度为 L。如图6.39(b)所示，对于斜齿圆柱齿轮，轮齿前端面到达 B_2 时开始进入啮合，但轮齿其余部分并未进入啮合。随着齿轮的转动，当轮齿的后端面也到达 B_2 时才沿全齿宽进入啮合。当轮齿前端面到达 B_1 时开始脱离啮合，但轮齿其余部分仍在啮合中，直至轮齿的后端面也到达 B_1 时才沿全齿宽脱离啮合。显然，斜齿轮传动的实际啮合区比直齿轮大 $\Delta L=b\tan\beta_b$，其重合度也较直齿轮传动大。

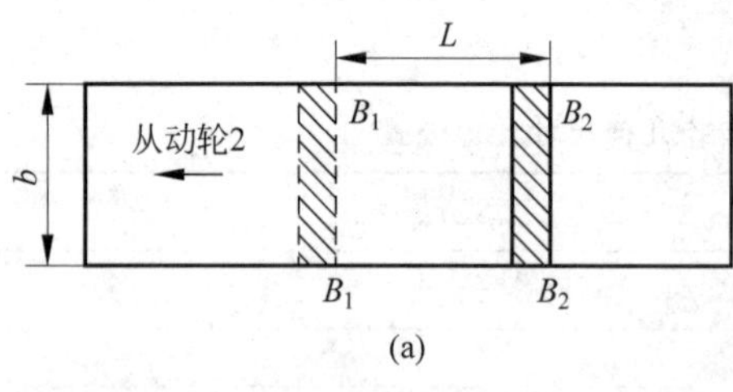

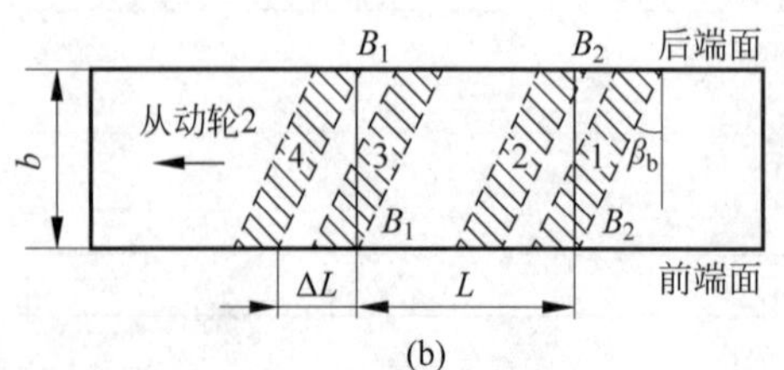

图6.39 斜齿轮传动重合度

斜齿轮传动的重合度为：

$$\varepsilon_\gamma=\frac{L+\Delta L}{p_{\rm bt}}=\frac{L}{p_{\rm bt}}+\frac{\Delta L}{p_{\rm bt}}=\varepsilon_\alpha+\varepsilon_\beta \tag{6.28}$$

式中，ε_α 为端面重合度；ε_β 为轴向重合度。

端面重合度可用斜齿轮的端面参数代入直齿轮重合度计算公式求得，即：

$$\varepsilon_\alpha=\frac{1}{2\pi}[z_1(\tan\alpha_{\rm at1}-\tan\alpha'_{\rm t})+z_2(\tan\alpha_{\rm at2}-\tan\alpha'_{\rm t})] \tag{6.29}$$

式中，$\alpha_{\rm at1}$、$\alpha_{\rm at2}$分别为齿轮 1 及齿轮 2 的端面齿顶圆压力角；$\alpha'_{\rm t}$为端面啮合角。

斜齿轮的轴向重合度 ε_β 为比直齿轮增大的一部分重合度，其值为：

$$\varepsilon_\beta=\frac{\Delta L}{p_{\rm bt}}=\frac{b\tan\beta_{\rm b}}{\pi m_{\rm t}\cos\alpha_{\rm t}}=\frac{b\sin\beta}{\pi m_{\rm n}} \tag{6.30}$$

式中，b 为齿轮的宽度。

6.8.5　斜齿轮机构的当量齿数

用仿形法加工斜齿轮时，刀具是沿着螺旋线齿槽方向进刀的，所以斜齿轮的法向齿廓与刀具齿廓相同，法向参数为标准参数。除需知道所切制的斜齿轮的法向模数和法向压力角外，还需按照与斜齿轮法向齿廓相当的直齿轮的齿数来选择刀号。在计算斜齿轮的轮齿弯曲强度时，由于力作用在法面内，所以也需知其法向齿廓。这就需要寻找一个与斜齿轮法向齿廓相当的直齿轮，即斜齿轮的当量齿轮。

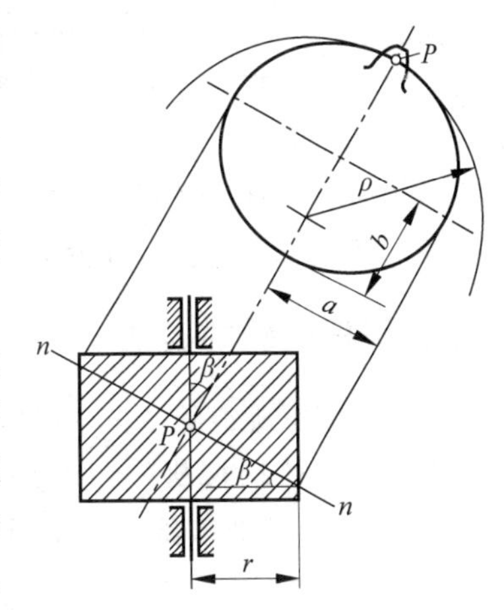

图 6.40　斜齿轮的当量齿轮

图 6.40 为实际齿数为 z 的斜齿轮的分度圆柱。过分度圆柱螺旋线上一点 P 作此轮齿螺旋线的法面 nn，将此分度圆柱剖开，得一椭圆剖面，在点 P 附近的齿形可视作斜齿轮的法向齿廓。现以椭圆上 P 点的曲率半径 ρ 为半径作圆，在 P 点附近的圆弧曲线与椭圆曲线非常接近，如果此圆作为假想的直齿轮的分度圆，并设此假想的直齿轮的模数和压力角分别等于该斜齿轮的法向模数 $m_{\rm n}$ 和法向压力角 $\alpha_{\rm n}$，则该假想的直齿轮的齿形与上述斜齿轮的法面齿形十分相近。因此可将此假想的直齿轮作为斜齿轮的当量齿轮，其齿数称为斜齿轮的当量齿数，用 z_v 表示。

由图 6.40 可知，椭圆的长半轴 $a=r/\cos\beta$，短半轴 $b=r$，则在 P 点的曲率半径为：

$$\rho=\frac{a^2}{b}=\frac{r}{\cos^2\beta}$$

故当量齿数为：

$$z_v=\frac{2\rho}{m_{\rm n}}=\frac{2r}{m_{\rm n}\cos^2\beta}=\frac{2}{m_{\rm n}\cos^2\beta}\left(\frac{m_{\rm t}z}{2}\right)=\frac{z}{\cos^3\beta} \tag{6.31}$$

斜齿圆柱齿轮不出现根切的最小齿数为 $z_{\min}=z_{v\min}\cos^3\beta$。

6.8.6 斜齿圆柱齿轮机构的特点

与直齿圆柱齿轮相比,斜齿圆柱齿轮传动的优点为:传动平稳,冲击振动及噪声小,重合度大,承载能力强,结构紧凑,制造成本与直齿轮相同,因而被广泛用于高速、重载的传动中。其主要缺点为:存在螺旋角 β,所以传动时会产生轴向推力,一般推荐采用的螺旋角为 $\beta=8°\sim20°$。若采用左右两排轮齿完全对称的人字齿轮,由于其螺旋角相等、方向相反,因此所产生的轴向力可完全抵消,但人字齿轮制造比较复杂。

6.9 其他齿轮机构

6.9.1 蜗杆蜗轮机构

蜗杆蜗轮机构由蜗杆、蜗轮和机架组成,用于传递空间两交错轴之间的运动和动力。一般情况下两轴的轴线相互垂直交错,交错角为 90°。

如图 6.7 所示,蜗杆蜗轮机构中蜗杆的分度圆柱直径很小,齿数很少,而螺旋角很大,这样每个轮齿可在其分度圆柱面上绕成多圈完整的螺旋线。相比之下,蜗轮分度圆柱直径很小,齿数较多,而螺旋角较小。为了改善蜗杆和蜗轮的啮合状况,将蜗轮的母线做成弧形,部分地包住蜗杆,并用与蜗杆形状和参数相同的滚刀按范成原理来加工蜗轮,从而使啮合面为线接触,可降低接触应力,减少磨损。

1. 蜗杆蜗轮的类型

根据蜗杆螺旋线的多少,蜗杆可分为单头蜗杆和多头蜗杆。根据蜗杆形状的不同,蜗杆机构可分为圆柱蜗杆机构(图 6.41(a))、环面蜗杆机构(图 6.41(b))和锥面蜗杆机构(图 6.41(c))。工程实践中最常用的是阿基米德圆柱蜗杆传动,本章仅讨论这种蜗杆传动。

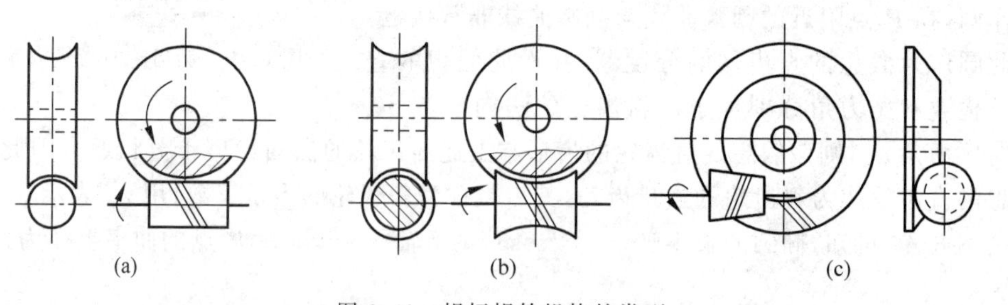

图 6.41　蜗杆蜗轮机构的类型

2. 蜗杆蜗轮机构的基本参数

图 6.42 为蜗轮与阿基米德圆柱蜗杆的啮合传动情况。过蜗杆轴线并垂直于蜗轮轴线的平面称为蜗杆传动的中间平面,蜗杆蜗轮的基本参数的标准值都取在中间平面内。

(1) 模数:模数是蜗杆传动的主要参数,蜗杆的轴面模数和蜗轮的端面模数相等,且应

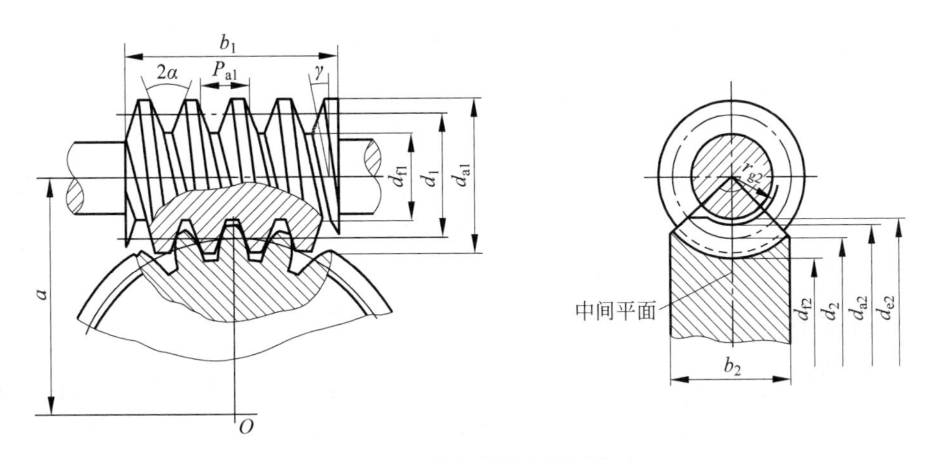

图 6.42　阿基米德圆柱蜗杆传动

该取标准数值。

(2) 压力角：阿基米德蜗杆压力角的标准值为 20°。在动力传动中，允许增大压力角，推荐用 25°；在分度传动中，允许减小压力角，推荐用 15°或 12°。

(3) 齿数和传动比：蜗杆的头数 z_1(即蜗杆的齿数)一般推荐取 $z_1=1、2、4、6$。当要求传动比大或反行程具有自锁性时，z_1 取小值；当要求具有较高传动效率或传动速度较高时，z_1 应取大值。蜗轮的齿数 z_2 可根据传动比及选定的 z_1 确定，对于动力传动，推荐 $z_2=29\sim70$。蜗杆蜗轮机构的传动比为：

$$i=\frac{\omega_1}{\omega_2}=\frac{n_1}{n_2}=\frac{z_2}{z_1} \tag{6.32}$$

式中，ω_1、ω_2 分别为蜗杆和蜗轮的角速度；n_1、n_2 分别为蜗杆和蜗轮的转速。

(4) 蜗杆的分度圆直径 d_1：为了保证蜗杆与蜗轮正确啮合，在用蜗轮滚刀展成加工蜗轮时，蜗轮滚刀的模数、压力角、头数及分度圆直径等参数必须与相啮合的蜗杆的相应参数相同。为了减少蜗轮滚刀的规格数量，国家标准规定对于每一个标准模数，蜗杆分度圆直径 d_1 为标准值。

(5) 蜗杆的导程角 γ：如图 6.43 所示的蜗杆分度圆柱展开图中，p_a 为轴向齿距，则：

$$\tan\gamma=\frac{z_1 p_a}{\pi d_1}=\frac{z_1\pi m}{\pi d_1}=\frac{z_1 m}{d_1} \tag{6.33}$$

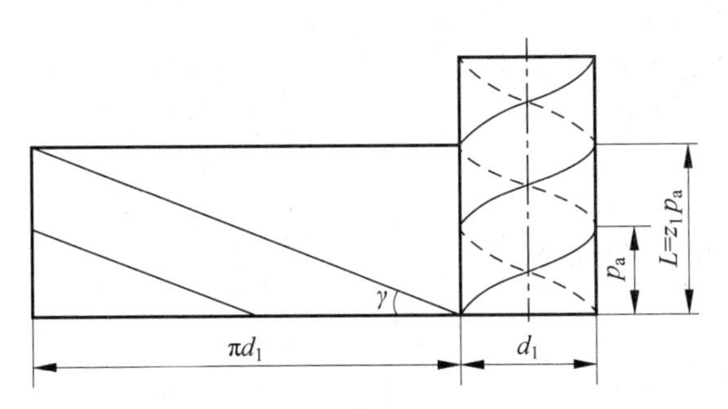

图 6.43　蜗杆分度圆柱展开图

令

$$q=\frac{z_1}{\tan\gamma}=\frac{d_1}{m} \tag{6.34}$$

称 q 为蜗杆直径系数，则 $d_1=qm$。

(6) 中心距 a：蜗杆传动的标准中心距为：

$$a=\frac{1}{2}(d_1+d_2)=\frac{m}{2}(q+z_2) \tag{6.35}$$

3. 蜗杆蜗轮机构的正确啮合条件

在中间平面内蜗杆与蜗轮的啮合传动相当于齿条与齿轮的传动，因此在中间平面内蜗杆与蜗轮的模数和压力角分别相等。此外，当轴交错角为90°时，蜗轮的螺旋角还应等于蜗杆的导程角。所以，蜗杆蜗轮机构的正确啮合条件为：

$$\begin{cases} m_{a1}=m_{t2}=m \\ \alpha_{a1}=\alpha_{t2}=\alpha \\ \gamma=\beta(\text{旋向相同}) \end{cases} \tag{6.36}$$

式中，m_{a1}、m_{t2} 分别为蜗杆的轴面模数和蜗轮的端面模数；α_{a1}、α_{t2} 分别为蜗杆的轴面压力角和蜗轮的端面压力角；γ、β 分别为蜗杆的导程角和蜗轮的螺旋角。

4. 蜗杆蜗轮机构传动的特点

蜗杆蜗轮机构传动的主要特点为：①传动比大，结构紧凑。蜗杆的头数少，而蜗轮的齿数较多，所以可得到很大的传动比，一般为10～100，而在分度机构中可达500以上。②具有自锁性。当蜗杆的导程角小于蜗杆蜗轮啮合齿间的当量摩擦角时，传动就具有自锁性。此时，只能由蜗杆带动蜗轮，而不能由蜗轮带动蜗杆。③传动平稳，无噪声。由于蜗杆轮齿为连续的螺旋齿，故其承载能力较大，且传动平稳。④传动效率较低。由于啮合轮齿间相对滑动速度大，齿面磨损较严重，发热量大，传动效率较低，故不适用于大功率长期连续工作。

6.9.2 圆锥齿轮机构

圆锥齿轮机构用于传递空间两相交轴之间的运动和动力，在一般机械中，多采用轴交角 $\Sigma=90°$ 的传动。圆锥齿轮的轮齿分布在截圆锥体上，对应于圆柱齿轮中的各有关圆柱，在此均变成了圆锥，如分度圆锥、基圆锥、齿顶圆锥、齿根圆锥等。圆锥齿轮的轮齿有直齿、斜齿和曲齿等多种形式，其中直齿圆锥齿轮的设计、制造和安装简便，应用最为广泛。本节仅介绍直齿圆锥齿轮机构。

1. 直齿圆锥齿轮齿廓的形成

圆锥齿轮齿廓曲面的形成与圆柱齿轮类似。如图6.44所示，以半径 R 等于基圆锥母线长度、圆心 O 与基圆锥锥顶 O 重合，且切于基圆锥母线 OP 的圆平面 S 为发生面，当发生面 S 绕基圆锥作纯滚动时，其上过锥顶 O 的线段 OK 在空间所展出的曲面即为锥齿轮的齿廓曲面。因在发生面绕基圆锥作纯滚动时，K 点到锥顶 O 的距离 R 保持不变，故渐开线

AK 必在以 O 为中心、锥距 R 为半径的球面上，因此为球面渐开线。圆锥齿轮的齿廓曲面是由一系列以锥顶 O 为球心、半径不同的球面渐开线所组成的球面渐开曲面。

2. 背锥和当量齿轮

如前所述，锥齿轮的齿廓曲线是球面渐开线，但由于球面曲线不能展开为平面曲线，这将给锥齿轮的设计和制造带来困难。为了应用方便，工程中常采用一种近似的方法将球面渐开线展开在平面上。

图 6.45 所示为一直齿圆锥齿轮的轴向剖面图。OAB 为分度圆锥，过锥齿轮大端的点 A 作 OA 的垂线与锥齿轮的轴线交于点 O_1。以 OO_1 为轴线、O_1A 为母线作一圆锥 O_1AB 与球面切于锥齿轮大端的分度圆上，该圆锥称为锥齿轮的背锥。将圆锥齿轮大端的球面渐开线齿形投影到背锥上，两者的齿形非常接近，因此可用背锥上的齿形近似地代替大端球面上的齿形。背锥可展成平面，从而将球面渐开线齿廓近似转化为平面渐开线齿廓来研究。如图 6.45 所示，背锥 O_1AB 展开后得到一扇形齿轮，其齿数为圆锥齿轮的实际齿数，其模数、压力角、齿顶高和齿根高分别与锥齿轮大端相同。若将扇形齿轮补足成一完整的直齿圆柱齿轮，这一虚拟的圆柱齿轮称为该圆锥齿轮的当量齿轮，其齿数 z_v 为当量齿数。由图可见，当量齿轮的半径为：

$$r_v = \frac{r}{\cos\delta} = \frac{mz}{2\cos\delta}$$

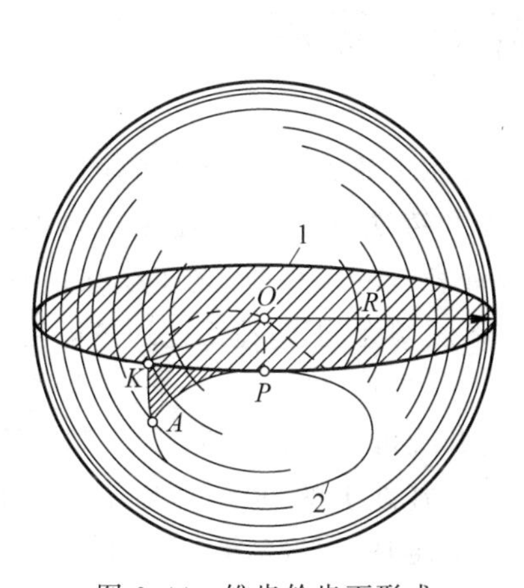

图 6.44　锥齿轮齿面形成

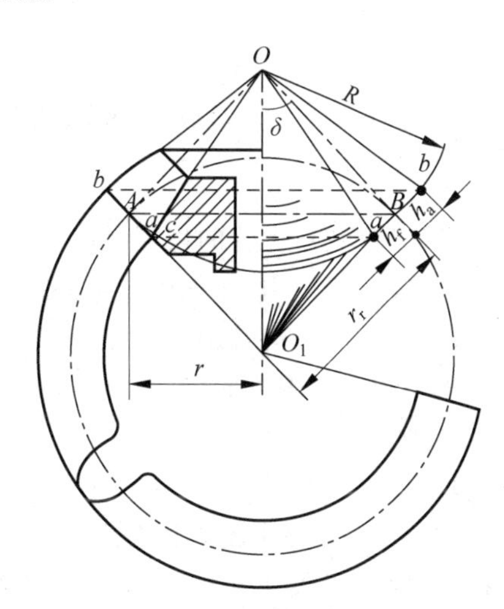

图 6.45　圆锥齿轮的背锥与当量齿轮

故锥齿轮的当量齿数 z_v 与实际齿数 z 的关系为：

$$z_v = \frac{2r_v}{m} = \frac{mz}{m\cos\delta} = \frac{z}{\cos\delta} \tag{6.37}$$

3. 直齿锥齿轮的基本参数

为便于计算和测量，锥齿轮的尺寸和齿形均以大端为准，因此锥齿轮以大端参数为标准值，基本参数有：m、α、h_a^*、c^*、z。在 GB/T 12369—1990 中规定圆锥齿轮大端的压力角

$\alpha=20°$,对于正常齿且 $m\geqslant1$ mm 时,齿顶高系数 $h_a^*=1$,顶隙系数 $c^*=0.2$。

4. 直齿锥齿轮的啮合传动

满足啮合条件正确安装的一对圆锥齿轮的啮合传动相当于一对节圆锥进行纯滚动,且其分度圆锥与节圆锥重合。

如图 6.46 所示,δ_1、δ_2 分别为大、小锥齿轮的分度圆锥角,$\Sigma=\delta_1+\delta_2$ 为轴交角;r_1、r_2 分别为大、小锥齿轮大端的分度圆半径;OC 为锥齿轮的锥距,用 R 表示。圆锥齿轮传动的传动比为:

$$i=\frac{\omega_1}{\omega_2}=\frac{z_2}{z_1}=\frac{r_2}{r_1}=\frac{R\sin\delta_2}{R\sin\delta_1}=\frac{\sin\delta_2}{\sin\delta_1} \tag{6.38}$$

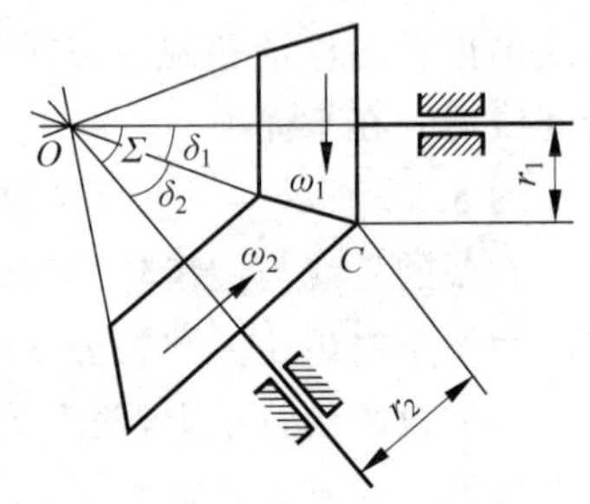

图 6.46 圆锥齿轮传动

一对直齿圆锥齿轮的正确啮合的条件是两个当量齿轮的模数和压力角分别相等,即两个锥齿轮大端的模数和压力角分别相等。此外,还应保证两轮的锥距相等,锥顶重合。因此其正确啮合条件为:

$$\begin{cases}m_1=m_2=m\\\alpha_1=\alpha_2=\alpha\\\Sigma=\delta_1+\delta_2\end{cases} \tag{6.39}$$

6.10 知识拓展:齿轮研究进展

在齿轮传动中,齿轮的齿形是决定齿轮性能优劣的基本要素。最原始的齿轮齿形是直线型,仅起拨挂的作用,并采用硬木制造。随后出现了铜和铸铁齿轮,齿形是未进行推演的圆弧形,齿轮的加工均采用手工制造。17 世纪末,随着钟表业的发展,出现了摆线齿轮,由于制造和安装比较困难而未能推广,此时的齿轮采用成形法切齿,但铸造工艺还是齿轮制造的主要方法。

1694 年,法国学者 Philippe De La Hire 首先提出渐开线可作为齿形曲线。1733 年,法国学者 M. Camus 提出轮齿接触点的公法线必须通过中心连线上的节点,考虑了两齿面的啮合状态,建立了关于接触点轨迹的概念,被称为 Camus 定理。1765 年,瑞士的 L. Euler 提出渐开线齿形解析研究的数学基础,阐明了相啮合的一对齿轮,其齿形曲线的曲率半径和曲率中心位置的关系。后来,Savary 进一步完成这一方法,成为现在的 Eu-let-Savary 方程。对渐开线齿形应用作出贡献的是 Roteft Wulls,他提出中心距变化时,渐开线齿轮具有角速比不变的优点。1873 年,德国工程师 Hoppe 提出,对不同齿数的齿轮在压力角改变时的渐开线齿形,从而奠定了现代变位齿轮的思想基础。19 世纪末,展成切齿法的原理及利用此原理切齿的专用机床与刀具的相继出现,使齿轮加工具有较完备的手段,渐开线齿形因而显示出巨大的优越性。切齿时只要将切齿工具从正常的啮合位置稍加移动,就能用标准刀具在机床上切出相应的变位齿轮。但渐开线齿形也存在一些缺点,比如,虽在节点处啮合时,两齿面之间的相对运动是纯滚动,但随着啮合点离节点越远,两啮合面之间的滑动速度也越大，这对于齿面的磨损、发热、传动平稳性和效率以及使用寿命都很不利。此外，渐开线齿形是凸-凸接触模式，会使齿廓综合曲率半径受到中心距的严格限制，因此共轭齿廓的接触应力大，承载能力受到制约。

为了提高动力传动齿轮的使用寿命并减小其尺寸，除从材料，热处理及结构等方面改进外，齿轮的齿形也获得了发展。圆弧齿轮的接触模式是凸-凹接触，所以其承载能力大，齿面接触强度高。此外，圆弧齿轮没有根切现象，小轮齿数可以很少，结构紧凑，传动比大。圆弧齿轮传动对有关零件的刚度和精度要求比渐开线齿轮低。由于圆弧齿轮具有上述优点，因此在高速重载机械如轧钢机、气轮机、鼓风机、球磨机等中获得广泛应用，取得了显著的技术经济效益。当然，圆弧齿轮也有一些缺点，比如，由于齿根宽的限制，其齿根应力大小仍与渐开线齿形相当；圆弧齿轮需要制成螺旋型，就会产生诸如有轴向力、制造复杂、对装配误差敏感等不利影响。

近年来，微机电系统(Micro Electro Mechanical Systems，MEMS)中的微型齿轮研究也备受关注。MEMS是指集微电子元件与微机械器件于一体的微小系统，其中微电子是指信息处理单元中的电子集成线路，主要通过集成电路技术加工而成；而微机械则包括传感器、执行器以及给传感器和执行器供电的微能源，主要通过微机械技术加工而成。MEMS尺度介于微米和毫米之间，可以完成宏观尺度系统所不能完成的任务，也可嵌入宏观尺度系统中，把自动化、智能化和可靠性提高到一个新的水平，因此在工业、国防、航天航空、医学、生物工程、农业和家庭服务等领域有广阔的应用。

就微型齿轮设计而言，随着其尺寸的缩小，表面积与体积之比相对增大，因此与尺寸高次方成比例的惯性力、电磁力的作用相对减小，而与尺寸低次方成比例的黏性力、弹性力、表面张力、静电力的作用增大，且热传导加速、表面间摩擦阻力增大，因此微型齿轮设计理论涉及多学科交叉领域，与经典齿轮设计理论有很大区别。微型齿轮的制造技术也与常规齿轮有明显不同，主要包括LIGA和准LIGA技术、超精密机械加工技术、特种微细加工技术以及半导体加工技术。图6.47(a)是Sandia试验室用半导体加工技术制造的硅微齿轮，直径仅几微米，主要工艺包括基于异向腐蚀技术的体硅加工和基于淀积、蚀刻等工艺的表面微细加工，该齿轮主要用于图6.47(b)所示的微马达中。微马达的驱动部分由一系列柔性机构组成，可在静电场作用下驱动曲柄偏转。

(a)

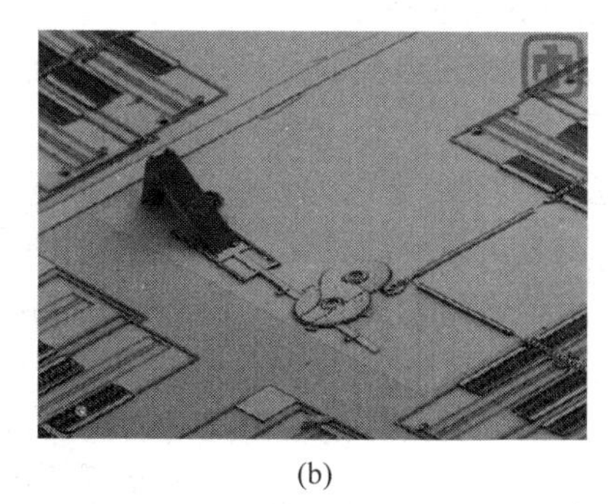

(b)

图6.47　硅微齿轮及硅微马达

(a) 硅微齿轮；(b) 硅微马达

习　题

6.1　齿轮传动的基本要求是什么？渐开线齿廓为什么能满足齿廓啮合基本定律？

6.2　在什么条件下分度圆与节圆重合？在什么条件下压力角与啮合角相等？

6.3　渐开线齿轮的正确啮合与连续传动条件是什么？

6.4　渐开线标准直齿圆柱齿轮的齿根圆和基圆相重合，其齿数应为多少？当齿数大于以上所计算的齿数时，问基圆与齿根圆哪个大？

6.5　在一渐开线直齿圆柱标准齿轮与齿条传动机构中，齿轮的齿数 $z_1=18$，$m=4$ mm，$\alpha=20°$，$h_a^*=1$。试求(1)标准安装时齿轮的分度圆、节圆半径及啮合角；(2)齿条远离齿轮中心 2 mm 时，齿轮的分度圆直径、节圆直径、啮合角及重合度大小。

6.6　对于一对渐开线标准直齿圆柱齿轮传动，试：(1)画出理论啮合线和实际啮合线；(2)标出啮合角；(3)指出一对齿廓在啮合过程中的哪一点啮合时，其相对速度为零；(4)写出该齿轮传动的重合度表达式。若重合度为 1.4，试画出单齿及双齿啮合区。

6.7　一标准齿轮与标准齿条相啮合，当齿条的分度线与齿轮的分度圆不相切时，齿轮节圆与分度圆是否重合？齿条节线与分度线又是否重合？

6.8　什么是渐开线齿廓的根切现象？产生根切的原因是什么？

6.9　与标准齿轮相比，变位齿轮的哪些尺寸发生了变化？

6.10　已知被加工的直齿圆柱齿轮毛坯的转动角速度 $\omega=1$ rad/s，齿条刀移动的线速度 $v_{刀}=60$ mm/s，其模数 $m_{刀}=4$ mm，刀具中线与齿轮毛坯轴心的距离 $a=58$ mm。试问：(1)被加工齿轮的齿数应是多少？(2)这样加工出来的齿轮是标准齿轮还是变位齿轮？如为变位齿轮，那么是正变位，还是负变位？其变位系数 x 是多少？

6.11　用模数 $m=2$ mm，$\alpha=20°$的滚刀加工一直齿圆柱变位外齿轮，要使该齿轮的分度圆齿厚比标准齿轮的齿厚减薄 0.364 mm。问其变位系数 x 是多少？

6.12　某牛头刨床中，有一对渐开线外啮合标准齿轮传动，已知 $z_1=17$，$z_2=118$，$m=5$ mm，$h_a^*=1$，$a=337.5$ mm。检修时发现小齿轮严重磨损，必须报废。大齿轮磨损较轻，沿分度圆齿厚共需磨去 0.91 mm，可获得光滑的新齿面，拟将大齿轮修理后使用，仍用原来的箱体，试设计这对齿轮。

6.13　在一对相啮合的高度变位齿轮机构中，正变位齿轮的齿数 $z=14$，$m=3$ mm，$\alpha=20°$，$h_a^*=1$，$c^*=0.25$，$x=+0.236$，试计算此齿轮的主要几何尺寸 r，r_b，r_f，r_a，和 s，并校核齿顶是否会变尖(要求 $s_a\geqslant0.4$ m)，是否会发生根切。

6.14　与直齿轮传动相比，斜齿轮传动的主要优点是什么，并简述其理由。

6.15　何谓斜齿轮的当量齿轮？对于螺旋角为 β，齿数为 Z 的斜齿圆柱齿轮，试写出其当量齿数的表达式。

6.16　一对渐开线标准斜齿圆柱齿轮的参数为 $z_1=21$，$z_2=37$，$m_n=3.5$ mm，$h_{an}^*=1$，$c_n^*=0.25$，$\alpha_n=20°$。若要求这对齿轮传动的中心距 $a=105$ mm，试求螺旋角 β 并计算其主要几何尺寸(d，d_b，d_a，d_f，z_v)和重合度 ε_γ(取齿宽 $b=70$ mm)。

6.17　如何选择蜗杆传动的主要参数？为什么要引入蜗杆直径系数 q？

6.18　已知一标准单头蜗杆蜗轮机构的中心距 $a=75$ mm，传动比 $i_{12}=40$，模数 $m=3$ mm，齿顶高系数 $h_a^*=1$，顶隙系数 $c^*=0.2$。试计算蜗杆的直径系数 q、螺旋角 β、蜗轮和蜗杆的分度圆、齿顶圆和齿根圆直径。

6.19　何谓直齿圆锥齿轮的背锥和当量齿轮？

6.20　一对直齿圆锥齿轮的参数为：$z_1=15$、$z_2=30$、模数 $m=10$ mm、齿顶高系数 $h_a^*=1$、顶隙系数 $c^*=0.2$、$\Sigma=90°$。试计算这对圆锥齿轮的主要几何尺寸。

设计系列题

Ⅰ-4　单缸四冲程内燃机的齿轮机构设计

对于第 1 章设计项目Ⅰ中的单缸四冲程内燃机，已知齿轮齿数 $z_1=22$、$z_2=44$，模数 $m=5$，分度圆压力角 $\alpha=20°$，齿轮为正常齿制，在闭式的润滑油池中工作。试选择两轮变位系数，计算齿轮各部分尺寸，并绘制齿轮传动的啮合图。

Ⅲ-3　四足仿生行走机构的齿轮机构分析

对于第 1 章设计项目Ⅲ，结合系列题Ⅲ-2 所做的步态规划和腿部机构设计，采用一对外啮合渐开线标准直齿圆柱齿轮传动，实现四足的协调运动。传动比为 3∶2，模数 $m=2.5$ mm，压力角 $\alpha=20°$，齿顶高系数 $h_a^*=1$，顶隙系数 $c^*=0.25$，小齿轮齿数为 $z_1=20$。试求：(1)绘制齿轮机构运动简图。(2)节圆半径 r_1'、r_2'。(3)啮合角 α'。(4)顶隙 c'。(5)若装在中心距 $a'=63.5$ mm 的减速箱中。该对齿轮传动是否正确标准安装？如是，重合度 ε 为多少？如不是，与标准安装相比，重合度 ε 是加大还是减小？并说明理由。

第7章

轮　　系

在实际机械中，仅用一对齿轮组成的齿轮机构往往不能满足工作需要，常采用一系列彼此啮合的齿轮所构成的系统进行传动。例如汽车中使用齿轮传动箱来获得多级变速；机械式钟表则采用一系列齿轮传动，使时针、分针和秒针获得具有一定传动比的转速。这种由一系列齿轮组成的传动系统称为轮系。

如图7.1所示，汽车差速器是由左右半轴齿轮、两个行星齿轮及行星架组成的一种轮系，其作用就是在向两边半轴传递动力的同时，允许两边半轴以不同的转速旋转，满足两边车轮尽可能以纯滚动的形式作不等距行驶，减少轮胎与地面的摩擦。那么轮系的传动比如何计算呢？

汽车差速器

图7.1　汽车差速器

本章将重点介绍定轴轮系、周转轮系和混合轮系传动比的计算方法，并对轮系的功能与应用、效率和设计问题进行讨论。

7.1　轮系的类型

根据轮系在运转过程中各齿轮几何轴线在空间的相对位置是否固定，将轮系分为定轴轮系、周转轮系和混合轮系三种类型。轮系中均由平面齿轮机构构成的轮系称为平面轮系，而包含空间齿轮机构的轮系称为空间轮系。

1. 定轴轮系

如图7.2所示，轮系在运转过程中，如果各齿轮的轴线相对于机架的位置均固定不动，则称该轮系为定轴轮系。图7.2(a)所示轮系中各轮的轴线相互平行，称为平面定轴轮系；而图7.2(b)所示轮系中含有非平行轴空间齿轮机构，则称为空间定轴轮系。

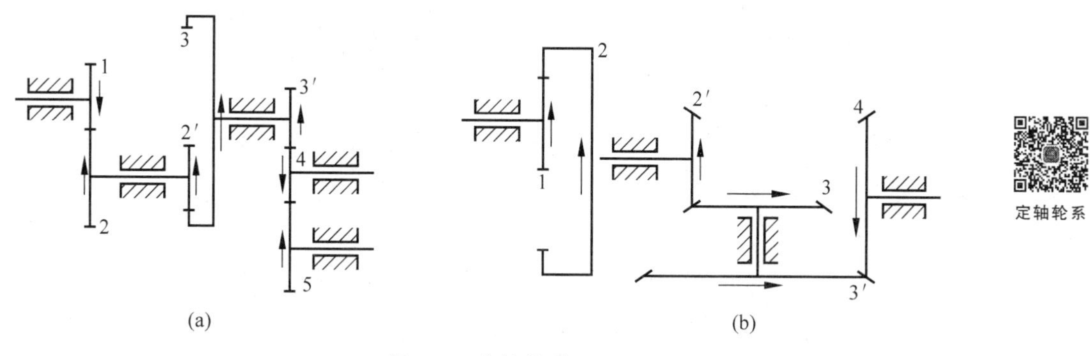

图 7.2　定轴轮系

(a) 平面定轴轮系；(b) 空间定轴轮系

定轴轮系

2. 周转轮系

如果轮系运转时，至少有一个齿轮的轴线位置不固定，则称该轮系为周转轮系，如图 7.3 所示。在该轮系中，齿轮 2 一边绕其自身轴线 O_2 自转，另一方面又随着构件 H 一起绕轮 1 和轮 3 的固定轴线(O_1、O_3)公转，如同行星运动，故齿轮 2 称为行星轮；支持行星轮 2 作公转的构件 H 称为系杆或行星架；与行星轮啮合的定轴齿轮 1 和齿轮 3 称为中心轮(或太阳轮)。在周转轮系中，一般都以回转轴线固定且重合的太阳轮和行星架作为运动的输入或输出构件，称其为周转轮系的基本构件。

根据周转轮系所具有的自由度数目不同，周转轮系可进一步分为图 7.3(a)所示的差动轮系和图 7.3(b)所示的行星轮系。其中差动轮系的自由度为 2，而行星轮系的自由度为 1。

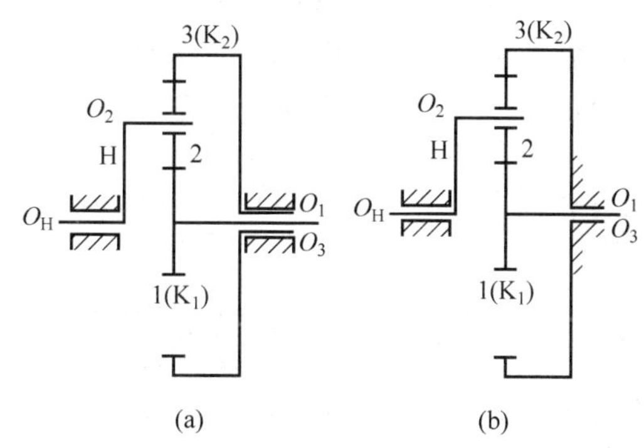

图 7.3　2K-H 型周转轮系

(a) 差动轮系；(b) 行星轮系

2K-H 型周转轮系动态视频

根据周转轮系中基本构件的不同，还可进行如下分类。用符号 K 表示中心轮，H 表示系杆，则图 7.3 所示轮系为 2K-H 型周转轮系，图 7.4 所示轮系为 3K 型周转轮系。

3. 混合轮系

实际机械中，除广泛应用单一的定轴轮系或周转轮系外，还常使用由定轴轮系与周转轮系，或由若干个周转轮系组成的轮系，这种复杂轮系称为混合轮系，如图 7.5 所示。

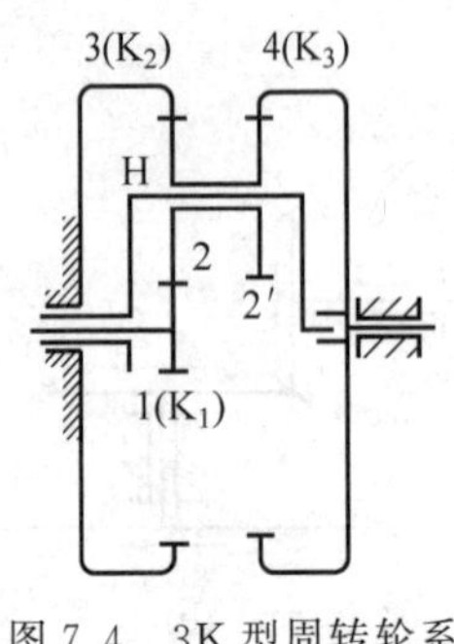

图 7.4　3K 型周转轮系

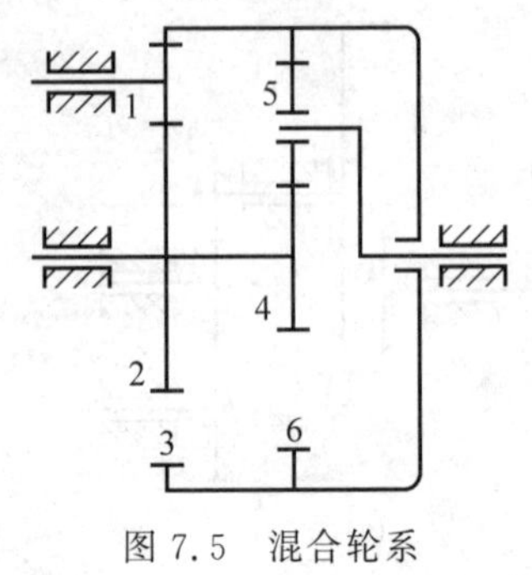

图 7.5　混合轮系

7.2　轮系的传动比计算

轮系的传动比是指轮系中输入轴与输出轴的角速度或转速之比。传动比的确定包括计算传动比的大小和确定输入轴与输出轴的转向关系。

7.2.1　定轴轮系的传动比

1. 平面定轴轮系

对于图 7.2(a)所示的平面定轴轮系，由于各齿轮轴线平行，其转向不是相同就是相反，因此可用正负号来表示其转向关系。一对内啮合齿轮传动，两轮转向相同，其传动比取"+"号；而一对外啮合齿轮传动，两轮转向相反，其传动比取"−"号。

设主动齿轮 1 为首轮，从动齿轮 5 为末轮，则该轮系的传动比为：

$$i_{15}=\frac{\omega_1}{\omega_5}$$

如图 7.2(a)所示，由首轮到末轮的传动，是由多对齿轮依次啮合来实现的。轮系中各对啮合齿轮传动比为：

$$i_{12}=\frac{\omega_1}{\omega_2}=-\frac{z_2}{z_1},\quad i_{2'3}=\frac{\omega_{2'}}{\omega_3}=\frac{\omega_2}{\omega_3}=\frac{z_3}{z_{2'}}$$

$$i_{3'4}=\frac{\omega_{3'}}{\omega_4}=\frac{\omega_3}{\omega_4}=-\frac{z_4}{z_{3'}},\quad i_{45}=\frac{\omega_4}{\omega_5}=-\frac{z_5}{z_4}$$

将上述各式等号两边分别连乘得：

$$i_{12}i_{2'3}i_{3'4}i_{45}=\frac{\omega_1}{\omega_2}\frac{\omega_2}{\omega_3}\frac{\omega_3}{\omega_4}\frac{\omega_4}{\omega_5}=(-1)^3\frac{z_2z_3z_4z_5}{z_1z_{2'}z_{3'}z_4}i_{12}$$

即：

$$i_{15}=\frac{\omega_1}{\omega_5}=i_{12}i_{2'3}i_{3'4}i_{45}=(-1)^3\frac{z_2z_3z_4z_5}{z_1z_{2'}z_{3'}z_4}\tag{7.1}$$

上式表明，平面定轴轮系的传动比等于组成该轮系的各对啮合齿轮传动比的连乘积，其大小等于各对啮合齿轮中所有从动轮齿数的连乘积与所有主动轮齿数的连乘积之比。若用

m 表示轮系中外啮合齿轮对数,则可用$(-1)^m$ 来确定轮系首末轮的转向关系。即:

$$i_{1k}=\frac{\omega_1}{\omega_k}=(-1)^m\frac{\text{所有从动轮齿数的连乘积}}{\text{所有主动轮齿数的连乘积}} \tag{7.2}$$

若计算结果为“+”,表明首、末两轮的转向相同;反之,则转向相反。

由图 7.2(a)可以看出,齿轮 4 同时与齿轮 3′和齿轮 5 相啮合,对于齿轮 3′来说它是从动轮,而对齿轮 5 来说它又是主动轮,其齿数同时出现在公式中的分子分母位置,说明齿轮 4 的齿数并不影响传动比的大小,但起着中间过渡和改变从动轮转向的作用,通常称这种齿轮为惰轮。

2. 空间定轴轮系

在空间定轴轮系中,各轮轴线并不都是相互平行的。当两轮轴线不平行时,如图 7.2(b)中的齿轮 2′和齿轮 3,其转向无所谓相同还是相反,不能用“+”或“-”来表示其转向关系。对空间定轴轮系仍可用式(7.2)来计算其首、末轮传动比的大小,即:

$$i_{1k}=\frac{\omega_1}{\omega_k}=\frac{\text{所有从动轮齿数的连乘积}}{\text{所有主动轮齿数的连乘积}} \tag{7.3}$$

但不能用$(-1)^m$ 确定其转向关系,只能用画箭头的方法确定。分为两种情况:①若首、末两轮轴线平行,则在用画箭头的方法确定各轮转向后,仍可在传动比大小的计算结果中加“+”、“-”号表示两轮转向关系。②若首、末两轮轴线不平行,则只能用画箭头的方法确定各轮转向关系。

7.2.2　周转轮系的传动比

由于周转轮系中有转动着的系杆,从而使行星轮既有自转又有公转,行星轮轴线不再绕固定轴线转动,所以不能用计算定轴轮系传动比的方法来计算周转轮系的传动比。但是,如果能够在保持周转轮系中各构件间相对运动不变的条件下,使系杆 H 固定不动,则周转轮系即转化为定轴轮系。

在图 7.6 所示的周转轮系,设 ω_1、ω_2、ω_3 和 ω_H 分别为中心轮 1、行星轮 2、中心轮 3 和系杆 H 的绝对角速度。根据相对运动原理,设想给整个周转轮系加一公共角速度“$-\omega_H$”,则各构件间的相对运动关系并不改变,而此时系杆 H 相对固定不动,因此原周转轮系就转化为假想的定轴轮系。表 7-1 列出了原周转轮系及其转化机构中各构件角速度的关系。

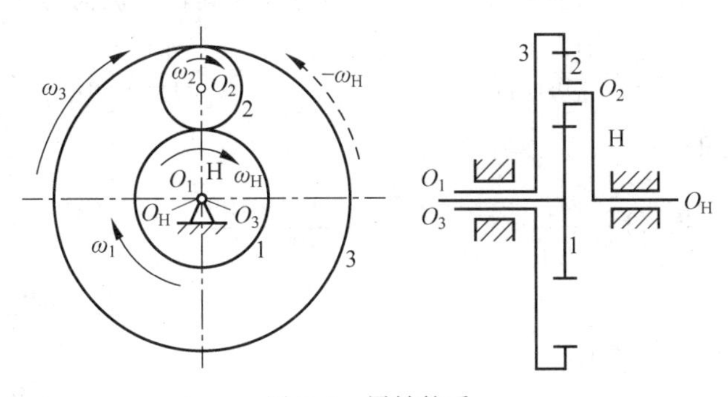

图 7.6　周转轮系

表 7-1 原周转轮系及其转化机构中各构件角速度的关系

构件代号	原周转轮系各构件的角速度	转化轮系中各构件的角速度
1	ω_1	$\omega_1^H=\omega_1-\omega_H$
2	ω_2	$\omega_2^H=\omega_2-\omega_H$
3	ω_3	$\omega_3^H=\omega_3-\omega_H$
H	ω_H	$\omega_H^H=\omega_H-\omega_H=0$

既然周转轮系的转化机构是定轴轮系,因此可根据定轴轮系传动比的公式写出转化轮系的传动比 i_{13}^H,即:

$$i_{13}^H=\frac{\omega_1^H}{\omega_3^H}=\frac{\omega_1-\omega_H}{\omega_3-\omega_H}=-\frac{z_2z_3}{z_1z_2}=-\frac{z_3}{z_1}$$

式中,"—"号表示在转化机构中轮 1 和轮 3 的转向相反。

依据上述原理,可以给出计算周转轮系转化机构传动比的一般公式。对于周转轮系中任意两轴线平行的齿轮 1 和齿轮 k,它们在转化轮系中的传动比为:

$$i_{1k}^H=\frac{\omega_1^H}{\omega_k^H}=\frac{\omega_1-\omega_H}{\omega_k-\omega_H}=\pm\frac{\text{转化机构中从动轮齿数连乘积}}{\text{转化机构中主动轮齿数连乘积}}\tag{7.4}$$

式(7.4)表明:在各轮齿数已知的情况下,只要给出 ω_1、ω_k 和 ω_H 中任意两个参数,就可求出第三个参数,从而可求出原周转轮系中任意两构件间的传动比。

在利用上式计算周转轮系传动比时,应注意以下几点:

(1) 式(7.4)中 i_{1k}^H 是转化机构中两轮的传动比($i_{1k}^H\neq i_{1k}$),其大小和正负按定轴轮系处理。

(2) 式(7.4)中 ω_1、ω_k 和 ω_H 是原周转轮系中各构件的绝对角速度,均为代数值,代入公式计算时要带上相应的"+""—"号;当规定某一构件转向为"+"时,第二个构件的转向若与之相反则为"—",而第三个构件的转向由计算结果中的"+""—"号确定。

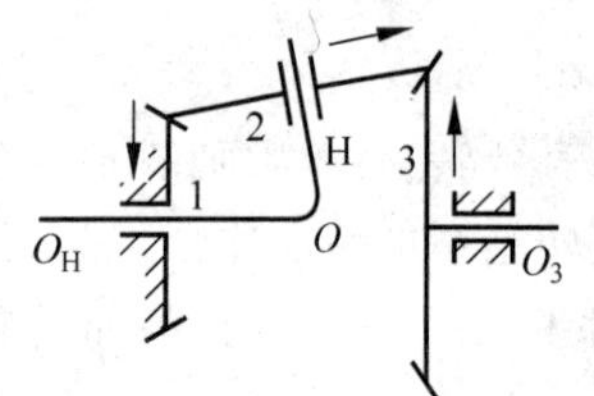

图 7.7 空间周转轮系

(3) 式(7.4)仅适用于主从动轴平行的情况。对于图 7.7 所示的空间周转轮系,其转化轮系传动比可写为 $i_{13}^H=\omega_1-\omega_H/\omega_3-\omega_H=-z_3/z_1$,但由于齿轮 1 和齿轮 2 的轴线不平行,故 $i_{12}^H\neq\omega_1-\omega_H/\omega_2-\omega_H$。

例 7-1 图 7.8 所示为一双排外啮合行星轮系,已知 $z_1=100, z_2=101, z_{2'}=100, z_3=99$,试求传动比 i_{H1}。

解:这是一个 2K-H 型行星轮系,由式(7.4)可求得其转化机构的传动比为:

$$i_{13}^H=\frac{\omega_1^H}{\omega_3^H}=\frac{\omega_1-\omega_H}{\omega_3-\omega_H}=+\frac{z_2z_3}{z_1z_{2'}}=+\frac{101\times99}{100\times100}$$

将 $\omega_3=0$ 代入上式得:

$$i_{13}^H=\frac{\omega_1-\omega_H}{0-\omega_H}=1-\frac{\omega_1}{\omega_H}=1-i_{1H}=+\frac{101\times99}{100\times100}$$

故

$$i_{H1}=\frac{\omega_H}{\omega_1}=\frac{1}{i_{1H}}=+10000$$

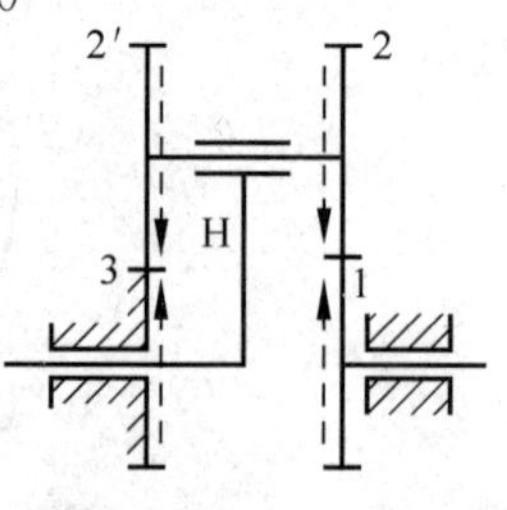

图 7.8 行星轮系

这说明当系杆转 10 000 转时，齿轮 1 与系杆 H 同向转 1 转。可见周转轮系可用少数几对齿轮就获得相当大的传动比。若将本例中齿轮 2′的齿数由 100 改变为 99，则 $i_{H1}=-100$，这说明行星轮系中各轮齿数的改变，不仅会显著影响传动比的大小，还可能改变输出构件的转向，这是行星轮系与定轴轮系的显著区别。

例 7-2 如图 7.9 所示的轮系，已知 $z_1=35$，$z_2=48$，$z_{2'}=55$，$z_3=70$，$n_1=250$ r/min，$n_3=100$ r/min，转向如图 7.9 中实线所示。试求系杆 H 的转速 n_H 的大小和方向。

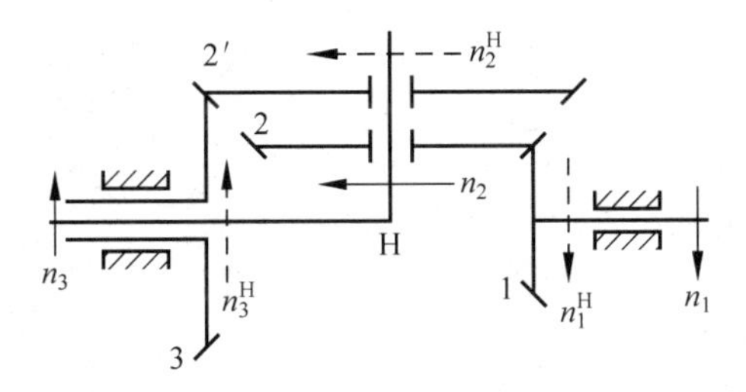

图 7.9 空间差动轮系

解：该轮系为空间差动轮系。由于两个太阳轮和系杆的轴线平行，所以可用画箭头的方法确定其转化机构中两太阳轮的转向相反(用虚线箭头表示)。由式(7.4)可求得其转化机构的传动比为：

$$i_{13}^H=\frac{n_1^H}{n_3^H}=\frac{n_1-n_H}{n_3-n_H}=-\frac{z_2z_3}{z_1z_{2'}}=-\frac{48\times 70}{35\times 55}=-1.75$$

实际机构中 n_1、n_3 转向相反，若取 n_1 为正值，则 n_3 应以负值代入，故

$$\frac{250-n_H}{-100-n_H}=-1.75$$

解得：

$$n_H=27.27 \text{ r/min}$$

计算结果为“+”，表明该轮系的系杆 H 与齿轮 1 转向相同。

7.2.3 混合轮系的传动比

在计算混合轮系传动比时，既不能直接按定轴轮系来处理，也不能对整个轮系采用转化轮系机构的办法，应遵循如下步骤：①正确划分各个基本轮系。所谓基本轮系是指单一的定轴轮系或单一的周转轮系。在划分基本轮系时，一般应先找出周转轮系，即先找几何轴线位置不固定的行星轮及支承行星轮的系杆，然后找出与行星轮相啮合且轴线固定的太阳轮，这一由行星轮、系杆和太阳轮组成的轮系，就是一个基本的周转轮系。重复上述过程，直至找出所有的周转轮系，而混合轮系中除周转轮系之外的剩余部分就是定轴轮系。②分别列出各计算基本轮系传动比的方程式。③根据各基本轮系间的连接条件，联立求解各传动比方程式。

例 7-3 如图 7.10 所示为一电动卷扬机减速器的运动简图。已知各轮齿数为：$z_1=24$，$z_2=52$，$z_{2'}=21$，$z_3=78$，$z_{3'}=18$，$z_4=30$，$z_5=78$。试求传动比 i_{15}。

解：该轮系中双联齿轮 2—2′的几何轴线绕齿轮 5 的轴线转动，是双联行星轮；支承该

行星轮的卷筒(与内齿轮 5 联成一体)即为系杆 H,而与行星轮相啮合的齿轮 1 和齿轮 3 是中心轮。因此,齿轮 1、2—2′、3 和系杆 H(5)组成了一个差动轮系,剩余的定轴齿轮 3′、4、5 则组成定轴轮系。整个轮系是一个由定轴轮系把差动轮系的系杆 H(5)和太阳轮 3 封闭起来的封闭差动轮系。

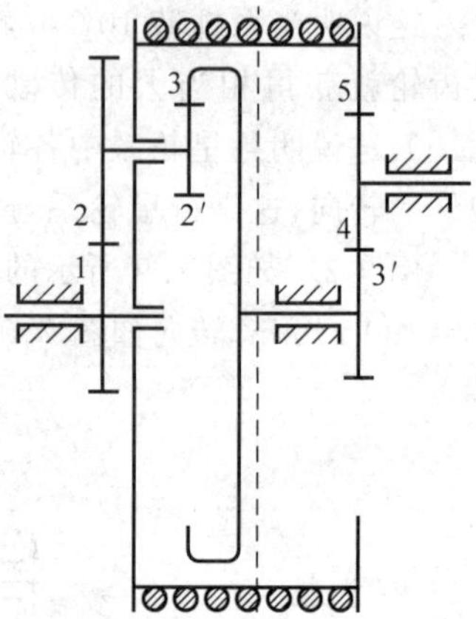

对于齿轮 1、2—2′、3 和系杆 H(5)组成的差动轮系,有:

$$i_{13}^{H}=i_{13}^{5}=\frac{n_1-n_5}{n_3-n_5}=-\frac{z_2z_3}{z_1z_{2'}}=-\frac{52\times 78}{24\times 21} \tag{a}$$

对于 3′、4、5 组成的定轴轮系,有:

$$i_{3'5}=\frac{n_{3'}}{n_5}=-\frac{z_5}{z_{3'}}=-\frac{78}{18} \tag{b}$$

图 7.10 电动卷扬机减速器运动简图

由于 $n_3=n_{3'}$,联立求解式(a)和式(b)得:

$$i_{13}^{H}=\frac{\dfrac{n_1}{n_5}-1}{\dfrac{n_3}{n_5}-1}=\frac{\dfrac{n_1}{n_5}-1}{-\dfrac{78}{18}-1}=-8.05$$

即

$$i_{15}=\frac{n_1}{n_5}=+43.9$$

式中,"+"号说明卷筒 5 与齿轮 1 转向相同。

例 7-4 如图 7.11 所示为一汽车后桥差速器的示意图。已知各轮齿数且 $z_3=z_4=z_5$,两车轮中心距为 $2L$,转弯半径为 r;为使汽车安全转弯并减小地面对轮胎的磨损,汽车两后轮与地面间做无滑动的纯滚动。求汽车在直线行驶和左转弯两种情形下,传动轴的转速 n_1 与两车轮转速 n_3 和 n_5 的关系。

汽车后桥差速器

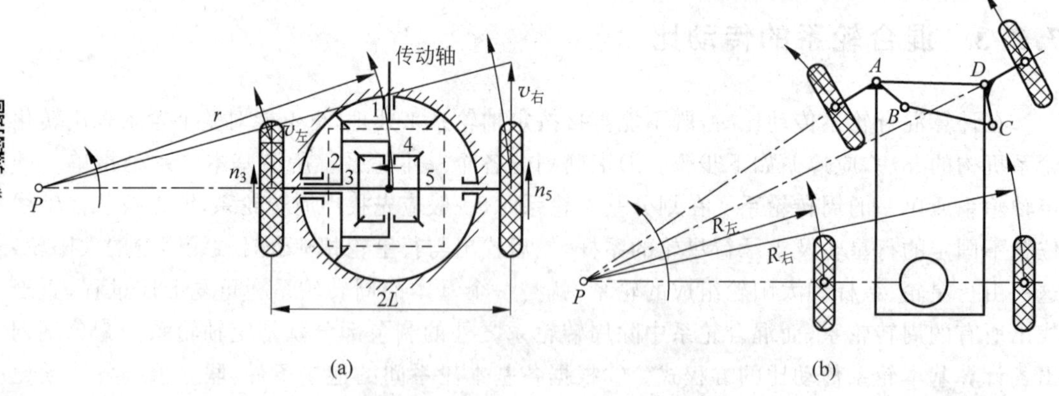

图 7.11 汽车后桥差速器示意图

(a) 差速器简图;(b) 转向机构示意图

解:如图 7.11(a)所示,汽车发动机的运动由变速箱经过传动轴传给齿轮 1,再带动齿轮 2 及固接在其上的系杆 H 转动。中间齿轮 4 的轴线是随着齿轮 2 转动的,所以齿轮 4 是行星轮，支承行星轮的齿轮2是系杆，与齿轮4相啮合且轴线固定的齿轮3和齿轮5是两个太阳轮，故齿轮3、4、5和系杆H(齿轮2)组成了一个差动轮系。对于汽车底盘而言，齿轮1和2的轴线是固定不动的，故齿轮1和2组成定轴轮系。因此，该差速器是由一个差动轮系和一个定轴轮系组成的混合轮系。

在齿轮3、4、5和齿轮2组成的差动轮系中，有：

$$i_{35}^{2}=\frac{n_3-n_2}{n_5-n_2}=-\frac{z_5}{z_3}=-1$$

$$n_2=\frac{n_3+n_5}{2} \tag{a}$$

第一种情形：当汽车在平坦的道路上直线行驶时，如图7.11(a)所示，左右两后车轮滚过的路程相等，所以转速也相等。由式(a)则有 $n_3=n_5=n_2$，表示齿轮3、5和系杆H(齿轮2)之间没有相对运动，整个一个差动轮系如同一个整体随齿轮2一起转动。

第二种情形：当汽车左转弯时，如图7.11(b)所示，在前轮转向机构的作用和地面约束下，整个车身绕转弯中心 P 点转动。此时汽车右后轮所走的弧长大于左后轮所走的弧长，两后轮所走的路程不等，因此要求分别与左、右后轮固接的齿轮3、5具有不同的转速，而汽车差速器的作用，正是根据转弯半径的不同自动调节两后轮的转速。

根据题注，为使汽车安全转弯并减小地面对轮胎的磨损，应使两后轮与地面之间作无滑动的纯滚动。因为两轮直径相等，因此两轮的转速应与其各自所走弯道的半径成正比。即：

$$\frac{n_3}{n_5}=\frac{r-L}{r+L} \tag{b}$$

联立式(a)、式(b)求解，可得汽车两后轮的转速分别为：

$$n_3=\frac{r-L}{r}n_{\mathrm{H}},\quad n_5=\frac{r+L}{r}n_{\mathrm{H}}$$

这说明当汽车转弯时，两后轮的转速随弯道半径的不同而变化，因此汽车的后轴要做成左、右两根半轴，在两半轴之间用差速器连接，利用差速器自动将主轴的转动分解为两个后轮各自所需的不同转动。

7.3　轮系的功能及应用

轮系广泛应用于各种机械设备中，其主要功用有以下几个方面。

1. 实现大传动比传动

一对齿轮传动，为避免由于齿数过于悬殊而导致机构轮廓尺寸过大，且小齿轮容易损坏和发生齿根干涉等问题，一般传动比不得大于5～7。当需要更大的传动比时，可用多级传动组成的定轴轮系，也可采用周转轮系和混合轮系。如例7-1所示。

2. 实现变速和变向传动

当主动轴转速和转向不变时，利用轮系可使从动轴获得不同的转速和转向。这种变速、变向传动在汽车、机床和起重机等多种机械设备中都有广泛应用。

图 7.12 为一汽车变速器轮系，其中轴Ⅰ为输入轴，轴Ⅱ为输出轴。通过操纵双联齿轮 4—6 和牙嵌离合器 A、B，可使输出轴得到四挡转速：

低速挡：齿轮 5、6 相啮合，齿轮 3、4 及离合器 A、B 均脱离。

中速挡：齿轮 3、4 相啮合，齿轮 5、6 及离合器 A、B 均脱离。

高速挡：离合器 A、B 相嵌合，齿轮 3、4 和 5、6 均脱离。

倒车挡：齿轮 6、8 相啮合，齿轮 3、4 和齿轮 5、6 以及离合器 A、B、均脱离。此时，由于惰轮 8 的作用，输出轴Ⅱ反转。

差动轮系和混合轮系也可以实现变速、换向传动。龙门刨床工作台就是由两个差动轮系串联而构成的变速、换向机构。

3. 实现运动的合成与分解

合成运动和分解运动可用差动轮系来实现。运动的合成是将两个输入运动合成为一个输出运动，而运动的分解则正相反。如图 7.13 所示为用差动轮系实现运动合成，其传动比为：

$$i_{13}^{H}=\frac{n_1^{H}}{n_3^{H}}=\frac{n_1-n_H}{n_3-n_H}=-\frac{z_3}{z_1}=-1$$

$$\text{当 } z_1=z_3 \text{ 时，}\quad n_H=\frac{1}{2}(n_1+n_3)$$

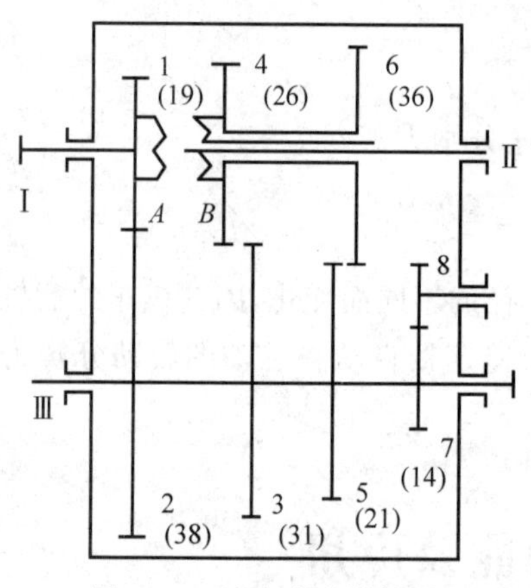

图 7.12 汽车变速器轮系

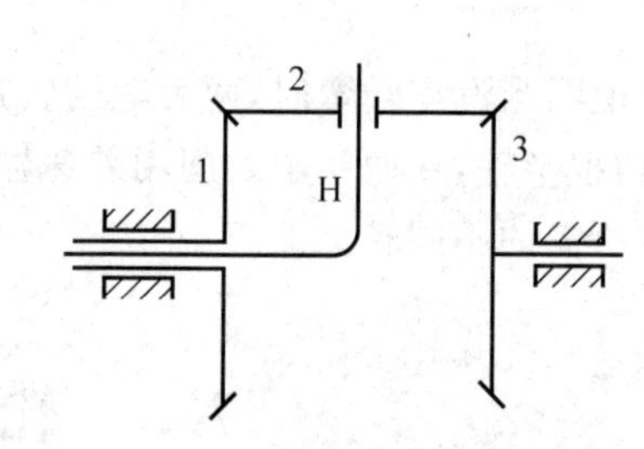

图 7.13 用差动轮系实现运动合成

可见，该轮系中系杆 H 的转速是两个太阳轮转速之和，因此称作加法机构。若在该轮系中，给定系杆 H 和任一太阳轮的运动，则可得到另一太阳轮的运动。如已知 n_H 和 n_3，可求得 $n_1=2n_H-n_3$，此时该轮系又称为减法机构。差动轮系这种能将两个独立的运动合成为一个运动的特性被广泛应用于机床、计算机构和补偿装置中。

同样，利用周转轮系也可以实现运动的分解。如例 7-4 所示的汽车后桥差速器，就是利用差动轮系将主轴的转动按所需比例分解为两个后轮的独立转动。

4. 其他功用

轮系除上述功用外，还具有实现分路传动、实现相距较远的两轴之间的传动、实现结构紧凑的大功率传动等功用。

7.4　轮系的设计

7.4.1　定轴轮系的设计

定轴轮系设计的主要内容包括选择定轴轮系类型、确定各轮的齿数和选择轮系的布置方式。

1. 定轴轮系类型的选择

在设计定轴轮系时，应根据工作要求和使用场合适当地选择轮系的类型。除满足基本的使用要求外，还应考虑机构的外廓尺寸、效率、重量及成本等因素。对于一般工况，优先选用直齿圆柱齿轮传动所组成的定轴轮系；对于高速、重载工况，优先选用运行更加平稳、承载能力更高的平行轴斜齿圆柱齿轮传动所组成的定轴轮系；当需要改变运动轴线方向时，可采用含有圆锥齿轮传动的定轴轮系；当要求传动比大、结构紧凑及有自锁要求的场合时，应选择含有蜗杆传动的定轴轮系。

2. 定轴轮系中各轮齿数的确定

确定定轴轮系各轮的齿数，关键在于合理分配轮系中各对齿轮的传动比，以减小传动装置的结构尺寸，减轻重量，改善润滑状况等。分配传动比主要考虑以下几点：

(1) 各级齿轮的传动比都应在其合理的范围内选取。对于单级圆柱齿轮传动，其合理传动比范围为 3～5，最大值为 8；单级圆锥齿轮传动，其合理传动比范围为 2～3，最大值为 5；单级蜗杆传动，其合理传动比范围为 10～40，最大值为 80。当轮系传动比过大时，为改善传动性能、减少外廓尺寸，应当采用两级或多级齿轮传动。

(2) 为使机构外廓尺寸协调，相邻两级齿轮的传动比的差值不宜过大；为使闭式齿轮减速器润滑方便，各级齿轮传动的大齿轮直径应尽量接近，以利于浸油润滑。

3. 定轴轮系布置方式的选择

图 7.14 所示为两级齿轮减速器中三种定轴轮系布置方式，分别为展开式(图 7.14(a))、分流式(图 7.14(b))和同轴式(图 7.14(c))。

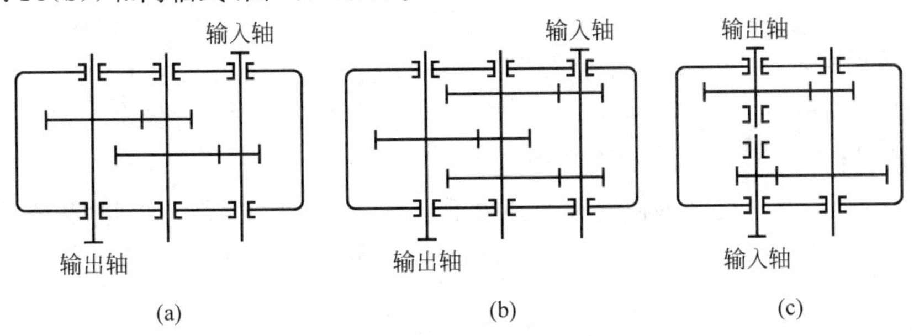

图 7.14　定轴轮系的布置方式

展开式(图 7.14(a))的特点是结构简单,但齿轮相对于轴承的位置不对称,因此当轴受力产生弯曲时,会使载荷沿齿宽分布不均匀,故适合用于载荷较平稳且轴有较大刚度的场合。分流式(图 7.14(b))的特点是齿轮相对于轴承为对称布置,载荷沿齿宽分布均匀,但结构较复杂,适用于功率较大及变载荷的场合。同轴式(图 7.14(c))的特点是输入轴与输出轴在同一轴线上,结构紧凑,但中间轴长、刚度较差,载荷沿齿宽分布不均匀。

7.4.2 行星轮系的设计

行星轮系设计的主要内容包括选择行星轮系的类型、确定行星轮个数及各轮的齿数。

1. 行星轮系类型的选择

行星轮系类型的选择,主要应从传动比范围,效率高低、结构复杂程度和外廓尺寸大小等方面综合考虑。若设计的轮系主要用于传递运动,应首先考虑能否满足工作所要求的传动比;若设计的轮系主要用于传递动力,除考虑传动比之外,还要考虑机构效率的高低。其次要兼顾结构复杂程度和外廓尺寸大小等。在行星轮系中,当转化轮系的传动比小于零时称为负号机构,反之为正号机构。从机械效率的角度来看,不管是增速还是减速传动,负号机构的效率比正号机构高。正号机构虽能获得较大的传动比,且结构紧凑,但效率较低,所以一般用于需要大传动比而对效率要求不高的辅助机构中,例如磨床的进给机构、轧钢机的指示器等。当正号机构用于增速传动时,效率将随传动比的增大而迅速下降,甚至发生自锁现象。

如果设计的轮系要求具有较大的传动比,而单级负号机构又不能满足要求时,可将几个负号机构串联起来使用,或采用负号机构与定轴轮系组成混合轮系来实现较大的传动比。但应注意,随着串联级数的增多,效率将有所下降,而机构的外廓尺寸和重量随之增加。

2. 行星轮个数和各轮齿数的确定

在行星轮系中,输入轴线与输出轴线重合。并且为了提高轮系承载能力和行星轮因公转所产生的离心惯性力,一般采用多个行星轮均匀分布在中心轮四周的结构形式。因此为了保证行星轮系能够正常运转,其各轮齿数和行星轮个数的选择必须满足以下四个条件。现以图 7.3(a)所示的单排 2K-H 行星轮系为例加以讨论。

1) 传动比条件

所设计的行星轮系必须能实现工作所要求的传动比 $i_{1\mathrm{H}}$,或者在其允许误差的范围内。

由 $i_{13}^{\mathrm{H}}=\dfrac{\omega_1-\omega_{\mathrm{H}}}{\omega_3-\omega_{\mathrm{H}}}=\dfrac{\omega_1-\omega_{\mathrm{H}}}{0-\omega_{\mathrm{H}}}=1-i_{1\mathrm{H}}$,$i_{1\mathrm{H}}=1-i_{13}^{\mathrm{H}}=1+\dfrac{z_3}{z_1}$,即$\dfrac{z_3}{z_1}=i_{1\mathrm{H}}-1$,推出其齿数关系应满足 $z_3=(i_{1\mathrm{H}}-1)z_1$。

2) 同心条件

行星轮系中各基本构件的回转轴线必须重合,这就是同心条件。因此,各轮的节圆半径之间必须符合一定的关系,即 $r_3'=r_1'+2r_2'$。如行星轮和中心轮均为标准齿轮或为高度变位传动,则 $r_3=r_1+2r_2$,将 $r=\dfrac{mz}{2}$代入得 $z_3=z_1+2z_2$。

因此，考虑到传动比条件，可得 $z_2=\frac{z_3-z_1}{2}=\frac{z_1(i_{1H}-2)}{2}$。

此式表明：要满足同心条件，两个中心轮的齿数应同时为奇数或偶数。

3）装配条件

当一个行星轮系中有两个以上的行星轮时，要求能将每一个行星轮均匀地装入两中心轮之间。因此，设计时应使行星轮的数目和各轮的齿数之间必须满足一定的条件，即满足装配条件。

如图 7.15 所示，设 K 为均匀分布的行星轮个数，则相邻两行星轮 A 和 B 所夹的中心角为 $\frac{2\pi}{K}$。先将第一个行星轮 A 装入，这时中心轮 1 和 3 的相对位置便可以确定。然后固定中心轮 3，为了能在位置Ⅱ和位置Ⅲ也能顺利地装入行星轮，必须沿逆时针方向使行星架转过 $\varphi_H=\frac{2\pi}{K}$ 角度达到位置Ⅱ，这时的中心轮 1 将按传动比 i_{1H} 关系转过 φ_1 角度。

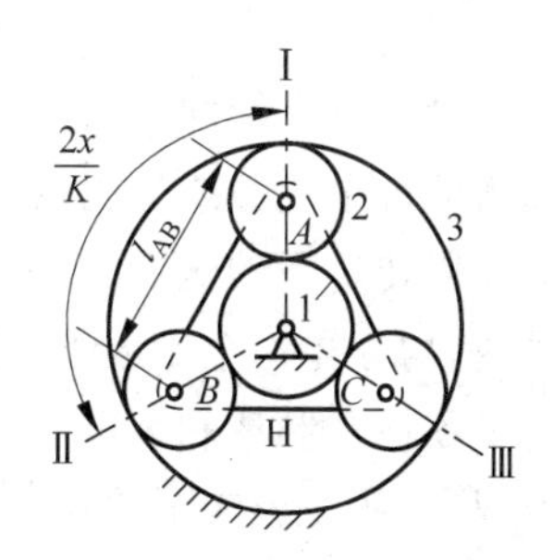

图 7.15　行星轮系

由于：

$$i_{1H}=\frac{\omega_1}{\omega_H}=\frac{\varphi_1}{\varphi_H}=\frac{\varphi_1}{2\pi/K}$$

则：

$$\varphi_1=i_{1H}\frac{2\pi}{K}$$

我们让每个行星轮都依次从位置Ⅰ处装入，如果这时在位置Ⅰ又能装入第二个行星轮，则这时中心轮 1 在位置Ⅰ的轮齿相位要与它的回转角 φ_1 之前在该位置时的轮齿相位完全相同，也就是说角 φ_1 必须是 n 个轮齿所对的中心角，即刚好包含 n 个齿距，故：

$$\varphi_1=\frac{2\pi}{z_1}n$$

式中，$\frac{2\pi}{z_1}$ 为齿轮 1 的一个齿距所对应的中心角；而 n 为某一个正整数。

由以上两式可得：

$$\varphi_1=i_{1H}\frac{2\pi}{K}=\left(1+\frac{z_3}{z_1}\right)\frac{2\pi}{K}=\frac{2\pi}{z_1}n$$

整理后得：

$$n=\frac{z_1+z_3}{K}$$

上式表明欲将 K 个行星轮均匀地分布安装的装配条件是：行星轮系中两中心轮的齿数之和应为行星轮数的整数倍。

将前面公式中的 z_2、z_3 用 z_1 来表示，得到 2K-H 型行星轮系的齿数比为：

$$z_1:z_2:z_3:n=z_1:\frac{i_{1H}-2}{2}z_1:(i_{1H}-1)z_1:\frac{i_{1H}}{K}z_1$$

4）邻接条件

保证相邻两行星轮运动时不发生相互碰撞的条件即为邻接条件。行星轮的个数不能过多，否则会造成运动中相邻两轮的齿顶发生碰撞，为避免发生这种现象，需使两轮中心距大于其齿顶圆半径之和。对于标准齿轮传动有：

$$2(r_1+r_2)\sin\frac{\pi}{K}>2(r_2+h_a^* m)$$

即：

$$(z_1+z_2)\sin\frac{\pi}{K}>z_2+h_a^* m$$

设计时先用配齿公式初步确定各轮齿数，再验算是否满足邻接条件，如不满足，则应通过增减行星轮数或齿轮齿数等方法重新进行设计。

周转轮系的优点之一是在结构上采用了多个均布的行星轮来共同分担载荷，行星轮数增加，均分在每个轮上承受的载荷减少，相应地，设计尺寸变小，结构更加紧凑。但实际上，由于零件在制造和装配上的误差以及工作时受力后的变形等，往往会出现各行星轮受力不均现象，从而影响了轮系运转的可靠性，削弱了行星轮系的优越性。为了降低载荷分配不均现象，提高轮系的承载能力，必须在设计时从结构上采取一定的措施，尽可能保证每个轮上承受的载荷均匀分布，合理的选择或设计其均衡装置。

所谓均衡装置是指将行星轮系设计成能够在构件受载不均时，通过轮系中的某些柔性或浮动构件的自动调节定位作用，使其载荷被自动调节均匀的装置。

均衡装置设计请参阅有关参考书，本书不作介绍。

7.5 知识拓展：谐波齿轮传动的应用

谐波齿轮传动是建立在行星轮传动基础上发展起来的一种新型传动装置。它突破了传统机械传动常采用的刚性构件的模式，通过柔性构件弹性变形来实现传动，可以获得其他传动机构难以达到的特殊功能，正广泛应用于智能机器人、航天航空飞行器和数控机床等高端装备中。

如图 7.16 所示，谐波齿轮行星轮系主要三个构件组成，即波发生器 H（系杆）、具有内齿的刚轮 1（中心轮）和具有外齿的柔轮 2（行星轮）。由于柔轮内孔略小于波发生器的长度，故当波发生器装入柔轮内孔时，柔轮产生弹性变形而呈椭圆形状。其椭圆长轴两端的轮齿与

谐波齿轮

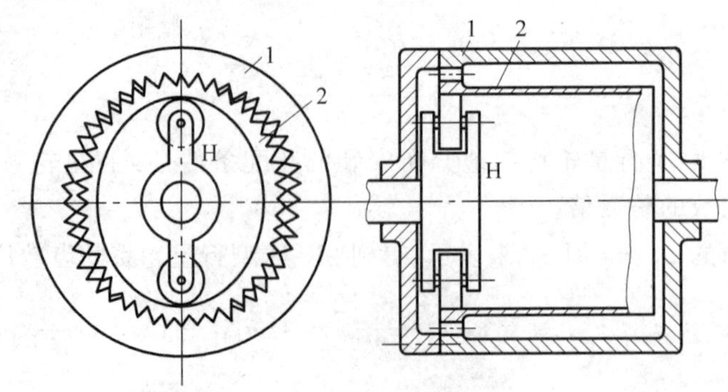

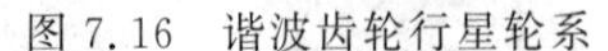
图 7.16 谐波齿轮行星轮系

刚轮轮齿产生啮合，而短轴两端的轮齿则与刚轮脱开。当发生器连续回转时，柔轮与刚轮的啮合区也随之变化，在此传动过程中柔轮产生的弹性波形近似于谐波，故称为谐波齿轮传动。

当刚轮 1 固定，波发生器 H 主动、柔轮 2 从动时，其传动比为：

$$i_{21}^{H}=\frac{\omega_2-\omega_H}{\omega_1-\omega_H}=\frac{\omega_2-\omega_H}{0-\omega_H}=\frac{z_1}{z_2}$$

$$i_{H2}=\frac{\omega_H}{\omega_2}=-\frac{z_2}{z_1-z_2}$$

谐波传动装置的特点是：结构简单、体积小、重量轻；当行星轮和中心轮齿数差很少时，可以获得大传动比，且效率较高；同时啮合齿数多，齿面滑动速度低，因此承载力大，传动平稳。但柔轮工作时发生周期性变形，故需采用抗疲劳强度较高的材料。

谐波齿轮传动因其独特的优点，目前已成为工业机器人关节的核心部件。工业机器人的机械机构主要由四大部分构成：机身、臂部、腕部和手部。每一部分都有若干自由度，构成一个多自由度的机械系统。手部即与物件接触的部分，手腕是连接手部和手臂的部件，可用来调整被抓取物件的方位，而手臂则是支撑被抓物件、手部及手腕的重要部分，其作用是带动手部去抓取物件，并按预定要求将其搬运到指定位置。图 7.17 为一五自由度机械臂，主要由一个三轴悬挂机构及一个腕节机构组成，可在三维空间中实现五自由度运动。其中，腰部的回转通过直流调速电机再经过一级齿轮传动来实现；手臂的俯仰通过谐波齿轮传动来实现；腕部的回转则通过一级谐波再经过二级齿轮来实现。鉴于机械臂从第一关节到末端抓手的重量较大，因此第一关节处电机需要提供巨大的扭矩来启动和制动整个机械臂，而此处电机的体积也受到一定限制，且该处运动精度要求高，因此采用了谐波齿轮传动装置。

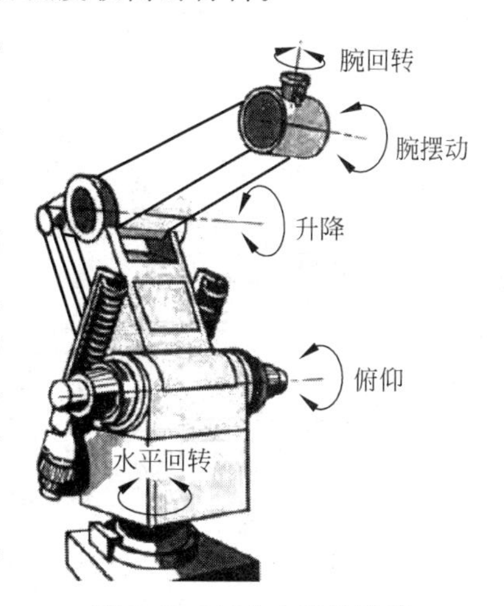

图 7.17　五自由度机械臂

习　题

7.1　如图 7.18 所示的滚齿机工作台传动装置中，已知各轮的齿数如图中括号内所示。若被切齿轮齿数为 64，试求传动比 i_{75}。

7.2　图 7.19 所示为收音机短波调频微动机构。已知齿数 $z_1=99$，$z_2=100$，齿轮 3 为宽齿，同时与轮 1 和轮 2 啮合。试问当旋钮转动一圈时，齿轮 2 转过多大角度。

7.3　如图 7.20 所示为用于汽车后端差速器的行星轮系。已知车轮的滚动半径为 406.4 mm，直线行驶速度为 88.51 km/h，发动机转速为 2500 r/min。(1)试求后轮的转速，以及齿轮 2 和齿轮 3 的传动比。(2)如果汽车碰到障碍物，右轮转速高达 800 r/min，试求左轮的转速。假设两个车轮的平均转速为一常数。

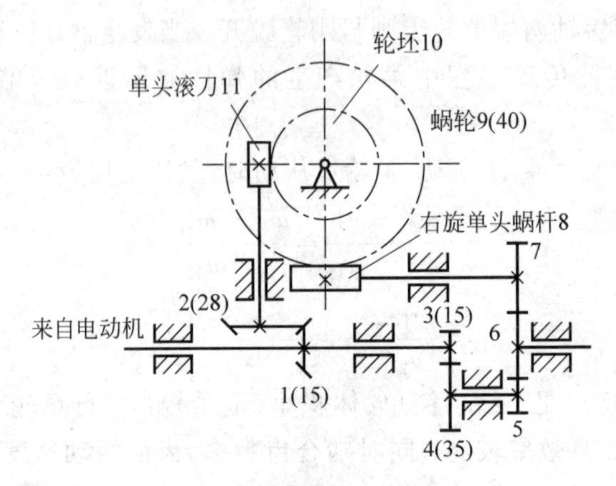

图 7.18　习题 7.1 附图

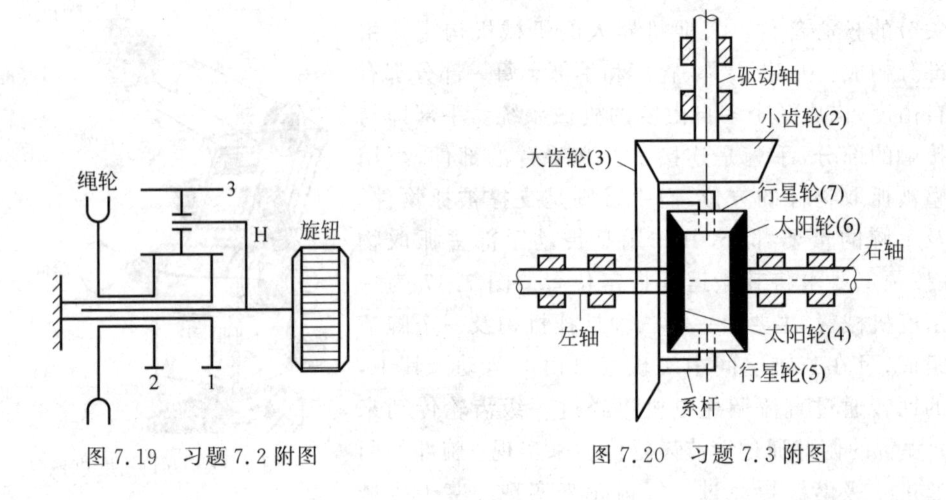

图 7.19　习题 7.2 附图　　　　图 7.20　习题 7.3 附图

7.4　在图 7.21 所示的轮系中，已知各轮齿数为 $z_1=30$，$z_2=26$，$z_{2'}=z_3=z_4=21$，$z_{4'}=30$，$z_5=2$(右旋蜗杆)，齿轮 1 的转速为 $n_1=260$ r/min(方向如图)，蜗杆 5 的转速为 $n_5=600$ r/min(方向如图)，求传动比 i_{1H}。

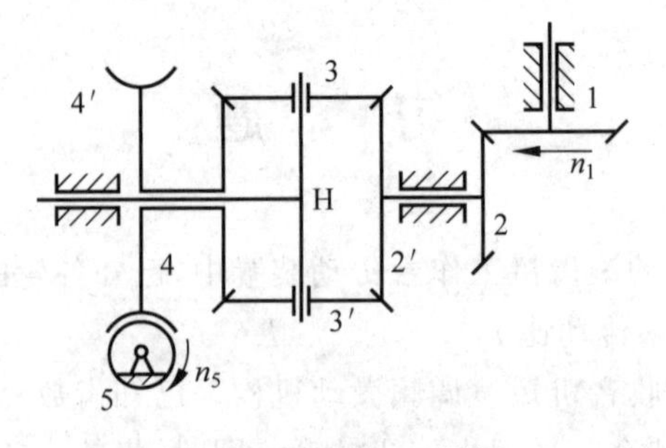

图 7.21　习题 7.4 附图

7.5　图 7.22 为钟表传动系统，E 为擒纵轮，N 为发条盘，S、M 及 H 各为秒针、分针及时针。已知各轮齿数为 $z_1=72$，$z_2=12$，$z_{2'}=64$，$z_3=z_{2''}=8$，$z_{3'}=z_{4'}=60$，$z_5=z_{6'}=6$，$z_6=24$。试计算齿轮 4 和齿轮 7 的齿数。

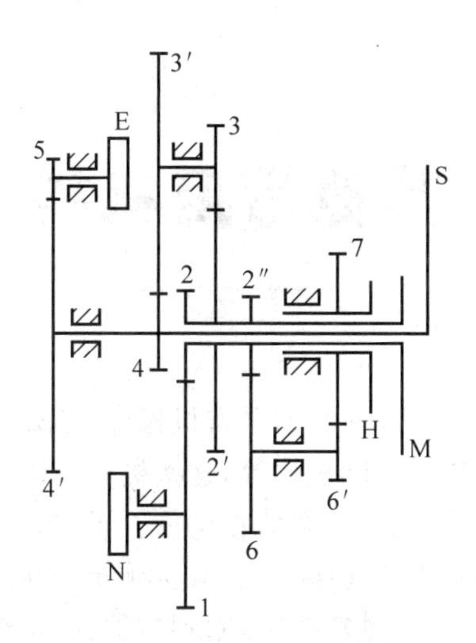

图 7.22 习题 7.5 附图

7.6 如图 7.23 所示的变速器中,已知 $z_1=z_{1'}=z_6=28$,$z_3=z_{3'}=z_5=80$,$z_2=z_4=z_7=26$。当鼓轮 A、B 及 C 分别被刹住时,求轴Ⅰ和轴Ⅱ的传动比。

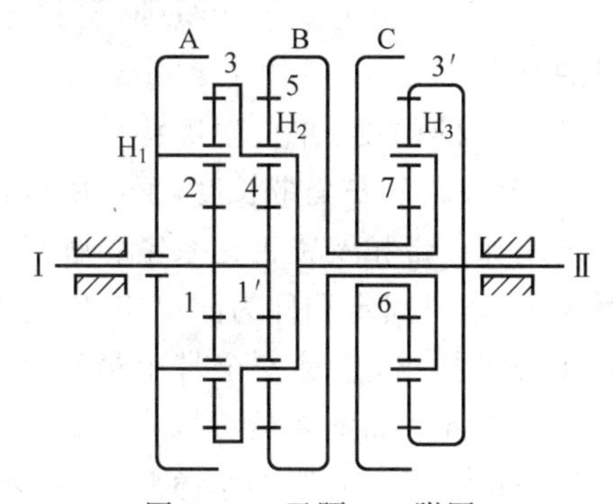

图 7.23 习题 7.6 附图

第 8 章

其他常用机构

在机器和仪表中，除了前几章所介绍的典型机构外，还有很多其他机构。如间歇运动机构、螺旋机构、摩擦传动机构、挠性传动机构等，这些机构应用在生产和生活的方方面面。

图 8.1 所示的汽车安全带机构是重要的被动安全件，起着约束位移和缓冲作用。当碰撞事故发生时，安全带会将乘员束缚在座椅上，减少乘员发生二次碰撞的危险，同时避免乘员在车辆发生滚翻等危险情况下被抛离座椅，起到防护、防止乘员受到严重或致命伤害的作用。安全带被喻为生命带，是汽车安全领域最重要的发明之一。众所周知，汽车安全带只有低速、缓慢拖拽时才会被拉出，快速拖拽时会锁止不动，这就是汽车安全带的应有功能，那么它是依靠什么机构实现这一功能的？工作原理是什么？

如图 8.1(a)所示，汽车安全带的结构主要包括织带、卷收器和固定机构等。织带是用尼龙或聚酯等合成纤维织成的宽约 50 mm、厚约 1.2 mm 的带，根据不同的用途，通过编织方法及热处理来达到安全带所要求的强度、伸长率等特性。它也是吸收冲突能量的部分。卷收器是根据乘员的坐姿、身材等来调节安全带长度，不使用时收卷织带的装置。固定机构包括带扣、锁舌、固定销和固定座等。带扣及锁舌是系紧和解开座椅安全带的装置。将织带的一端固定在车身的称为固定板，车身固定端称为固定座，固定用的螺栓称为固定螺栓。卷收器的作用是储存织带和锁止织带拉出，它是安全带中最复杂的机械件。如图 8.1(b)所示，卷收器里面是一个棘轮机构，正常情况下乘员可以在座椅上自由匀速拉动织带，但当织带从卷收器连续拉出过程一旦停止或当车辆遇到紧急状态时，棘轮机构就会作锁紧动作将织带自动锁死，阻止织带拉出。安装固定件是与车体或座椅构件相连接的耳片、插件和螺栓等，它们的安装位置和牢固性，直接影响到安全带的保护效果和乘员的舒适感。

汽车安全带

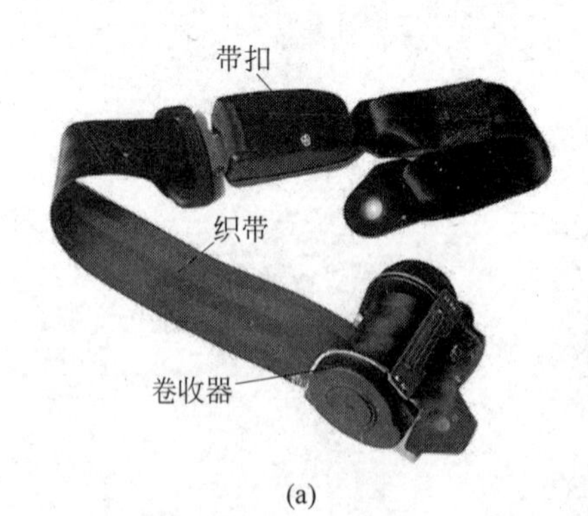

(a)

(b)

图 8.1　汽车安全带机构

这些机构有的时候单独使用即可满足工作要求，有的时候则需要将几个基本机构组合在一起使用，才能满足生产上对机械设备的千变万化的工作要求。本章将对这样一些其他常用机构的工作原理、类型、特点及应用等作简单介绍，同时还将就机构的组合设计问题进行必要的探讨。

8.1　间歇运动机构

在机械中，常要求机构的某些构件作周期性的停歇运动，如自动机械、仪器和机床中的输送运动、转位分度运动和换向、超越运动等。这种由主动件做连续运动、从动件做周期性间歇运动的机构称为间歇运动机构。间歇运动机构的种类很多，常用的间歇运动机构有棘轮机构、槽轮机构、凸轮式间歇运动机构及不完全齿轮机构等，下面介绍这几种常用间歇运动机构的工作原理、运动特点和应用。

8.1.1　棘轮机构

1. 棘轮机构的工作原理

如图 8.2 所示，棘轮机构由主动摇杆 1、棘爪 2、棘轮 3、止回棘爪 4 和机架几个部分组成。弹簧 5 用来使止回棘爪 4 和棘轮 3 保持接触。主动摇杆 1 空套在与棘轮 3 固连的从动轴 O 上，并与棘爪 2 用转动副相连。当主动摇杆 1 作逆时针方向摆动时，棘爪 2 便插入棘轮 3 的齿槽内，推动棘轮转动一定的角度，此时止回棘爪 4 在棘轮的齿背上滑过。当主动摇杆 1 顺时针摆动时，止回棘爪阻止棘轮顺时针方向转动，棘爪 2 在棘轮的齿背上滑过，棘轮 3 保持静止不动。这样，当主动件做连续的往复摆动时，棘轮做单向的间歇转动。

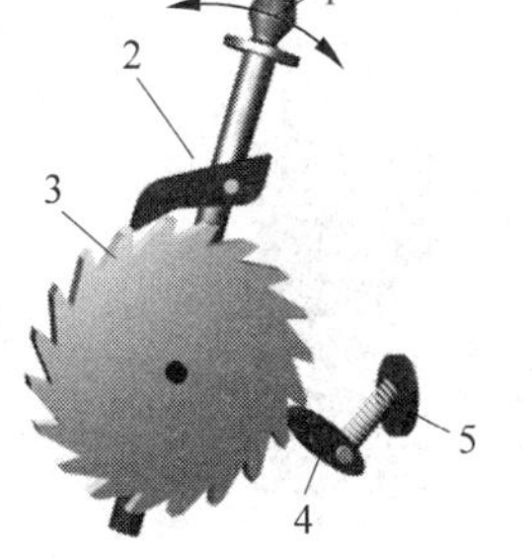

图 8.2　轮齿式棘轮机构

轮齿式
棘轮机构

2. 棘轮机构的类型、特点及其应用

根据结构特点，将棘轮机构分为齿式棘轮机构和摩擦式棘轮机构两类。

齿式棘轮机构的特点是棘轮上具有刚性棘齿，由棘爪推动棘齿使棘轮作间歇运动。如图 8.2 所示为外棘轮机构，其棘齿分布在棘轮的外缘，图 8.3 为内棘轮机构，其棘齿分布在棘轮的内缘。如图 8.4 所示，当外棘轮机构的棘轮直径为无穷大时，棘轮变为棘条，棘轮的单向间歇转动变为棘条 3 的单向间歇移动。按照棘轮机构运动情况的不同，又可以分为单

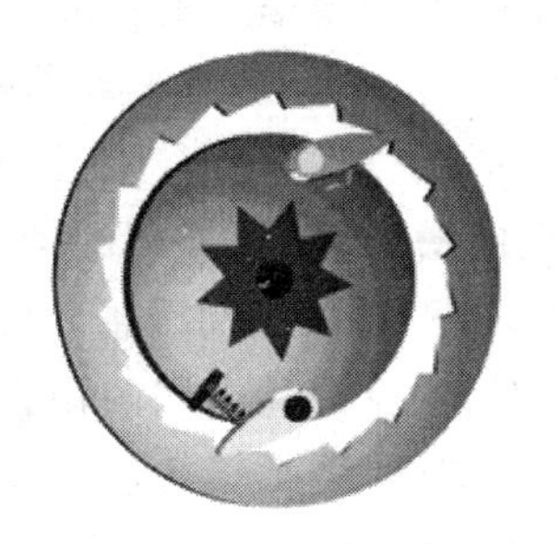

图 8.3　内棘轮机构

图 8.4　棘条

内棘轮机构

棘条

动式棘轮机构、双动式棘轮机构、双向式棘轮机构。单向式棘轮机构棘轮的轮齿可采用不对称梯形齿或三角形齿。双向式棘轮机构一般采用矩形齿或对称梯形齿。如图 8.5 所示牛头刨床工作台的横向进给机构中，即采用了双向式棘轮机构以及曲柄摇杆机构和齿轮机构的组合，从而实现了工作台的双向进给运动。

如图 8.6 所示的机构为摩擦式棘轮机构，它是依靠棘爪 2 和棘轮 3 之间的摩擦力，将主动摇杆 1 的往复摆动转换成棘轮 3 的单向间歇转动。它克服了齿式棘轮机构中棘爪在棘轮齿面滑行时所引起的冲击噪声、传动平稳性差以及棘轮每次转过角度的大小不能无级调节等缺点，但其运动准确性较差。

图 8.7 为由摩擦式棘轮机构演化得到的单向离合器或超越离合器，由星轮 1、套筒 2、弹簧顶杆 3 和滚柱 4 组成。当主动星轮 1 逆时针方向转动时，由于摩擦力的作用，使滚柱 4 楔紧在星轮 1 和套筒 2 之间的空隙小端，从而带动套筒 2 随主动星轮 1 以相同的转速回转。当主动星轮 1 顺时针方向转动时，同样由于摩擦力的作用，使滚柱 4 滚向主动星轮 1 和套筒 2 之间的空隙大端，此时套筒 2 静止不动，故该机构常用作单向离合器。此外，当主动星轮 1 逆时针方向转动时，如果套筒 2 的逆时针转速超过主动星轮 1 的转速时，星轮 1 和套筒 2 脱开，并以各自的速度转动，此时该机构用作超越离合器。

摩擦式棘轮机构

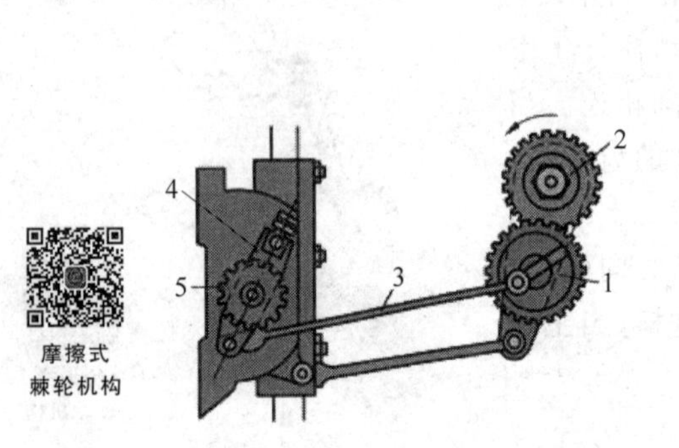

图 8.5　牛头刨床中的双向式棘轮机构

图 8.6　摩擦式棘轮机构

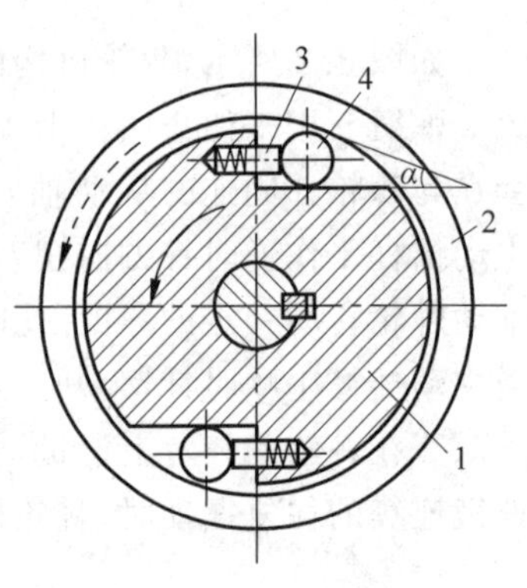

图 8.7　离合器

8.1.2　槽轮机构

1. 槽轮机构的工作原理

图 8.8 为一典型的外槽轮机构，它由具有圆销的主动销轮 1、具有若干径向槽的从动槽轮 2 及机架组成。主动销轮 1 以等角速度 ω_1 连续转动时，从动槽轮 2 便作单向间歇转动。其工作原理为：当主动销轮 1 上的圆销 G 进入槽轮 2 的径向槽时，销轮外凸的锁止弧 nn 和槽轮内凹的锁止弧 mm 脱开，圆销 G 拨动槽轮 2 作逆时针转动；当圆销 G 与槽轮脱开时，槽轮因其内凹的锁止弧被销轮外凸的锁止弧锁住而静止。这样，就把销轮的连续回转运动转换为槽轮的单向间歇转动。

外槽轮机构

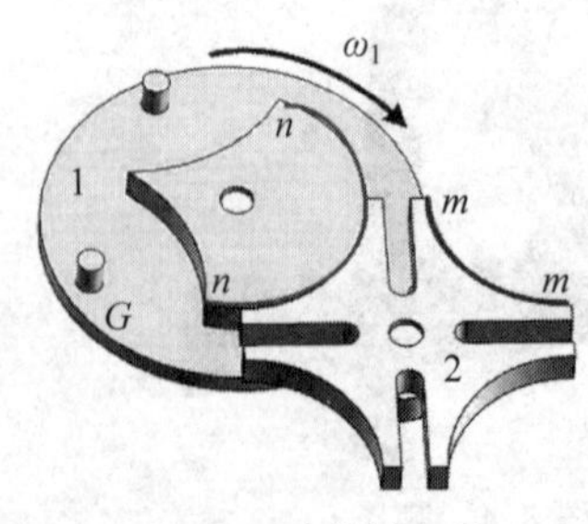

图 8.8　外槽轮机构

2. 槽轮机构的类型、特点及其应用

按照主、从动槽轮轴线的相对位置不同,可将槽轮分为平面槽轮机构和空间槽轮机构两大类。平面槽轮机构用来传递平行轴运动,它又分为两种形式：一种是外槽轮机构,如图 8.8 所示,其主动销轮 1 与从动槽轮 2 转向相反；另一种是内槽轮机构,如图 8.9 所示,其主动销轮 1 与从动槽轮 2 转向相同。与外槽轮机构相比,内槽轮机构传动较平稳,机构也较为紧凑。空间槽轮机构用来传递相交轴运动。图 8.10 为垂直相交轴间的球面槽轮机构,其球面槽轮呈半球形,主动销轮 1、球面槽轮 2 以及圆销 3 的轴线都通过球心 0,当主动销轮 1 连续转动时,球面槽轮 2 作单向间歇转动。

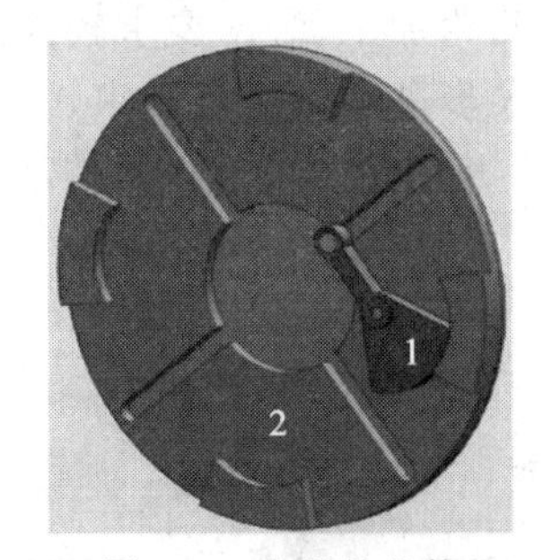

图 8.9　内槽轮机构

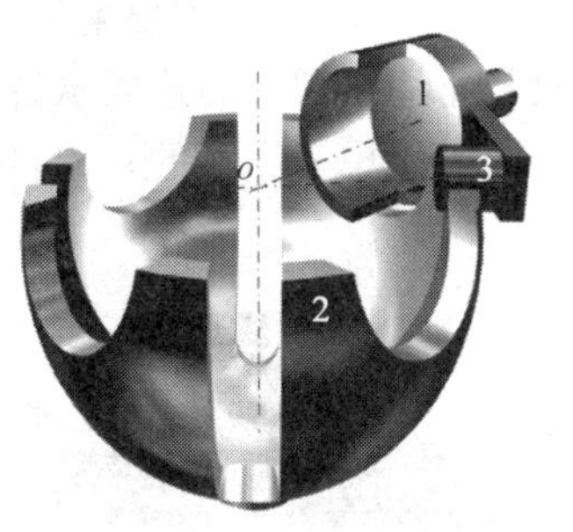

图 8.10　球面槽轮机构

球面槽轮机构

槽轮机构的特点是结构简单、工作可靠,在圆销进入啃合和退出啃合时,传动较平稳。能准确控制转动角度。但由于槽轮在起动和停止时加速度变化大,有冲击,且随槽数减少、转速增高而加剧,因此不适用于高速的场合。此外,槽轮每次转过的角度与槽轮的槽数有关,欲改变转角,则需要改变槽轮的槽数,重新设计槽轮机构,因此槽轮机构多用于不要求经常调整转角的转位运动中。由于制造工艺、机构尺寸等条件的限制,槽轮的槽数不宜过多,故每次的转角较大。

槽轮机构一般用于转速不是很高的自动机械和轻工机械中。如图 8.11 所示的电影放映机中可以间歇送片,如图 8.12 所示的自动传送链装置中,其主动销轮 1 与从动槽轮 2 通过一定时间的停歇用来满足自动线上流水装配的需求。

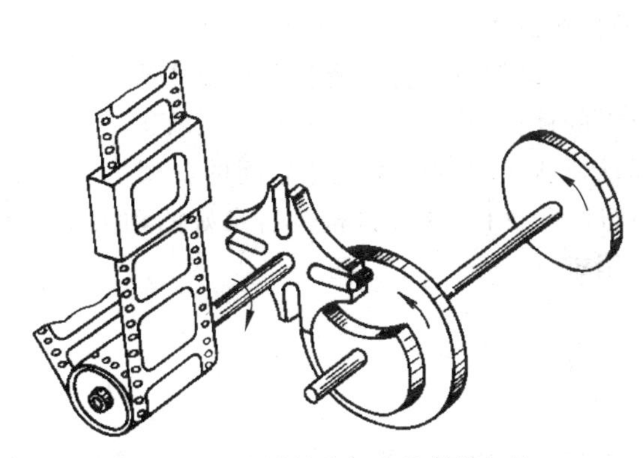

图 8.11　电影放映机中的槽轮机构

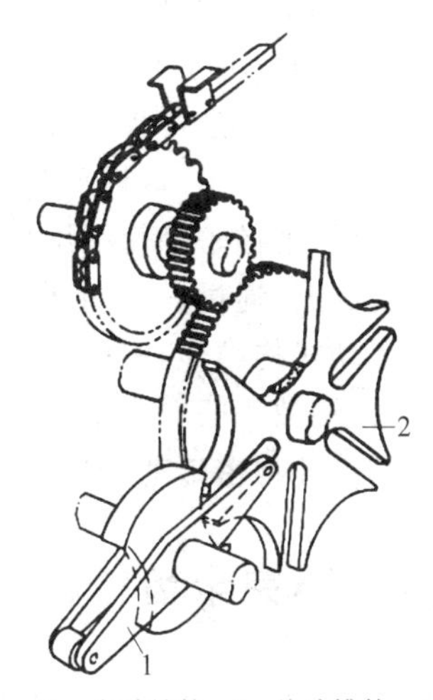

1—主动销轮；2—从动槽轮。

图 8.12　自动传送链装置

电影放映机中的槽轮机构

8.1.3 凸轮式间歇机构

1. 凸轮式间歇机构的工作原理及特点

如图 8.13 和图 8.14 所示,凸轮式间歇运动机构一般由主动凸轮、从动转盘和机架组成。当主动凸轮 1 做等角速度回转时,从动转盘 2 做单向间歇回转。凸轮式间歇运动机构的特点是结构简单、运转可靠、传动平稳。从动件的运动规律决定于凸轮的轮廓形状,可以通过选择适当的运动规律来改善动力性能,避免刚性冲击和柔性冲击。在转盘停歇时,由凸轮的曲线槽完成定位,而不需要附加的定位装置,因此对凸轮加工、装配要求较高。凸轮式间歇运动机构常用于需要高速间歇转位的分度装置和要求步进动作的机械中,例如用于多工位立式半自动机中工作盘的转位,拉链嵌齿机、火柴包装机等机械间歇供料传动系统。

圆柱凸轮间歇运动机构

蜗杆形凸轮间歇运动机构

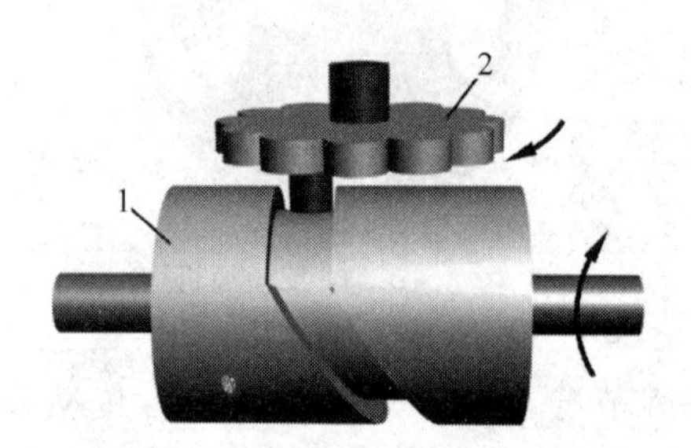

图 8.13 圆柱凸轮间歇运动机构

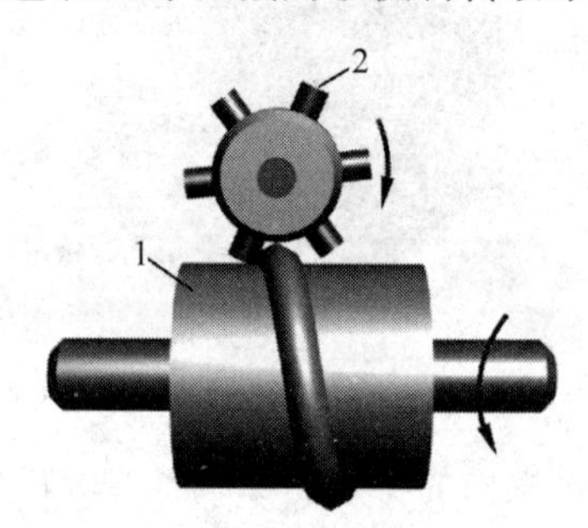

图 8.14 蜗杆形凸轮间歇运动机构

2. 凸轮式间歇运动机构的类型

凸轮式间歇运动机构一般有以下两种型式。

1) 圆柱凸轮间歇运动机构

如图 8.13 所示,圆柱凸轮间歇运动机构的主动凸轮 1 是带有曲线沟槽或凸脊的圆柱凸轮,从动转盘 2 为带有均布柱销的圆盘。当圆柱凸轮转动时,通过其曲线沟槽或凸脊拨动柱销,使从动圆盘作间歇运动。这种机构多用于两交错轴间的分度运动。通常凸轮的槽数为 1,柱销数一般取大于 6。

2) 蜗杆形凸轮间歇运动机构

如图 8.14 所示,蜗杆形凸轮间歇运动机构的主动凸轮 1 为圆弧面蜗杆形的凸轮,其上有一条凸脊,就像一个变螺旋角的圆弧蜗杆,从动转盘 2 为带有径向均布柱销的圆盘。当蜗杆凸轮转动时,通过其上的凸脊推动转盘上的柱销,从而使从动圆盘做间歇运动。同圆柱凸轮间歇运动机构类似,蜗杆形凸轮间歇运动机构也多用千两交错轴间的分度运动。对于单头凸轮,柱销数一般取不小于 6,但也不宜过多。由于这种机构具有良好的动力学性能,所以适用于高速精密传动,但加工制造较为困难。

8.1.4 不完全齿轮机构

如图 8.15(a)所示,不完全齿轮机构是由一般的渐开线齿轮机构演变而成的一种间歇运动机构，其主要区别在于不完全齿轮机构主动轮上的轮齿不是布满在整个圆周上，主动轮1上只有一个或几个齿，其余部分为锁止弧。根据运动时间与停歇时间的要求，在从动轮2上加工出与主动轮齿相啮合的齿。在不完全齿轮机构中，主动轮1连续转动，当轮齿进入啮合时，从动轮2开始转动；当轮齿退出啮合时，由于主动轮1和从动轮2上锁止弧的密合定位作用，使得从动轮2处于停歇位置，从而实现了从动轮2的间歇转动。如图8.15(a)所示的不完全齿轮机构中，从动轮上分布有6段锁止弧和6段轮齿，每段轮齿有3个齿槽与主动轮上的3个轮齿相啮合。主动轮每转一周，从动轮只转1/6周。

不完全齿轮有外啮合、内啮合及齿轮齿条三种形式，分别如图8.15(a)、(b)、(c)所示。

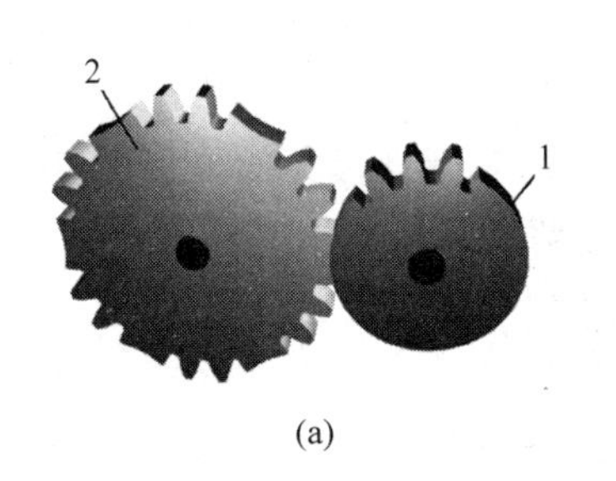

(a)

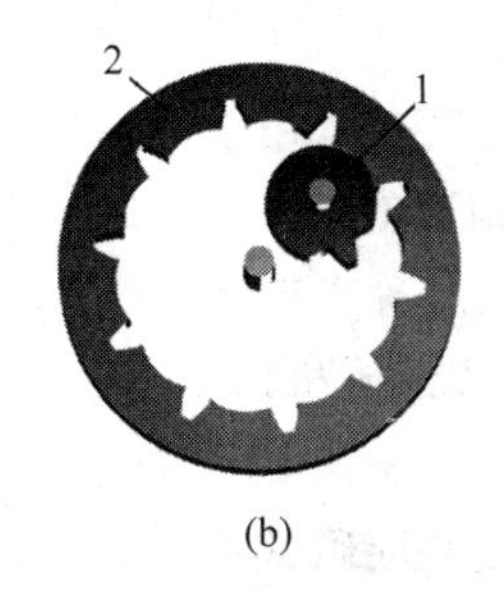

(b)

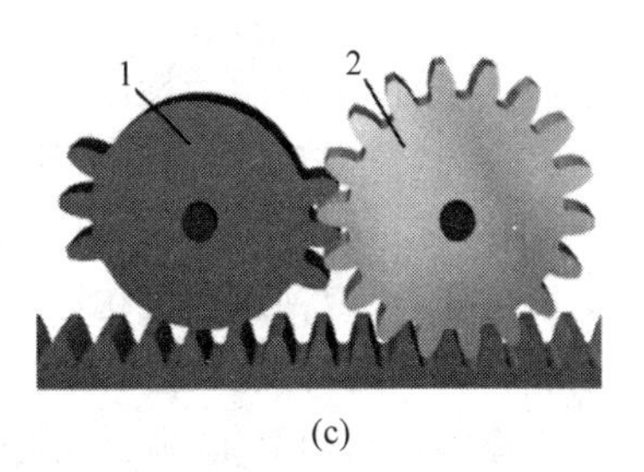

(c)

图8.15　不完全齿轮机构

不完全齿轮机构动态视频

与其他间歇运动机构相比，不完全齿轮机构具有结构简单、设计灵活等特点。主动轮每转一周，从动轮运动角的幅度、从动轮停歇的次数及每次停歇的时间，都比棘轮机构和槽轮机构有更宽的选择范围。但不完全齿轮机构中的从动轮在转动开始和终止时，角速度有突变，会引起刚性冲击，因此一般只适用于低速轻载的工作场合。如果用于高速，则需要安装瞬心线附加杆来改善其动力特性。

不完全齿轮常用于多工位、多工序的自动机和半自动机工作台的间歇转位，以及计数机构和某些间歇进给机构中。

不完全齿轮机构与一般的齿轮机构不仅在轮齿的分布不同，而且在如图8.15所示的啮合过程中，当首齿进入啮合及末齿退出啮合的过程中其轮齿不在基圆的内公切线上接触传动，所以在此期间不能保持定传动比传动。

8.2　螺旋机构

螺旋机构是利用螺旋副传递运动和动力的机构。图8.16所示为最简单的三构件螺旋机构。其中构件1为螺杆，构件2为螺母，构件3为机架。在图8.16(a)中，B为螺旋副，其导程为l；A为转动副，C为移动副。当螺杆1转动φ角时，螺母2的位移s为：

$$s=l\frac{\varphi}{2\pi} \tag{8.1}$$

如果将图8.16(a)中的转动副A也换成螺旋副，便得到图8.16(b)所示的螺旋机构。设A，B段螺旋的导程分别为l_A，l_B，则当螺杆1转过φ角时，螺母2的位移为：

$$s=(l_A\mp l_B)\frac{\varphi}{2\pi} \tag{8.2}$$

螺旋机构
动态视频

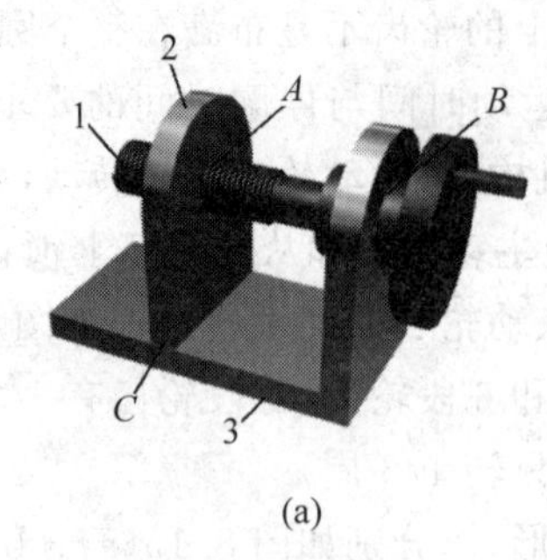

(a)

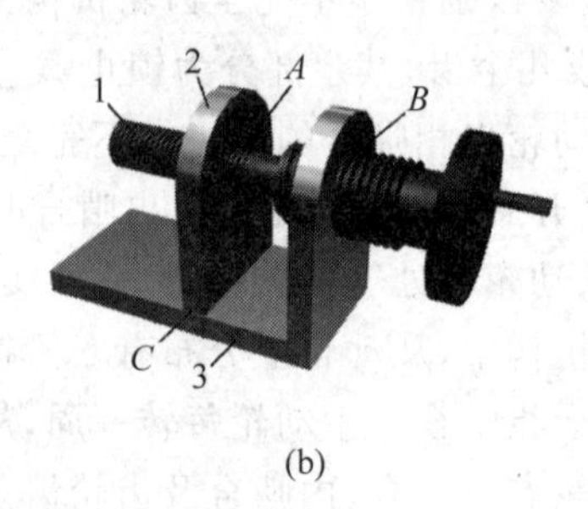

(b)

图 8.16 螺旋机构

式中,“－”号用于两螺旋旋向相同时,“＋”号用于两螺旋旋向相反时。

由式(8.2)可知,当两螺旋旋向相同时,若 l_A 与 l_B 相差很小,则螺母 2 的位移可以很小,这种螺旋机构称为差动螺旋机构(又称微动螺旋机构);当两螺旋旋向相反时,螺母 2 可产生快速移动,这种螺旋机构称为复式螺旋机构。

螺旋机构的特点及应用如下:

螺旋机构结构简单、制造方便、运动准确、能获得很大的降速比和力的增益,工作平稳、无噪音,合理选择螺纹导程角可具有自锁作用,但效率较低,需要有反向机构才能反向运动。螺旋机构的主要功能及应用如表 8-1 所示。

表 8-1 螺旋机构的主要功能及应用

功能	应用实例	说明
传递运动和动力	1 5 2 A B 3 4	台钳定心夹紧机构,由平面夹爪 1 和 V 型夹爪 2 组成定心机构。螺杆 3 的 A 端是右旋螺纹,采用导程不同的复式螺旋。当转动螺杆 3 时,夹爪 1 和 2 夹紧工件 3
转变运动形式	(a) 螺母 螺杆；(b) 螺母(旋转) 螺杆；(c) 螺母 螺杆；(d) 螺杆 螺母(旋转)	(a) 螺杆转动,螺母移动 (b) 螺母转动,螺杆移动 (c) 螺母固定,螺杆转动和移动 (d) 螺杆固定,螺母转动和移动

续表

功能	应用实例	说明
机构调整	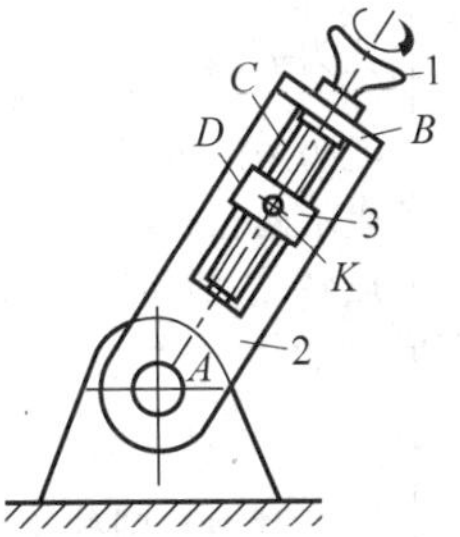 C 1 B D 3 K A 2	利用螺旋机构调节曲柄长度。螺杆（构件 1）与曲柄（构件 2）组成的转动副 B，与螺母（构件 3）组成螺旋副（D）。曲柄 2 的长度 AK 可通过转动螺杆 1 改变螺母 3 的位置来调整
微调与测量	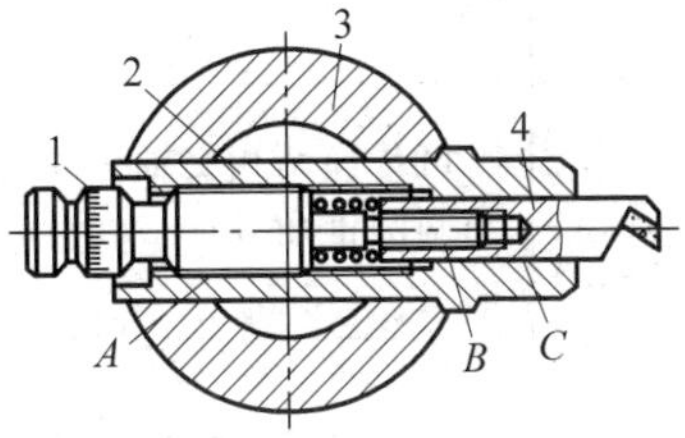 3 2 4 1 A B C	镗床镗刀的微调机构。螺母 2 固定于镗杆 3。螺杆 1 与螺母 2 组成螺旋副 A，同时又与螺母 4 组成螺旋副 B。4 的末端是镗刀，它与 2 组成移动副 C。螺旋副 A 与 B 旋向相同而导程不同，当转动螺杆 1 时，镗刀相对镗杆作微量的移动，以调整镗孔的进刀量

8.3　摩擦传动机构

(1) 摩擦传动机构的工作原理及特点

摩擦传动机构由两个相互压紧的摩擦轮及压紧装置等组成。它是靠接触面间的摩擦力传递运动和动力的。摩擦轮机构实现定速比传动，但摩擦轮接触表面是无齿表面，可以设计一种可调结构，无级改变接触处的回转半径，实现无级调速，这是摩擦轮机构最突出的特点。另外，摩擦轮机构是由摩擦力牵引传动的，当最大摩擦力小于阻力时，主从动轮间将出现打滑现象，这就显示了它在机构系统中还具有过载保护的功能。当然利用摩擦传动机构还可实现间歇进给，实现制动、止动、离合等功能。其缺点是轮廓尺寸大，结构不紧凑；对轴和轴承的压力大，提高了对轴和轴承的要求；只能传递中、小功率，且传动效率低，只宜用于传递动力较小的场合。

(2) 摩擦传动机构的类型及应用

表 8-2 给出了常用摩擦传动机构的类型及应用场合，供设计时参考。

表 8-2 摩擦传动机构类型、特点及应用

类型	简图	特点及应用
圆柱平摩擦传动机构		分为外切和内切两种类型，轮 1 和轮 2 的传动比为 $i_{12}=\frac{n_1}{n_2}=\mp\frac{R_2}{R_1(1-\varepsilon)}$，ε 为滑动率，通常 $\varepsilon=0.01\sim0.02$；“−”“+”分别用于外切和内切，表示两轮转向相反或相同。此形式结构简单，制造容易，但压紧力大，宜用于小功率传动
圆柱槽摩擦传动机构	2β	压紧力较圆柱平摩擦传动机构小，当 $\beta=15°$ 时，约为平摩擦传动机构的 30%。但这种机构易发热与磨损，故效率较低，对加工和安装要求较高。该机构适用于绞车驱动装置等机械中
圆锥摩擦轮机构	O, δ_2, δ_1, B, 2, 1, A	可传递两相交轴之间的运动，两轮锥面相切。当两圆锥角 $\delta_1+\delta_2=90°$ 时，其传动比为 $i_{12}=\frac{n_1}{n_2}=\frac{\sin\delta_2}{\sin\delta_1(1-\varepsilon)}$，当 $\delta_1+\delta_2=90°$ 时，其传动比为 $i_{12}=\frac{n_1}{n_2}=\frac{\tan\delta_2}{1-\varepsilon}$。此种形式结构简单，易于制造，但安装要求较高。常用于摩擦压力机中
滚轮圆盘式摩擦传动机构	a, 3, 2, C, B, B, d, 1, A	用于传递两垂直相交轴之间的运动。盘形摩擦轮 d 安装在轴 1 上，滚轮 2 装在轴 3 上，并可沿轴 3 上的花间 C 移动。传动比 $i_{12}=\frac{n_1}{n_2}=\frac{r}{a(1-\varepsilon)}$，式中，r 为滚轮 2 的半径；a 为滚轮与摩擦盘 d 的接触点到轴线到轴线 A 的距离。此种形式压紧力较大，易发热与磨损。如果将滚轮 2 制成鼓形，可减小几何滑动。如果轴向移动滚轮 2，可实现正反向无级变速。常用于摩擦压力机中
滚轮圆锥式摩擦传动机构	轴3, 滚轮2, K, D, 轴1, 摩擦轮	滚轮 2 绕轴 3 的固定轴线 B—B 转动，并可在轴 3 的滑键上移动。轴线 A—A 与 B—B 间的夹角为 γ，其值等于摩擦锥 b 的半锥角。轴 1 与轴 3 的传动比为 $i_{13}=\frac{n_1}{n_3}=\frac{r}{(R-a\sin\gamma)(1-\varepsilon)}$，式中，r 为滚子半径；a 为滚轮 2 与摩擦锥 b 的接触点 K 到摩擦锥底端 D 点间的距离；R 为摩擦锥底端到轴线 A—A 间的半径，该机构兼有圆柱和圆锥摩擦轮的特点，可用于无级变速的机构中

8.4　挠性传动机构

8.4.1　带传动机构

（1）带传动机构的工作原理和特点

带传动机构主要由主动轮 1、从动轮 2 和张紧在两轮上的传动带 3 组成（图 8.17）。当原动机驱动主动轮时，借助带轮和带间的摩擦或啮合，传递两轴间的运动和动力。带传动机构具有结构简单、传动平稳、造价低廉、不需润滑以及有缓冲作用等优点，在近代机械中被广泛应用。其缺点是传动比不准确，一般不适用于高温或有腐蚀性介质的环境中。

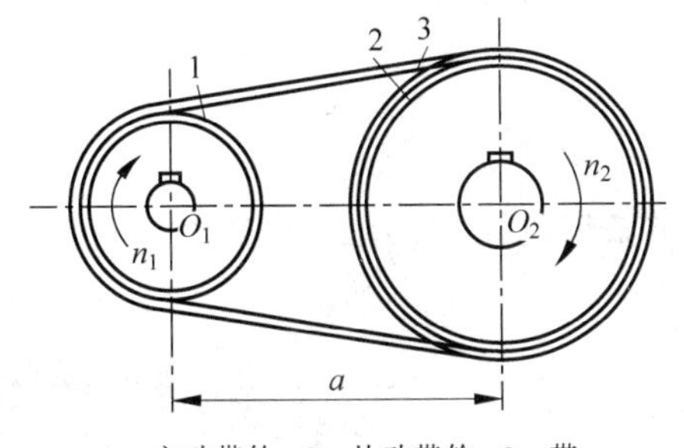

1—主动带轮；2—从动带轮；3—带。

图 8.17　摩擦型带传动机构

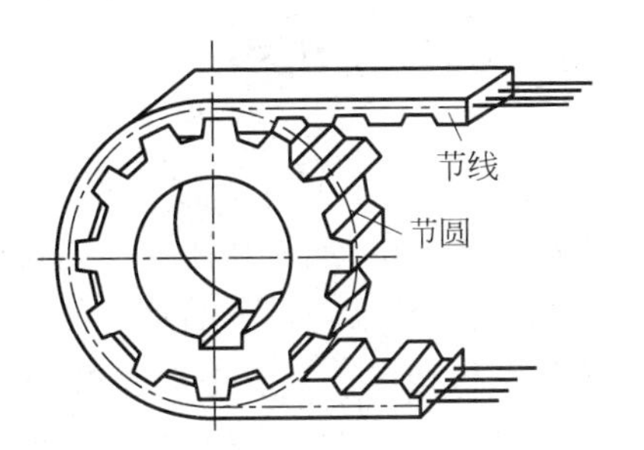

图 8.18　啮合型带传动机构

（2）传动带的类型及应用

根据传动原理不同，带传动机构可分为摩擦型和啮合型两大类，图 8.18 为啮合型带传动机构局部示意图。摩擦型带传动机构过载可以打滑，但传动比不准确，滑动率 $\varepsilon=0.01\sim0.02$；啮合型带传动机构可保持传动同步，故被称为同步带传动机构。常用传动带的类型及适用场合见表 8-3。

表 8-3　常用传动带的类型及应用

类型	简　图	主要特点	应　用
平形带	开边式　包边式	结构简单，制造容易，效率较高	用于中心距较大的传动，物料输送
V 形带		当量摩擦系数大，工作面与轮槽黏附性好，传动比较大，结构紧凑	用于传动比较大、中心距较小的传动
圆形带		结构简单	用于小功率传动

续表

类型	简　　图	主要特点	应　　用
多楔带		兼有平型带和V形带的特点，传动平稳，外廓尺寸小	用于结构紧凑的传动，特别是要求V形带根数多或轮轴垂直地面的场合
齿形带		靠啮合传动，传动比准确，轴压力小，结构紧凑，但安装、制造要求高	用于传动比要求恒定的同步传动和传递功率比较大的场合

8.4.2 链传动机构

(1) 链传动机构的工作原理和特点

链传动机构由主、从动链轮和绕在链轮上的链条组成(图8.19)。链轮上制有特殊齿形的齿，依靠链轮轮齿与链节的啮合传递运动和动力。

链传动机构属于具有中间挠性件的啮合传动，它兼有齿轮机构和带传动机构的一些特点。与齿轮机构相比，链传动机构的制造与安装精度要求较低；链轮齿受力情况较好，承载能力大；有一定的缓冲和减振性能；中心距大而结构轻便。与摩擦型带传动机构相比，链传动机构的平均传动比准确，传动效率高；链条对轴的拉力较小；在使用条件相同的情况下，结构尺寸更为紧凑；此外，链条的磨损伸长比较缓慢，张紧调节工作量较小，且能在恶劣的环境中工作。链传动机构的主要缺点是：不能保证瞬时传动比恒定；工作时有噪声；磨损后易发生跳齿；不适合用于受空间限制、要求中心距小以及急速反向传动的场合。

图8.19　链传动机构

(2) 链条的类型及适用场合

链条按用途可分为传动链、起重链和曳引链，按结构形式又可分为滚子链、套筒链、齿形链等多种类型。表8-4给出了常用链条类型及适用场合。

表8-4　常用链条类型及适用场合

类型	简　　图	主要特点	适用场合
滚子链		结构简单，重量较轻，可组装成单排、双排或多排，以适应所传动的功率	用于低速、动力传动、曳引提升，配上各种附件也可供输送用

续表

类型	简　图	主要特点	适用场合
套筒链	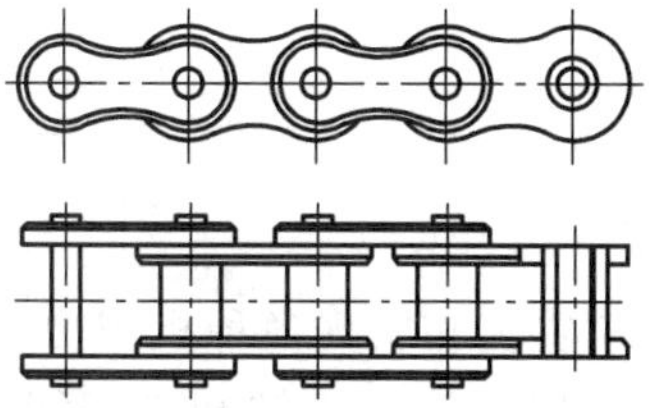	除具有滚子链的特点外，链和链轮啮合为滚动摩擦，可减少链与轮齿的磨损	用于轻载高速传动
板式链	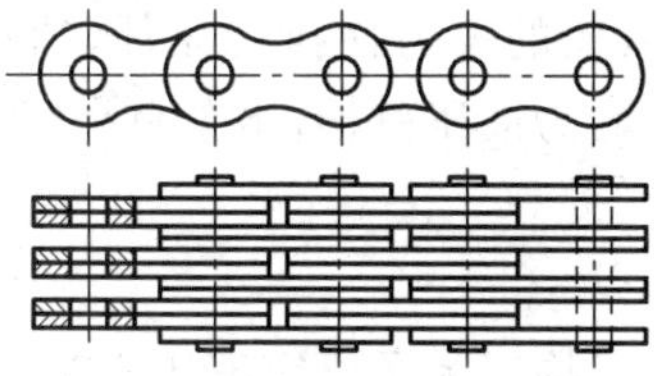	由多片链板用销轴连接而成，可以有多种组合形式	用于起重和平衡装置，如叉车、往复运动机构
弯板滚子链	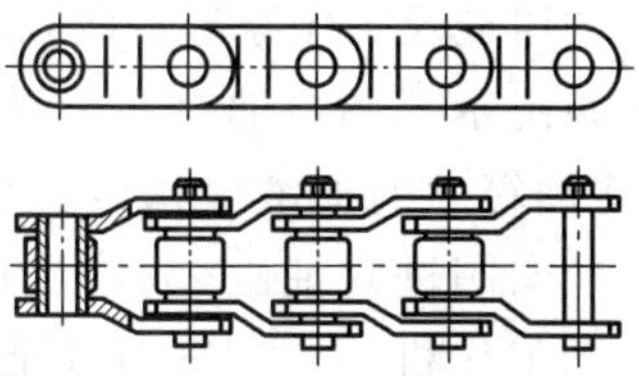	链板是弯曲的，能适应冲击载荷；无内外链节，易于缩短或接长链条	适用于低速重载、有冲击的传动，如石油钻机、动力铲、建筑机械、履带式车辆等
齿形链	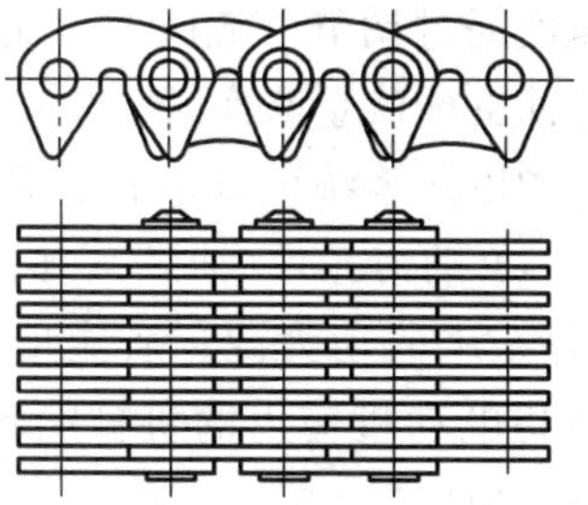	由多个链片铰接而成，链片与轮齿作楔入啮合，故传动平稳，无噪声，可靠性高	适用于高速或运动精度要求高的传动，也用于大功率、较大传动比场合，以及要求平稳、无噪声传动，如汽车、磨床等
铰卷式平顶链	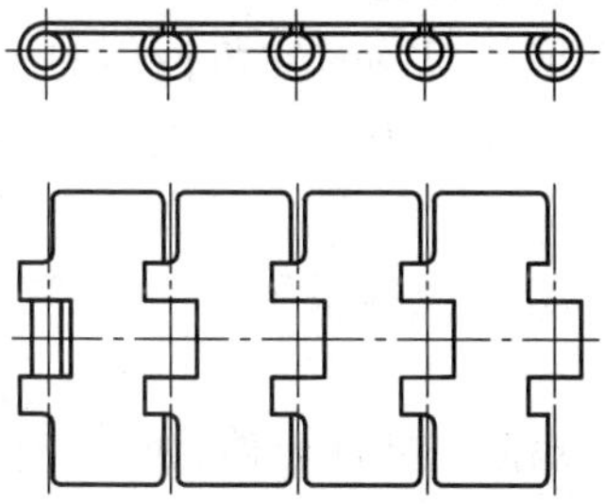	由带铰卷的链板和销轴两个基本零件组成，形成连续的平顶面，可避免灌装容器的绊磕碰翻，易于保持清洁	作为输送线广泛用于灌装生产线，以及输送罐、盒、瓶、玻璃器皿等
焊接式弯板链	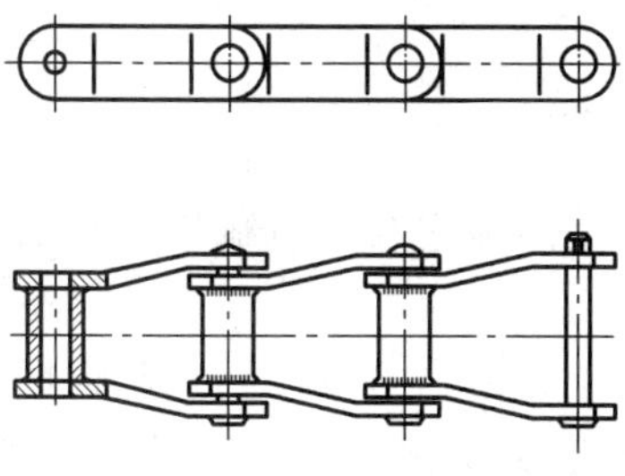	无滚子，套筒与两侧变链板相焊接，结构简单	适用于重载、低速、冲击等工作条件恶劣的场合。可用于传动、起重或曳引

8.5 广义机构

8.5.1 液压机构

液压机构是以液压油为动力源来完成预定运动要求和实现各种机械功能的机构。它有两种不同的类型,一种是利用液体的动能驱动工作机械,使之运转和进行能量转换,称之为动力式液压系统,简称液力机构;另一种是利用液体的压力使执行元件(油缸或油马达)的容积发生变化而作功,称之为容积式液压机构,简称为液压机构,本节只介绍后者。

1. 液压系统的组成及工作原理

液压机构是指液压系统中的执行元件和工作机构。为了研究液压机构需首先了解液压系统的组成及工作原理。图 8.20 为最基本的液压系统示意图。油泵在电动机的带动下转动,将油箱中的油液吸入,经过滤器、节流阀、电磁换向阀进入油缸,驱使油缸内活塞运动,以带动工作机构实现各种功能和动作。活塞的速度通过调节节流阀的过流面积,改变油液通过油缸的流量来实现。由此可以看出,一个完整的液压系统由以下五个部分组成:

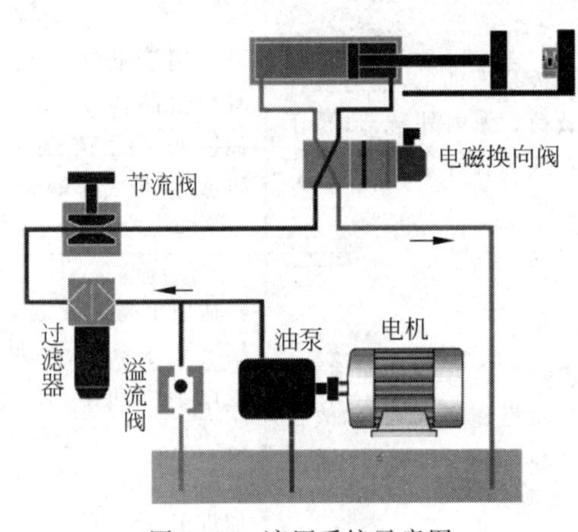

图 8.20　液压系统示意图

(1) 动力元件(油泵),其作用是提供压力油,是系统的动力源。从能量转换的角度看,它是将电动机输出的机械能转变成液压能的能量转换装置。

(2) 执行元件(油缸或油马达)及工作机构(即液压机构),它将液体的压力能转换为机械能,用以驱动负载。液压执行元件主要有液压缸和液压马达两大类,前者实现直线运动,后者完成回转运动。

(3) 控制元件包括压力、流量、方向等控制阀,分别控制系统的压力、流量和液流方向,以满足执行元件对力、速度和运动方向的要求。

(4) 辅助元件,除上述三部分之外的其他装置均属于辅助元件,如油管、油箱等,在系统中起着输送、储存、散热等作用。

2. 液压机构的特点

液压机构之所以得到迅速发展和广泛应用,是因为它与纯机械机构和电力驱动机构相比,具有以下优点:

(1) 在输出同等功率的条件下,液压机构结构紧凑,体积小、重量轻、惯性小。

(2) 工作平稳,冲击、振动和噪声都较小,易于实现频繁的启动、换向,能完成转动、摆动,更易于实现各种往复运动。

（3）调速方便，并能在大的范围内实现无级调速，调速比可达 5000。

（4）操纵简单，便于实现自动化，并可与电力、气动、机械等驱动（控制）的机构联合使用，充分发挥各自的优点，实现复杂的自动工作循环。

（5）易于实现过载保护，工作安全可靠。由于工作介质为油液，相对运动的表面能自行润滑，减少了磨损，延长了使用寿命。

（6）可实现低速大力矩传动，无需减速装置。

液压机构的缺点：

（1）油液的黏性受温度变化的影响大，故不宜用于低温和高温的环境中。

（2）如果泄漏会造成环境污染。

（3）液压元件的加工和配合精度要求高，加工工艺困难，成本较高。

3. 液压机构的应用

液压机构可由液压缸或液压马达与各种机构组成，表 8-5 介绍了几种应用实例。

表 8-5　常用液压机构的应用实例

类型	应用实例	说　　明
液压缸驱动连杆机构	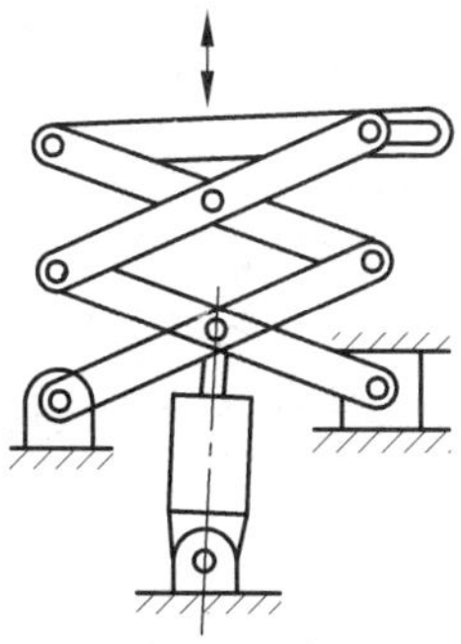 行程放大机构	由摆动液压缸驱动连杆机构，可实现较大的行程和增速，常用于电梯升降、高低位升降台等机械中
液压缸驱动齿轮机构	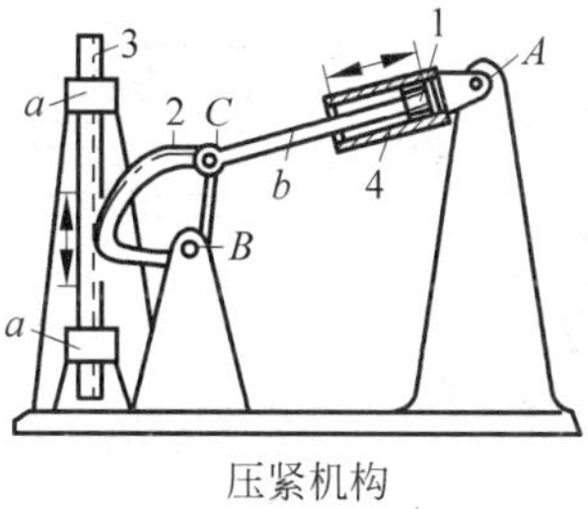 压紧机构	活塞 1 在绕定轴 A 转动的缸 4 内往复移动，活塞杆 b 和绕定轴 B 转动的扇形齿轮 2 组成转动副 C，扇形齿轮 2 和在定导轨 a 内往复移动的齿条 3 相啮合
液压缸驱动凸轮机构	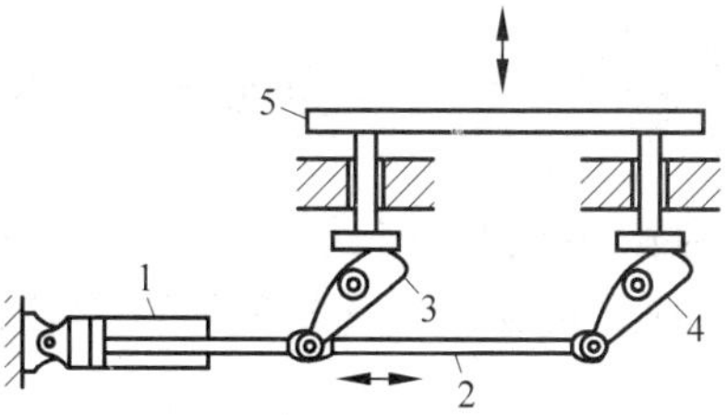 工作台送进机构	活塞杆 2 上铰接两盘形凸轮 3、4，分别与工作台 5 形成高副接触，当活塞 2 往复移动时，带动两盘形成凸轮绕各自的转轴转动，从而使工作台 5 上下往复移动

行程放大机构

压紧机构

工作台送进机构

续表

类型	应用实例	说　明
液压缸驱动棘轮机构	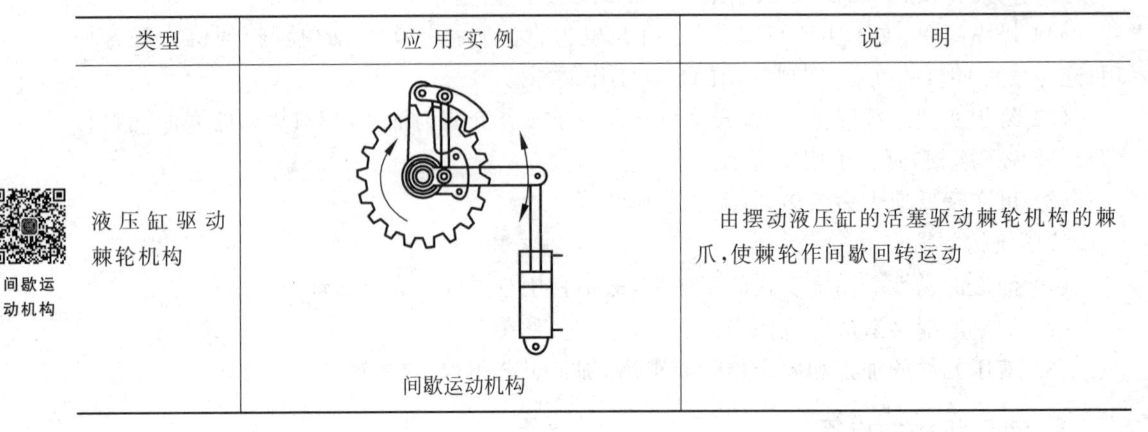 间歇运动机构	由摆动液压缸的活塞驱动棘轮机构的棘爪，使棘轮作间歇回转运动

间歇运动机构

8.5.2　气动机构

气动机构是以压缩空气为工作介质来传递动力和控制信号的机构。随着自动化技术的发展，气动机构在各行业得到了日益广泛的应用。

1. 气动系统的组成及工作原理

气动系统是利用空气压缩机把电动机或其他原动机输出的机械能转换为空气的压力能，然后在控制元件的控制和辅助元件的配合下，通过执行元件把空气的压力能转换为机械能，从而带动工作机构完成各种功能和动作。因此，气动系统与液压系统的工作原理是相似的，但使用的工作介质不同。

图 8.21 为典型的气动系统组成示意图，由图可见，系统由四个部分组成。

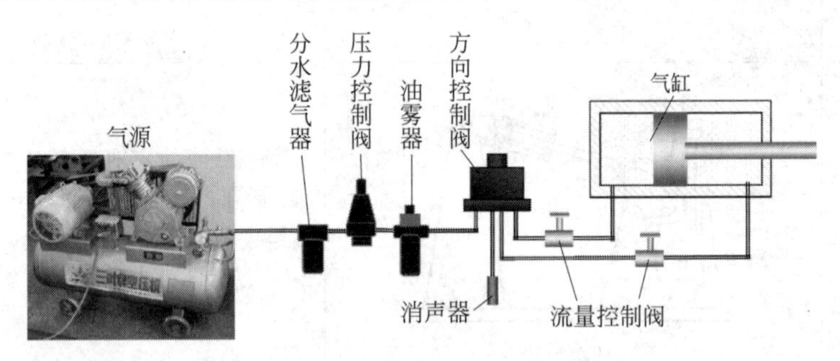

图 8.21　典型的气动系统

(1) 气源部分即气压发生装置。其主要设备是空气压缩机，它将原动机输出的机械能转换成气体的压力能。

(2) 执行元件及工作机构(即气动机构)。执行原件是能量输出装置，如气缸和气马达，它们能将空气的压力能转换成直线运动或回转运动形式的机械能，工作机构由执行元件驱动，完成各种功能和动作。

(3) 控制元件包括各种控制和调节气体压力、流量和流动方向的控制阀。

(4) 辅助元件包括空气过滤器、消声器、油雾器、传感器、放大器、管路和管接头等。

2. 气动机构的特点

气动机构具有以下优点：

(1) 以空气为工作介质，用后可直接排到大气中，处理方便，与液压机构相比不必设置回收油的油箱和管道。

(2) 因空气的黏度很小，在管路中流动时压力损失小，适于集中供气和远距离输送。

(3) 与液压机构相比，动作迅速、反应快、维护简单、工作介质清洁，不存在介质变质问题。

(4) 工作环境适应性好，特别是在易燃、易爆、多尘埃、强磁、强振、潮湿、有辐射和温度变化大的恶劣环境中工作时，安全可靠性优于液压、电子和电气机构。

(5) 空气具有可压缩性，过载能自动保护。

气动机构存在如下缺点：

(1) 由于空气具有可压缩性，因此工作速度稳定性稍差。但采用气液联动装置会得到较满意的结果。

(2) 工作压力较低(一般为 0.3～1.0 MPa)，难以获得很大的输出力。

(3) 噪声较大，在高速排气时要加消声器。

3. 气动机构的应用

气动机构由气缸或气马达与各种机构组成，而气缸的应用最广，它除了可直接推动外载荷外，多采用与连杆、凸轮、齿轮等工作机构的组合方式。表 8-6 为气缸驱动应用实例。

表 8-6　气缸驱动应用实例

类型	应用实例	说明
气缸驱动连杆机构	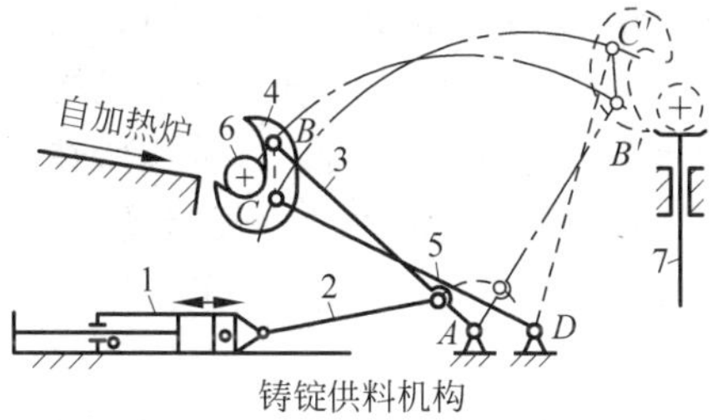 铸锭供料机构	气缸 1 通过连杆 2 驱动双摇杆机构 ABCD，将由加热炉出料的铸锭 6 运送到升降台 7 上
气缸驱动凸轮机构	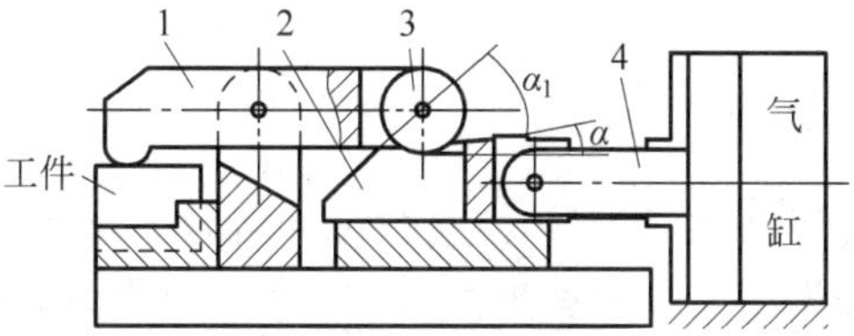 增力机构	气缸通过与活塞杆 4 铰接的双向移动凸轮 2 控制压紧摆杆 1 压紧工件。当凸轮 2 与摆杆 1 上的滚子 3 接触后，先用大升角 α_1，使摆杆 1 迅速接近工件，然后小升角 α 使摆杆压紧工件，并能保持自锁

续表

类型	应用实例	说明
气缸驱动齿轮机构	摆杆机构	气缸1驱动齿条3沿导向辊4往复移动，往复行程由限位开关2和5控制；齿条使齿轮7作往复摆动，由于偏置于齿轮上的小轴在角形摆杆6的槽中滑动使6获得往复摆动
气缸驱动棘轮机构	间歇运动机构	缸1绕定轴 A 转动，活塞6在缸内往复移动，并和绕定轴 C 转动的杆7组成转动副 B。棘爪2，3和杆7组成转动副 E，F 并和绕定轴 O 转动的棘轮4相啮合。当活塞6往复移动时，棘爪2，3使棘轮4朝着一个方向间歇转动，弹簧5实现棘爪和棘轮间的力封闭

8.5.3 折纸机构

折纸机构是机构学的一个分支，是在折纸艺术的启发下被发掘的，属于折展机构的范畴。折纸机构的组成要素包括：折痕、顶点和纸面。其中，折痕指的是位于折纸机构上，除机构边缘线外的所有线段。因此，折痕可能全部位于折纸机构的内部，也可能与折纸机构的边缘有交点；根据顶点所处的位置，可以将其分为内部顶点和外部顶点。内部顶点指的是至少两条折痕在折纸机构内部的交点，外部顶点指的是折痕与折纸机构的边缘线的交点；被多条折痕和边缘线的一部分围起来的封闭区域称为纸面。以折痕所在直线为轴，该条折痕两侧所连接的纸面进行旋转运动，就可以实现折纸机构的折展运动。由于纸面在折展过程中一般发生微小变形，并且出于分析问题时的简化需要，假设纸面不发生刚性变形，也称为刚性折纸。

刚性折纸是一类特殊的折纸结构，通过沿预定折痕的折叠实现在不同折叠状态之间的连续运动，在其成型过程中变形只发生在折痕区域，而主体板面不发生扭曲或拉伸等变形，因此刚性折纸在工程中有着巨大的应用潜力。

1. 刚性折纸的运动学分析与折痕分布

如图8.22所示，基于球面机构的运动学，将多顶点折痕分布等效为球面机构网格，可以建立针对刚性折纸折痕分布的运动学模型与分析理论。通过求解高度非线性刚性折痕分布的运动学逆问题，能够获得基于二维排布球面机构网格的一系列新的平面刚性折痕分布规律，和基于空间闭合排布的球面机构网格的管状刚性折痕分布规律。

以可刚性折叠的管状折纸结构为基本单元，通过叠加、删减等不同的组合方式和在已有

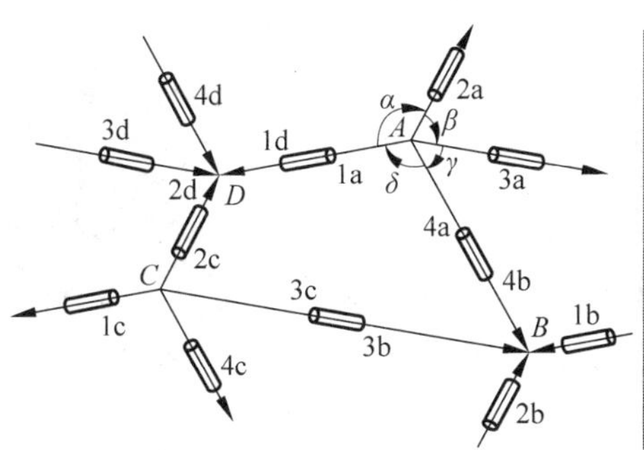

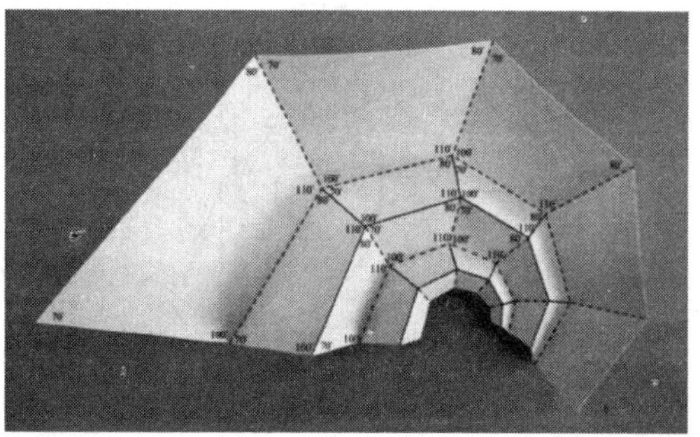

图 8.22　刚性折纸的运动学模型

的管状折纸结构中添加面的方法，可以获得一系列可单自由度刚性折叠的管状折纸结构，如图 8.23 所示。该方法既可用于单层直管或弯管，也可用于多层直管或弯管。这种可刚性折叠的拱形管结构可用于可展结构、超材料和折纸机器人的设计中。

图 8.23　管状刚性折纸结构

2. 厚板折纸理论

针对工程折展结构的厚度不能忽略、折叠过程中存在严重的物理干涉等问题，摆脱原有的折纸运动学模型，便衍生出了厚板折纸理论。该理论创造性地用空间机构代替球面机构，建立了基于空间过约束机构网格的厚板折纸运动学模型。通过对各种折纸节点分布进行系统的非线性运动协调分析，可以得到单自由度的厚板折纸条件，使得零厚度的折痕分布可以直接应用于厚板折展。通过对多机构网格逆问题的解析，可以精确地描述厚板折叠的几何条件与运动过程，实现折纸结构与厚板结构运动学的等价，同时将多自由度的零厚度折纸转化成单自由度的厚板折纸，有效地简化了结构的驱动与控制。

如图 8.24 所示，通过将零厚度的 waterbomb 折纸等效为球面 6R 机构网格，将 waterbomb 厚板折纸等效为空间过约束机构网格，在此基础上，调整某些几何参数，便可以沿着两条不同的路径进行折叠。这种方法不仅可用于厚板的单自由度折叠，而且运动方式与零厚度折纸的方式也保持一致。

将空间机构学基本理论与刚性折纸设计方法相结合，用折痕叠加来设计形态可变的多构型刚性折纸结构，可实现原本不可折平折痕的紧密折叠，具有更大折展比，通过折痕的山谷线转换可实现叠加折痕中折叠顺序的严格控制(图 8.25)。

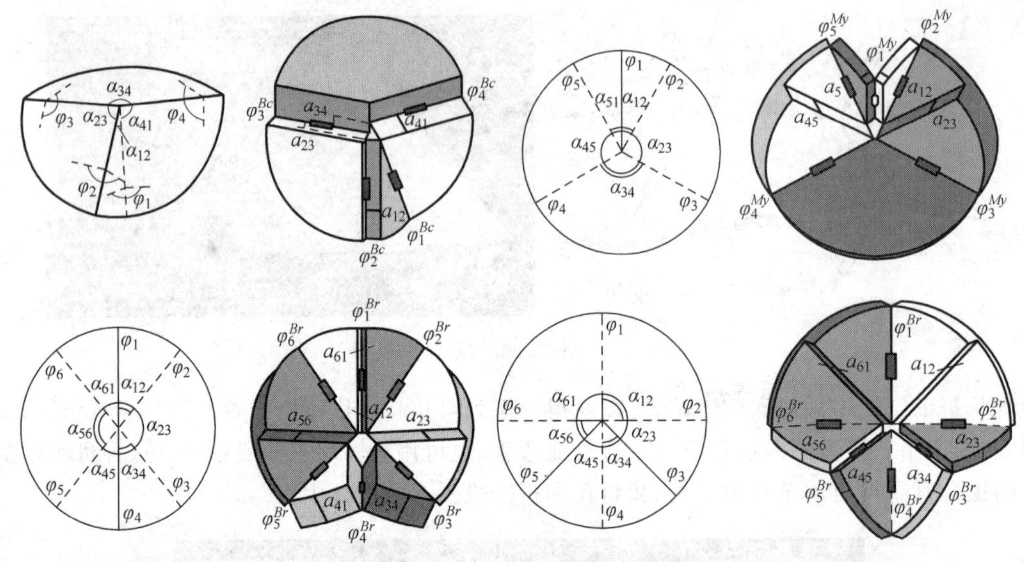

图 8.24　厚板折纸理论

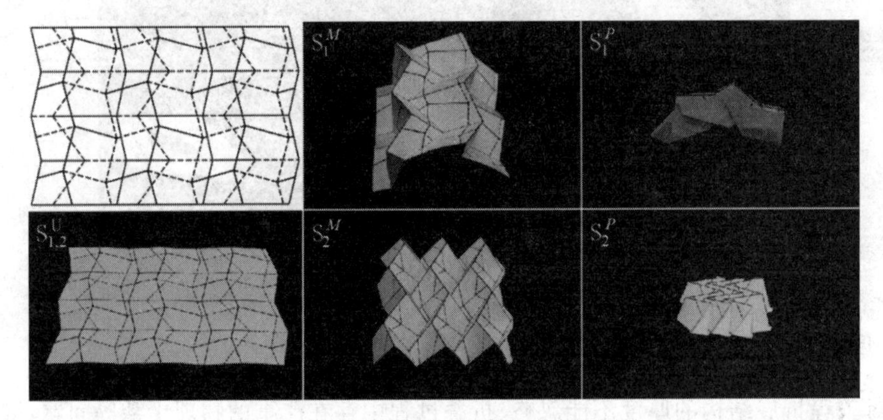

图 8.25　不可折平折痕的紧密折叠

8.6　组合机构

8.6.1　机构的组合方式

为了满足生产发展所提出的许多新的更高的要求，人们尝试将各种基本机构进行适当的组合，使各基本机构既能发挥其特长，又能避免其本身固有的局限性，从而形成结构简单、设计方便、性能优良的机构系统，以满足生产中所提出的多种要求和提高生产的自动化程度。机构的组合是发展新机构的重要途径之一。

机构的组合方式有多种。在机构组合系统中，单个的基本机构称为组合系统的子机构。常见的机构组合方式主要有以下几种。

1. 串联式组合

在机构组合系统中，若前一级子机构的输出构件即为后一级子机构的输入构件，则这种组合方式称为串联式组合。图8.26(a)所示的机构就是这种组合方式的一个例子。图中，构件1,2,5组成凸轮机构(子机构Ⅰ)，构件2,3,4,5组成曲柄滑块机构(子机构Ⅱ)，构件2是凸轮机构的从动件，同时又是曲柄滑块机构的主动件，构件5为机架。这种组合方式可用图8.26(b)所示的框图来表示。

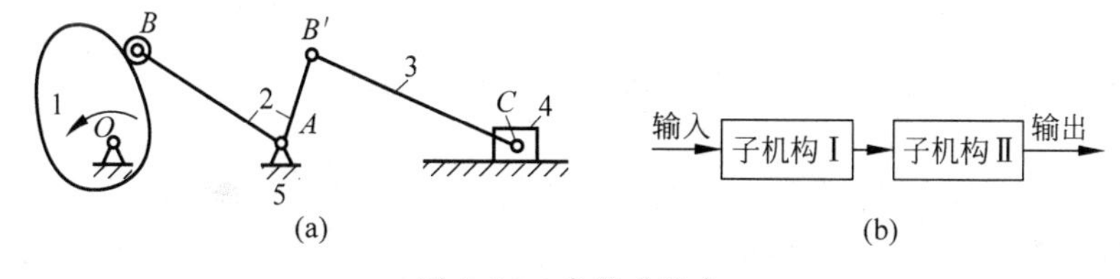

图8.26　串联式组合

2. 并联式组合

在机构组合系统中，若几个子机构共用同一个输入构件，而它们的输出运动又同时输入给一个多自由度的子机构，从而形成一个自由度为1的机构系统，则这种组合方式称为并联式组合。图8.27(a)所示的双色胶版印刷机中的接纸机构就是这种组合方式的一个实例。图中，凸轮1,1′为一个构件，当其转动时，同时带动四杆机构 $ABCD$(子机构Ⅰ)和四杆机构 $GHKM$(子机构Ⅱ)运动，而这两个四杆机构的输出运动又同时传给五杆机构 $DEFNM$(子机构Ⅲ)，从而使其连杆9上的 P 点描绘出一条工作所要求的运动轨迹。图8.27(b)所示为这种组合方式的框图。

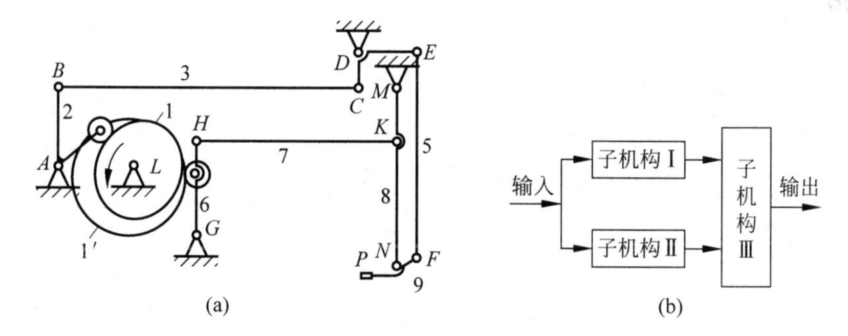

图8.27　并联式组合

3. 反馈式组合

在机构组合系统中，若其多自由度子机构的一个输入运动是通过单自由度子机构从该多自由度子机构的输出构件回授的，则这种组合方式称为反馈式组合。图8.28(a)所示的精密滚齿机中的分度校正机构就是这种组合方式的一个实例。图中，蜗杆1除了可绕本身的轴线转动外，还可以沿轴向移动，它和蜗轮2组成一个自由度为2的蜗杆蜗轮机构(子机构Ⅰ)；凸轮2′和推杆3组成自由度为1的移动滚子从动件盘形凸轮机构(子机构Ⅱ)。其中，蜗杆 1 为主动件，凸轮 2′和蜗轮 2 为一个构件。蜗杆 1 的一个输入运动(沿轴线方向的移动)就是通过凸轮机构从蜗轮 2 回授的。图 8.28(b)是这种组合方式的框图。

反馈式
组合机构

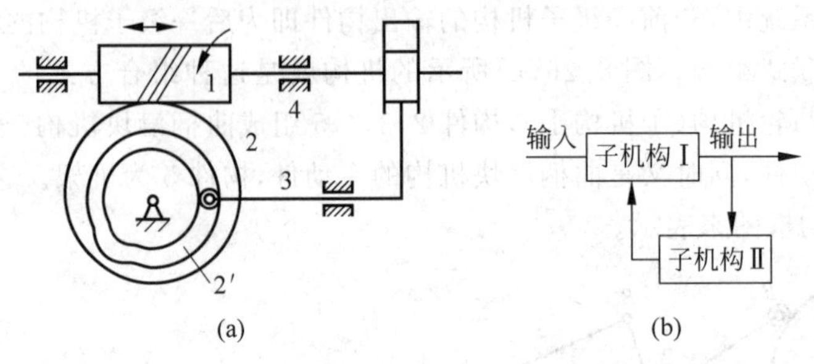

图 8.28　反馈式组合

4. 复合式组合

在机构组合系统中，若由一个或几个串联的基本机构去封闭一个具有两个或多个自由度的基本机构，则这种组合方式称为复合式组合。在这种组合方式中，各基本机构有机连接，互相依存，它与串联式组合和并联式组合都既有共同之处，又有不同之处。图 8.29(a)所示的凸轮-连杆组合机构，就是这种组合方式的一个例子。图中，构件 1,4,5 组成自由度为 1 的凸轮机构(子机构Ⅰ)，构件 1,2,3,4,5 组成自由度为 2 的五杆机构(子机构Ⅱ)。当构件 1 为主动件时，C 点的运动是构件 1 和构件 4 运动的合成。与串联式组合相比，其相同之处在于子机构Ⅰ和子机构Ⅱ的组成关系也是串联关系，不同的是，子机构Ⅱ的输入运动并不完全是子机构Ⅰ的输出运动；与并联式组合相比，其相同之处在于 C 点的输出运动也是两个输入运动的合成，不同的是，这两个输入运动一个来自子机构Ⅰ，而另一个来自主动件。这种组合方式的框图如图 8.29(b)所示。

复合式
组合机构

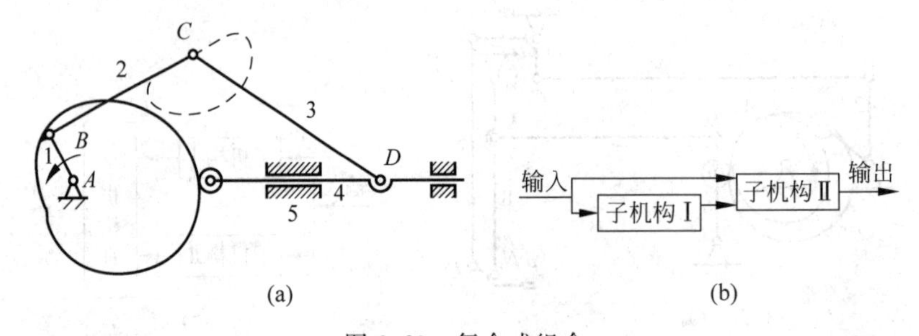

图 8.29　复合式组合

由上述第一种组合方式——串联式组合所形成的机构系统，其分析和综合的方法均比较简单。其分析的顺序是：按框图由左向右进行，即先分析运动已知的基本机构，再分析与其串联的下一个基本机构。而复合式组合的设计次序则刚好反过来，按框图由右向左进行，即先根据工作对输出构件的运动要求设计后一个基本机构，然后再设计前一个基本机构。由于各种基本机构的分析和设计方法在前面各章中已作过较详细的研究，故在本章不再赘述。

通常所说的组合机构，指的是用一种机构去约束和影响另一个多自由度机构所形成的封闭式机构系统，或者是由几种基本机构有机联系、互相协调和配合所组成的机构系统。

在组合机构中，自由度大于 1 的差动机构称为组合机构的基础机构，而自由度为 1 的基本机构称为组合机构的附加机构。

组合机构可以是同类基本机构的组合（如在轮系一章中所介绍的封闭式差动轮系就是这种组合机构的一个特例），也可以是不同类型基本机构的组合。通常，由不同类型的基本机构所组成的组合机构用得最多，因为它更有利于充分发挥各基本机构的特长和克服各基本机构固有的局限性。

组合机构多用来实现一些特殊的运动轨迹或获得特殊的运动规律，它们广泛地应用于纺织、印刷和轻工业等生产部门。

8.6.2　典型组合机构的分析与设计

基本机构组合而成的机构系统有两种不同的情况：一种是在机构组合中所含的子机构仍能保持其原有结构和各自相对独立的机构系统，一般称其为机构组合；另一种是用一个子机构去约束或影响另一个多自由度机构形成封闭式传动机构，它是具有与原基本机构不同结构特点和运动性能的复合式结构，一般称其为组合机构。正因为如此，每种组合机构都具有各自的尺寸综合和分析设计方法。

在机构的组合系统中，单个的基本机构称为组合系统的子机构。自由度大于 1 的差动机构称为组合机构的基础机构，自由度等于 1 的基本机构称为组合机构的附加机构。

组合机构可以是同类基本机构的组合，也可以是不同类型基本机构的组合。不同类型的基本机构所组成的组合机构有利于充分发挥各基本机构的特长和克服各基本机构固有的局限性，用得较多。

按子机构的名称，组合机构可分为连杆-凸轮机构、凸轮-齿轮机构、连杆-齿轮机构。

1. 连杆-凸轮机构

连杆-凸轮组合机构多是由自由度为 2 的连杆机构（作为基础机构）和自由度为 1 的凸轮机构（作为附加机构）组合而成。连杆-凸轮组合机构能精确实现给定的运动规律和轨迹，连杆-凸轮机构的形式很多，封闭式连杆-凸轮机构可克服凸轮机构压力角越小机构尺寸越大的缺点，使结构更紧凑。

图 8.30 所示为能实现预定运动规律的几种简单的连杆-凸轮机构。图 8.30(a)和图 8.30(b)所示实际上相当于连架杆长度可变的四杆机构。这种组合机构的设计，关键在于根据输出的运动要求设计凸轮的轮廓。

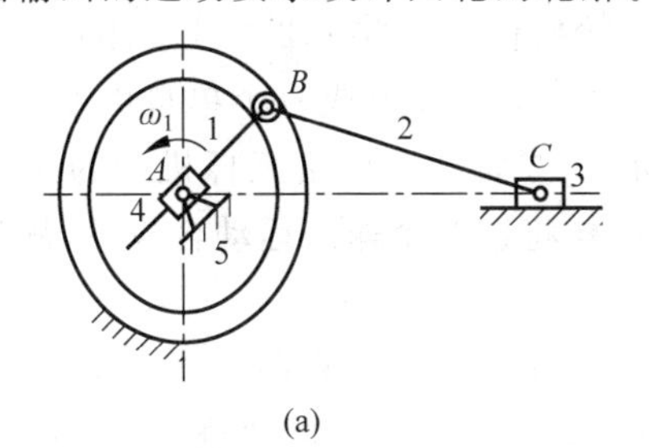

(a)

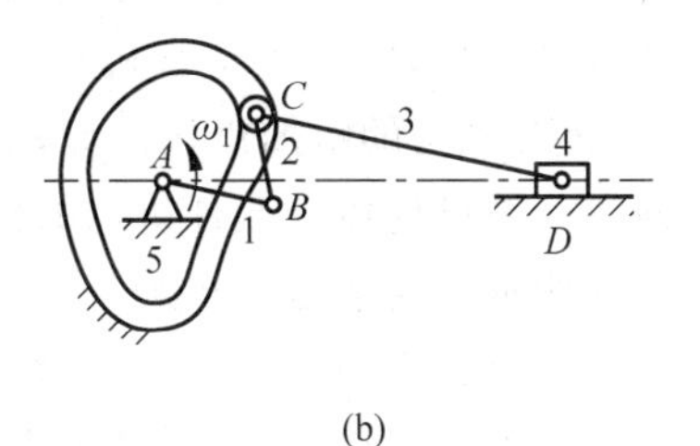

(b)

图 8.30　简单的连杆-凸轮机构

连杆-凸轮机构

图 8.31 所示为一常见的连杆-凸轮机构，构件 3、4、5、6 和机架构成一自由度为 2 的五杆机构。这个连杆机构中各构件相互垂直。因此，构件 3 的摆动可使 C 点近似沿 x 方向运动（水平），构件 6 的摆动可使 C 点近似沿 y 方向运动（垂直），只要使构件 3、6 的运动规律相互配合，则 C 点可描绘出任意形状的轨迹。构件 3、6 的摆动用凸轮控制。凸轮 1 控制构件 3 的运动，凸轮 2 控制构件 6 的运动，两个凸轮装在一根轴上，这样凸轮机构和连杆机构就组合成一个自由度为 1 的组合机构。

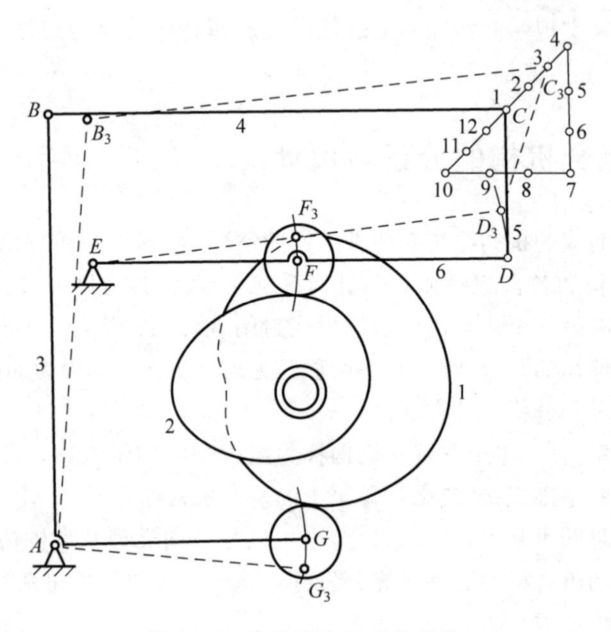

图 8.31　常见的连杆-凸轮机构

设计此连杆-凸轮机构。当连杆机构各部分尺寸确定以后，可根据动点 C 的运动规律设计凸轮轮廓，其步骤如下：

(1) 将 C 点运动轨迹，沿着运动方向标出许多点 1,2,3,…,12。若对 C 点的运动速度有要求，则在点的分布上有所考虑。例如，若为等速运动，则点间距离近似均等；若为加速运动，则点的分布应由密变稀。

(2) 将 C 点的轨迹逐步移动，求得构件 3、6 上 B、D 点在圆弧轨迹线上的对应位置以及 F、G 点在各自圆弧轨迹线上的对应位置。

(3) 分别画 1、2 凸轮的轮廓。把基圆按轨迹分点且数目相等，然后按摆动凸轮设计方法绘出其轮廓。

图 8.32(a)所示为实现预定运动轨迹的连杆-凸轮机构。构件 1、2、3、4、5 组成一个自由度为 2 的五杆机构，它是该组合机构的基础机构；构件 1、4、5 组成一个单自由度的凸轮机构，它是该组合机构的附加机构。原动件 1 的运动，一方面直接传给五杆机构的构件 1，一方面又通过凸轮机构传给五杆机构的构件 4，五杆机构将这两个输入运动合成后，从 C 点输出一个如图所示的复杂运动轨迹 cc。

在未引入凸轮机构之前，由于五杆机构具有 2 个自由度，故可有两个输入运动。因此，当使构件 1 作等速运动时，可同时让连杆上的 C 点沿着工作所要求的轨迹 cc 运动，这时，构件 4 的运动则完全确定。由此可求出构件 4 与构件 1(它们是五杆机构的两个原动件)之间

的运动关系 $S_D(\varphi)$，并据此设计凸轮的轮廓线。很显然，按此规律设计的凸轮廓线能保证 C 点沿着预定的轨迹 cc 运动。其设计步骤如下(如图 8.32(b)所示)：

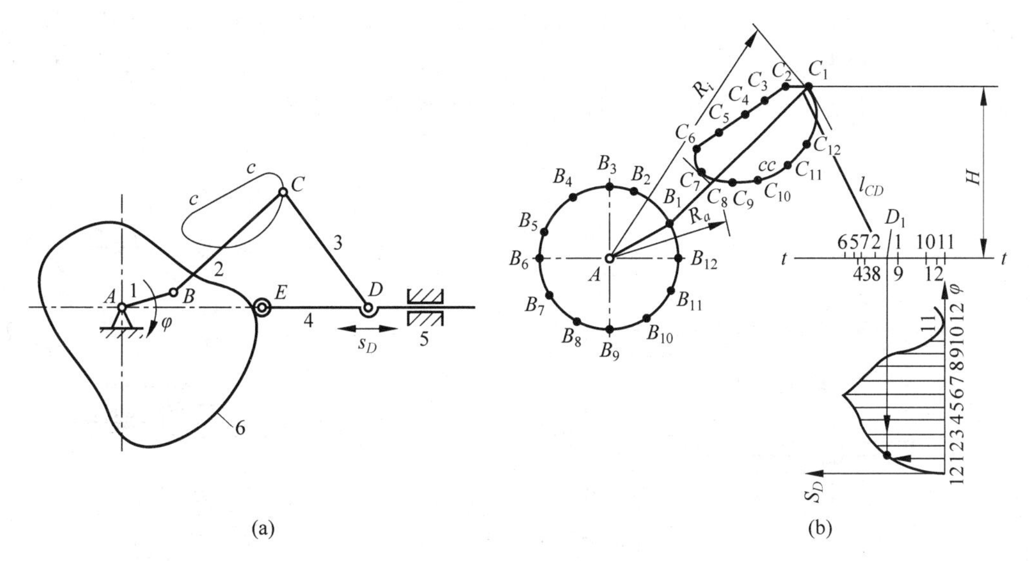

图 8.32　连杆-凸轮机构的设计

连杆-凸轮机构的设计

(1) 根据机械结构，选定曲柄回转中心 A 相对于给定轨迹 cc 的位置。

(2) 以 A 为圆心，以 $l_{AB}+l_{BC}=R_i$ 为半径(即 cc 离 A 的最远点)画弧；以 A 为圆心，以 $l_{BC}-l_{AB}=R_a$ 为半径画弧(即 cc 离 A 的最近点)。由四杆机构知：

$$\begin{cases} l_{AB}=\dfrac{1}{2}(R_i-R_a) \\ l_{BC}=\dfrac{1}{2}(R_i+R_a) \end{cases} \tag{8.3}$$

(3) 确定构件 3 的长度 l_{CD}。由于构件 4 的导路通过凸轮轴心，为了保证 CD 杆与导路有交点，必须使 l_{CD} 大于轨迹 cc 上各点到导路的最大距离。为此，找出曲线 cc 与构件 4 的导路间的最大距离 H，从而选定构件 3 的尺寸 $l_{CD}>H$。

(4) 绘制构件 4 与构件 1 之间的运动关系 $S_D(\varphi)$。具体作法如下：将曲柄圆分为若干等份，得到曲柄转一周期间 B 点的一系列位置，然后用作图法找出 C、D 两点对应于 B 点的各个位置，由此即可绘制出从动件的位移曲线 $S_D(\varphi)$，如图 8.32(b)所示。

(5) 根据结构选定凸轮的基圆半径，按照位移曲线 $S_D(\varphi)$ 设计移动滚子从动件盘形凸轮的廓线。

由以上设计过程可看出，由于连杆机构精确设计较困难，凸轮机构设计较简便，故在设计连杆-凸轮组合机构时，有关连杆机构部分的尺寸参数通常先选定，然后设法找出相应的凸轮从动件的位移规律，最终将整个组合机构的设计变为凸轮轮廓的设计。

2. 凸轮-齿轮组合机构

凸轮-齿轮组合机构多是由自由度为 2 的差动轮系和自由度为 1 的凸轮机构组合而成。其中，自由度为 2 的差动轮系为其基础机构，自由度为 1 的凸轮机构为其附加机构。

凸轮-齿轮组合机构可以很方便地使从动件完成复杂的运动规律。例如，在输入轴等速转动的情况下，输出轴可按一定运动规律周期性的增速、减速、反转、步进；也可作具有任意停歇时间的间歇运动；还可实现校正装置中所要求的特殊规律的补偿运动等。

图 8.33 所示为凸轮-齿轮组成的校正机构，这类校正装置在齿轮加工机床中应用较多。

图 8.34 所示为凸轮-齿轮组合机构的另一应用实例。主动蜗杆 1 在等速转动的同时，又受凸轮 2 的控制作轴向移动，适当选择凸轮的轮廓曲线，可使蜗轮 3 得到预期的运动规律。

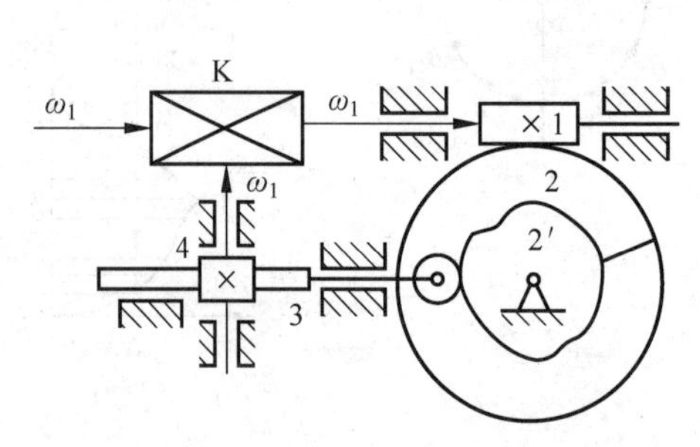

图 8.33　凸轮-齿轮校正机构

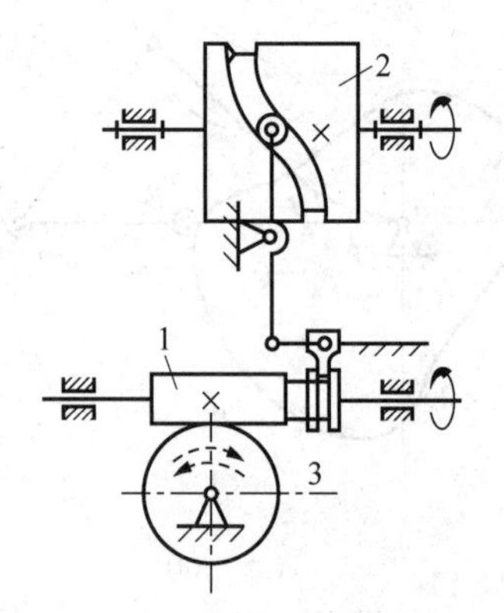

图 8.34　凸轮-齿轮反馈机构

图 8.35 所示凸轮-齿轮机构，它由基础机构简单差动轮系和附加机构摆动从动件凸轮机构组合而成。简单差动轮系由中心轮 a、行星轮 g 和行星架 H 组成。行星轮 g 和行星架 H 铰接，其一端装有滚子 1 置于固定凸轮 2 的凹槽内，另一端扇形齿部分则与从动中心轮 a 相啮合。当主动行星架 H 转动时，带动行星轮 g 的轴线作周转运动，同时凸轮廓线迫使行星轮 g 相对于行星架 H 转动，从动中心轮 a 的输出运动就是行星架 H 的运动与行星轮相对于行星架的运动之合成。设中心轮 a 的角速度为 ω_a，行星架 H 的角速度为 ω_H，由行星轮系传动比公式可求得：

$$\frac{\omega_a-\omega_H}{\omega_g-\omega_H}=-\frac{z_g}{z_a} \tag{8.4}$$

$$\omega_a=-\frac{z_g}{z_a}(\omega_g-\omega_H)+\omega_H \tag{8.5}$$

在 ω_H 一定的条件下，改变 $\omega_g-\omega_H$，即改变凸轮 2 的轮廓曲线，则可得到 ω_a 的不同变化规律。反之，若给定 ω_a 随行星架 H 的转角 ω_H 的变化规律，则可由式(8.5)算出$(\omega_g-\omega_H)$与 φ_H 的关系，将其转换成 $\varphi_g-\varphi_H$ 与 φ_H 的关系，就可画出凸轮轮廓。

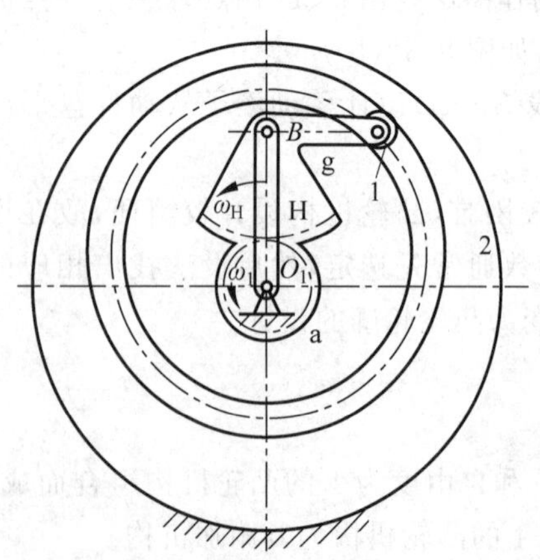

图 8.35　凸轮-齿轮组合机构

例 8-1　参照图 8.35 的原理试设计一凸轮-齿轮机构，使行星架转一周时，中心轮 a 间歇停 180°。

解：

取 $z_g/z_a=4$，将其代入式(8.5)得：

$$\omega_a=-4(\omega_g-\omega_H)+\omega_H。$$

根据工作需要，令 $\omega_a=0$，得：

$$\omega_g - \omega_H = 1/4\omega_H$$

故有 $\varphi_g - \varphi_H = 1/4\varphi_H$。上式即为中心轮 a 停止不动对应的行星轮相对行星架的运动规律。它表明当行星架 H 每转过 φ_H 角的过程中，g 轮相对于行星架 H 同向转过 $\varphi_H/4$，就可实现中心轮不动。根据此运动规律设计凸轮轮廓如图 8.36 所示，设计步骤为：取齿轮 a、g 的中心 O_1、B_1，作出半径为 r_1 和 r_2 的齿轮节圆。

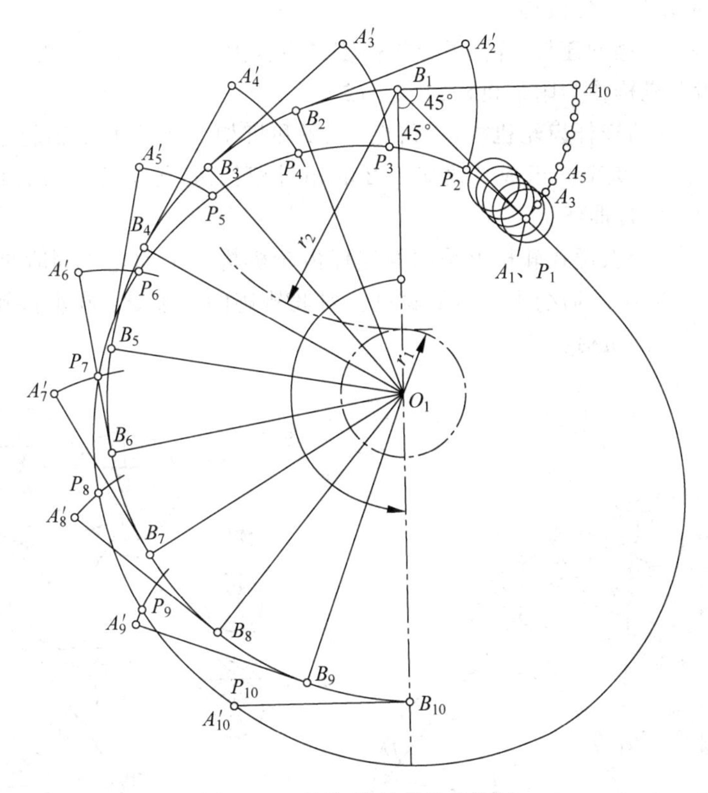

图 8.36　凸轮-齿轮机构的设计

(1) 选取齿轮 g 上柱销 B 与滚子中心 A 距离 L，并使 BA 的初始位置与 O_1B_1 成 45°(也可选别的角度)，画出 B_1A_1。

(2) 由式(8.5)知，H 在转 180°的过程中，齿轮 g 相对于行星架 H 转过 45°，以 O_1 为中心，O_1B_1 为半径作半圆周角；以 B_1 为中心，以 B_1A_1 为半径作 45°。

(3) 等分半圆圆周角和 45°；标出分点 $B_2, B_3, \cdots$ 及 $A_2, A_3, \cdots$，且 $B_1A_{10} \perp O_1B_1$。

(4) 显然 A_1 为凸轮理论轮廓上的一个点，作 $B_2A_2' \perp B_2O_1$，且 $B_2A_2' = B_1A_1$。以 B_2 为中心，B_1A_1 为半径画弧，截 $A_2'P_2 = A_{10}A_2$ 得 P_2 为凸轮理论轮廓上一个点。

(5) 以此求出 $P_3, P_4, \cdots, P_{10}$，并以光滑曲线连接这些点，即得从动件停歇区间凸轮的理论轮廓曲线。

(6) 若从动件 a 在其他运动区间对运动无特殊要求，可用平缓曲线连接 P_1 和 P_{10}，并在交点处注意尽可能光滑过渡。

(7) 用包络法作出凸轮机构的实际轮廓曲线。

3. 连杆-齿轮组合机构

连杆-齿轮组合机构是由变传动比的连杆机构和定传动比的齿轮机构组合而成。连杆-齿轮组合机构可以实现较复杂的运动规律和运动轨迹，可以实现停歇时间不长的步进运动和有特殊要求的间歇运动。且由于组成这种机构的齿轮和连杆加工方便，加工精度易于保证，因此是一种应用较广的机构。

实现复杂运动轨迹的连杆-齿轮组合机构多是由自由度为2的连杆机构作为基础机构，自由度为1的齿轮机构作为附加机构组合而成。

如图8.37所示的连杆齿轮机构，由齿轮1′、2′和机架5组成的定轴轮系和自由度为2的五杆机构1、2、3、4、机架5组成。改变1、2的相对相位角，传动比及各杆的相对尺寸等，就可以得到不同的连杆曲线。

如图8.38所示为振摆式轧机上采用的连杆齿轮机构。主动轮1同时带动齿轮2和齿轮3运动，连杆上的M点描绘出图示的轨迹。对此轨迹的要求是：轧辊接触点的咬入角α宜小，以减轻送料辊的负荷。

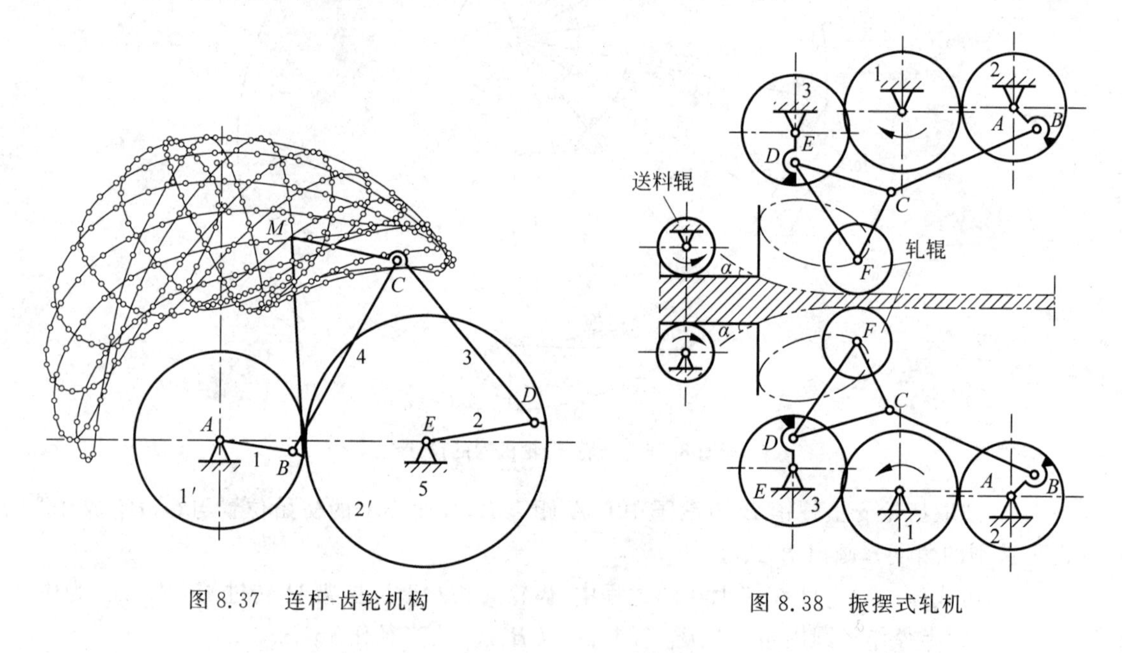

图8.37 连杆-齿轮机构

图8.38 振摆式轧机

8.7 知识拓展：折纸机器人

折纸是一项古老的东方艺术，也是一门新兴的前沿科学，处于数学、机械、力学、材料、控制、生物、医学等多个基础学科的交叉领域，艺术家创造了丰富的折纸结构；数学家致力于二维折痕分布与三维折纸结构之间的映射算法的研究。21世纪以来，随着折纸结构在工程领域日益广泛的应用，折纸工程学这一新兴的交叉学科越来越受到人们的重视。刚性折纸作为折纸的一个重要分支，以其折展过程中面内无应变的特点而被应用于工程结构的设计中。此外，刚性折纸结构凭借良好的折叠特性也被大量用于机器人的设计中，由此产生了折纸机器人。

折纸机器人兼具折纸结构和机器人各自的优点，成为折纸工程学发展的新方向。根据折纸机器人中折纸结构所起的不同作用，可将其分为三类：骨架型折纸机器人、驱动型折纸机器人和外壳型折纸机器人折纸机构。

1. 骨架型折纸机器人

骨架型折纸机器人是指在设计过程中将折纸结构作为其整体或部分身体骨架的机器人。折纸结构最突出的特点是变形，骨架型折纸机器人正是基于此特点设计而成的。此类机器人采用的可折叠材料相比于传统机器人所使用的材料具有质量轻、价格低的优点，在保证其变形能力的同时可以很大程度地减少机器人的重量，降低材料成本。例如，麻省理工学院研制了一种微型折纸机器人，它由一个展开面积为 1.7 cm^2 的聚苯乙烯层组成，仅重 0.31 g，如图 8.39 所示。此机器人将折纸结构作为其身体骨架，通过自身包裹的磁铁在交替的外磁场远程控制下完成变身和运动。其可被用于执行各种不同的任务，包括游泳、搬运、爬坡和挖洞等。当它完成相应的任务时，还能在特定溶液中实现溶化自毁。该机器人具有微小、可移动、可变形、可溶解的特点，有望用于医学领域中，如清理堵塞的血管、清理消化道、清除癌细胞等。

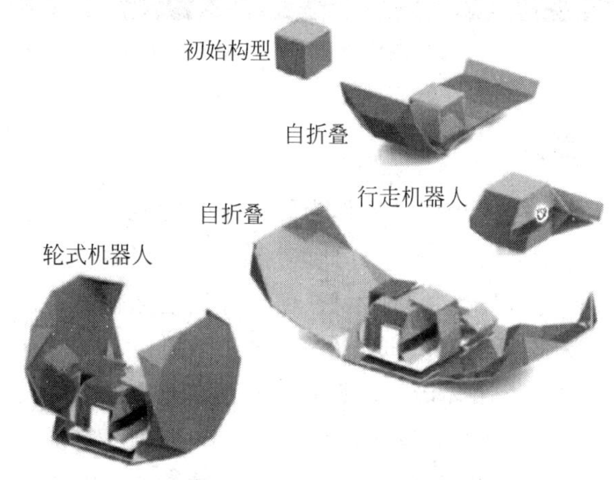

图 8.39　微型骨架型折纸机器人

2. 驱动型折纸机器人

驱动型折纸机器人指的是折纸结构在其中充当驱动器作用的机器人。相比于其他类型的驱动器，折纸驱动器加工制造简单、响应快、承载能力大。此外，利用折纸结构的特性，折纸驱动器可以实现多种驱动方式，如线性伸缩、弯曲、扭转等。

图 8.40 为流体驱动的人造肌肉，由可压缩骨架、柔性皮肤和流体介质组成。将折纸结构密封在充满空气或流体的密封袋中，折纸便充当了密封袋的骨骼，不仅能提供密封袋的运动方向，还能为它增加韧性。如此一来，简单的折纸结构便成了集柔性与韧性于一体的折纸驱动器，能够抓起各种形状的物品。通过对其结构进行编程设计实现多种运动方式，包括收缩、弯曲和扭转。此外，还可以通过改变骨架关节刚度实现顺序驱动。该人造肌肉可由负压(相对于环境)的流体驱动，比大多数正压流体驱动的人造肌肉更安全，有望为一般机器和机

器人提供安全而强大的驱动。

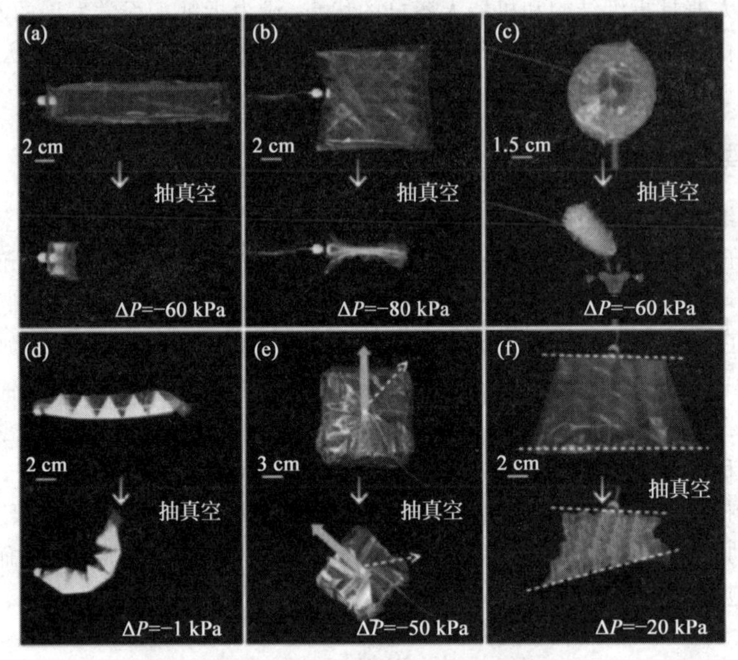

图 8.40　流体驱动的折纸型人造肌肉

3. 外壳型折纸机器人

外壳型折纸机器人是一类将折纸结构作为保护外壳的机器人。折纸外壳作为机器人本体的附加部分,该结构的折叠特性能够很好地匹配机器人本体的运动,其存在不会影响机器人的运动。此类机器人外壳制作简单、成本低、便于存储与运输。

图 8.41 为医院手术室 X 射线机延伸臂的可调节护罩机构,该机构可以像手风琴一样伸展和收缩,以形成伸展手臂内的无菌环境。它是基于改进的 Miura-ori 折痕图案开发而成的,可完美适应 X 射线机延伸臂的运动和几何形状。Miura-ori 折痕图案由一系列平行四边形组合而成,在一个方向上,相邻的平行四边形相同;而在另一方向上,相邻的平行四边形互为镜像。

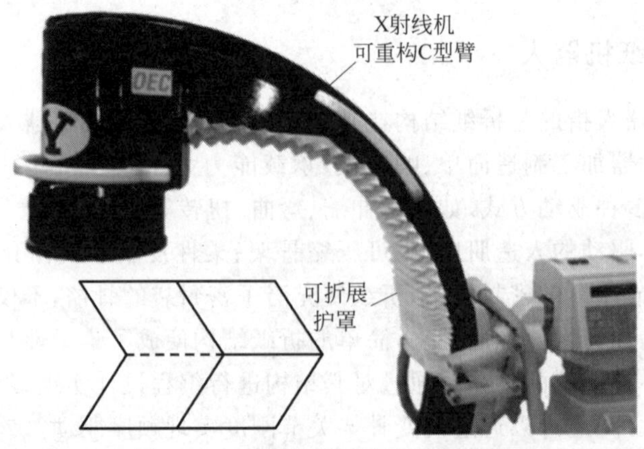

图 8.41　X 射线机延伸臂折纸护罩

习　题

8.1　在工业生产中，为保证某一加工环节的顺利开展，常采用间歇运动机构，实现特定工位上的周期性停歇运动，请列举两种工业生产中的间歇机构。

8.2　实现间歇转动的机构有哪几种？哪一种较适用于高速情况？为什么？

8.3　给出三种可实现由等速连续运动转换为间歇运动的机构方案。

8.4　如图8.42所示的槽轮机构，已知：槽数$z=4$，中心距$d=120$ mm，拨盘上装有一个圆销，试求：(1)该槽轮机构的运动系数τ；(2)当拨盘以$\omega_1=60$ rad/s等角速逆时针方向转动时，槽轮在图示位置($\varphi_1=30°$)的角速度ω_2和角加速度ε_2。

8.5　题图8.43所示螺旋机构，构件1与2组成螺旋副A，其导程$p_A=2.5$ mm，构件1与构件3组成螺旋副B，其导程$p_B=3$ mm，螺杆1转向如图所示，如果要使2、3由距离$H_1=100$ mm快速趋近至$H_2=78$ mm，试确定螺旋副A、B的旋向及1应转几圈？

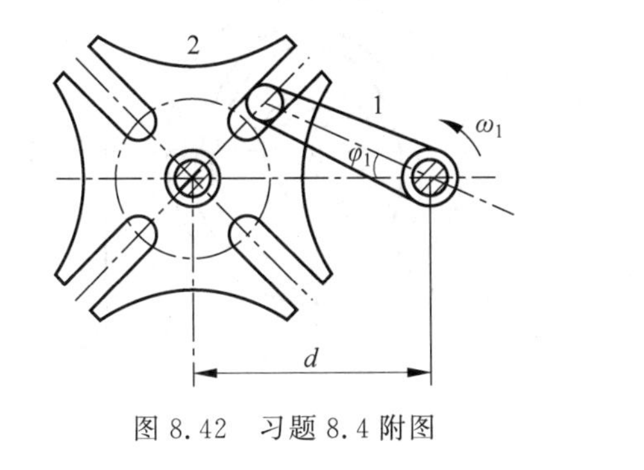

图8.42　习题8.4附图

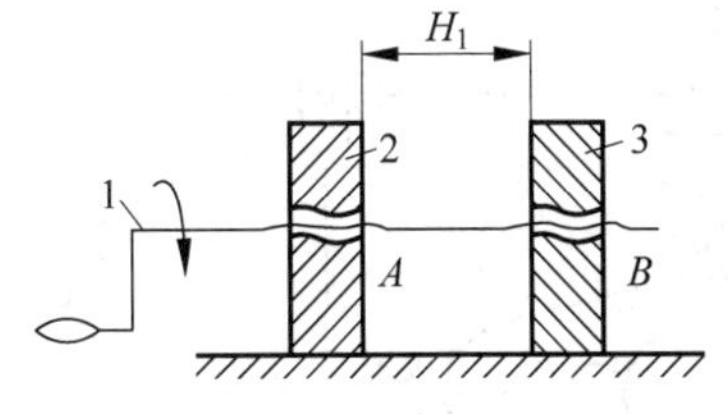

图8.43　习题8.5附图

8.6　摩擦传动机构有哪些特点？适应于哪些工作环境，并举例说明。

8.7　带轮传动与链轮传动机构有哪些优缺点？适应于哪些工作环境，并举例说明。

8.8　图8.44所示为一简易冲床的组合机构方案。动力由齿轮1输入，使轴A连续回转；而固装在轴A上的凸轮2与杠杆3组成的凸轮机构使冲头4上下运动，以达到冲压的目的。试绘出其机构运动简图(各尺寸由图上量取)，分析是否能实现设计意图，提出修改方案，并画出其组合方式框图。

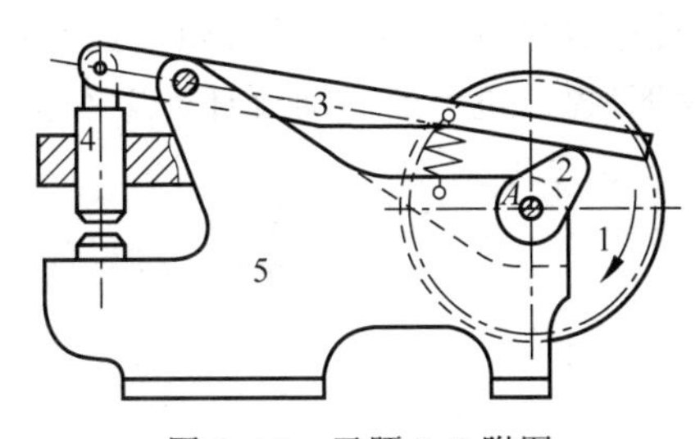

图8.44　习题8.8附图

8.9　试分析图8.45所示齿轮-连杆组合机构的组合方式，并给出其组合方式框图。

8.10　试分析图8.46所示凸轮-连杆组合机构的组合方式，给出其组合方式框图，并计

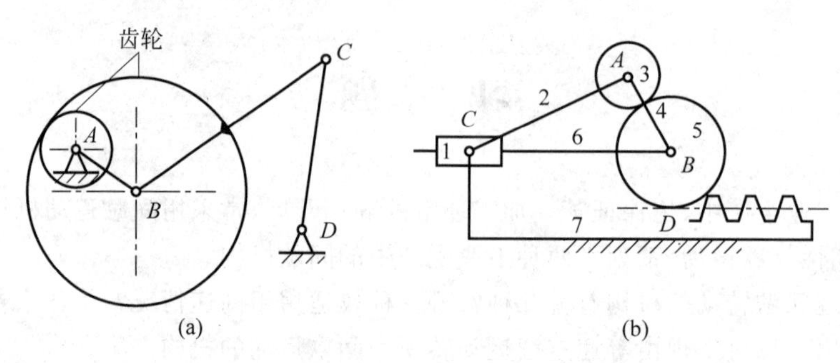

图 8.45 习题 8.9 附图

算该机构的自由度。

8.11 图 8.47 所示刻字、成型机构为一凸轮-连杆机构，试分析该组合机构的组合方式，并指出其基础机构和附加机构。若工作要求从动件上点 M 实现给定的运动轨迹，试设计该组合机构。

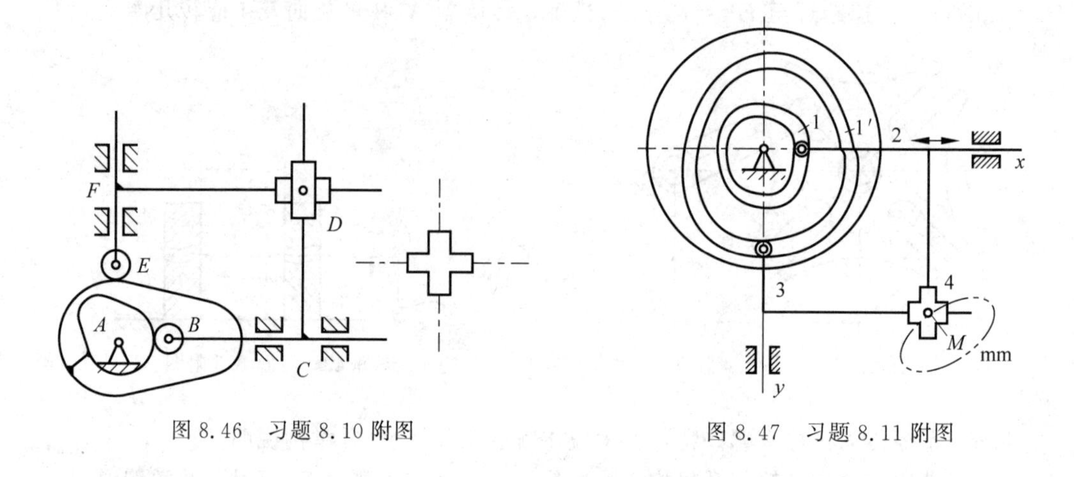

图 8.46 习题 8.10 附图

图 8.47 习题 8.11 附图

设计系列题

Ⅲ-4 四足仿生行走机构的机构系统运动方案设计

仿生四足行走机构要实现稳定的行走，需要对其四足运动进行步态协调设计。请结合图 1.20 给出的三足步态时序图，提出机构的运动设计方案和机构组合方式，绘制机构的运动方案示意图。

第3篇　机械动力分析与设计

第 9 章

平面机构的力分析

作用在机械上的力是影响机械的运动和动力性能的重要参数，也是设计构件尺寸的重要依据，因为机械系统是在力的作用下工作的。比如对于如图 9.1 所示的汽车雨刷系统，当遇到大雨时，汽车行驶中雨刷必须在高速模式下工作，此时加速度必然很大，进而产生了很大的惯性力。如果设计时考虑不周，雨刷系统高速运动时产生的巨大惯性力可能会超过雨刷系统部件的强度，从而损坏雨刷系统的部件。所以设计机械时必须对机构的受力情况进行分析。机构力分析的主要任务包括：①确定各运动副中的反力，用于强度设计、估算机械效率、研究运动副中的摩擦和润滑；②确定需加于机构上的平衡力或平衡力矩。例如对于内燃机这类的高速、重载机构，其运动构件的动载荷很大，若在已知的驱动力、各构件的重量和惯性力作用下不平衡，则需要有平衡力（矩）来平衡工作阻力、构件重量及惯性力等。

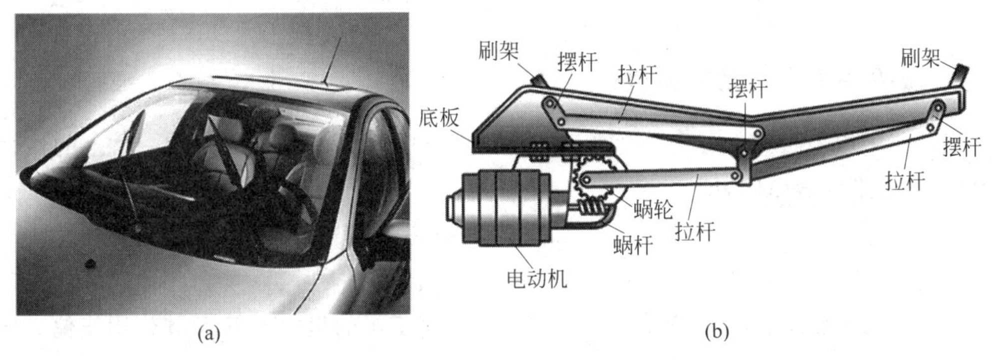

(a) (b)

图 9.1 汽车雨刷系统及其结构示意图

在对机构进行力分析时，一般采用达朗贝尔原理，将惯性力和惯性力矩看作加在相应构件上的外力和外力矩。这样就可以采用静力学的方法进行分析计算，该方法称为机构的动态静力分析法。可以看出，对机械进行力分析时，一般需求出各构件的惯性力。但如果是设计新机械，其构件尺寸还未确定，因而无法确定其惯性力。这时一般先按照设计条件，参考经验值给出各构件初步的结构尺寸，计算质量和转动惯量等参数，据此进行动态静力分析。根据计算结果对构件和零件进行强度和刚度校核，再据此修正构件的结构尺寸。由此可见，机构的受力分析是机械系统设计的关键一环。此外，机械中摩擦无所不在，运动副中的摩擦力往往对机械效率、系统的服役性能和寿命等有重要影响，所以对机构进行力分析时经常要考虑运动副中的摩擦。本章将首先介绍构件惯性力的确定，然后分析运动副中的摩擦，最后分别介绍不考虑摩擦和考虑摩擦时机构的受力分析方法，为设计新的机械及合理的使用现有机械提供参考和依据。

9.1 构件惯性力的确定

确定构件的惯性力有一般力学方法和质量代换法。

9.1.1 一般力学方法

在机械运动过程中，各构件产生的惯性力不仅与该构件的质量、质心位置、绕质心轴的转动惯量、质心的加速度和构件的角加速度有关，还与构件的运动形式有关。现以内燃机的主要机构——曲柄滑块机构(如图 9.2 所示)为例加以讨论。

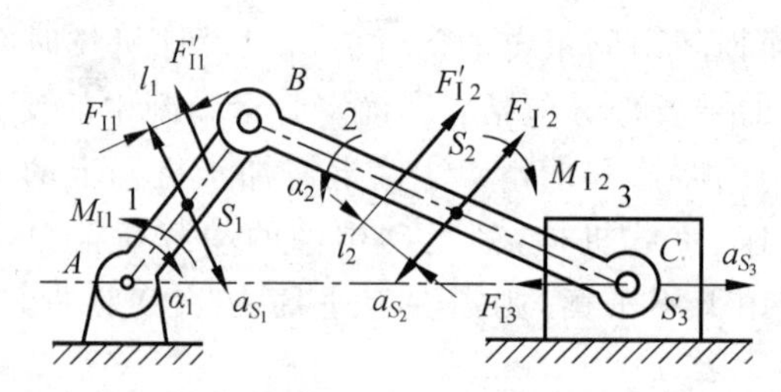

图 9.2 曲柄滑块机构中构件的惯性力

1. 做平面复合运动的构件

连杆 2 为做平面复合运动的构件，其惯性力系可简化为一个加在质心 S_2 上的惯性力 F_{I2} 和一个惯性力矩 M_{I2}，即，

$$\begin{cases} F_{I2} = -m_2 a_{S_2} \\ M_{I2} = -J_{S_2} \alpha_2 \end{cases}$$

根据力的平衡原理，可将其简化为一个大小等于 F_{I2} 的集中力 F'_{I2}，其作用线偏离质心 S_2，距离为：

$$l_2 = M_{I2} / F_{I2}$$

F'_{I2} 对质心 S_2 力矩的方向应与角加速度 α_2 的方向相反。

2. 做平面移动的构件

滑块 3 为做平面移动的构件，当其作变速移动时，仅有一个作用在质心 S_3 上的惯性力：

$$F_{I3} = -m_3 a_{S_3}$$

3. 绕定轴转动的构件

曲柄 1 为绕定轴转动的构件，若其轴线不通过质心，当构件为变速转动时，其上作用有惯性力 $F_{I1} = -m_1 a_{S_1}$ 及惯性力矩 $M_{I1} = -J_{S_1} \alpha_1$，或简化为一个总惯性力 F'_{I1}；如果回转轴线通过构件质心，则只有惯性力矩 $M_{I1} = -J_{S_1} \alpha_1$。

机构的总惯性力为该机构所含构件惯性力的矢量和，对于讨论的曲柄滑块机构，总惯性力是周期性变化的。

9.1.2　质量代换法

如上文所述，用一般力学方法确定构件惯性力时，需要事先求出构件质心的加速度以及构件绕质心的角加速度，而机构在运动过程中，除了少数形状规则且作定轴转动的构件其质心有可能在转动中心之外，大多数构件的质心相对于机架的位置总是不断变化，因此，构件质心位置难以精确测定，且求解各构件质心加速度比较烦琐。实际计算中，为了简化，可设想把构件的质量，按一定条件，用集中于构件上某几个选定点的假想集中质量来代替，这样只需求出这些集中质量的惯性力就可以了，而无需求惯性力矩。这种方法称为质量代换法，假想的集中质量称为代换质量，代换质量所在的位置称为代换点。

为使构件的惯性力和惯性力矩在代换前后保持不变，须满足以下三个条件：

(1) 代换前后构件的质量不变；

(2) 代换前后构件的质心位置不变；

(3) 代换前后构件对质心轴的转动惯量不变。

满足第(1)、(2)个条件的质量代换，其惯性力不变。这种代换原构件和代换系统的静力效应完全相同，称为静代换。同时满足上述三个条件的质量代换，其惯性力和惯性力矩都不变，代换前后系统的动力效应完全相同，称为动代换。

如图 9.3 所示，为曲柄连杆机构中连杆的动代换示意图，连杆 BC 做复合的平面运动。根据上述三个条件，对连杆 BC 的分布质量用集中在 B、K 两点的集中质量 m_B、m_K 来代换，

$$\begin{cases} m_B + m_K = m \\ m_B b = m_K k \\ m_B b^2 + m_K k^2 = J_{S_2} \end{cases} \tag{9.1}$$

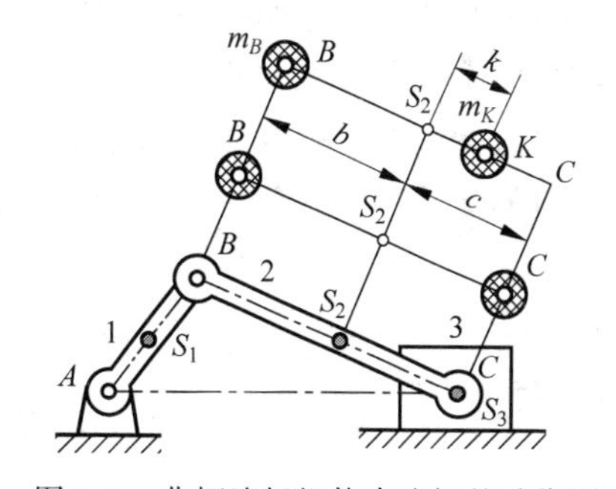

图 9.3　曲柄连杆机构中连杆的动代换

当选定 B 的位置时，式(9.1)中三个未知数 m_B、m_K、k，可解出

$$\begin{cases} k = \dfrac{J_{S_2}}{mb} \\ m_B = \dfrac{mk}{b+k} \\ m_K = \dfrac{mb}{b+k} \end{cases} \tag{9.2}$$

由此可知，当代换点 B 选定后，另一代换点 K 的位置也随之而定。即采用动代换时，代换点和位置不能同时随意选择，这给工程计算带来不便。为了简便，工程中常采用静代换，即将连杆 BC 简化为分别集中于连杆点 B 和 C 的两个集中质量，如图 9.3 所示，求解 m_B、m_C，得：

$$\begin{cases} m_B = \dfrac{mc}{b+c} \\ m_C = \dfrac{mb}{b+c} \end{cases} \tag{9.3}$$

虽然静代换不满足代换的第三个条件，代换后构件的惯性力矩会产生一定的误差，但此误差能被一般工程计算所接受。因此，静代换在工程中得到了比动代换更广泛的应用。

综上所述，确定构件惯性力的步骤是：首先分析确定构件质量、质心位置和转动惯量；然后对机构进行运动学分析，得到构件的位置和角加速度以及构件质心的加速度；最后根据构件运动形式计算出各构件的惯性力和惯性力矩。

9.2 运动副中摩擦力的确定

机械中摩擦无所不在，本节将研究如何在设计机械时更好地减小摩擦或利用摩擦工作。这里主要是运动副的摩擦，包括移动副中的摩擦、螺旋副中的摩擦和转动副中的摩擦。

9.2.1 移动副中的摩擦

1. 平面摩擦

如图 9.4 所示，两构件组成的移动副仅在一个平面接触，摩擦系数为 f。设作用在滑块 1 上的重力 G 和驱动力 F_d 的合力为 F，F 与竖直方向的夹角为 β，水平面 2 对滑块 1 的法向反力为 F_N，$F_N=G$，摩擦力为 F_f，它们的合力为总反力 F_R。总反力 F_R 与法向反力 F_N 的夹角为 φ，称为摩擦角。由图 9.4 可知：

$$\tan\varphi = \frac{F_f}{F_N} = \frac{fF_N}{F_N} = f \tag{9.4}$$

所以 $\varphi = \arctan f$。

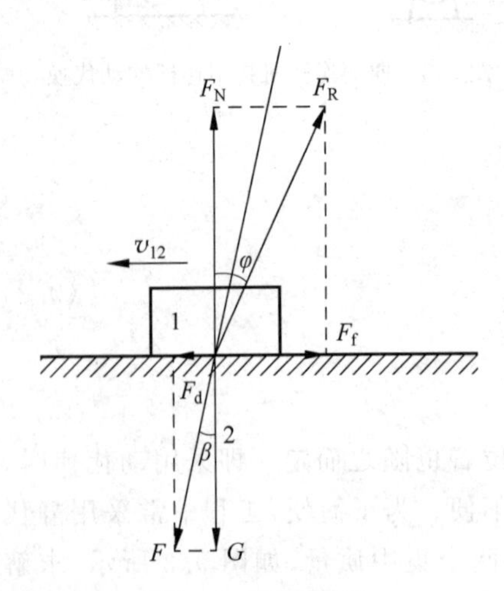

图 9.4 平面摩擦

由于摩擦力的方向与相对运动的方向是相反的，所以总反力 F_R 与滑块的运动速度方向的夹角总是 $(90°+\varphi)$ 的钝角。利用这一规律可确定总反力的方向。

2. 斜面摩擦

将滑块放在倾角为 α 的斜面上，作用在滑块上的铅垂载荷（包括滑块自重）为 Q。下面分析使滑块沿着斜面匀速运动时所需的水平力。

(1) 滑块匀速上升：当滑块 1 在水平力 F_d 作用下沿斜面匀速上升时，斜面 2 作用在滑块上的总反力为 F_R，如图 9.5(a)所示，根据力的平衡条件：

$$F_d + Q + F_R = 0$$

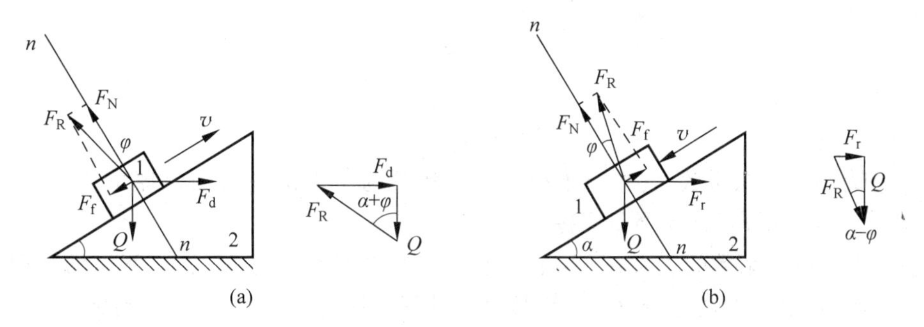

(a) 滑块匀速上升；(b) 滑块匀速下降。

图 9.5　斜面上滑块运动受力分析

根据力平衡画出力三角形，可得水平驱动力 F_d 大小为：

$$F_d = Q\tan(\alpha + \varphi) \tag{9.5}$$

(2) 滑块匀速下滑：如果滑块匀速下滑，如图 9.5(b)所示，此时载荷 Q 为驱动力，而 F_r 为阻碍滑块沿着斜面下降的阻力，此时总反力 F_R 沿着斜面向上。根据力的平衡条件：

$$F_r + Q + F_R = 0$$

由力三角形(图 9.5(b)所示)可得：

$$F_r = Q\tan(\alpha - \varphi) \tag{9.6}$$

如果把 F_d 为驱动力的行程称为正行程，则把 F_r 为工作阻力时的行程称为反行程。当 $\alpha \leqslant \varphi$ 时，由式(9.6)可得 $F_r \leqslant 0$，说明只有当原来的工作阻力反向作用在滑块上时，滑块才能下降。

3. 槽面摩擦

如图 9.6 所示的槽面摩擦，楔形滑块 1 放在槽面 2 上，其夹角为 2θ，在水平驱动力 F_d 的作用下，滑块沿着槽面作匀速滑动。Q 为作用在滑块上的铅垂载荷(包括滑块的自重)，F_N 为每一侧槽面给滑块的法向反力，根据力的平衡原理，可得：

$$F_N = \frac{Q}{2\sin\theta}$$

所以：

$$F_f = 2fF_N = f\,\frac{Q}{\sin\theta}$$

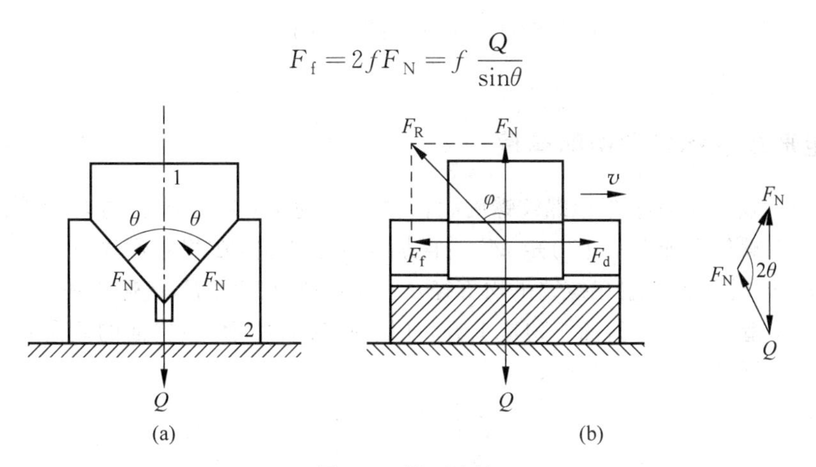

图 9.6　槽面摩擦

若令：

$$f/\sin\theta = f_e \tag{9.7}$$

则：

$$F_f = f_e Q \tag{9.8}$$

式中：f_e 为当量摩擦系数，它相当于把楔形滑块视为平面滑块时的摩擦系数，与之对应的摩擦角 $\varphi_e = \arctan f_e$，称为当量摩擦角。

引入当量摩擦系数的意义在于：在分析运动副中的滑动摩擦时，不管运动副两元素的几何形状如何，都可以视为沿单一平面接触来计算摩擦力，只需要根据运动副元素的几何形状引入不同的当量摩擦系数。

9.2.2 螺旋副中的摩擦

螺旋副是一种空间运动副，接触面是螺旋面。如果螺杆和螺母在连接过程中有轴向载荷，那么旋转螺母或螺杆时，螺旋面之间将产生摩擦力。在研究螺旋副摩擦时，通常假设螺杆与螺母之间的作用力 Q 集中在平均直径为 d 的螺旋线上，如图 9.7(a)所示。由于螺旋线可以展成平面上的斜直线，故螺旋副中的受力情况与滑块和斜面间力的作用相同，如图 9.7(b)所示。这样就可以把空间问题转化为平面问题。

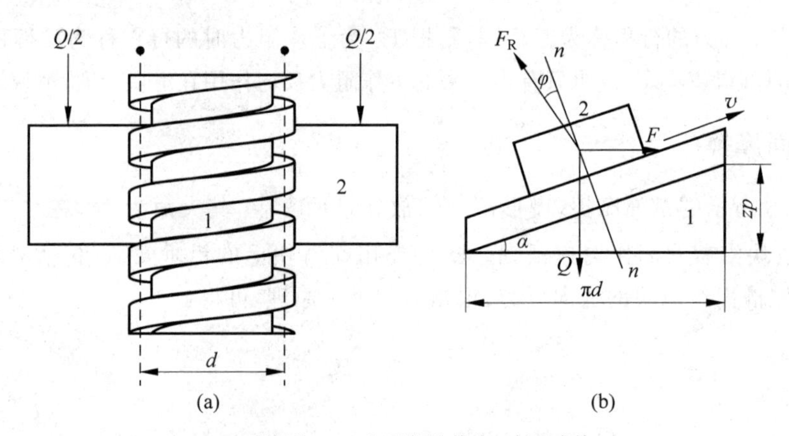

（a）矩形螺纹；（b）矩形螺纹等效于斜面摩擦。

图 9.7 矩形螺纹的摩擦

1. 矩形螺纹螺旋副中的摩擦

图 9.7(a)所示为一个矩形螺纹螺旋副，其中 1 为螺杆，2 为螺母，螺母上作用有轴向载荷 Q。如果在螺母上加上一个力矩 M，使得螺母匀速上升，在相对运动过程中将产生摩擦力。把力矩 M 转化为作用在螺纹平均直径 d 上的一个水平力 F，将螺纹展开之后矩形螺纹螺旋副等效于滑块 2 沿着斜面 1 匀速上升，如图 9.7(b)所示，该斜面的倾角 α 即为螺纹平均直径 d 上的螺纹升角，其计算式为：

$$\tan\alpha = \frac{l}{\pi d} = \frac{zp}{\pi d}$$

式中，l 为螺纹导程；z 为螺纹头数；p 为螺距。

由前面的分析可得：

$$F = Q\tan(\alpha + \varphi)$$

得到拧紧螺母时要在螺纹平均直径 d 上施加的圆周力 F，就可以计算出拧紧力矩：

$$M = F\,\frac{d}{2} = \frac{d}{2}Q\tan(\alpha + \varphi) \tag{9.9}$$

放松螺母时，相当于滑块在斜面上沿着力的方向匀速下降，根据上节分析得：

$$F' = Q\tan(\alpha - \varphi)$$

那么防止螺母松脱的防松力矩为：

$$M' = F'\,\frac{d}{2} = \frac{d}{2}Q\tan(\alpha - \varphi) \tag{9.10}$$

当 $\alpha < \varphi$ 时，M'为负值，这意味着要使滑块下滑，则必须施加一个反向的力矩 M'，此时的力矩 M'称为拧紧力矩。

2. 三角形螺纹螺旋副中的摩擦

三角形螺纹和矩形螺纹的区别在于螺纹间的接触面的几何形状不同。研究三角形螺纹的摩擦时，可以把螺母在螺杆上的运动近似看成是楔形滑块沿着斜槽面运动，斜槽面的夹角等于 2θ，如图 9.8 所示，$\theta = 90° - \beta$，β 是牙型半角。根据式(9.7)得：

$$\begin{cases} f_e = \dfrac{f}{\sin(90° - \beta)} = \dfrac{f}{\cos\beta} \\ \varphi_e = \arctan f_e = \arctan\left(\dfrac{f}{\cos\beta}\right) \end{cases}$$

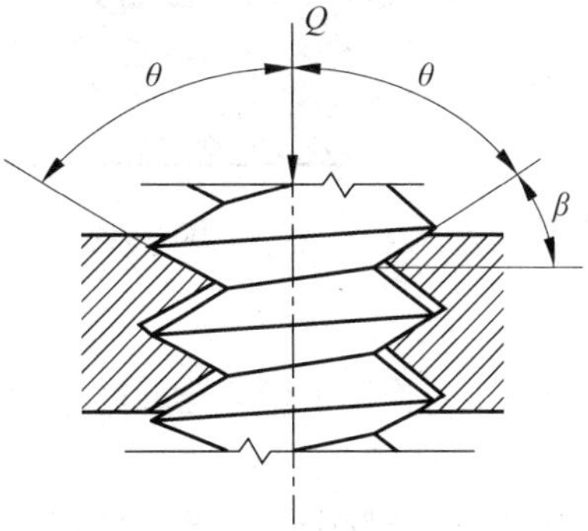

图 9.8　三角形螺纹

由矩形螺纹螺旋副拧紧和防松螺母力矩式(9.9)和式(9.10)，得到：

$$M = \frac{d}{2}Q\tan(\alpha + \varphi_e) \tag{9.11}$$

$$M' = \frac{d}{2}Q\tan(\alpha - \varphi_e) \tag{9.12}$$

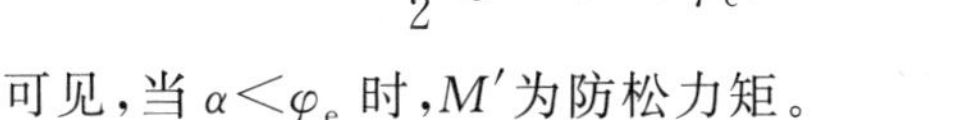

可见，当 $\alpha < \varphi_e$ 时，M'为防松力矩。

由于 $\varphi_e > \varphi$，故摩擦力矩在三角形螺纹中比在矩形螺纹中更大，宜用于连接紧固的场合，而矩形螺纹更适宜用在传递动力的场合。

9.2.3　转动副中的摩擦

转动副在机械中具有广泛的应用，常见的有轴和轴承及各种铰链。根据载荷作用情况的不同，转动副可分为两种：径向受力转动副和轴向受力转动副，径向是指载荷垂直于轴的几何轴线，轴向指载荷平行于轴的几何轴线，如图 9.9 所示。

1. 径向受力转动副的摩擦

如图 9.10 所示，轴颈 1 置于轴承 2 中，设径向载荷 Q(包括自重)作用在轴径上，在驱动

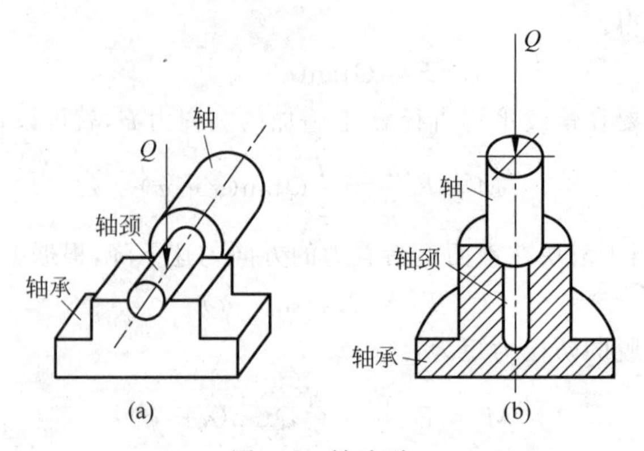

图 9.9 转动副

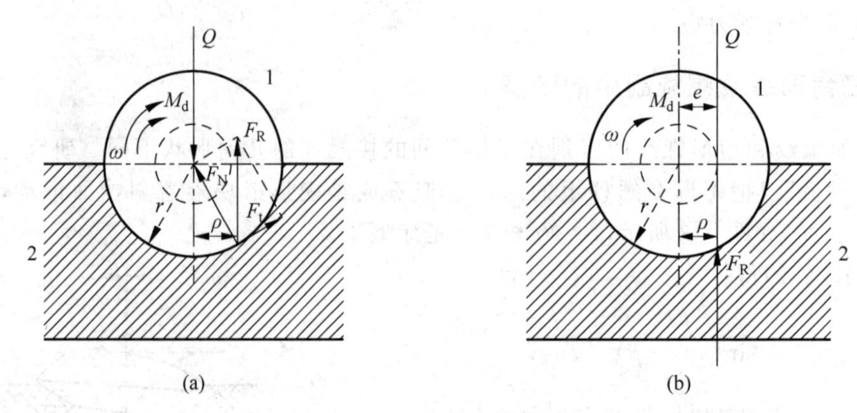

图 9.10 径向受力转动副的摩擦

力矩 M_d 的作用下做等速回转。轴承 2 对轴颈 1 的法向反力为 F_N，摩擦力为：

$$F_f = fF_N = f_e Q$$

式中，f_e 为当量摩擦系数，它的大小可以在一定条件下用试验测得，也可以通过理论推导计算得出。对于非跑合的径向轴颈，$f_e = \frac{\pi}{2}f$；而对于跑合的径向轴颈，$f_e = \frac{\pi}{4}f$。摩擦力对轴颈形成的摩擦力矩 M_f 为：

$$M_f = F_f r = f_e Q r \tag{9.13}$$

在接触面上的总反力 F_R 是法向反力和摩擦力 F_f 的合力，根据力平衡条件得：

$$\begin{cases} F_R = -Q \\ M_d = -F_R\rho = -M_f \\ M_f = f_e Q r = f_e F_R r = F_R\rho \end{cases}$$

消去 F_R 可得：

$$\rho = f_e r \tag{9.14}$$

式中，ρ 为摩擦圆半径，以轴颈中心为圆心，ρ 为半径作的圆称为摩擦圆，ρ 的大小与轴颈半径 r 和当量摩擦系数有关，对于一个具体的轴颈，ρ 为定值。

总反力始终与摩擦圆相切，且大小与载荷 Q 相等；另一方面，总反力对轴心的力矩(摩擦力矩)一定是阻止相对运动的，所以总反力对轴心的力矩的方向总是与轴相对轴承的转动方向相反。

如果以单一的载荷 Q 作用在偏心距 e 的位置代替驱动力矩 M_d，如图 9.10 所示，此时 $M_d=Qe$。显然，当 $e<\rho$ 时，载荷作用在摩擦圆之内，轴颈将减速至停止转动，如果轴颈原来是静止的，则仍保持静止状态；当 $e=\rho$ 时，载荷刚好切于摩擦圆，轴颈将匀速转动；当 $e>\rho$ 时，载荷作用在摩擦圆之外，轴颈将加速转动。

2. 轴向受力转动副的摩擦

止推轴承工作时的摩擦情况是典型的轴向受力的摩擦，止推轴承中的运动副反力也可以简化为一个集中力和一个摩擦力矩。如图 9.11，轴的端面和止推轴承构成转动副。当轴转动时，轴的端面将产生摩擦力矩 M_f。假设与轴承 2 的支承面接触的轴端是内径为 $2r$、外径为 $2R$ 的空心端面。从轴端半径为 ρ 处，取宽度为 $d\rho$ 的圆环微面积 $ds=2\pi\rho d\rho$，该微面积承受的正压力 $dF_N=p\,ds$，摩擦力 $dF=f dF_N=fp\,ds$，摩擦力矩 $dM_f=\rho dF=\rho fp\,ds=2\pi\rho^2 fp\,d\rho$，则轴端面所受总摩擦力矩为：

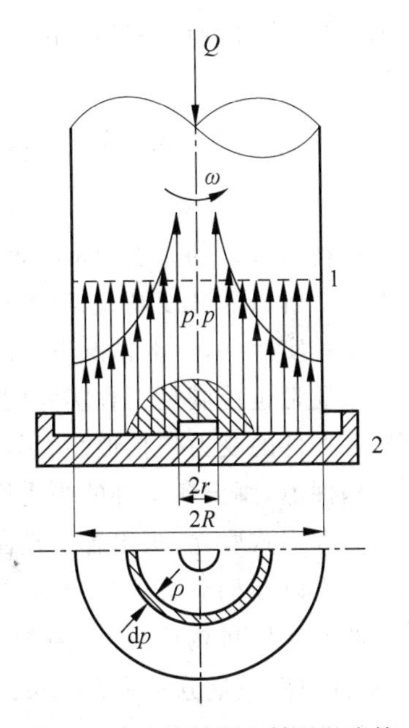

图 9.11 止推轴径和轴承的摩擦

$$M_f=\int_r^R dM_f=\int_r^R 2\pi fp\rho^2 d\rho \tag{9.15}$$

非跑合的止推轴承轴端各处的压强相等，所以：

$$M_f=2\pi fp\int_r^R \rho^2 d\rho=\frac{2}{3}\pi fp(R^3-r^3) \tag{9.16}$$

又因：

$$F_N=\int_r^R p\,ds=\int_r^R 2p\pi\rho d\rho=\pi\rho(R^2-r^2)=Q$$

故：

$$p=\frac{Q}{\pi(R^2-r^2)}$$

$$M_f=\frac{2}{3}Qf\frac{R^3-r^3}{R^2-r^2} \tag{9.17}$$

对于跑合的止推轴承，轴端各处的压强 p 不相等，离中心远的地方磨损较快，因而压强减小；离中心近的部分磨损较慢，因而压强增大。在正常磨损情况下 $p\rho=$常数。由于：

$$Q=\int_r^R dF_N=\int_r^R p\,dS=\int_r^R 2\pi p\rho d\rho=2\pi p\rho\int_r^R d\rho=2\pi p\rho(R-r)$$

所以：

$$p=\frac{Q}{2\pi\rho(R-r)}$$

将上式代入式(9.15)有：

$$M_f=\frac{R+r}{2}fQ \tag{9.18}$$

由跑合后轴端各处压强分布 $p\rho$＝常数可知，轴端中心处的压强将非常大，理论上是无穷大，会使该部分很容易损坏，故实际应用中一般采用空心轴端。

9.3 不考虑摩擦时的机构力分析

机构力分析的方法通常有两种，即图解法和解析法。图解法形象、直观，但精度低、工作量大。而解析法精度高、求解方便，故实际分析中常采用解析法。

工程实际中，一般情况下，在作机构的力分析时，可以不考虑运动副间摩擦力的影响，所得结果通常也能满足工程实际问题的需要。不考虑摩擦时机构的力分析基本过程为：首先分析各构件的受力包括惯性力等，根据达朗贝尔原理可将惯性力作为已知外力加在相应状态的构件上，画出各构件的受力图；然后针对每个构件建立静力和力矩平衡方程式；最后将所有方程式联立，求出各运动副中的约束反力和其他待求力和力矩。

下面以曲柄滑块机构为例，介绍不考虑摩擦时的机构力分析的方法。在图 9.12 所示的对心曲柄滑块机构中，已知各杆长度分别为 l_1 和 l_2，质心分别为 $s_1(x_{s_1},y_{s_1})$ 和 $s_2(x_{s_2},y_{s_2})$，各构件质量分别为 m_1、m_2 和 m_3，各构件对质心的转动惯量分别为 J_{s_1} 和 J_{s_2}，构件 2 的角加速度为 ε_2，各构件质心的加速度分别为 a_{s_1}，a_{s_2} 和 a_{s_3}，构件 1 为原动件，以 ω_1 沿逆时针方向匀速转动，滑块 3 所受的工作阻力为 P，试分析在不计摩擦的情况下机构各运动副中的约束反力和应加在原动件 1 上的驱动力矩 M_1。

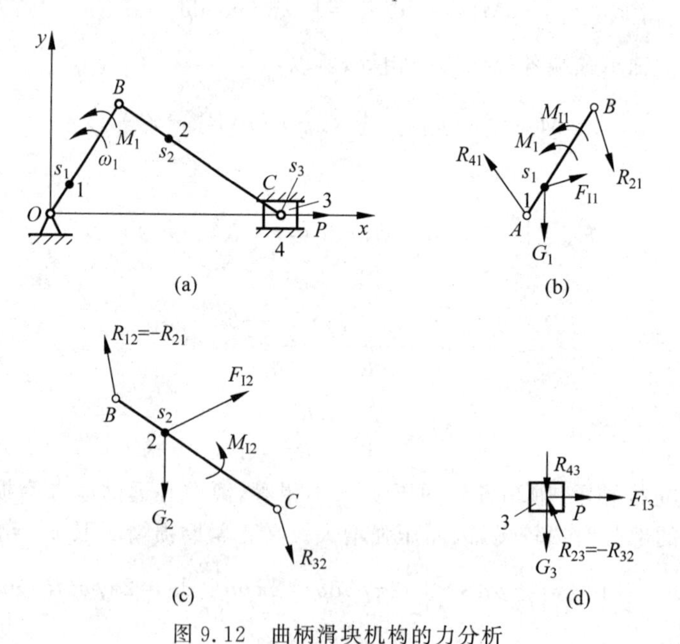

图 9.12 曲柄滑块机构的力分析

1. 计算各构件的惯性力和惯性力矩

构件	总惯性力	惯性力 x 方向分量	惯性力 y 方向分量	惯性力矩
1	$F_{I1}=-m_1a_{s_1}$	$F_{I1}^x=-m_1a_{s_1}^x$	$F_{I1}^y=-m_1a_{s_1}^y$	$M_{I1}=-J_{s_1}\varepsilon_1=0$

2　$F_{I2}=-m_2 a_{s_2}$　$F_{I2}^x=-m_2 a_{s_2}^x$　$F_{I2}^y=-m_2 a_{s_2}^y$　$M_{I2}=-J_{s_2}\varepsilon_2$

3　$F_{I3}=-m_3 a_{s_3}$　$F_{I3}^x=-m_3 a_{s_3}^x$　$F_{I3}^y=-m_3 a_{s_3}^y$　$M_{I3}=-J_{s_3}\varepsilon_3=0$

上式中的负号表示 F_{Ii} 和 M_{Ii} 的方向分别与 a_{s_i} 和 ε_{s_i} 的方向相反。

2. 绘制各构件受力图

建立如图 9.12(a)所示的直角坐标系 xOy，分析各构件受力，绘制构件 1，2 和 3 的受力图(图 9.12(b)～(d))。图中，R_{ij} 表示构件 i 对构件 j 的约束力，而 R_{ji} 表示构件 j 对构件 i 的约束力，且 $R_{ij}=-R_{ji}$；G_i 表示各构件的重量。

在不计摩擦的情况下，转动副处的约束力通过转动副中心，移动副处的约束力垂直于导路。

3. 建立各构件的静力平衡方程

构件 1 的静力平衡方程为：

$$\begin{cases}-R_{41}^x+R_{21}^x+F_{I1}^x=0\\-R_{41}^y-R_{21}^y+F_{I1}^y-G_1=0\\-R_{41}^x(y_A-y_{s_1})-R_{41}^y(x_A-x_{s_1})-R_{21}^x(y_B-y_{s_1})-R_{21}^y(x_A-x_{s_1})+\\M_1+M_{I1}=0\end{cases}\tag{9.19}$$

将 R_{21} 用 $-R_{12}$ 代替，上式表达成矩阵形式为：

$$\begin{bmatrix}1 & 0 & 1 & 0 & 0\\0 & -1 & 0 & -1 & 0\\y_A-y_{s_1} & x_A-x_{s_1} & y_{s_1}-y_B & x_{s_1}-x_B & -1\end{bmatrix}\begin{bmatrix}R_{41}^x\\R_{41}^y\\R_{12}^x\\R_{12}^y\\M_1\end{bmatrix}=\begin{bmatrix}F_{I1}^x\\F_{I1}^y-G_1\\M_{I1}\end{bmatrix}\tag{9.20}$$

构件 2 的静力平衡方程表达成矩阵形式为：

$$\begin{bmatrix}1 & 0 & -1 & 0\\0 & -1 & 0 & 1\\y_{s_2}-y_B & x_B-x_{s_2} & y_{s_2}-y_C & x_C-x_{s_2}\end{bmatrix}\begin{bmatrix}R_{12}^x\\R_{12}^y\\R_{32}^x\\R_{32}^y\end{bmatrix}=\begin{bmatrix}F_{I2}^x\\F_{I2}^y-G_2\\M_{I2}\end{bmatrix}\tag{9.21}$$

构件 3 的静力平衡方程为：

$$\begin{cases}R_{23}^x+R_{43}^x+F_{I3}^x+P=0\\R_{23}^y-R_{43}^y+F_{I3}^y-G_3=0\end{cases}\tag{9.22}$$

由于 $F_{I3}^x=F_{I3}$，$F_{I3}^y=0$，$R_{43}^x=0$，$R_{43}^y=R_{43}$，$R_{23}=-R_{32}$，分别代入上式，表达成矩阵形式为：

$$\begin{bmatrix}-1 & 0 & 0\\0 & 1 & 1\end{bmatrix}\begin{bmatrix}R_{32}^x\\R_{32}^y\\R_{42}\end{bmatrix}=\begin{bmatrix}F_{I3}-P\\G_3\end{bmatrix}\tag{9.23}$$

4. 方程联立求解

联立式(9.20)、式(9.21)、式(9.22)进行约束力和M_1的求解,表达为矩阵形式为:

$$\begin{bmatrix} 1 & 0 & 1 & 0 & 0 & 0 & 0 & 0 \\ 0 & -1 & 0 & -1 & 0 & 0 & 0 & 0 \\ y_A - y_{s_1} & x_A - x_{s_1} & y_{s_1} - y_B & x_{s_1} - x_B & 0 & 0 & 0 & -1 \\ 0 & 0 & 1 & 0 & -1 & 0 & 0 & 0 \\ 0 & 0 & 0 & -1 & 0 & 1 & 0 & 0 \\ 0 & 0 & y_{s_2} - y_B & x_B - x_{s_2} & y_{s_2} - y_C & x_C - x_{s_2} & 0 & 0 \\ 0 & 0 & 0 & 0 & -1 & 0 & 0 & 0 \\ 0 & 0 & 0 & 0 & 0 & -1 & -1 & 0 \end{bmatrix} \cdot$$

$$\begin{bmatrix} R_{41}^x \\ R_{41}^y \\ R_{12}^x \\ R_{12}^y \\ R_{32}^x \\ R_{32}^y \\ R_{43} \\ M_1 \end{bmatrix} = \begin{bmatrix} F_{I1}^x \\ F_{I1}^y - G_1 \\ M_{I1} \\ F_{I2}^x \\ F_{I2}^y - G_2 \\ M_{I2} \\ F_{I3} + P \\ G_3 \end{bmatrix} \tag{9.24}$$

上式即为该机构的动态静力分析的矩阵方程。若用$\{F\}$表示矩阵方程中的已知力矩阵,用$\{R\}$表示矩阵方程中的待求力矩阵,用$[A]$表示矩阵方程中的待求力系数矩阵,则上式可表示为:

$$[A]\{R\} = \{F\} \tag{9.25}$$

由于待求力系数矩阵是机构位置的函数,而已知力列阵中的惯性力也是机构位置的函数,因此在做机构动态静力分析的过程中,需要根据机构的不同运动位置计算出待求力系数矩阵中的各有关元素和已知力列阵中的各惯性力。

当矩阵$[A]$可求导时,

$$\{R\} = [A]^{-1}\{F\} \tag{9.26}$$

式(9.26)可在计算机上用现有的程序求解。至此,可解出机构在不同位置时作用在各运动副中的约束力和作用在原动件上的平衡力矩。

9.4 考虑摩擦时的机构力分析

在工程实际中,对于高速、精密和大动力传动的机械,由于摩擦对机械的性能会产生较大的影响,因此,在进行机构力分析时,需要考虑摩擦力。当考虑摩擦时,移动副中的总反力不再与相对运动的方向垂直,而是与法向反力偏一个摩擦角,转动副中的总反力也不再通过回转中心，而是切于摩擦圆。掌握了运动副中总反力方位的确定方法后，就可以进行考虑摩擦时的机构力分析了。

在进行机构的动态静力分析时，如果考虑摩擦，则上述动态静力平衡方程中还应包含运动副中的摩擦力和摩擦力矩。由于运动副中的摩擦力和摩擦力矩与作用在运动副中的约束力和运动副元素间的摩擦系数有关，所以摩擦力和摩擦力矩可以表示为与约束力有关的函数。根据移动副和转动副中的摩擦可知，在上述对心曲柄滑块机构中，若各运动副元素间的摩擦系数为 f，则作用于移动副中的摩擦力为 fR_{43}^{y}，摩擦力矩为零。对于转动副，仍令总反力为 R_{ij}，此时 R_{ij} 不通过转动副的中心，而是切于半径为 $\rho=fr$ 的摩擦圆，将 R_{ij} 向转动副中心简化，此时转动副处除了作用有总反力 R_{ij} 外，还有一个摩擦力矩 frR_{ij}，方向与 ω_{ij} 方向相同，用待求分量可以表示为 $fr\sqrt{(R_{ij}^{x})^{2}+(R_{ij}^{y})^{2}}$。将移动副和转动副的摩擦力和摩擦力矩分别写入相应的静力平衡方程中，可以得到考虑运动副间摩擦的机构动态静力平衡方程组。

9.5　知识拓展：数控机床滚珠丝杠进给系统动力学建模

数控机床是一种重要的现代化制造装备，其发展水平是衡量装备制造业综合实力的重要标志。随着制造业对零件加工精度和生产效率要求越来越高，高速度高精度已经成为数控机床的一个主要发展方向。高速度高精度数控机床作为高端数控机床领域的主要代表，广泛应用于航空航天、汽车、模具、能源、轨道交通等领域，但由于其设计制造难度大、技术含量高，已经成为数控机床发展的技术制高点。

高速直线进给系统作为高速度高精度数控机床的进给执行机构，其运行性能直接决定了数控机床的加工精度。直线进给系统主要有两种形式：滚珠丝杠和直线电机。由于滚珠丝杠具有高刚度、惯量灵敏度低、切削力灵敏度低、性能可靠、成本低等特点，在数控机床中得到了广泛的应用。对于高速度高精度数控机床，滚珠丝杠进给系统承担了高速、高加速度的任务，如何保证其在高速和高加速度工况下保持高精度，成为高速机床的主要技术瓶颈。影响滚珠丝杠进给系统精度的因素可以分为两类，即静态误差因素和动态误差因素。静态误差因素主要包括螺距误差、反向间隙和热误差，且在理论和应用方面已经比较成熟；而动态误差因素(如由惯性力和切削力等引起的弹性变形和振动等)的相关理论还不完善，目前现有研究多采用基于动力学模型补偿的方式减小滚珠丝杠进给系统动态误差。

要建立滚珠丝杠进给系统动力学模型，首先要分析滚珠丝杠进给系统的结构。滚珠丝杠进给系统的作用是将电机的旋转运动转化为工作台的直线运动。其常见的结构包括电机、联轴器、滚珠丝杠、螺母、支撑轴承、导轨、滑块、工作台等。该系统将放置于滚珠丝杠和螺母间的滚动体作为中间传动体，借助滚动体在丝杠滚道与螺母滚道间循环往复的螺旋运动，实现将丝杠的旋转运动转化为螺母的轴向移动。

在对滚珠丝杠进给系统结构特性分析的基础上，开展系统的动力学建模。根据螺母结合部力传递分析，揭示丝杠与螺母间切向扭矩传递特性，推导切向扭矩与轴向推力间数学关系。通过对不同部件间的运动学传递关系进行分析，建立系统的运动协调关系。滚珠丝杠进给系统的运动传递路线为：电机—联轴器—滚珠丝杠—螺母—工作台。对于理想系统，电机的转动角度乘以 $u/(2\pi)$ 即为工作台的轴向位移，其中 u 是丝杠的螺距。通过部件间运动传递分析，建立系统运动协调方程，给出动力学模型中关联运动量间的数学关系。根据螺母滚珠与滚道接触状态的不同，基于赫兹接触理论分析单个滚珠在法向接触力作用下的轴向变形，在此基础上，根据滚珠与滚道接触状态，建立轴向推力作用下的预紧螺母轴向变形量分析方法。基于以上分析，通过对系统运动自由度、关键部件刚度与摩擦力进行抽象建模，建立滚珠丝杠进给系统动力学模型，从而为动态误差特性分析与动态误差补偿等提供理论基础。

习　题

9.1　如图 9.13 所示的钻模夹具示意图中，已知工作阻力 Q，各滑动面间的摩擦系数均为 f，楔块倾角为 α。试写出作用力 F 与 Q 的关系式。

9.2　如图 9.14 所示为一楔形滑块 1 沿倾斜的 V 形导路 2 滑动的情形。已知：$\alpha=25°$，$\theta=60°$，$f=0.15$，载荷 $Q=200$ N。试求：

(1) 滑块 1 等速上升，需要多大的力 F？

(2) 分析说明滑块 1 在 Q 力作用下能否沿斜面下滑。

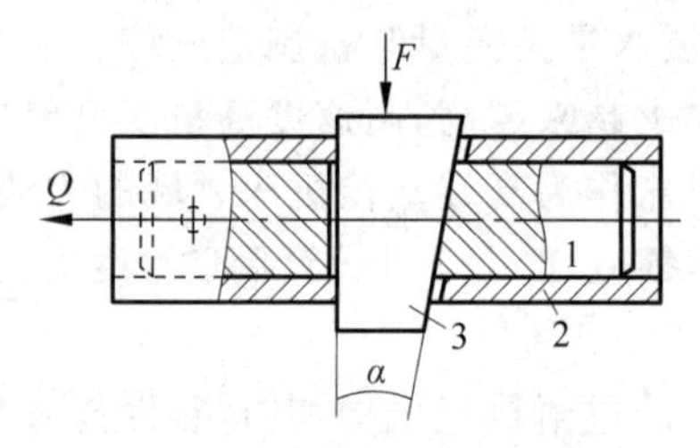

图 9.13　习题 9.1 附图

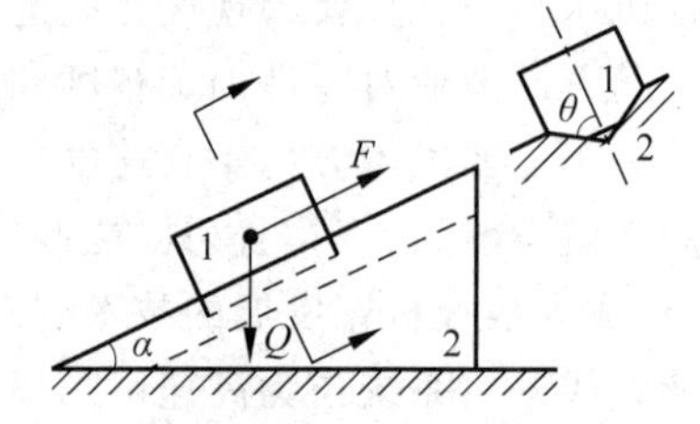

图 9.14　习题 9.2 附图

9.3　图 9.15 所示螺旋提升机构中，转动手轮 H，通过矩形螺杆 2 使楔块 3 向右移动以提升滑块 4 上的重物 Q。已知 $Q=20$ kN，楔块倾角 $\alpha=15°$，各接触面间摩擦系数 f 均为 0.15，矩形螺杆螺纹螺距 $p=6$ mm，且为双头螺杆，螺纹中径 $d=25$ mm，不计凸缘处摩擦，试求提起重物 Q 时，需加在手轮上的力矩 M。

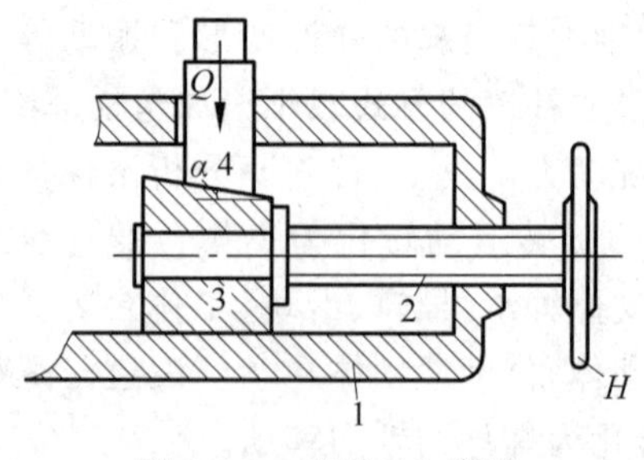

图 9.15　习题 9.3 附图

9.4　图 9.16 所示为平锻机中的六杆机构。已知各构件尺寸如下：$l_{AB}=120$ mm，$l_{BC}=460$ mm，$l_{BD}=240$ mm，$l_{DE}=200$ mm，$l_{EF}=260$ mm 及 $\beta=30°$，$x_F=500$ mm，$y_F=180$ mm。构件为原动件，以等角速度转动，$\omega_1=10$ rad/s。BC 杆的质心位于杆长的几何中

心处，BC 杆的质量为 16.3 kg，其对质心的转动惯量为 0.287 kg·m^2，滑块 3 的质量为 25 kg，其他构件的质量和转动惯量不计，压头 3 所受的工作阻力为 8.0 kN，试求在一个运动循环中各运动副中的约束反力和应加在构件 1 上的平衡力矩。

9.5 图 9.17 所示为干草压缩机中的六杆机构，已知各构件长度 $l_{AB}=600$ mm，$l_{OA}=150$ mm，$l_{BC}=120$ mm，$l_{BD}=500$ mm，$l_{CE}=600$ mm 及 $x_D=400$ mm，$y_D=500$ mm，$y_E=600$ mm。构件 1 为原动件，以等角速度转动，$\omega_1=10$ rad/s。构件 2,3,4 及构件 5 的质量分别为 17.0 kg，14.1 kg，17.0 kg 及 30.0 kg，构件 2,3,4 的质心位于杆长的几何中心处，各构件转动惯量分别为 0.510 kg·m^2，0.295 kg·m^2，0.510 kg·m^2，压头 5 所受的工作阻力为 1.2 kN，试求在一个运动循环中各运动副中的约束反力和应加在构件 1 上的平衡力矩。

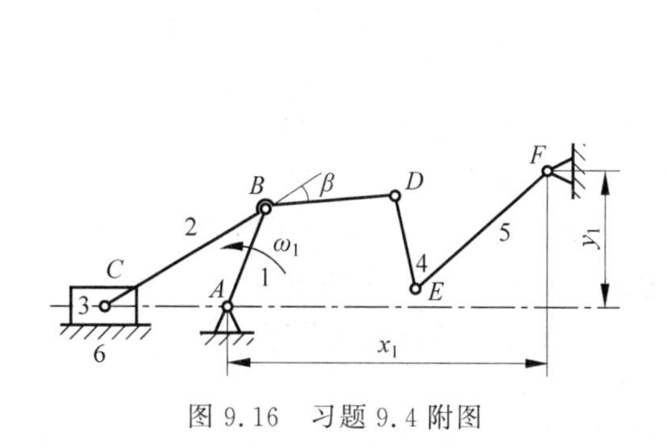

图 9.16 习题 9.4 附图

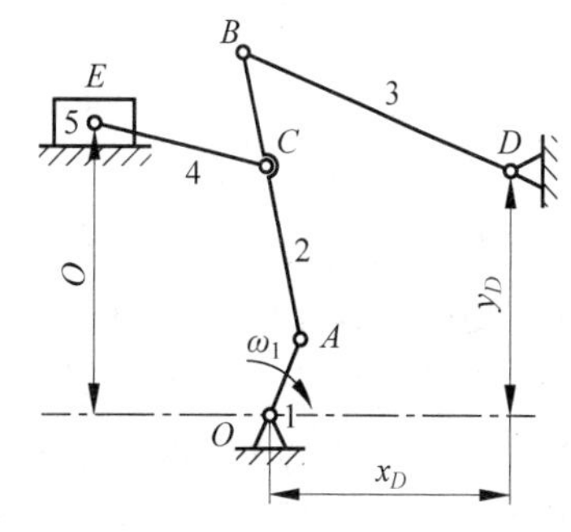

图 9.17 习题 9.5 附图

9.6 图 9.18 所示六杆机构中，工作阻力 F_t 作用于构件 5 上，曲柄 1 受到输入力矩 M_d 的作用，各构件的尺寸及摩擦圆半径均已知，摩擦角 $\varphi=8°$，试求各运动副处的受力。

9.7 图 9.19 为一高副机构，工作阻力 F_r，作用于构件 4 上，凸轮 1 受到输入力矩 M_d 的作用，各构件的尺寸及半径已知，摩擦角 $\varphi=8°$，试求各运动副处的受力。

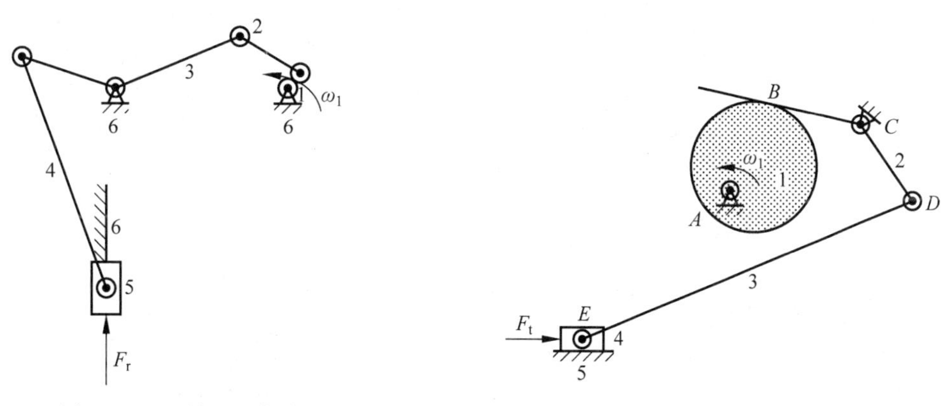

图 9.18 习题 9.6 附图

图 9.19 习题 9.7 附图

9.8 图 9.20 为一个曲柄摇杆机构，其中曲柄 AB 长度为 $l_{AB}=17$ mm，连杆 BC 长度为 $l_{BC}=50$ mm，摇杆 CD 长度为 $l_{CD}=28$ mm，机架 AD 长度为 $l_{AD}=45$ mm，已知摩擦圆半径 $\rho=4$ mm，从动件受到的阻力矩为 $M_t=40$ N·m，试求各运动副处的作用力及输入转矩 M_d。

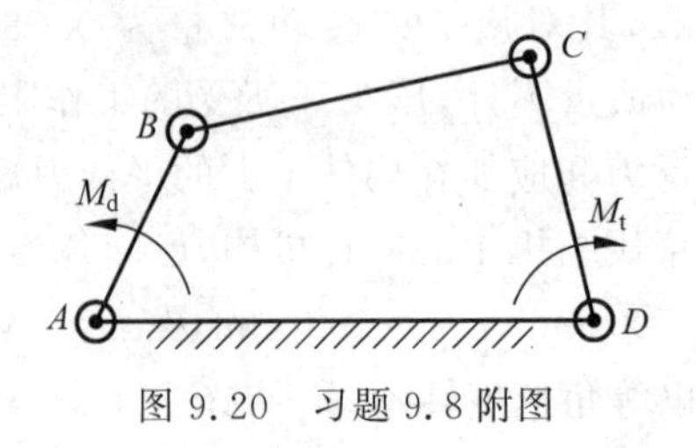

图 9.20　习题 9.8 附图

设计系列题

Ⅰ-5　单缸四冲程内燃机曲柄滑块机构的动力分析

第 1 章设计项目Ⅰ中的图 1.13 为单缸四冲程内燃机曲柄滑块机构。已知曲柄、连杆及活塞组的质量分别为 $m_2=0.06$ kg，$m_3=0.025$ kg，$m_4=0.293$ kg。质心 CG_2 距曲柄回转中心 O_2 的距离为曲柄长度的 0.3 倍，质心 CG_3 距曲柄销中心 A 的距离为连杆长度的 0.25 倍。表 1-1 为内燃机示功图数据。试以上述数据及系列题Ⅰ-2 计算结果为基础，计算各运动副反力及曲柄上的平衡力矩在一个工作循环内随曲柄转角的变化规律。

Ⅱ-6　粉料成型压片机的上冲头加压机构受力分析

第 1 章设计项目Ⅱ中的图 1.17 为粉料压片机上冲头加压机构。已知：各杆长度分别为 $AB=47$ mm，$BD=150$ mm，$CD=DE=100$ mm，压片时上冲头的阻力为 4000 N，曲柄 AB 为原动件，以等角速度 $\omega=30$ r/min 顺时针运动。对上冲头加压机构进行受力分析，求出各运动副处的作用力。

第 10 章

机械的效率与自锁

摩擦无处不在。在生产生活中，人们一方面追求减小摩擦力，从而减少摩擦损耗提高机械效率，如改善润滑条件(图 10.1(a))或采用滚动代替滑动来减少摩擦(图 10.1(b))；另一方面又利用摩擦和自锁(图 10.1(c)和(d))设计机械来提高机械的可靠性，如螺旋千斤顶将重物举起后，可保证不论重物的重量有多大，都不能驱动螺母反转使重物自行降落下来，即螺旋千斤顶具有自锁性。因此，一方面，机械中的摩擦作为有害阻力会减低机械的效率；另一方面，机械中的摩擦也有有利的一面，其中自锁现象就是由于摩擦的存在而出现的。本章将首先介绍机械效率的概念及其计算，然后介绍提高机械效率的途径，接着阐述摩擦在机械中的应用，最后介绍机械的自锁现象和自锁条件的确定。

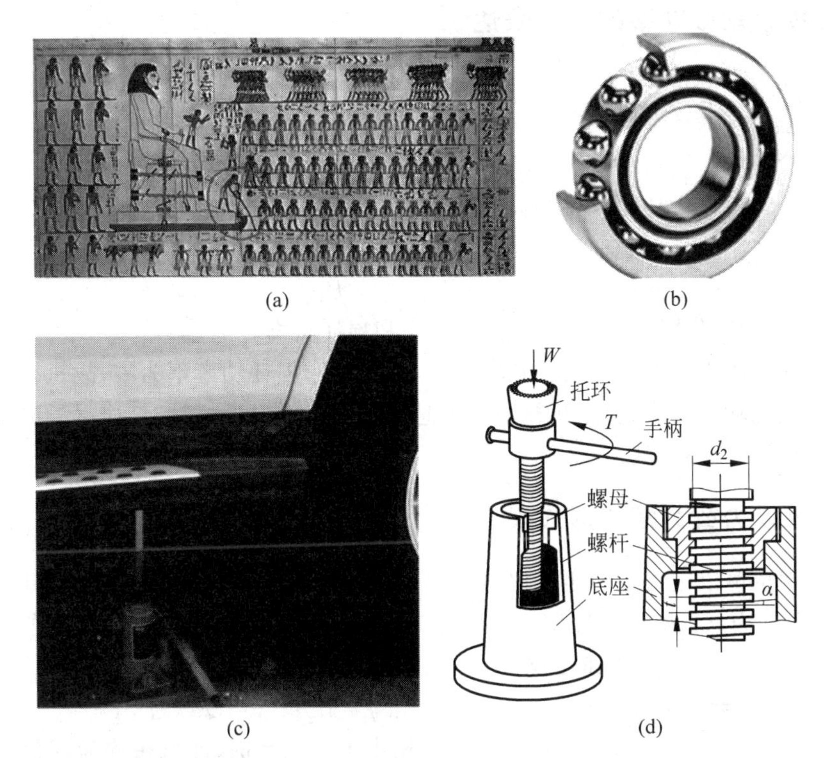

图 10.1　摩擦在生产生活中的应用

(a) 古埃及通过润滑减小摩擦；(b) 滚动轴承比滑动减小摩擦；

(c)、(d) 自锁的实例-螺旋千斤顶及其结构示意图

10.1 机械的效率

10.1.1 机械效率的表达形式

机械效率与机械的受力情况密切相关，因为机械是在力的作用下进行工作的。根据力对机械运动的影响，作用于机械上的力可分为驱动力、工作阻力和有害阻力三种。通常把驱动力所做的功称为输入功（驱动功），克服工作阻力所做的功称为输出功（有效功），而克服有害阻力所做的功称为损耗功。

机械在稳定运转时，输入功等于输出功和损耗功之和，即：

$$W_d = W_r + W_f \tag{10.1}$$

式中，W_d、W_r 和 W_f 分别为输入功、输出功和损耗功。可见，对于一定的输入功，如果损耗功越小，输出功越大，则表示该机械对能量的利用率越高，即能量损失越小。因此，可用输出功 W_r 与 W_d 的比值来衡量机械对能量的有效利用程度，称为机械效率，通常用 η 表示。

1. 效率以功或功率的形式表达

根据机械效率的定义，有：

$$\eta = \frac{W_r}{W_d} = \frac{W_d - W_f}{W_d} = 1 - \frac{W_f}{W_d} \tag{10.2}$$

将式(10.2)除以做功时间，则有：

$$\eta = \frac{P_r}{P_d} = 1 - \frac{P_f}{P_d} \tag{10.3}$$

式中，P_d、P_r 和 P_f 分别为输入功率、输出功率和损耗功率。

因为机械系统中的摩擦总是存在的，所以损耗功和损耗功率不为零，故机械效率总是小于1的。且损耗功或功率越大，机械效率就越低。所以在设计机械时，应尽量减小机械中的损耗，主要是减小摩擦损耗。

2. 效率以力或力矩的形式表达

机械效率也可以用力或力矩的比值形式来表达。图10.2所示为一机械传动装置示意图，设 F 为驱动力，Q 为工作阻力，v_F 和 v_Q 分别为 F 和 Q 的作用点沿该力作用线方向的速度，根据效率的功率表达式(10.3)可得：

$$\eta = P_r/P_d = Qv_Q/Fv_F \tag{10.4}$$

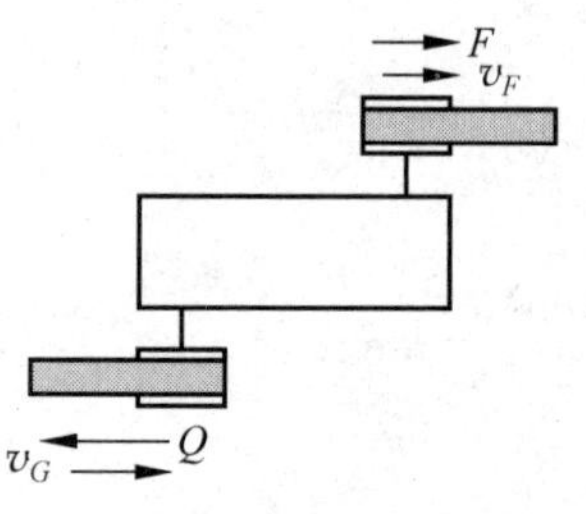

图 10.2 机械传动装置

假设在该机械中不存在摩擦，此机械称为理想机械。这时为了克服同样的工作阻力 Q，其所需的驱动力称为理想驱动力 F_0，此力必定小于实际驱动力 F。对于理想机械，有：

$$\eta = P_r/P_d = Qv_Q/F_0v_F = 1 \tag{10.5}$$

所以：

$$Qv_Q = F_0v_F \tag{10.6}$$

将式(10.6)代入式(10.5)得机械效率用驱动力的形式表达为：

$$\eta = Qv_Q / Fv_F = F_0 v_F / Fv_F = F_0 / F \tag{10.7}$$

上式表明，机械效率也等于在克服同样工作阻力 Q 的情况下，理想驱动力 F_0 与实际驱动力 F 的比值。

同理，机械效率也可以用力矩形式表达，即：

$$\eta = \frac{M_{F_0}}{M_F} \tag{10.8}$$

式中，M_{F_0} 和 M_F 分别表示为了克服同样工作阻力所需的理想驱动力矩和实际驱动力矩。

从另一个角度讲，理想机械所克服的工作阻力 Q_0 必大于实际机械所能克服的工作阻力 Q，对于理想机械有：

$$\eta_0 = Q_0 v_Q / Fv_F = 1$$

故：

$$Q_0 v_Q = Fv_F \tag{10.9}$$

将式(10.9)代入式(10.4)，得到机械效率用工作阻力的形式的表达：

$$\eta = Qv_Q / Fv_F = Qv_Q / Q_0 v_Q = Q / Q_0 \tag{10.10}$$

上式表明，机械效率等于实际工作阻力 Q 与理想工作阻力之比。

同理，机械效率也可以用工作阻力矩的形式表达：

$$\eta = \frac{M_Q}{M_{Q_0}} \tag{10.11}$$

式中，M_Q 和 M_{Q_0} 分别表示在同样的驱动力情况下，机械所能克服的实际工作阻力矩和理想工作阻力矩。

综上所述，可得：

$$\eta = \frac{\text{理想驱动力}}{\text{实际驱动力}} = \frac{\text{理想驱动力矩}}{\text{实际驱动力矩}} = \frac{\text{实际工作阻力}}{\text{理想工作阻力}} = \frac{\text{实际工作阻力矩}}{\text{理想工作阻力矩}} \tag{10.12}$$

上述机械效率公式都是根据具体情况对效率进行的理论计算。对于现有的机械也可以通过试验的方法来测定其效率。对于正在设计和制造的机器，不能直接用试验法测定效率，但由于各种机器都是由一些基本机构组合而成，而这些基本机构的效率通过试验积累的资料(如表 10-1)却是可以预先估定的，在已知这些基本机构和运动副的机械效率后，就可以通过计算确定出整个机器的效率。

表 10-1　机械传动和摩擦副的效率

<table>
<tr><th colspan="2">种　类</th><th>效率 η</th><th colspan="2">种　类</th><th>效率 η</th></tr>
<tr><td rowspan="5">圆柱齿轮传动</td><td>很好跑合的 6 级精度和 7 级精度齿轮传动(油润滑)</td><td>0.98～0.99</td><td rowspan="5">锥齿轮传动</td><td>很好跑合的 6 级精度和 7 级精度齿轮传动(油润滑)</td><td>0.97～0.98</td></tr>
<tr><td>8 级精度的一般齿轮传动(油润滑)</td><td>0.97</td><td>8 级精度的一般齿轮传动(油润滑)</td><td>0.94～0.97</td></tr>
<tr><td>9 级精度的齿轮传动(油润滑)</td><td>0.96</td><td rowspan="2">加工齿的开式齿轮传动(脂润滑)</td><td rowspan="2">0.92～0.95</td></tr>
<tr><td>加工齿的开式齿轮传动(脂润滑)</td><td>0.94～0.96</td></tr>
<tr><td>铸造齿的开式齿轮传动</td><td>0.90～0.93</td><td>铸造齿的开式齿轮传动</td><td>0.88～0.92</td></tr>
</table>

续表

种类		效率 η
蜗杆传动	自锁蜗杆(油润滑)	0.40～0.45
	单头蜗杆(油润滑)	0.70～0.75
	双头蜗杆(油润滑)	0.75～0.82
	三头和四头蜗杆(油润滑)	0.80～0.92
	圆弧面蜗杆传动(油润滑)	0.85～0.95
带传动	平带无压紧轮的开式传动	0.98
	平带有压紧轮的开式传动	0.97
	平带交叉传动	0.90
	V带传动	0.96
	同步齿形带传动	0.96～0.98
链传动	焊接链	0.93
	片式关节链	0.95
	滚子链	0.96
	齿形链	0.97
复滑轮组	滑动轴承($i=2\sim6$)	0.90～0.98
	滚动轴承($i=2\sim6$)	0.95～0.99
绞车卷筒		0.94～0.97
摩擦传动	平摩擦传动	0.85～0.92
	槽摩擦传动	0.88～0.90
	卷绳轮	0.95

种类		效率 η
联轴器	液力联轴器	0.95～0.98
	浮动联轴器(十字沟槽联轴器等)	0.97～0.99
	齿式联轴器	0.99
	弹性联轴器	0.99～0.995
	万向联轴器($\alpha\leqslant3°$)	0.97～0.98
	万向联轴器($\alpha>3°$)	0.95～0.97
	梅花联轴器	0.97～0.98
滑动轴承	润滑不良	0.94(一对)
	润滑正常	0.97(一对)
	润滑特好(压力润滑)	0.98(一对)
	液体摩擦	0.99(一对)
滚动轴承	球轴承(稀油润滑)	0.99(一对)
	滚子轴承(稀油润滑)	0.98(一对)
油池内油的飞溅和密封摩擦		0.95～0.99
减(变)速器	单级圆柱齿轮减速器	0.97～0.98
	双级圆柱齿轮减速器	0.95～0.96
	行星圆柱齿轮减速器	0.95～0.98
	单级锥齿轮减速器	0.95～0.96
	双级锥—圆柱齿轮减速器	0.94～0.95
	无级变速器	0.92～0.95
	摆线—针轮减速器	0.90～0.97
螺旋传动	滑动螺旋	0.30～0.60
	滚动螺旋	0.85～0.95

10.1.2 机械系统的效率

机构或机器连接组合的方式一般有串联、并联和混联三种，因此，机械系统的效率也有相应的三种不同的计算方法。

1. 串联系统

设有 k 个机构依次串联起来组成机械系统，如图 10.3 所示。P_d 为系统的输入功率，各个机构的效率分别为 $\eta_1,\eta_2,\eta_3,\cdots,\eta_K$，$P_K$ 为系统的输出功率，这种串联机构系统功率传递的特点是前一机构的输出功率即为后一机构的输入功率。那么有：

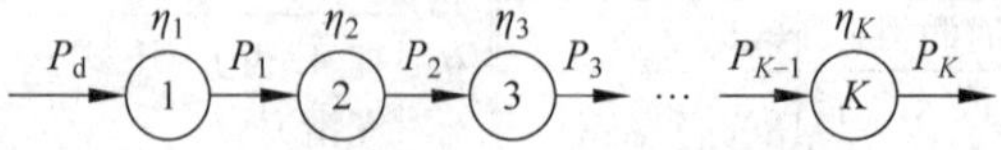

图 10.3 串联机械系统

因此，串联系统的总效率为：

$$\eta=\frac{P_K}{P_d}=\frac{P_1}{P_d}\frac{P_2}{P_1}\frac{P_3}{P_2}\cdots\frac{P_K}{P_{K-1}}=\eta_1\eta_2\eta_3\cdots\eta_K \tag{10.13}$$

上式表明，串联系统的总效率等于组成该系统的各个机构的效率的乘积。由于任意一个机构的效率都小于 1，根据式(10.13)可知，串联系统的总效率必小于局部的效率，且组成系统的数目越多，效率就越低。

2. 并联系统

设有 K 个相互并联的机构组成的机械系统如图 10.4 所示。各个机构的效率分别为 $\eta_1,\eta_2,\cdots,\eta_K$，$P_d$ 为系统的总输入功，各个机构的输入功率分别为 $P_1,P_2,P_3,\cdots,P_K$，而输出功分别为 $P'_1,P'_2,P'_3,\cdots,P'_K$。因而总输入功率：

$$P_d=P_1+P_2+P_3+\cdots+P_K$$

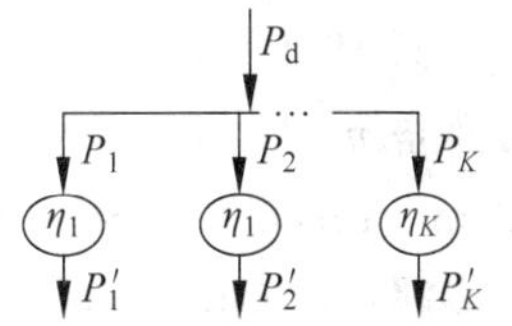

总输出功率 P_r 为：

$$\begin{aligned}P_r&=P'_1+P'_2+P'_2+P'_K\\&=\eta_1P_1+\eta_2P_2+\eta_3P_3+\cdots+\eta_KP_K\end{aligned}$$

图 10.4　并联机械系统

所以，并联系统的总效率为：

$$\eta=\frac{P_r}{P_d}=\frac{\eta_1P_1+\eta_2P_2+\eta_3P_3+\cdots+\eta_KP_K}{P_1+P_2+P_3+\cdots+P_K} \tag{10.14}$$

由上式可知，并联机械系统的总效率不仅与各机构的效率有关，而且也跟各机构所传递的功率有关。如果在效率较高的机构上分配较大的功率，那么就能提高系统总体的效率。设 η_{max} 和 η_{min} 为各个机构的效率中的最大值和最小值，则 $\eta_{min}\leqslant\eta\leqslant\eta_{max}$。

若各个机构的输入功率均相等，即 $P_1=P_2=\cdots=P_K$，则：

$$\begin{aligned}\eta&=\frac{\eta_1P_1+\eta_2P_2+\eta_3P_3+\cdots+\eta_KP_K}{P_1+P_2+P_3+\cdots+P_K}\\&=\frac{(\eta_1+\eta_2+\eta_3+\cdots+\eta_K)P_1}{KP_1}\\&=(\eta_1+\eta_2+\eta_3+\cdots+\eta_K)/K\end{aligned} \tag{10.15}$$

上式表明，当并联系统中各个机构的输入功率均相等时，其总效率等于各个机构的效率的平均值。

若各个机构的效率均相等，即 $\eta_1=\eta_2=\cdots=\eta_K$，则：

$$\begin{aligned}\eta&=\frac{\eta_1P_1+\eta_2P_2+\eta_3P_3+\cdots+\eta_KP_K}{P_1+P_2+P_3+\cdots+P_K}\\&=\frac{\eta_1(P_1+P_2+P_3+\cdots+P_K)}{P_1+P_2+P_3+\cdots+P_K}\\&=\eta_1(=\eta_2=\eta_3=\cdots=\eta_K)\end{aligned} \tag{10.16}$$

上式表明，当各个机构的效率均相等时，并联机械系统的总效率等于任一台机器的效率。

3. 混联系统

混联系统为机械中兼有串联和并联的连接方式。如图 10.5 所示。这种混联机械系统的总效率的求法需要按其具体的组合方式而定。可先将输入功至输出功的线路弄清，然后分别按各部分的连接方式，参照式(10.13)和式(10.14)的方法来计算。若系统串联部分的效率为η'，并联部分的效率为η''，则系统的总效率应为：

$$\eta=\eta'\eta'' \tag{10.17}$$

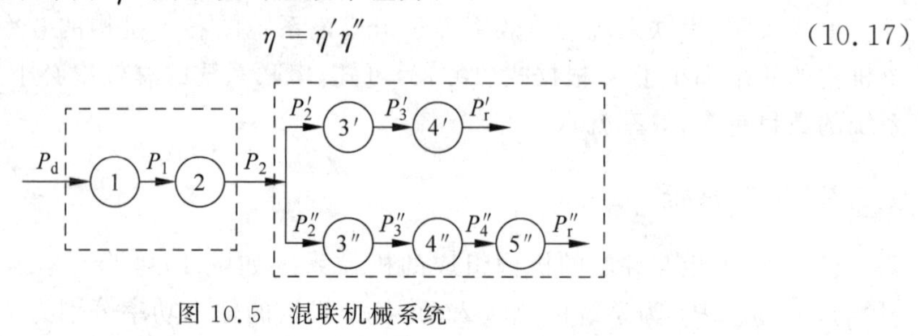

图 10.5 混联机械系统

例 10-1 在图 10.6 所示的电动卷扬机中，已知其每一对齿轮的效率η_{12}、$\eta_{2'3}$以及鼓轮的效率η_4均为 0.95，滑轮的效率η_5为 0.96，载荷$Q=50\ 000$ N。其上升的速度$v=12$ m/min，求电机的功率。

解：首先确定该机构为串联机构。

由于串联机构的总效率为各级效率的乘积，故机械的总效率：

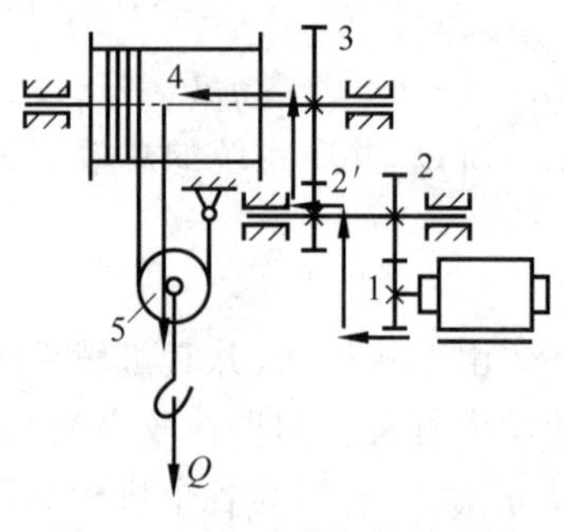

图 10.6 电动卷扬机示意图

$$\eta=\eta_{12}\cdot\eta_{2'3}\cdot\eta_4\cdot\eta_5=0.95^3\times0.96=0.82$$

然后求系统的工作功率。

载荷上升的速度为：

$$v=12\ \text{m/min}=\frac{12}{60}=0.2\ \text{m/s}$$

机构的工作效率为：

$$P_r=Q\cdot v=50\ 000\times0.2=10\ 000\ \text{kW}$$

最后求出电机的功率为：

$$P_d=\frac{P_r}{\eta}=\frac{10\ 000}{0.82}=12\ 195\ \text{kW}$$

10.2 提高机械效率的途径

由上面的分析可知，机械运转过程中影响其效率的主要原因是机械中的损耗，而损耗主要是由摩擦引起的。因此，要提高机械的效率必须设法减小机械中的摩擦，一般需从设计、制造和使用维护三个方面加以考虑。其中设计方面主要采取以下措施：

(1) 尽量简化机械传动系统，采用最简单的机构来满足工作要求，使功率传递通过的运动副数目越少越好。例如航天设备中的天线，往往依靠航天器转动产生的离心力甩出。但如果运动副数目多，摩擦过大，天线甩出的运动就可能无法实现或者运动位置不确定。

(2) 选择合适的运动副形式。如转动副易保证运动副元素的配合精度、效率高；移动副不易保证配合精度，效率较低且容易发生自锁。

(3) 不要过多增大轴颈尺寸。因为增大轴颈尺寸时会使该轴颈的摩擦力矩增加，机械容易发生自锁。

(4) 设法减少运动副中的摩擦。如在传递动力的场合尽量选用矩形螺纹或牙型半角小的三角形螺纹；用平面摩擦代替槽面摩擦；采用滚动摩擦代替滑动摩擦。选用适当的润滑剂和润滑装置进行润滑，合理选用运动副元素的材料等。

(5) 改善机械的平衡，从而减少机械中因惯性力所引起的动压力，可以提高机械的效率。

10.3 摩擦在机械中的应用

机械中的摩擦虽然对机械的工作有许多不利的影响，但在某些方面也有其有利的一面。工程实际中不少机械正是利用摩擦来工作的。常见的应用摩擦的机构有以下几种。

1) 摩擦带传动机构

带传动可分为摩擦传动型和啮合传动型两大类。其中摩擦传动型(图 10.7)是由主动轮 1、从动轮 3 和张紧在两轮上的环形带 2 所组成，是利用带与带轮之间的摩擦力传递运动和动力。

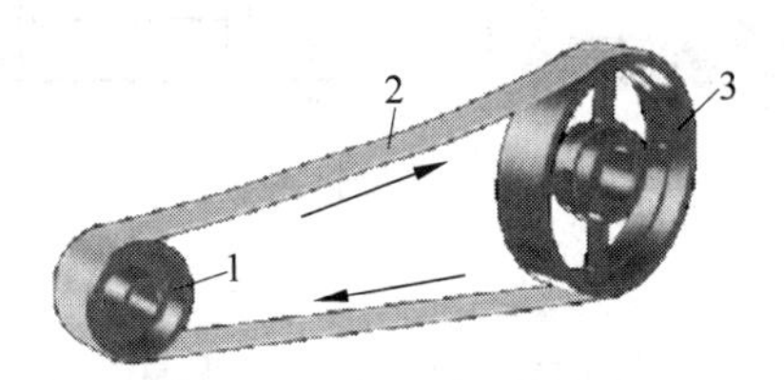

图 10.7 带传动机构运动示意图

2) 摩擦离合器

离合器和联轴器一样是机械传动中常用的部件。主要用来连接轴与轴(或连接轴与其他回转零件)，以传递运动与转矩。其种类很多，摩擦离合器是其中一种，最简单的单片摩擦离合器，如图 10.8(a)所示。在传递大扭矩时可采用多盘摩擦离合器，如图 10.8(b)所示。

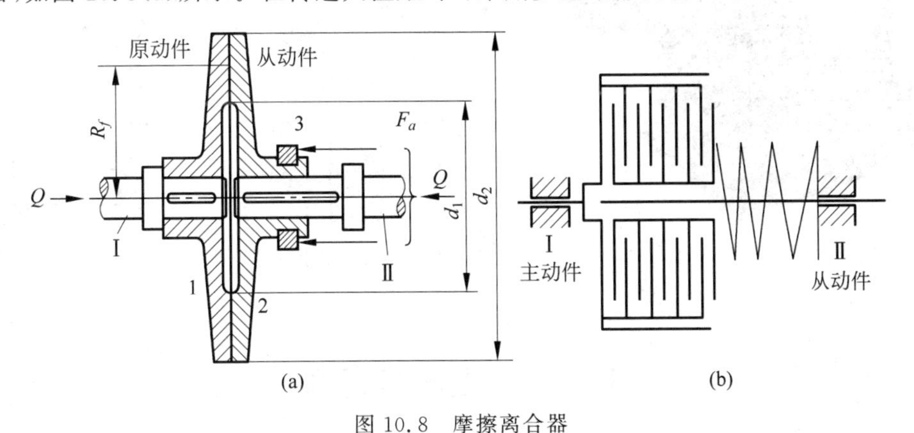

图 10.8 摩擦离合器

3) 摩擦制动器

制动器是利用摩擦副中产生的摩擦力矩来实现制动作用，或者利用制动力与重力的平衡，使机器运转速度保持恒定。摩擦式制动器广泛应用于机械制动中，常用的有带式(图 10.9)和块式(图 10.10)制动器。

图 10.9 带式制动器

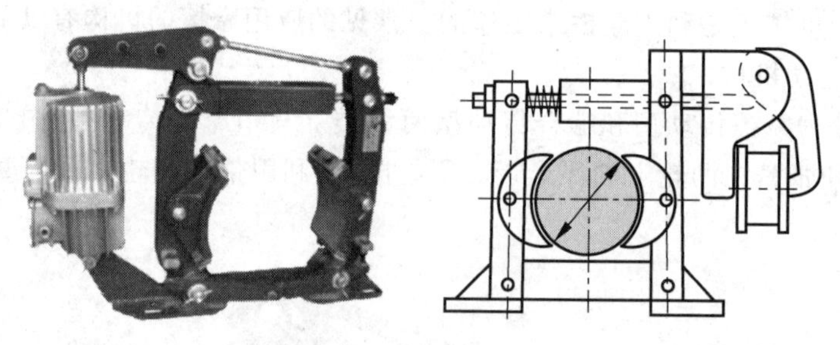

图 10.10 块式制动器

4) 摩擦连接

在日常生活及工程实际中，螺纹连接的应用非常普遍。为了保证其可靠性，通常采用较小的升角，且使升角小于摩擦角，而且还采用三角螺纹增大摩擦力，提高自锁性。

摩擦在生产实际中的应用还有很多，如偏心夹具(图 10.11)、夹钳式握持器(图 10.12)、斜面压榨机(图 10.13)等。

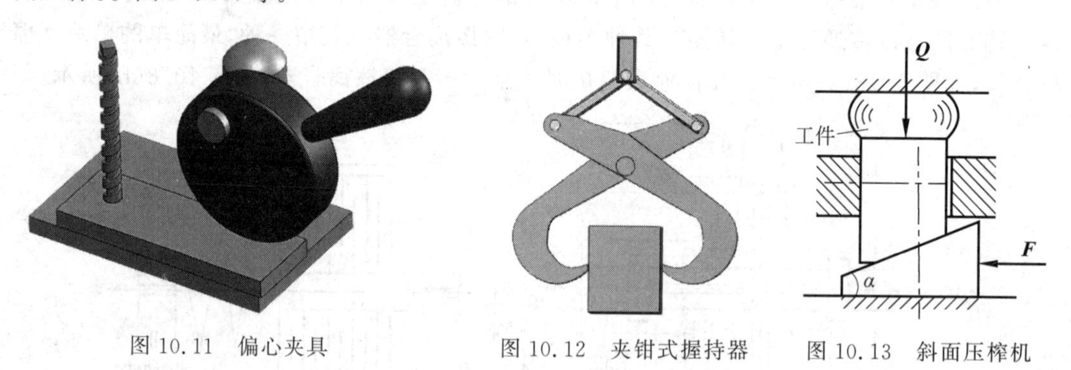

图 10.11 偏心夹具　　图 10.12 夹钳式握持器　　图 10.13 斜面压榨机

10.4 机械的自锁

在实际机械中，有时存在这种现象：无论物体上作用的驱动力有多大，在摩擦力的作用下，物体都不会沿着驱动力的方向运动，这种现象称为机械的自锁。

自锁现象在机械工程中具有十分重要的意义。一方面，设计机械时，为使机械能够实现预期的运动，必须避免该机械在所需的运动方向发生自锁；另一方面，有些机械的工作又需要具有自锁的特性。如螺旋千斤顶，当转动手把将物体举起后，应保证不论物体的重量多大，都不能驱动螺母反转，致使物体自行降落下来。也就是要求千斤顶在物体的重力作用下必须具有自锁性。利用自锁性的例子，在机械工程中很多。下面就讨论自锁问题。

如图 10.14 所示的移动副中，外力 F 作用于滑块 1，它与接触面法线 nn 间的夹角为 β，摩擦角为 φ。将 F 分解为沿接触面法向和切向的两个分力 F_n、F_t。$F_t=F\sin\beta$ 是推动滑块 1 运动的有效分力；而接触面对滑块 1 的最大摩擦力为 $F_{fmax}=F_n\tan\varphi$。当 $\beta\leqslant\varphi$ 时，外力 F 的作用线在摩擦角包围区域之内，此时驱动力 $F_t\leqslant$ 摩擦力 F_f，即不论外力在其作用线方向上如何增大，其有效分力总是小于或等于由它所产生的摩擦力，此时不能推动滑块 1 运动，这就是自锁现象。

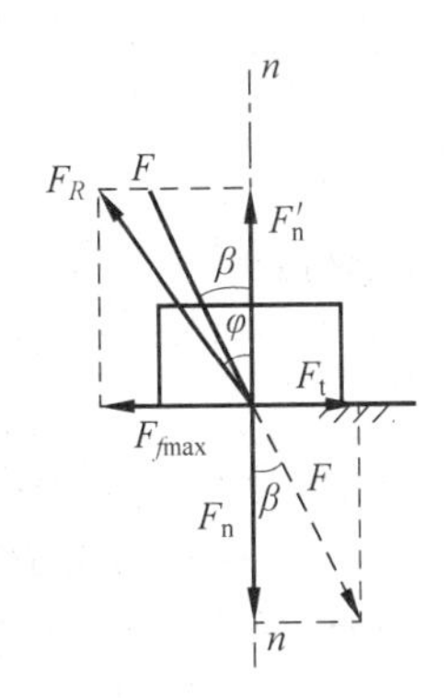

图 10.14　移动副的自锁

而对于径向受力的转动副，作用在轴径上的外载荷 Q 作用在摩擦圆之内时，由于驱动力矩总小于它产生的摩擦阻力矩，所以此时无论外载荷 Q 如何增大也不会使轴转动，即出现自锁现象。

上面讨论了单个运动副发生自锁的条件。对于一个机械来说，还可以根据如下条件之一来判断机械是否会发生自锁：

（1）当机械自锁时，机械已不能运动，这时它所能克服的工作阻力 $G\leqslant 0$。故可以利用当驱动力任意增大时，$G\leqslant 0$ 是否成立来判断机械是否自锁。

（2）当机械发生自锁时，无论驱动力多大都不能超过它所产生的摩擦阻力，驱动力所做的功 W_d 不足以克服摩擦消耗的功 W_f，由 $\eta=1-\dfrac{W_f}{W_d}$ 可知，当自锁发生时，$\eta=1-\dfrac{W_f}{W_d}\leqslant 0$。所以当驱动力任意增大，恒有 $\eta\leqslant 0$ 时，机械将发生自锁。

在机械设计中，自锁现象通常应用于停车阶段（即反行程）防止机械自发倒转或松脱。在反行程能自锁的机械称为自锁机械，常用在各种夹具、螺栓连接、起重装置和压榨机等机械上。但反行程自锁的机械在工作行程中机械效率较低，所以不宜用在大功率传动场合。对于大功率传动机械，常采用其他装置防止倒转或松脱。

例 10-2　图 10.15 所示为滑动斜面运动示意图，滑块在驱动力 P 作用下沿斜面上滑（此为正行程），当驱动力由 P 减小至 P' 时，滑块会在自重的作用下有沿斜面下滑的趋势。问：

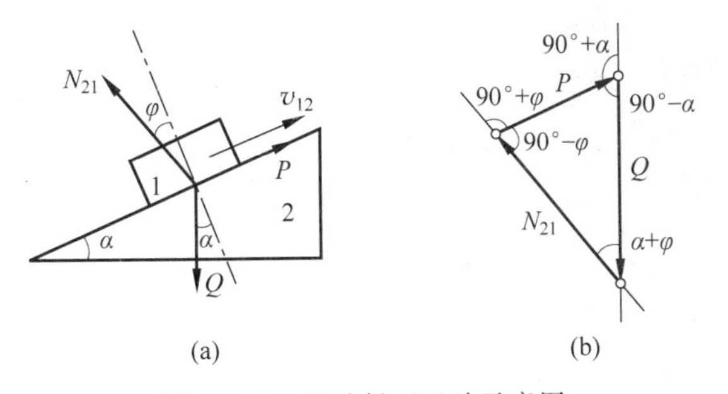

图 10.15　滑动斜面运动示意图

(1) 判断正行程时，滑块是否会自锁。

(2) 反行程时滑块的自锁条件。

解：(1) 要判断正行程是否自锁，首先要进行受力分析，如图 10.15(a)所示。列力平衡方程式：

$$P+Q+N_{21}=0$$

然后做力封闭多边形，如图 10.15(b)所示，则驱动力 P 和阻力 Q 的关系式为：

$$\frac{P}{\sin(\alpha+\varphi)}=\frac{Q}{\sin(90°-\varphi)}$$

进而求得：

$$Q=\frac{P\cos\varphi}{\sin(\alpha+\varphi)}$$

因为阻力 Q 不会小于或等于零，故正行程不会自锁。

(2) 当驱动力由 P 减小至 P' 时，滑块将在其重力 Q 的作用下有沿斜面下滑的趋势(注意，此时 P' 为阻力，Q 为驱动力)。首先进行分析受力如图 10.16(a)所示。然后列力平衡方程式：

$$P'+Q+N_{21}=0$$

接着做力封闭多边形，如图 10.16(b)所示。列出驱动力 Q 和阻力 P' 的关系式：

$$\frac{P'}{\sin(\alpha-\varphi)}=\frac{Q}{\sin(90°+\varphi)}$$

进而求得：

$$P'=\frac{Q\sin(\alpha-\varphi)}{\cos\varphi}$$

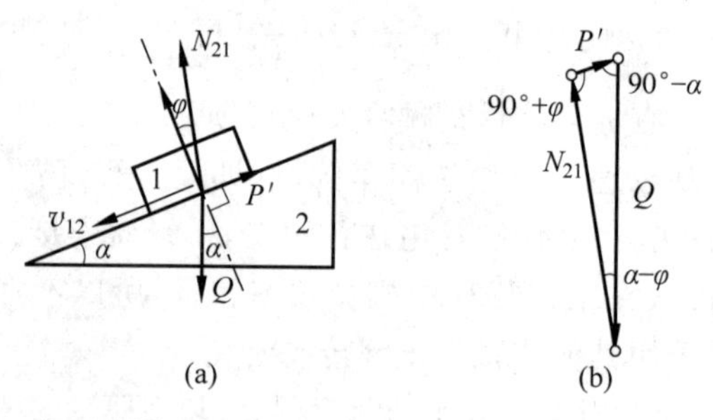

图 10.16 滑动斜面运动示意图

可按下面两方法求反行程自锁条件

① 按阻力求自锁条件

令 $P'=\dfrac{Q\sin(\alpha-\varphi)}{\cos\varphi}<0$，则 $\sin(\alpha-\varphi)<0$

故机械自锁条件为：

$$\alpha<\varphi$$

② 按效率求自锁条件

由于实际工作阻力 $P'=\dfrac{Q\sin(\alpha-\varphi)}{\cos\varphi}$

理想工作阻力 $P'_0=\dfrac{Q\sin(\alpha-\varphi)}{\cos\varphi}=\dfrac{Q\sin(\alpha-0)}{\cos 0}=Q\sin\alpha$

$$\eta=\frac{\text{实际工作阻力}}{\text{理想工作阻力}}=\frac{P'}{P'_0}=\frac{Q\sin(\alpha-\varphi)}{\cos\varphi\cdot Q\sin\alpha}<0$$

所以,滑块的自锁条件为:

$$\alpha<\varphi$$

例 10-3　图 10.17 所示该机构为凸轮机构,推杆 1 在凸轮 3 推力 F 的作用下,沿着导轨 2 向上运动,摩擦面的摩擦系数为 f。为了避免发生自锁,试问导轨的长度 l 应满足什么条件。

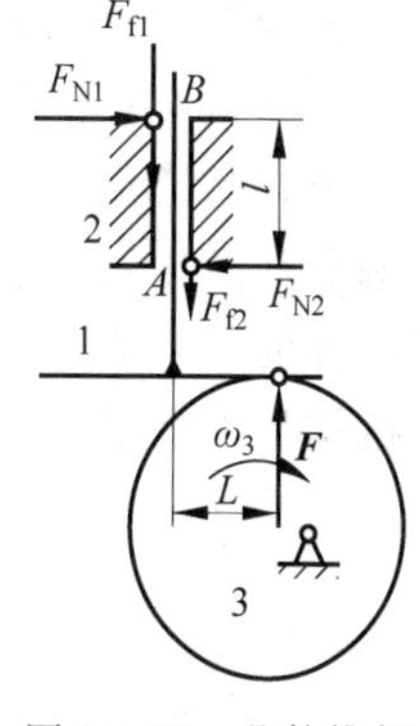

图 10.17　凸轮推杆

解:在力 F 的作用下,推杆有逆时针偏转的趋势,故在 A、B 两点与导轨接触,由力平衡条件:

$$\sum F_{iX}=0$$

$$F_{N1}=F_{N2}$$

$$\sum M_{Ai}=0$$

$$F_{N1}l=FL$$

可求出法向力:

$$F_{N1}=F\cdot L/l$$

由 F_N 引起的摩擦力为:

$$F_{f1}=F_{f2}=F_{N1}\cdot f=F_{N2}\cdot f$$

故此机械不自锁的条件为:

$$F>\sum F_f=2f\cdot F_{N1}=2f\cdot F\cdot L/l$$

即

$$l>2f\cdot L$$

注意:所谓机械具有自锁性,只是说当它所受的驱动力作用于该机构的某处或按某方向作用时是自锁的,也就是说只是在一定的受力条件和受力方向下发生的,而在其他的情况下却是能够运动的。例如,螺旋千斤顶在物体的重力作用下是自锁的,但如果在把手上加足够大的驱动力,却可使螺母转动而将物体降落下来。又如斜面压榨机,要求在力 G 为驱动力时自锁,即滑块不至向右松退出来,但在足够大的驱动力 F 的作用下滑块却可向左移动而将物体压紧,或 F 力反向时即可使滑块松退下来,即以 F 为驱动力时压榨机是不自锁的,这就是所谓机械自锁的方向性。

10.5　知识拓展:空间遥感相机调焦机构的自锁

自锁现象在机械工程中具有十分重要的意义,实际应用中许多机构需要具有自锁特性。如空间相机调焦机构需具有一定的锁止能力,以应对火箭发射中的冲击与振动,因此,对机构的自锁特性进行评价是保证空间光学遥感器正常工作的关键。

目前,国内外空间遥感相机常用的调焦机构有丝杠螺母调焦机构和凸轮调焦机构。其中，丝杠螺母调焦机构因结构简单、成本低等优点被广泛地应用于空间光学遥感相机中。卫星在升空过程中处于复杂的动力学环境，调焦机构需具有一定的锁止能力，以应对发射中的冲击和振动。而现有的锁止形式主要有电磁锁紧与步进电机保持力矩锁止，但若锁紧机构在发射过程中破损，则会导致整个调焦机构无法正常工作。因此，对丝杠螺母的自锁特性进行分析是保证调焦机构正常工作的关键。

螺纹接触面在冲击和振动工况下会产生幅值极小的相对滑动即“微动”，通过研究螺纹接触面间的微动接触摩擦特性可分析螺纹的自锁性。一般两接触面间的接触状态可以分为三种接触状态：黏着状态、完全滑移状态和部分滑移状态。当螺纹接触面处于黏着状态或部分滑移状态时，两接触面存在黏着区，螺纹自锁可靠；当接触面处于完全滑移状态，整个接触面产生相对滑动，螺纹自锁失效。因此，螺纹接触面间的接触状态可以作为评价螺纹自锁特性的一个重要标准。而螺纹接触面间的接触状态可通过试验测量振动和冲击条件下调焦机构焦平面的位移量等来分析。

习　　题

10.1　如图 10.18 所示，电机 M 通过齿轮减速器带动工作机 A 和 B。已知：每对圆柱齿轮的效率 $\eta_1=0.95$，圆锥齿轮的效率为 $\eta_2=0.92$，工作机 A 和 B 的效率分别为 $\eta_A=0.7$，$\eta_B=0.8$，现设电机的功率为 $P=5$ kW，$P_A/P_B=2$，试求工作机 A 和 B 的输出功率 P_A，P_B 各为多少？

10.2　在图 10.19 示的滚柱传动机构中，已知其局部效率 $\eta_{1\text{-}2}=0.95$，$\eta_{3\text{-}4}=\eta_{5\text{-}6}=\eta_{7\text{-}8}=\eta_{9\text{-}10}=0.93$，求该机构的效率 η。

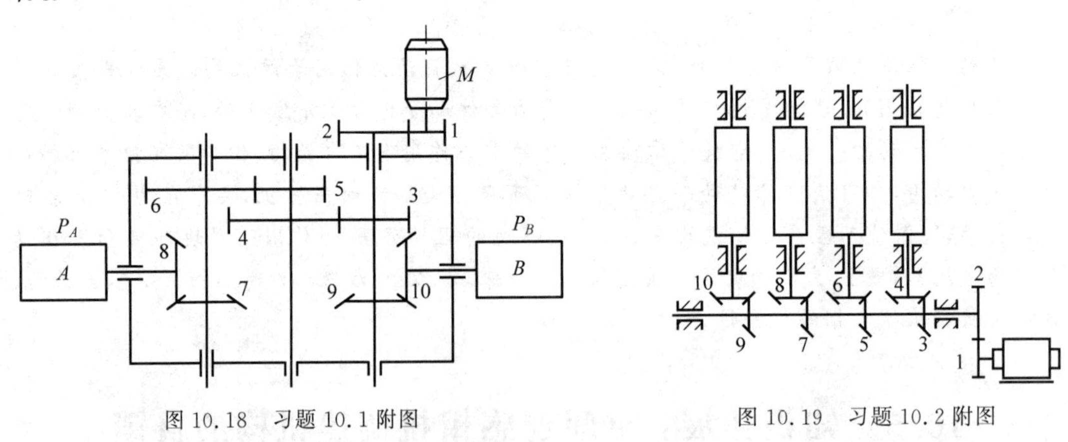

图 10.18　习题 10.1 附图　　　图 10.19　习题 10.2 附图

10.3　图 10.20 所示为偏心夹具机构，已知其尺寸 R，d 及摩擦系数 f。试分析当夹紧到图示位置后，在工件反力作用下夹具不会自动松开时，应取转轴 B 的偏心距 e 为多大尺寸？

10.4　图 10.21 所示的斜面压榨机中，滑块 1 上作用一主动力 F 推动滑块 2 并夹紧工件 3。设工件所需的夹紧力为 Q，各接触面的摩擦系数均为 f。试求：

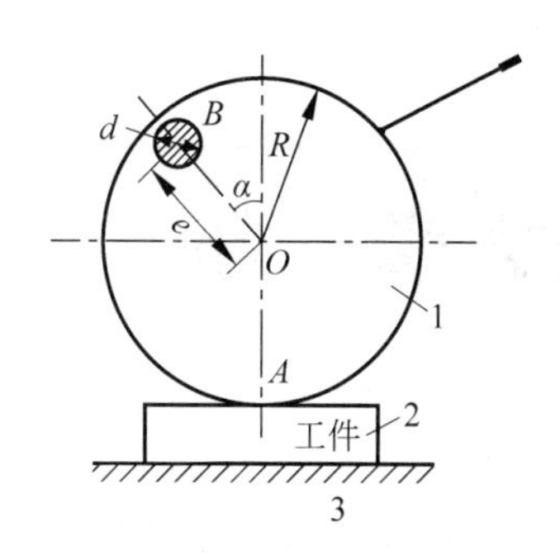

图 10.20　习题 10.3 附图

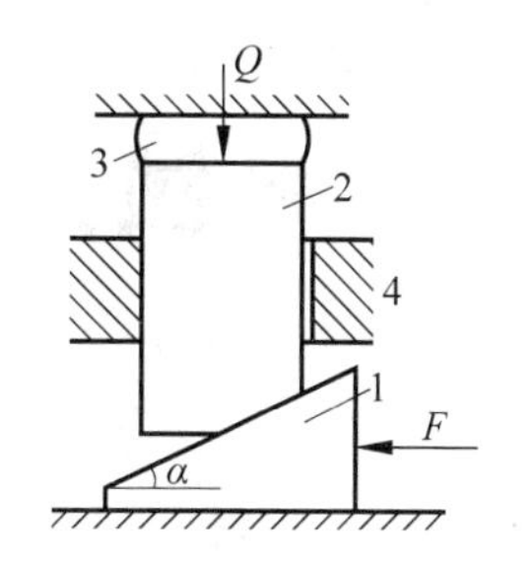

图 10.21　习题 10.4 附图

(1) F 为主动力时，F 与 Q 的关系式及该机构的效率 η；

(2) 若希望此机构既可在 F 作用下夹紧工件又不致在 F 撤去后使工件自动松脱，求 α 的取值范围。

10.5　图 10.22 所示的凸轮机构，推杆 1 在凸轮 3 推力 F 的作用下，沿着导轨 2 向上运动，摩擦面的摩擦系数为 f。为了避免发生自锁，试问导轨的长度 l 应满足什么条件。

10.6　图 10.23 所示破碎机的料块为球形，其质量可以忽略不计。设物料与颚板间的摩擦系数为 f，求料块不致向上脱出时其颚板的咬入角 α。

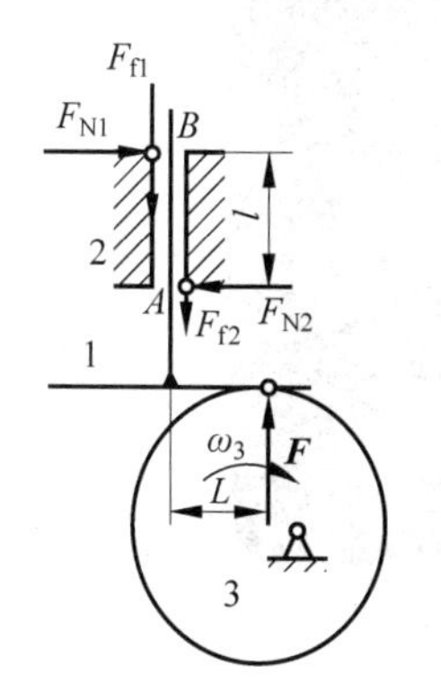

图 10.22　习题 10.5 附图

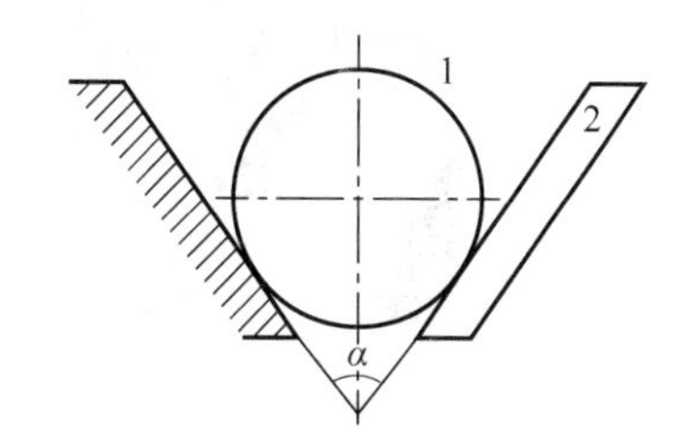

图 10.23　习题 10.6 附图

第 11 章

机械系统的动力学分析

随着现代工业对机械设备及机械传动系统的要求越来越高，机械设备及机械传动系统向着大型化、高速化、轻量化、构件柔性化方向发展。人们对生产效率的不断追求，使得机械的运转速度不断提高；与此同时，人们总是希望使用的机器轻巧一些，材质的改善使得构件的截面可以设计得更小一些，这样就减轻了重量、节省了材料；速度高了使得机器中的惯性力增大，截面小了使得构件的柔性加大，这样使得系统更容易产生振动，降低了机械的精度和寿命。图 11.1 为东方电气研制的 G50 燃机转子，为了保证工作全过程转子各性能指标平稳，在转子投入使用前需要预先进行高速动平衡试验，以检验转子的设计、制造与装配水平。

图 11.1　G50 燃机转子

机械运转过程中，外力变化所引起的速度波动，会导致运动副中产生附加的动压力，引起机械振动，从而降低机械的寿命、效率和工作可靠性。机械动力学是研究机械在力作用下的运动和机械在运动中产生的力，并从力与运动的相互作用的角度进行机械的设计和改进的科学。通过构建机械系统的等效动力学模型和运动方程，研究速度波动产生的原因，掌握通过合理设计来减少速度波动的方法，是工程设计者应具备的能力。

对于低速机械，运动中产生的惯性力可以忽略不计。随着机械速度的提高，惯性力不能再被忽略。为了求出惯性力，就必须知道构件的加速度。因此在动态静力分析之前首先要进行运动学分析。

在高速情况下，不平衡是各种旋转机械中最普遍存在的问题。引起转子不平衡的原因是多方面的，如转子的结构设计不合理、机械加工质量偏差、装配误差、材质不均匀、动平衡精度差、转子部件缺损等。因此，高速旋转机械可以采用静态设计，制造出来后通过动平衡检验来减少振动。

随着转速的进一步提高和柔性转子的出现，必须采取全方位的综合措施，不仅在设计时要进行认真的动力学分析，而且在运行过程中还要进行状态监测和故障诊断，及时维护，排除故障，避免重大事故。

11.1　机械系统的运转过程

11.1.1　作用在机械上的力

当忽略机械中各构件的重力以及运动副中的摩擦力时，作用在机械上的力可分为工作阻力和驱动力两大类。力(或力矩)与运动参数(位移、速度、时间等)之间的关系通常称为机械特性。

工作阻力是指机械工作时需要克服的工作负荷，它取决于机械的工艺特点。有些机械在某段工作过程中，工作阻力近似为常数(如车床)；有些机械的工作阻力是执行构件位置的函数(如曲柄压力机)；还有一些机械的工作阻力是执行构件速度的函数(如鼓风机、搅拌机等)；也有极少数机械，其工作阻力是时间的函数(如揉面机、球磨机等)。

驱动力是指驱使原动件运动的力，其变化规律决定于原动机的机械特性。如蒸汽机、内燃机等原动机输出的驱动力是活塞位置的函数；机械中应用最广泛的电动机，其输出的驱动力矩是转子角速度的函数。

11.1.2　机械的运转阶段及特征

机械系统的运转从开始到停止的全过程可以分为以下三个阶段(图 11.2)：

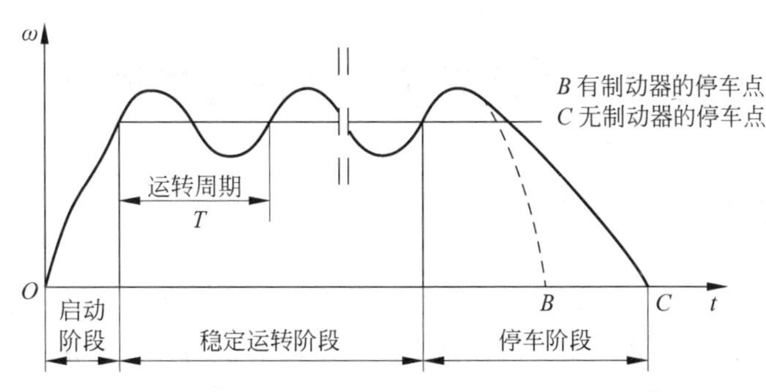

图 11.2　机械的运转过程分析

机械的运转过程分析

(1) 启动阶段原动件的速度从零逐渐上升到开始稳定的过程。

(2) 稳定运转阶段原动件速度保持常数(称匀速稳定运转)或在正常工作速度的平均值上下作周期性的速度波动(称变速稳定运转)。图 11.2 中 T 为稳定运转阶段速度波动的周期，ω_m 为原动件的平均角速度。经过一个周期后，原动件以及机械各构件的运动均回到原来的状态。

(3) 停车阶段原动件速度从正常工作速度值下降到零。

根据能量守恒定律，作用在机械系统上的力在任一时间间隔内所作的功，应等于机械系统动能的增量。用机械系统的动能方程式可表示为：

$$W_d-(W_r+W_f)=W_d-W_c=E_2-E_1 \tag{11.1}$$

式中，W_d 为驱动力所作的功，即输入功；W_r，W_f 分别为克服工作阻力和有害阻力（主要是摩擦力）所需的功，两者之和为总耗功 W_c；E_1，E_2 分别为机械系统在该时间间隔开始和结束时的动能。

由式(11.1)可知，机械运转的三个阶段有如下特征：

在启动阶段，机械系统的动能增加，即：

$$W_d-W_c=E_2-E_1>0$$

在稳定运转阶段，若机械作变速稳定运转，则每一个运动周期的末速度等于初速度，于是：

$$W_d-W_c=E_2-E_1=0$$

即在一个运动循环以及整个稳定运转阶段中，输入功等于总耗功。但在一个周期内任一时间间隔中，输入功与总耗功不一定相等。

若机械系统作匀速稳定运转，由于该阶段的速度是常数。故在任一时间间隔中输入功总是等于总耗功。

在停车阶段，机械系统的动能逐渐减小，即：

$$W_d-W_c=E_2-E_1<0$$

在此阶段，由于驱动力通常已经撤去，即 $W_d=0$，故当总耗功逐渐将机械具有的动能消耗殆尽时，机械便停止运转。

启动阶段和停车阶段统称为机械的过渡过程。为了缩短这一过程，在启动阶段，一般常使机械在空载下启动，或者另加一个启动马达来加大输入功，以达到快速启动的目的；在停车阶段，通常依靠机械上安装的制动装置，用增加摩擦阻力的方法来缩短停车时间。

11.2 机械系统等效动力学模型

11.2.1 等效动力学模型

研究机械系统的真实运动，必须首先建立外力与运动参数间的函数表达式，这种函数表达式称为机械的运动方程式。虽然机械是由机构组成的多构件的复杂系统，其一般运动方程式不仅复杂，求解也很繁琐，但是，对于单自由度的机械系统，只要知道其中一个构件的运动规律，其余所有构件的运动规律就可随之求得。因此，可把复杂的机械系统简化成一个构件（称为等效构件），建立最简单的等效动力学模型，将使研究机械真实运动的问题大为简化。为了使等效构件和机械中该构件的真实运动一致，根据质点系动能定理，将作用于机械系统上的所有外力和外力矩、所有构件的质量和转动惯量，都向等效构件转化。转化的原则是使该系统转化前后的动力学效果保持不变。即，等效构件的质量或转动惯量所具有的动能，应等于整个系统的总动能；等效构件上的等效力、等效力矩所做的功或所产生的功率，应等于整个系统的所有力、所有力矩所做功或所产生的功率之和。满足这两个条件，就可将等效构件作为该系统的等效动力学模型。

为了便于计算，通常将绕定轴转动或作直线移动的构件取为等效构件，如图 11.3 所示。当取等效构件为绕定轴转动的构件时，作用于其上的等效力矩为 M_e，它具有的绕定轴转动的等效转动惯量为 J_e；当取等效构件为作直线移动的构件时，作用在其上的力为等效力 F_e，它具有的等效质量为 m_e。

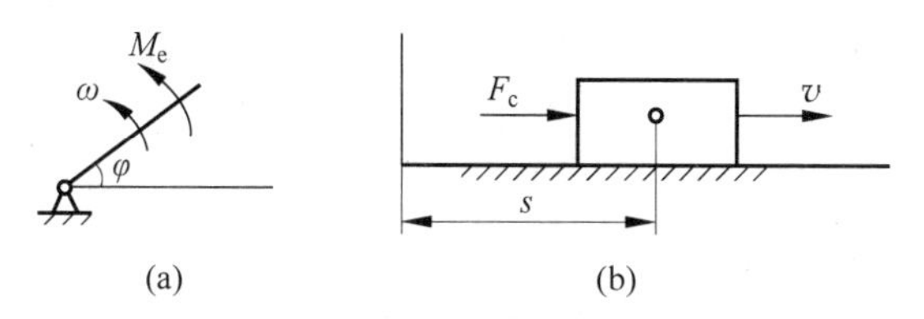

图 11.3　等效构件

11.2.2　等效量的计算

1. 等效力矩和等效力

设作用在机械上的外力为 $F_i(i=1,2,3,\cdots,n)$，F_i 作用点的速度为 v_i，F_i 的方向和 v_i 的方向间夹角为 θ_i，作用在机械中的外力矩为 $M_j(j=1,2,3,\cdots,m)$，受力矩 M_j 作用的构件 j 的角速度为 ω_j，则作用在机械中所有外力和外力矩所产生的功率之和为：

$$P=\sum_{i=1}^{n}F_i v_i\cos\theta_i+\sum_{j=1}^{m}\pm M_j\omega_j \tag{11.2}$$

式中，当 M_j 和 ω_j 同方向时取"＋"号，否则取"－"号。

若等效构件为绕定轴转动的构件，其上作用有假想的等效力矩 M_e，等效构件的角速度为 ω，则根据等效构件上作用的等效力矩所产生的功率应等于整个机械系统中所有外力、外力矩所产生的功率之和，可得：

$$M_e\omega=P=\sum_{i=1}^{n}F_i v_i\cos\theta_i+\sum_{j=1}^{m}\pm M_j\omega_j \tag{11.3}$$

于是：

$$M_e=\sum_{i=1}^{n}F_i\frac{v_i\cos\theta_i}{\omega}+\sum_{j=1}^{m}\pm M_j\frac{\omega_j}{\omega} \tag{11.4}$$

同理，当等效构件为移动件、其速度为 v 时，仿照上述推导过程，可得作用于其上的等效力为：

$$F_e=\sum_{i=1}^{n}F_i\frac{v_i\cos\theta_i}{v}+\sum_{j=1}^{m}\pm M_j\frac{\omega_j}{v} \tag{11.5}$$

若计算出的 M_e，F_e 为正，则表示 M_e 和 ω、F_e 和 v 的方向一致，否则相反。

2. 等效转动惯量和等效质量

设机械系统中各运动构件的质量为 $M_i(i=1,2,3,\cdots,n)$，其质心 S_i 的速度为 v_{S_i}；各运动构件对其质心轴线的转动惯量为 $J_{S_j}(j=1,2,3,\cdots,m)$，角速度为 ω_j，则整个机械系统所具有的动能为：

$$E=\sum_{i=1}^{n}\frac{1}{2}m_i v_{S_i}^2+\sum_{j=1}^{m}\frac{1}{2}J_{S_j}\omega_j^2 \tag{11.6}$$

若等效构件为绕定轴转动的构件，其角速度为 ω，其对转动轴的假想的等效转动惯量为 J_e，则根据等效构件所具有的动能应等于机械系统中各构件所具有的动能之和，可得：

$$E=\frac{1}{2}J_e\omega^2=\sum_{i=1}^{n}\frac{1}{2}m_i v_{S_i}^2+\sum_{j=1}^{m}\frac{1}{2}J_{S_j}\omega_j^2 \tag{11.7}$$

于是：

$$J_e=\sum_{i=1}^{n}m_i\left(\frac{v_{S_i}}{\omega}\right)^2+\sum_{j=1}^{m}J_{S_j}\left(\frac{\omega_j}{\omega}\right)^2 \tag{11.8}$$

当等效构件为移动件，其速度为 v 时，仿照上述推导过程，可得等效构件所具有的假想的等效质量为：

$$m_e=\sum_{i=1}^{n}m_i\left(\frac{v_{S_i}}{v}\right)^2+\sum_{j=1}^{m}J_{S_j}\left(\frac{\omega_j}{v}\right)^2 \tag{11.9}$$

由式(11.4)、式(11.5)和式(11.8)、式(11.9)可知：等效量不仅与作用于机械系统中的力、力矩以及各活动构件的质量、转动惯量有关，而且和各构件与等效构件的速比有关，但与系统的真实运动无关。因此，可在机械真实运动未知的情况下计算各等效量。

11.3 机械系统运动方程

11.3.1 机械系统运动方程的建立

机械的真实运动可通过建立等效构件的运动方程式求解，常用的机械运动方程式有以下两种形式。

1. 能量形式方程式

根据动能定理，在一定的时间间隔内，机械系统所有驱动力和阻力所做功的总和 ΔW 应等于系统具有的动能的增量 ΔE，即：

$$\Delta W=\Delta E \tag{11.10}$$

设等效构件为转动构件，若等效构件由位置 1 运动到位置 2(其转角由 $\varphi_1\sim\varphi_2$)时，其角速度由 ω_1 变为 ω_2，则上式可写为：

$$\int_{\varphi_1}^{\varphi_2}M_e\mathrm{d}\varphi=\frac{1}{2}J_{e2}\omega_2^2-\frac{1}{2}J_{e1}\omega_1^2 \tag{11.11}$$

式中，J_{e1}、J_{e2} 分别为相应于位置 1 和 2 的等效转动惯量。

设以 M_{ed} 和 M_{er} 分别表示做用于机械中的所有驱动力和所有阻力的等效力矩，M_{ed} 与等效构件角速度 ω 同向，做正功，M_{er} 与 ω 方向相反，做负功。为了方便起见，M_{ed} 及 M_{er} 均取绝对值，则 $M_e=M_{ed}-M_{er}$，式(11.11)可写为：

$$\int_{\varphi_1}^{\varphi_2}M_{ed}\mathrm{d}\varphi-\int_{\varphi_1}^{\varphi_2}M_{er}\mathrm{d}\varphi=\frac{1}{2}J_{e2}\omega_2^2-\frac{1}{2}J_{e1}\omega_1^2 \tag{11.12}$$

若等效构件为移动构件，可得：

$$\int_{s_1}^{s_2} F_{ed}\mathrm{d}s - \int_{s_1}^{s_2} F_{er}\mathrm{d}s = \frac{1}{2}m_{e2}\omega_2^2 - \frac{1}{2}m_{e1}\omega_1^2 \tag{11.13}$$

式中，F_{ed}、F_{er} 分别为等效驱动力和等效阻力，也取绝对值；m_{e1}，m_{e2} 分别为位置 1 和位置 2 时的等效质量；v_1，v_2 分别为等效构件在位置 1 和位置 2 时的速度；s_1，s_2 分别为等效构件在位置 1 和位置 2 时的坐标。

式(11.12)及式(11.13)即为等效构件运动方程式的能量形式。

2. 力矩形式方程式

将式(11.10)写成微分形式，即：

$$\mathrm{d}W = \mathrm{d}E$$

式中：

$$\mathrm{d}W = M_e\mathrm{d}\varphi,\quad \mathrm{d}E = \mathrm{d}\left(\frac{1}{2}J_e\omega^2\right)$$

故：

$$M_e\mathrm{d}\varphi = \frac{1}{2}\mathrm{d}(J_e\omega^2)$$

或：

$$M_e = \frac{1}{2}\frac{\mathrm{d}}{\mathrm{d}\varphi}(J_e\omega^2) = \frac{\omega^2}{2}\frac{\mathrm{d}J_e}{\mathrm{d}\varphi} + J_e\omega\frac{\mathrm{d}\omega}{\mathrm{d}\varphi}$$

因：

$$\omega\frac{\mathrm{d}\omega}{\mathrm{d}\varphi} = \frac{\mathrm{d}\varphi}{\mathrm{d}t}\frac{\mathrm{d}\omega}{\mathrm{d}\varphi} = \frac{\mathrm{d}\omega}{\mathrm{d}t}$$

故：

$$M_e = M_{ed} - M_{er} = \frac{\omega^2}{2}\frac{\mathrm{d}J_e}{\mathrm{d}\varphi} + J_e\frac{\mathrm{d}\omega}{\mathrm{d}t} \tag{11.14}$$

若等效构件为移动构件，则可得：

$$F_e = F_{ed} - F_{er} = \frac{v^2}{2}\frac{\mathrm{d}m_e}{\mathrm{d}s} + m_e\frac{\mathrm{d}v}{\mathrm{d}t} \tag{11.15}$$

式(11.14)和式(11.15)，即为等效构件运动方程式的力矩形式。当 J_e 和 m_e 为常数时，上述两式可改写为：

$$\begin{cases} M_{ed} - M_{er} = J_e\dfrac{\mathrm{d}\omega}{\mathrm{d}t} \\ F_{ed} - F_{er} = m_e\dfrac{\mathrm{d}v}{\mathrm{d}t} \end{cases} \tag{11.16}$$

为了简便起见，在以后的叙述中，等效转动惯量 J_e(或等效质量 m_e)和等效力矩 M_e(或等效力 F_e)的下标“e”在不造成混淆的情况下将略去不写。

11.3.2　机械系统运动方程的求解

机械运动方程式建立后，便可求解已知外力作用下机械系统的真实运动规律。由于不同的机械系统是由不同的原动机与执行机构组合而成的，因此等效量可能是位置、速度或时间的函数。此外，等效量可以用函数式表示，也可以用曲线或数值表格表示。在不同情况下，需要灵活应用上述运动方程式。本节以等效构件为转动构件，等效力矩和等效转动惯量均是机构位置函数的情况为例，介绍机械系统真实运动的求解方法。

当等效力矩是机构位置函数时，采用能量形式的机械运动方程式比较方便。设已知等效力矩 $M_d=M_d(\varphi)$，$M_r=M_r(\varphi)$，等效转动惯量 $J=J(\varphi)$，应用式(11.12)求解，它的左端可以积分求出。设 φ_0 为起始角位置，ω_0 和 ω 为相应于角位置 φ_0 和 φ 时的角速度，且令 $J_0=J(\varphi_0)$，则：

$$\frac{1}{2}J\omega^2=\frac{1}{2}J_0\omega_0^2+\int_{\varphi_0}^{\varphi}M_d\mathrm{d}\varphi-\int_{\varphi_0}^{\varphi}M_r\mathrm{d}\varphi \tag{11.17}$$

故：

$$\omega=\sqrt{\frac{J_0}{J}\omega_0^2+\frac{2}{J}\left(\int_{\varphi_0}^{\varphi}M_d\mathrm{d}\varphi-\int_{\varphi_0}^{\varphi}M_r\mathrm{d}\varphi\right)} \tag{11.18}$$

由上式即可解出等效构件的角速度函数 $\omega=\omega(\varphi)$。

由此也可求得角速度 ω 随时间 t 的变化规律。

由于：

$$\omega(\varphi)=\mathrm{d}\varphi/\mathrm{d}t \tag{11.19}$$

进行变换并积分可得：

$$\int_{t_0}^{t}\mathrm{d}t=\int_{\varphi_0}^{\varphi}\frac{\mathrm{d}\varphi}{\omega(\varphi)} \tag{11.20}$$

联立求解式(11.19)及式(11.20)消去 φ，即可求得角速度函数 $\omega=\omega(t)$。

等效构件的角加速度 ε 可按下式计算：

$$\varepsilon=\frac{\mathrm{d}\omega}{\mathrm{d}t}=\frac{\mathrm{d}\omega}{\mathrm{d}\varphi}\frac{\mathrm{d}\varphi}{\mathrm{d}t}=\frac{\mathrm{d}\omega}{\mathrm{d}\varphi}\omega \tag{11.21}$$

求得等效构件的角速度及角加速度后，整个机械系统的真实运动情况即可随之求得。

以上介绍的方法仅限于可以用积分的函数形式写出解析式的情况，对于等效力矩不能用简单的、易于积分的函数形式写出的情况，则需要应用数值解法求解。

11.4 机械的速度波动及其调节方法

机械在运转过程中，由于其上所作用的外力或力矩的变化，会导致机械运转速度的波动。过大的速度波动对机械的工作是不利的。因此，在机械系统设计阶段，设计者就应采取措施，设法降低机械运转的速度波动程度，将其限制在许可的范围内，以保证机械的工作质量。

11.4.1 周期性速度波动及其调节

1. 周期性速度波动产生的原因

下面以等效力矩和等效转动惯量是等效构件位置函数的情况为例，分析速度波动产生的原因。

图 11.4(a)所示为某一机械在稳定运转过程中，其等效构件在稳定运转的一个周期 φ_T 内所受等效驱动力矩 $M_d(\varphi)$与等效阻力矩 $M_r(\varphi)$的变化曲线。在等效构件回转过 φ 角时(设其起始位置为 φ_a)，其等效驱动力矩和等效阻力矩所作功之差值为：

$$\Delta W = \int_{\varphi_0}^{\varphi} (M_d - M_r) d\varphi \tag{11.22}$$

ΔW 为正值时称为盈功，为负值时称为亏功。由图中可以看出，在 bc 段、de 段，由于 $M_d > M_r$，因而驱动功大于阻抗功，多余的功在图中以"+"号标识，称为盈功；反之，在 ab 段、cd 段和 ea' 段，由于 $M_d < M_r$，因而驱动功小于阻抗功，不足的功在图中以"−"号标识，称为亏功。

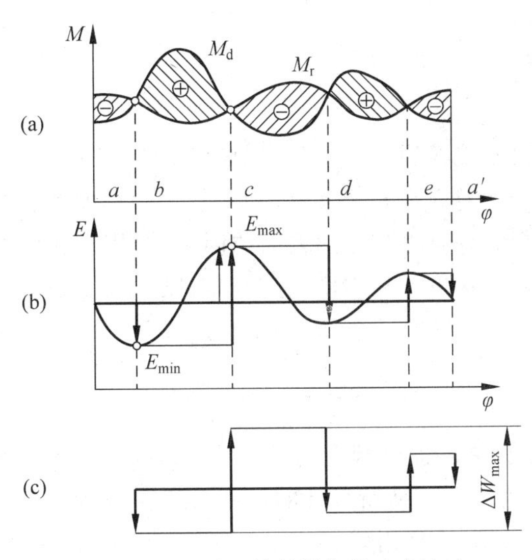

图 11.4 机械运转的周期性速度波动

图 11.4(b)表示以 a 点为基准的 ΔW 与 φ 的关系。ΔW-φ 曲线亦为机械的动能增量 ΔE 对 φ 的曲线。ab 区间为亏功区，等效构件的角速度由于机械动能的减小而下降；反之，由 b 到 c 的盈功区间，等效构件角速度由于机械动能的增加而上升。如果在等效力矩 M 和等效转动惯量 J 变化的公共周期内(如图中由 $\varphi_a \sim \varphi_{a'}$ 区间所示)驱动力矩与阻力矩所作功相等，则机械动能的增量等于零。由式(11.12)知：

$$\int_{\varphi_a}^{\varphi_{a'}} (M_d - M_r) d\varphi = \frac{1}{2} J_{a'} \omega_{a'}^2 - \frac{1}{2} J_a \omega_a^2 = 0 \tag{11.23}$$

于是经过等效力矩与等效转动惯量变化的一个公共周期，机械的动能又恢复到原来的值，因而等效构件的角速度也将恢复到原来的数值。由以上分析可知，等效构件在稳定运转过程中其角速度将呈现周期性的波动。

2. 速度波动程度的衡量指标

如果一个周期内角速度的变化如图 11.5 所示，其最大和最小角速度分别为 ω_{max} 和 ω_{min}，则在周期 φ_T 内的平均角速度 ω_m 应为：

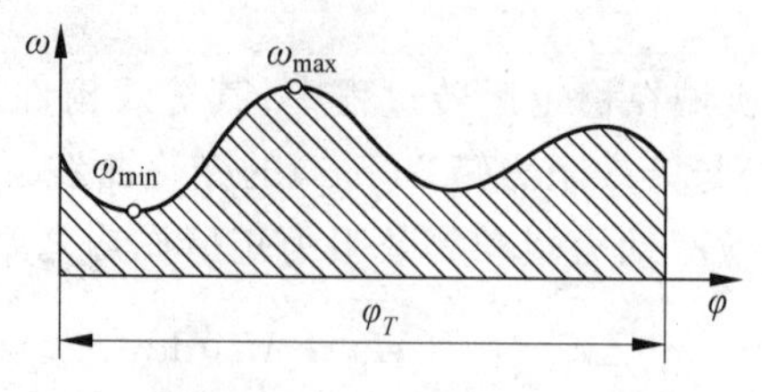

图 11.5 一个周期内角速度的变化

$$\omega_{m}=\frac{\int_{0}^{\varphi}\omega \mathrm{d}\varphi}{\varphi_{T}} \tag{11.24}$$

在工程实际中，当 ω 变化不大时，常按最大和最小角速度的算术平均值来计算平均角速度，即：

$$\omega_{m}=\frac{1}{2}(\omega_{max}+\omega_{min}) \tag{11.25}$$

机械速度波动的程度不能仅用 $\omega_{max}-\omega_{min}$ 表示，因为当 $\omega_{max}-\omega_{min}$ 一定时，对低速机械和对高速机械其变化的相对百分比显然是不同的。因此，平均角速度 ω_{m} 也是衡量速度波动程度的一个重要指标。综合考虑这两方面的因素，采用角速度的变化量和其平均角速度的比值来反映机械运转的速度波动程度，这个比值以 δ 表示，称为速度波动系数，或速度不均匀系数。

$$\delta=\frac{\omega_{max}-\omega_{min}}{\omega_{m}} \tag{11.26}$$

不同类型的机械，所允许的波动程度是不同的，表 11-1 给出了几种常用机械的许用速度波动系数，供设计时参考。为了使所设计的机械系统在运转过程中速度波动在允许范围内，设计时应保证 $\delta\leqslant[\delta]$，$[\delta]$为许用值。

表 11-1 常用机械运转速度波动系数的许用值$[\boldsymbol{\delta}]$

机器名称	不均匀系数 δ	机器名称	不均匀系数 δ
石料破碎机	$\frac{1}{5}-\frac{1}{20}$	造纸机、织布机	$\frac{1}{40}-\frac{1}{50}$
农业机械	$\frac{1}{5}-\frac{1}{50}$	压缩机	$\frac{1}{50}-\frac{1}{100}$
冲床、剪床、锻床	$\frac{1}{7}-\frac{1}{10}$	纺纱机	$\frac{1}{60}-\frac{1}{100}$
轧钢机	$\frac{1}{10}-\frac{1}{25}$	内燃机	$\frac{1}{80}-\frac{1}{150}$
金属切削机床	$\frac{1}{20}-\frac{1}{50}$	直流发电机	$\frac{1}{100}-\frac{1}{200}$
汽车、拖拉机	$\frac{1}{20}-\frac{1}{60}$	交流发电机	$\frac{1}{200}-\frac{1}{300}$
水泵、鼓风机	$\frac{1}{30}-\frac{1}{50}$	汽轮发电机	$\leqslant\frac{1}{200}$

3. 周期性速度波动的调节方法

为了减少机械运转时的周期性速度波动，最常用的方法是安装飞轮，即在机械系统中安装一个具有较大转动惯量的盘状零件。由于飞轮转动惯量很大，当机械出现盈功时，它可以以动能的形式将多余的能量储存起来，从而使主轴角速度上升的幅度减小；反之，当机械出现亏功时，飞轮又可释放出其储存的能量，以弥补能量的不足，从而使主轴角速度下降的幅度减小。从这个意义上讲，飞轮在机械中的作用，相当于一个能量储存器。

11.4.2 非周期性速度波动及其调节

如果机械在运转过程中，等效力矩($M=M_d-M_r$)的变化是非周期性的，则机械的稳定运转状态将遭到破坏，此时出现的速度波动称为非周期性速度波动。

1. 非周期性速度波动产生的原因

非周期性速度波动多是由于工作阻力或驱动力在机械运转过程中发生突变，从而使输入能量与输出能量在一段较长时间内失衡所造成的。若不加以调节，它会使系统的转速持续上升或下降，严重时将导致“飞车”或停止运转。电网电压的波动，被加工零件的气孔和夹渣等都会引起非周期性速度波动。汽轮发电机是这方面的典型例子：当用电负荷增大时，必须开大气阀更多地供汽，否则将导致“停车”；反之，当用电负荷减少时，必须关小汽阀，否则会导致“飞车”事故。

2. 非周期性速度波动的调节方法

对于非周期性速度波动，安装飞轮是不能达到调节目的的，这是因为飞轮的作用只是“吸收”和“释放”能量，它既不能创造出能量，也不能消耗掉能量。

非周期性速度波动的调节问题可分为两种情况：

(1) 当机械的原动机所发出的驱动力矩是速度的函数且具有下降的趋势时，机械具有自动调节非周期性速度波动的能力。

如图 11.6 所示，当机械处于稳定运转时，$M_d=M_r$，此时机械的稳定运转速度为 ω_S，S 点称为稳定工作点。当由于某种随机因素使 M_r 增大时，由于 $M_d<M_r$，等效构件的角速度会下降，但由图中可以看出，随着角速度的下降，M_d 将增大，所以可使 M_d 与 M_r 自动地重新达到平衡，机械将在 ω_a 的速度下稳定运转；反之，当由于某种随机因素，使 M_r 减小时，由于 $M_d>M_r$，机械的角速度将会上升，但由图中可以看出，随着角速度的上升，M_d 将减小，所以可使 M_d 与 M_r 自动地重新达到平衡，机械将在 ω_b 的速度下稳定运转，这种自动调节非周期性速度波动的能力称为自调性，选用电动机作为原动机的机械，一般都具有自调性。

(2) 对于没有自调性的机械系统(如采用蒸汽机，汽轮机或内燃机为原动机的机械系统)，就必须安装一种专门的调节装置——调速器，来调节机械出现的非周期性速度波动。

调速器的种类很多，现举一例简要说明其工作原理。图 11.7 所示为离心式调速器的工作原理图，方框 1 为原动机，方框 2 为工作机，方框 5 是由两个对称的摇杆滑块机构组成的

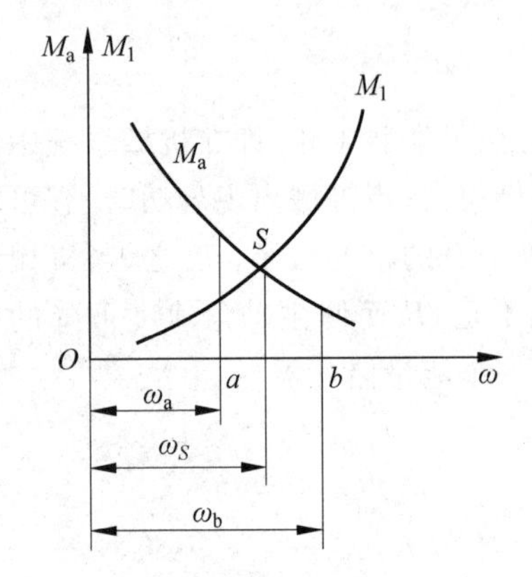

图 11.6 驱动力矩与工作力矩的关系

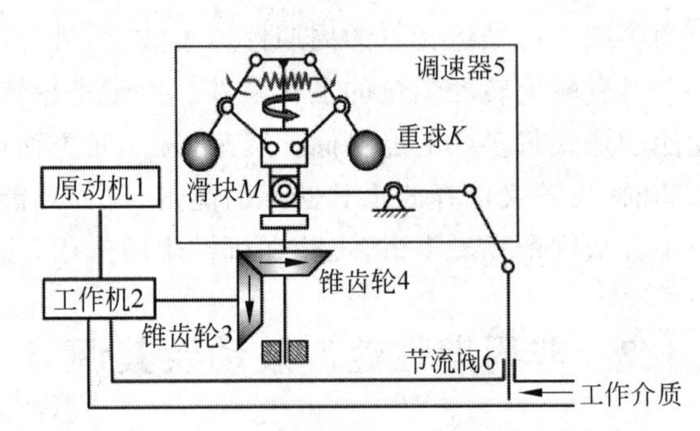

图 11.7 离心式调速器的工作原理图

调速器本体。当系统转速过高时，调速器本体也加速回转，由于离心惯性力的关系，两重球 K 将张开带动滑块 M 上升，通过连杆机构关小节流阀 6，使进入原动机的工作介质减少，从而降低速度。如果转速过低则工作过程反之。可以说调速器是一种反馈机构。其他类型的调速器可参阅有关专著。

11.5 飞 轮 设 计

飞轮设计的关键是根据机械的平均角速度和允许的速度波动系数[δ]来确定飞轮的转动惯量。本节仍以等效力矩为机构位置函数时的情况为例，介绍飞轮设计的基本原理和方法。

11.5.1 飞轮设计的基本原理

由图 11.4(b)可以看出，该机械系统在 b 点处具有最小的动能增量 ΔE_{min}，它对应于最大的亏功 ΔW_{min}，其值等于图 11.4(a)中的阴影面积 $-f_1$；而在 c 点，机械具有最大的动能增量 ΔE_{max}，它对应于最大的盈功 ΔW_{max}，其值等于图 11.4(a)中的阴影面积 f_2 与阴影面积 $-f_1$ 之和。两者之差称为最大盈亏功，用[W]表示。对于图 11.4 所示的系统：

$$[W]=\Delta W_{max}-\Delta W_{min}=\int_{\varphi_b}^{\varphi_c}(M_d-M_r)\mathrm{d}\varphi \tag{11.27}$$

如果忽略等效转动惯量中的变量部分，即假设机械系统的等效转动惯量 J 为常数，则当 $\varphi=\varphi_b$ 时，$\omega=\omega_{min}$；当 $\varphi=\varphi_c$ 时，$\omega=\omega_{max}$。若设为调节机械系统的周期性速度波动，安装的飞轮的等效转动惯量为 J_F，则根据动能定理可得：

$$[W]=\Delta E_{max}-\Delta E_{min}=\frac{1}{2}(J+J_F)(\omega_{max}^2-\omega_{min}^2)=(J+J_F)\omega_m^2\delta \tag{11.28}$$

由此可得机械系统在安装飞轮后其速度波动系数的表达式为：

$$\delta=\frac{[W]}{\omega_m^2(J+J_F)} \tag{11.29}$$

在设计机械时，为了保证安装飞轮后机械速度波动的程度在工作许可的范围内，应满足$\delta \leqslant [\delta]$，即：

$$\delta = \frac{[W]}{\omega_m^2 (J + J_F)} \leqslant [\delta] \tag{11.30}$$

由此可得应安装的飞轮的等效转动惯量为：

$$J_F \geqslant \frac{[W]}{\omega_m^2 [\delta]} - J \tag{11.31}$$

式中，J为系统中除飞轮以外其他运动构件的等效转动惯量。若$J \ll J_F$，则J通常可忽略不计，上式可近似写为：

$$J_F \geqslant \frac{[W]}{\omega_m^2 [\delta]} \tag{11.32}$$

若将上式中的平均角速度ω_m用平均转速n(r/min)取代，则有：

$$J_F \geqslant \frac{900[W]}{\pi^2 n^2 [\delta]} \tag{11.33}$$

显然，忽略J后算出的飞轮转动惯量将比实际需要的大，从满足运转平稳性的要求来看是趋于安全的。

分析式(11.33)可知，当$[W]$与n一定时，若加大飞轮转动惯量J_F，则机械的速度波动系数将下降，起到减小机械速度波动的作用，达到调速的目的。但是，如果$[\delta]$值取得很小，飞轮转动惯量就会很大，而且J_F是一个有限值，不可能使$[\delta]=0$。因此，不能过分追求机械运转速度的均匀性，否则将会使飞轮过于笨重。

另外，当$[W]$与$[\delta]$一定时，J_F与n的平方值成反比，所以为减小飞轮转动惯量，最好将飞轮安装在机械的高速轴上。

11.5.2 最大盈亏功及飞轮尺寸的确定

1. 最大盈亏功的确定

飞轮设计的基本问题就是计算飞轮的转动惯量。在由式(11.33)计算J_F时，由于n和$[\delta]$均为已知量，因此，为求飞轮转动惯量，关键在于确定最大盈亏功$[W]$。

如前所述，为了确定最大盈亏功$[W]$，需要先确定机械动能最大增量ΔE_{max}和最小增量ΔE_{min}出现的位置，因为在这两个位置，机械分别有最大角速度ω_{max}和最小角速度ω_{min}。如图11.4(a)和(b)所示，ΔE_{max}和ΔE_{min}应出现在M_d与M_r两曲线的交点处。如果M_d和M_r分别用φ的函数表达式形式给出，则可由下式：

$$\Delta W = \int_0^{\varphi} (M_d - M_r) \mathrm{d}\varphi = \Delta E \tag{11.34}$$

直接积分求出各交点处的ΔW，进而找出ΔW_{max}和ΔW_{min}及其所在位置，从而求出最大盈亏功$[W] = \Delta W_{max} - \Delta W_{min}$。如果$M_d$和$M_r$以线图或表格给出，则可通过$M_d$和$M_r$之间包含的各块面积计算各交点处的$\Delta W$值。然后找出$\Delta W_{max}$和$\Delta W_{min}$及其所在位置，从而求得最大盈亏功$[W]$。此外，还可借助于能量指示图来确定$[W]$，如图11.4(c)所示，取任意点$a$作起点，按一定比例用向量线段依次表明相应位置$M_d$与$M_r$之间所包围的面积

A_{ab},A_{bc},A_{cd},A_{de} 和 $A_{ea'}$ 的大小和正负。盈功为正，其箭头向上；亏功为负，箭头向下。由于在一个循环的起始位置与终了位置处的动能相等，故能量指示图的首尾应在同一水平线上。由图中可以看出，b 点处动能最小，c 点处动能最大，而图中折线的最高点和最低点的距离 $A_{\max}$，就代表了最大盈亏功[W]的大小。

2. 飞轮主要尺寸的确定

飞轮的转动惯量确定后，就可以确定其各部分的尺寸了。需要注意的是，上述讨论飞轮转动惯量的求法时，假定飞轮安装在机械的等效构件上。实际设计时，若希望将飞轮安装在其他构件上，则在确定其各部分尺寸时需要先将计算所得的飞轮转动惯量折算到其安装的构件上。飞轮按构造大体可分为轮形和盘形两种。

如图 11.8 所示，这种飞轮由轮毂、轮辐和轮缘三部分组成。由于与轮缘相比，其他两部分的转动惯量很小，因此，一般可略去不计。这样简化后，实际的飞轮转动惯量稍大于要求的转动惯量。若设飞轮外径为 D_1，轮缘内径为 D_2，轮缘质量为 m，则轮缘的转动惯量为：

$$J_F=\frac{m}{2}\left(\frac{D_1^2+D_2^2}{4}\right)=\frac{m}{8}(D_1^2+D_2^2) \tag{11.35}$$

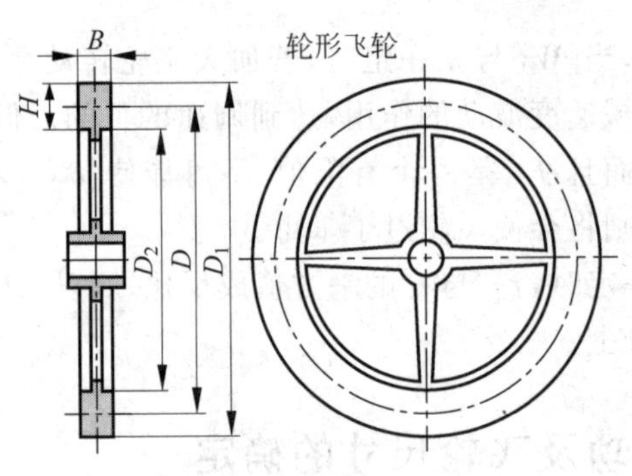

图 11.8 飞轮的组成结构

当轮缘厚度 H 不大时，可近似认为飞轮质量集中于其平均直径 D 的圆周上，于是得：

$$J_F\approx\frac{mD^2}{4} \tag{11.36}$$

式中，mD^2 称为飞轮矩，其单位为 $kg\cdot m^2$。知道了飞轮的转动惯量 J，就可以求得其飞轮矩。当根据飞轮在机械中的安装空间，选择了轮缘的平均直径 D 后，即可用上式计算出飞轮的质量 m。

若设飞轮宽度为 B(m)，轮缘厚度为 H(m)，平均直径为 D(m)，材料密度为 ρ(kg/m^3)，则：

$$m=\frac{1}{4}\pi(D_1^2-D_2^2)B\rho=\pi\rho BHD \tag{11.37}$$

在选定了 D 并由式(11.36)计算出 m 后，便可根据飞轮的材料和选定的比值 H/B 由式(11.37)求出飞轮的剖面尺寸 H 和 B，对于较小的飞轮，通常取 $H/B\approx2$，对于较大的飞轮，通常取 $H/B\approx1.5$。

由式(11.37)可知，当飞轮转动惯量一定时，选择的飞轮直径越大，则质量越小。但直径太大，会增加制造和运输困难，占据空间大。同时轮缘的圆周速度增加，会使飞轮有受过大离心力作用而破裂的危险。因此，在确定飞轮尺寸时应核验飞轮的最大圆周速度，使其小于安全极限值。

当飞轮的转动惯量不大时，可采用形状简单的盘形飞轮，如图 11.9 所示。设 m，D 和 B 分别为其质量、外径及宽度，则整个飞轮的转动惯量为：

$$J_F = \frac{m}{2}\left(\frac{D}{2}\right)^2 = \frac{mD^2}{8} \tag{11.38}$$

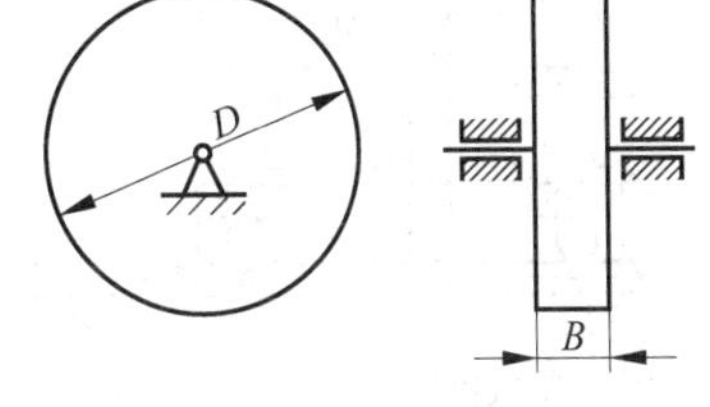

图 11.9　盘形飞轮

当根据安装空间选定飞轮直径 D 后，即可由该式计算出飞轮质量 m。又因 $m=\pi D^2 B\rho/4$，故根据所选飞轮材料，即可求出飞轮的宽度 B 为：

$$B = \frac{4m}{\pi D^2 \rho} \tag{11.39}$$

11.6　知识拓展：双转子航空发动机动力学建模

图 11.10 为典型的双转子航空发动机结构示意图，它的转子系统由高、低压轴系的 5 个转子组成，即由低压压气机转子、中间轴、低压涡轮转子组成的低压轴系以及由高压压气机转子、高压涡轮转子组成的高压轴系。它们分别支承在 A，B，C，D，E，F，G 七个轴承上。H，L，M 三处均为套齿联轴器。低压转子的止推支点 D 为中介支点，其载荷通过高压转子止推轴承 E 外传，其余各支点的载荷直接通过机匣等承力构件外传。除 B，C 两点外，其余支承均为弹性支承。

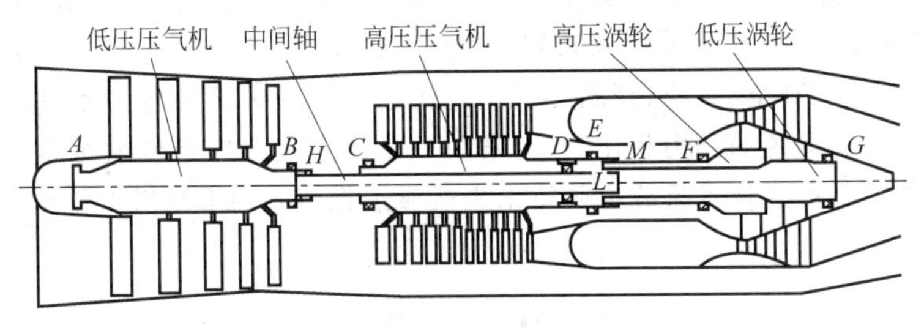

图 11.10　双转子航空发动机结构示意图

航空发动机的转子通过滚动轴承支承在定子机匣上，而机匣支承在基础上，为了减少转子的振动以及调节转子的临界转速，在轴承与轴承座之间往往加有弹性支承和挤压油膜阻尼器，因此，它们之间的运动相互耦合、相互影响，从而在结构和动力学上构成了转子-支承-机匣耦合系统。图 11.11 为航空发动机双转子-滚动轴承-机匣耦合系统动力学模型。建模方法如下：

(1) 转子轴(包括低压压气机转子、中间轴、低压涡轮转子、高压压气机转子及高压涡轮转子)均采用有限元梁模型，考虑梁的转动惯量、剪切变形及陀螺力矩。

(2) 仅仅考虑转子的横向弯曲振动，不考虑转轴的扭转振动和轴向振动；高、低压压气机及高、低压涡轮简化为转盘，以集中质量的形式作用于其质心上；考虑转盘的陀螺力矩。

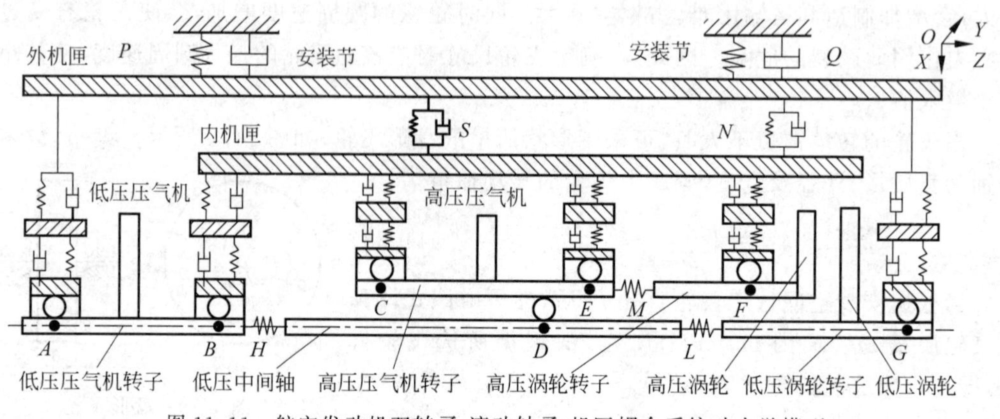

图 11.11　航空发动机双转子-滚动轴承-机匣耦合系统动力学模型

(3) 假定在工作转速内机匣与转子发生弯曲耦合，机匣截面不变形，仍为圆形，其轴向呈弯曲模态，因此，将机匣处理为不旋转的梁模型；同时也考虑其剪切变形和转动惯量。

(4) 低压转子通过前支承 A 与后支承 G 和外机匣连接，支承 B 支承在内机匣上；高压转子通过支承 C，E，F 与内机匣连接；低压转子与高压转子之间通过中介轴承 D 相连接；内外机匣通过弹性连接 S 和 N 实现连接；外机匣通过弹性支承(安装节)P，Q 与基础连接。

(5) A，B，C，D，E，F，G 均考虑为弹性支点，可设定其弹性支承刚度大小；另外，可以设定是否存在挤压油膜阻尼器以及其相关参数；H，M，L 套齿简化为弹性耦合接口，其耦合刚度由套齿刚度决定。

针对航空发动机这种复杂的机械系统，可以利用有限元梁模型对转子和机匣系统进行建模，将支承系统考虑为几种参数模型，并可通过定义多种支承和连接类型，以分析多转子、多机匣的复杂转子-支承-机匣系统及其非线性因素的影响。

航空发动机需在高空、高速、高温、高压、高转速和交变负荷的恶劣条件下长期、重复可靠使用，与其他运载系统的动力相比，航空发动机是世界上工作条件最苛刻、结构最复杂的物理系统，其所面临的新技术挑战也亟待未来机械工程师们的不断努力创新和技术突破。

习　　题

11.1　何谓转子的静平衡及动平衡？对于任何不平衡转子，采用在转子上加平衡质量使其达到静平衡的方法是否对改善支承反力总是有利的？为什么？

11.2　为什么说经过静平衡的转子不一定是动平衡的，而经过动平衡的转子必定是静平衡的？

11.3　图 11.12 所示铰链四杆机构，已知 $l_1=100$ mm，$l_2=390$ mm，$l_3=200$ mm，$l_4=250$ mm，若阻力矩 $M_3=100$ N·m。试求：(1)当 $\phi=\dfrac{\pi}{2}$时，加于构件 1 上的等效阻力矩 M_{er}。(2)当 $\phi=\pi$ 时，加于构件 1 上的等效阻力矩 M_{er}。

11.4　在图 11.13 所示的行星轮系中，已知各轮的齿数 $z_1=z_{2'}=20$，$z_2=z_3=40$；各

构件的质心均在其相对回转轴线上，且 $J_1=0.01\ \mathrm{kg\cdot m^2}$，$J_2=0.04\ \mathrm{kg\cdot m^2}$，$J_{2'}=0.01\ \mathrm{kg\cdot m^2}$，$J_H=0.18\ \mathrm{kg\cdot m^2}$；行星轮的质量 $m_2=2\ \mathrm{kg}$，$m_{2'}=4\ \mathrm{kg}$，模数 $m=10\ \mathrm{mm}$。求由作用在行星架 H 上的力矩 $M_H=60\ \mathrm{N\cdot m}$ 换算到轮 1 的轴 O_1 上的等效力矩 M 以及换算到轴 O_1 上的各构件质量的等效转动惯量 J。

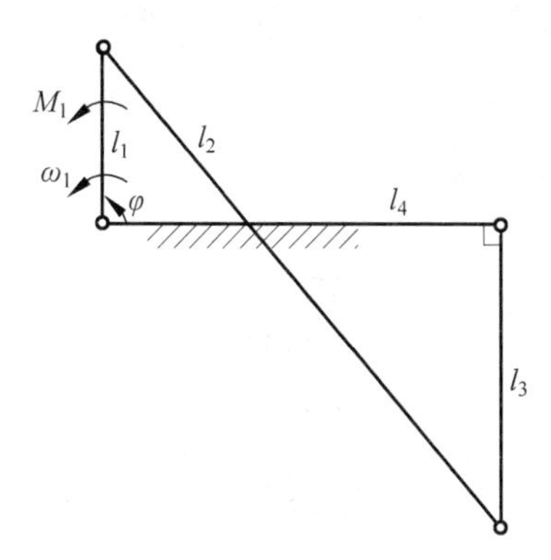

图 11.12　习题 11.3 附图

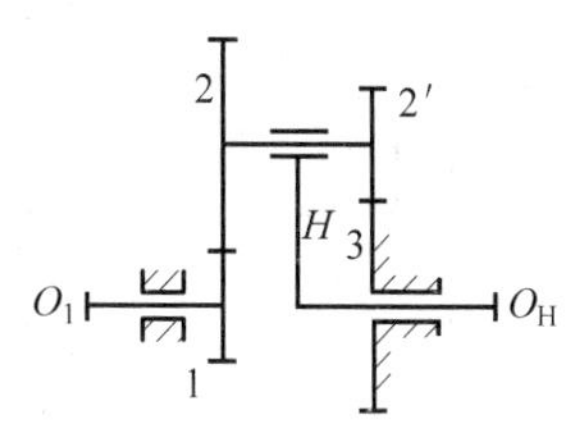

图 11.13　习题 11.4 附图

11.5　在图 11.14 所示的行星轮系中，已知各轮的齿数为 $z_1=z_2=20$，$z_3=60$，各构件的质心均在其相对回转轴线上，它们的转动惯量分别为 $J_1=J_2=0.01\ \mathrm{kg\cdot m^2}$，$J_H=0.16\ \mathrm{kg\cdot m^2}$，行星轮 2 的质量 $m_2=2\ \mathrm{kg}$，模数 $m=10\ \mathrm{mm}$，作用在系杆 H 上的力矩 $M_H=40\ \mathrm{N\cdot m}$，方向与系杆的转向相反。求以构件 1 为等效构件时的等效转动惯量 J_e 和 M_H 等效力矩 M'_e。

11.6　如图 11.15 所示为一机床工作台的传动系统。设已知各齿轮的齿数，齿轮 3 的分度圆半径 r_3，各齿轮的转动惯量。齿轮 1 直接装在电动机轴上。故 J_1 中包含了电动机转子的转动惯量；工作台和被加工零件的重量之和为 G。当取齿轮 1 为等效构件时，求该机械系统的等效转动惯量 J_e。

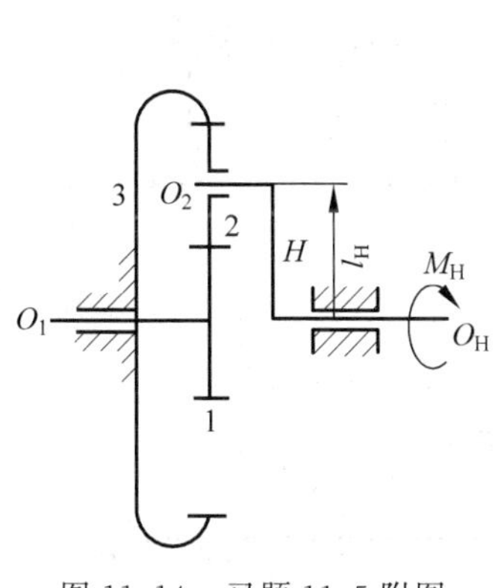

图 11.14　习题 11.5 附图

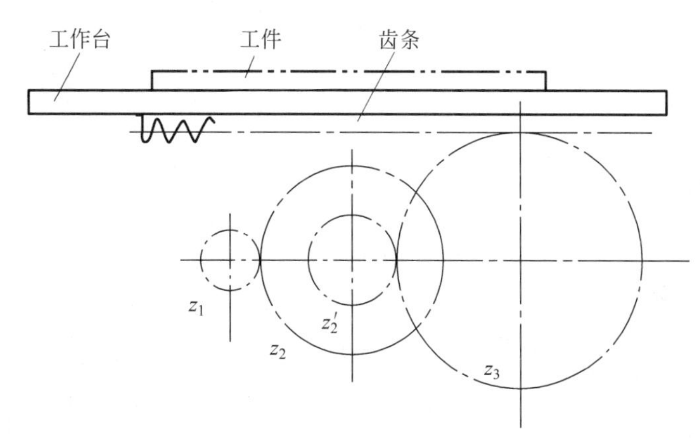

图 11.15　习题 11.6 附图

11.7　如图 11.16 所示的定轴轮系中，已知作用于轮 1 和轮 3 上的力矩 $M_1=65\ \mathrm{N\cdot m}$，$M_3=100\ \mathrm{N\cdot m}$，各轮的转动惯量 $J_1=0.12\ \mathrm{kg\cdot m^2}$，$J_2=0.18\ \mathrm{kg\cdot m^2}$，$J_3=0.4\ \mathrm{kg\cdot m^2}$，各轮的齿数 $Z_1=18$，$Z_2=27$，$Z_3=36$，在开始转动的瞬时，轮 1 的角速度等于零，求运动开

始后经过 3 s 时的角加速度 α_1 和角速度 ω_1。

11.8　在某机械系统中，取其主轴为等效构件，平均转速 $n_m=1000$ r/min，等效阻力矩 $M_r(\phi)$如图 11.17 所示。设等效驱动力矩 M_d 为常数，且除飞轮以外其他构件的转动惯量均可略去不计，求保证速度不均匀系数 δ 不超过 0.04 时，安装在主轴上的飞轮转动惯量 J_F。设该机械由电动机驱动，所需平均功率多大？如希望把此飞轮转动惯量减小一半，而保持原来的 δ 值，则应如何考虑？

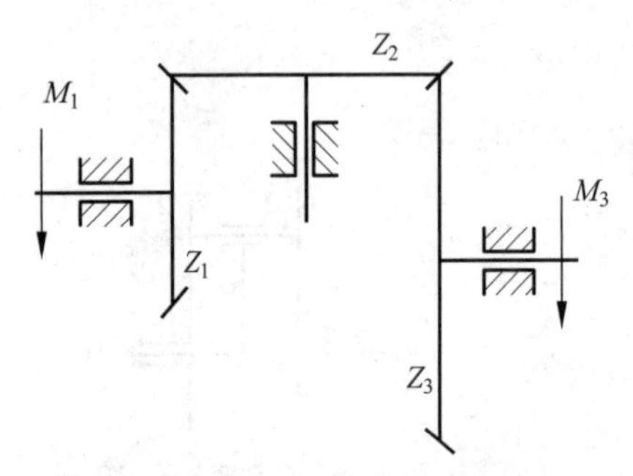

图 11.16　习题 11.7 附图

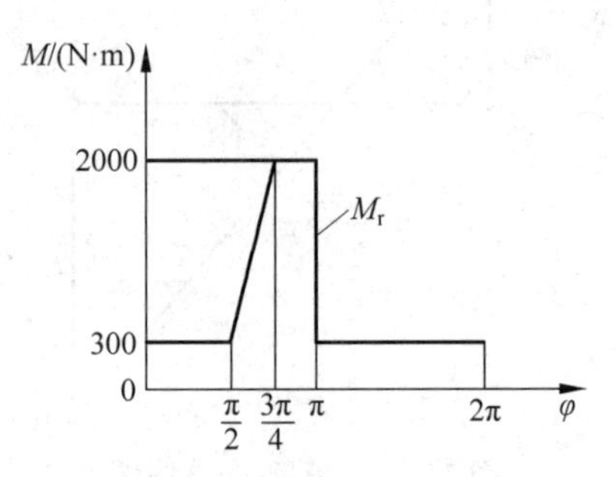

图 11.17　习题 11.8 附图

11.9　某机械换算到主轴上的等效阻力矩 $M_r(\phi)$在一个工作循环中的变化规律如图 11.18 所示。设等效驱动力矩 M_d 为常数，主轴平均转速 $n_m=300$ r/min。速度不均匀系数 $\delta\leqslant 0.05$，设机械中其他构件的转动惯量均略去不计。求要装在主轴上的飞轮转动惯量 J_F。

11.10　机械系统的等效驱动力矩和等效阻力矩的变化如图 11.19 所示。等效构件的平均角速度为 1000 r/min，系统的许用运转速度波动系数 $\delta=0.05$，不计其余构件的转动惯量。求所需飞轮的转动惯量。

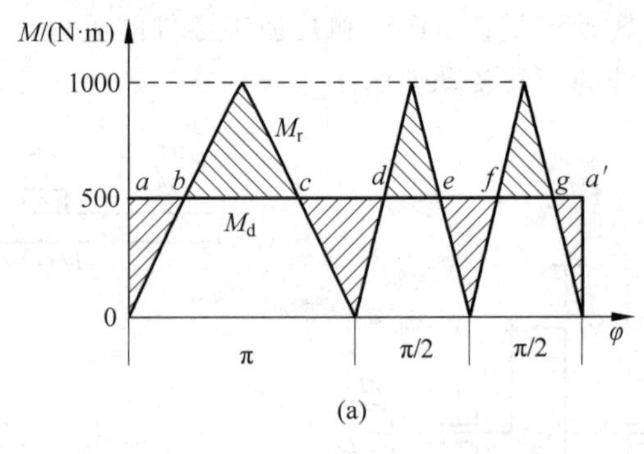

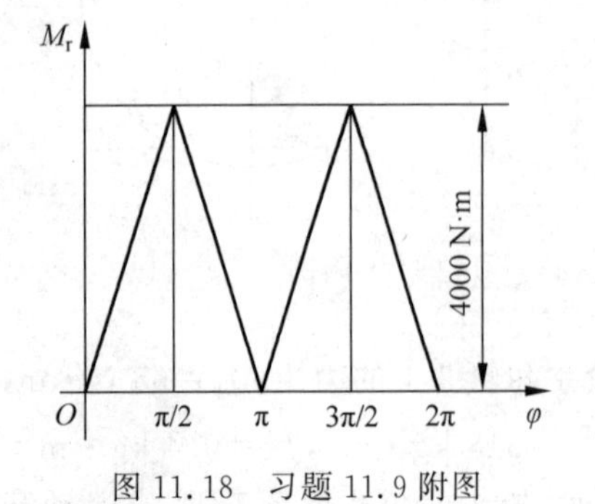

图 11.18　习题 11.9 附图

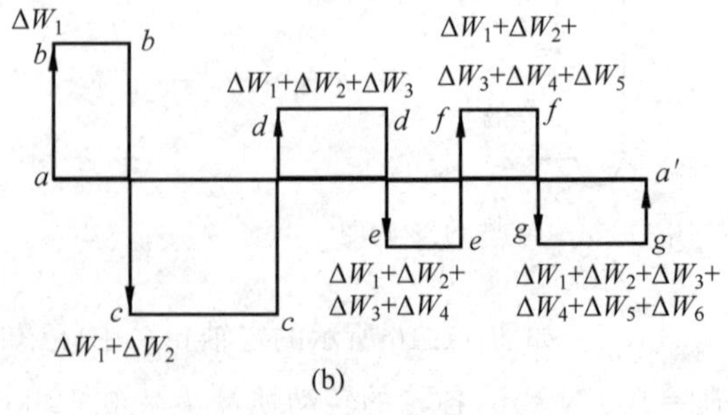

图 11.19　习题 11.10 附图

11.11 某内燃机的曲柄输出力矩 M_d 随曲柄转角 φ 的变化曲线如题图 11.20 所示，其运动周期 $\varphi_T=\pi$，曲柄的平均转速 $n_m=620$ r/min。当用该内燃机驱动一阻抗力为常数的机械时，如果要求其运转不均匀系数 $\delta=0.01$。试求：

(1) 曲轴最大转速 n_{max} 和相应的曲柄转角位置 φ_{max}；

(2) 试求装在曲轴上的飞轮转动惯量 J_F（不计其余构件的转动惯量）。

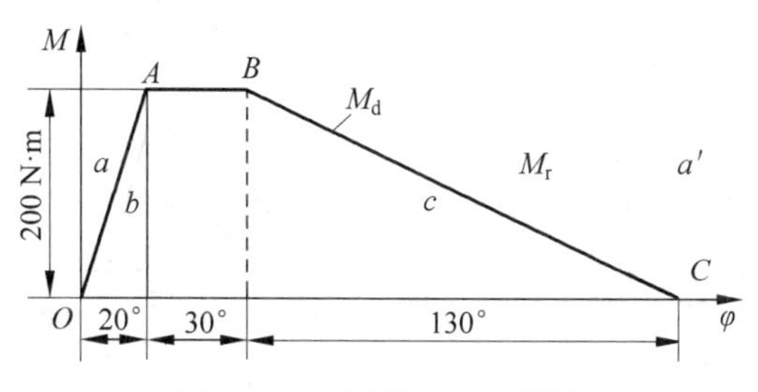

图 11.20 习题 11.11 附图

11.12 一机器作稳定运动，其中一个运动循环中的等效阻力矩与等效驱动力矩的变化线如图 11.21 所示。机器的等效转动惯量 $J=1$ kg，在运动循环开始时，等效构件的角速度 $\omega_0=20$ rad/s，试求：

(1) 等效驱动力矩 M_d；

(2) 等效构件的最大、最小角速度；并指出其出现的位置；确定运转速度不均匀系数；

(3) 最大盈亏功；

(4) 若运转速度不均匀系数，则应在等效构件上加多大转动惯量的飞轮？

11.13 图 11.22 所示为某机械等效到主轴上的等效阻力矩 M_r 在一个工作循环中的变化规律，设等效驱动力矩 M_d 为常数，主轴平均转速 $n=300$ r/min，等效转动惯量 $J=25\ \text{kg}\cdot\text{m}^2$。试求：

(1) 等效驱动力矩 M_d；

(2) ω_{max} 与 ω_{min} 的位置；

(3) 最大盈亏功 ΔW_{max}；

(4) 运转速度不均匀系数[δ]=0.1 时，安装在主轴上的飞轮转动惯量 J_F。

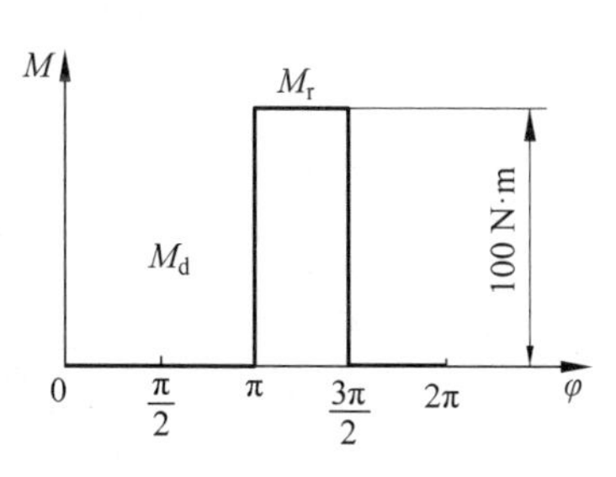

图 11.21 习题 11.12 附图

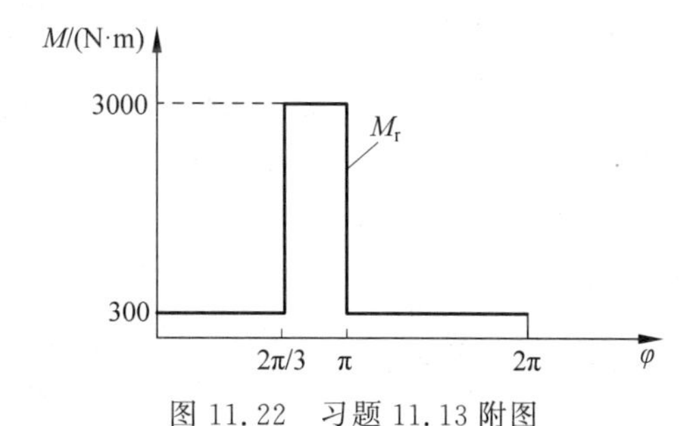

图 11.22 习题 11.13 附图

11.14 已知某机械稳定运转时的等效驱动力矩和等效阻力矩如图 11.23 所示。机械的等效转动惯量为 $J_e=1\ \text{kg}\cdot\text{m}^2$，等效驱动力矩为 $M_d=30\ \text{N}\cdot\text{m}$，机械稳定运转开始时等效构件的角速度 $\omega_0=25$ rad/s，试确定：

(1) 等效构件的稳定运动规律 $\omega(\varphi)$;

(2) 速度不均匀系数 δ;

(3) 最大盈亏功 ΔW_{max};

(4) 若要求$[\delta]=0.05$,系统是否满足要求?如果不满足,求飞轮的转动惯量 J_F。

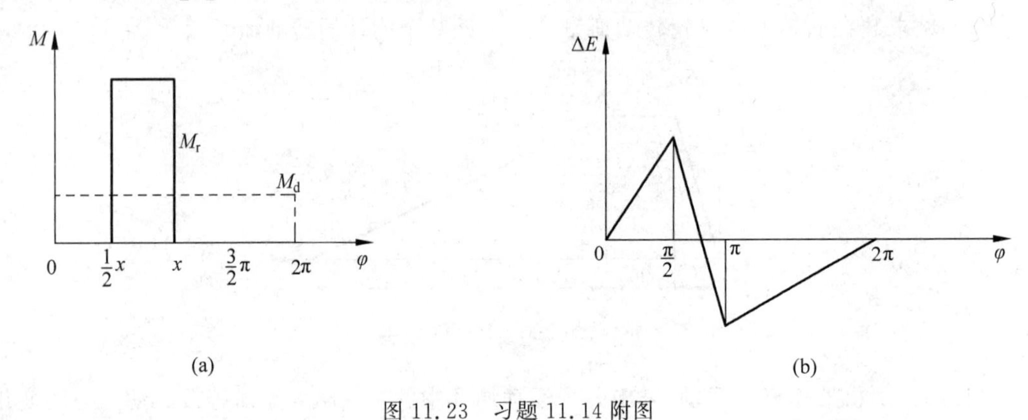

图 11.23 习题 11.14 附图

设计系列题

Ⅰ-6 单缸四冲程内燃机的飞轮设计

对于第 1 章设计项目Ⅰ中的单缸四冲程内燃机,已知机器的速度不均匀系数 $\delta=0.01$,曲柄轴的转动惯量 $J_{s1}=0.1\ \text{kg}\cdot\text{m}^2$,凸轮轴的转动惯量 $J_{o1}=0.05\ \text{kg}\cdot\text{m}^2$,连杆绕其重心轴的转动惯量 $J_{s2}=0.2\ \text{kg}\cdot\text{m}^2$,系列题Ⅰ-5 计算求得的平衡力矩 M_y,阻力矩 M_c 为常数。试用惯性力法确定安装在曲柄轴上的飞轮转动惯量 J_F。

第 12 章

机械的平衡设计

机械在运转时，各活动构件所产生的惯性力将在运动副中引起附加的动压力，从而会增大运动副中的摩擦、磨损和构件中的内应力，降低机械效率和使用寿命。同时，由于惯性力随机械的运转而作周期性的变化并传到机架上，会引起机械及其基础产生强迫振动，导致机械的工作性能和可靠性下降。如果该振动频率接近机械系统的固有频率，将会引起共振而造成机械设备更严重的损坏，甚至危及周围建筑和人员的安全。这一问题在高速、重型及精密机械中尤为突出。

例如，某航空发动机活塞的质量 $m=2.5$ kg，往复移动时的最大加速度为 $a=6900\ \mathrm{m/s^2}$，活塞作用在连杆上的惯性力为活塞自重的 704 倍。由于活塞加速度的大小与方向随机构的位置而变化，因此活塞作用在连杆上的惯性力的大小与方向也随之变化，可见惯性力对机械的工作性能有极大的影响。

本章主要介绍机械平衡的基本概念，将根据惯性力的变化规律，采用平衡设计和平衡试验方法，完全或部分地平衡惯性力，以消除或减轻惯性力的有害影响，从而提高机械系统的工作性能和使用寿命。

12.1 机械平衡的基本概念

12.1.1 机械平衡的类型

机械中的构件按运动形式可分为三种类型，即做定轴转动的构件，往复移动的构件和做平面复合运动的构件。由于构件的结构及运动形式不同，所产生的惯性力和平衡方法也不同。

1. 转子的平衡

绕固定轴转动的构件又称为转子。当转子的质量分布不均匀，或由于制造误差而造成质心与回转轴心不重合时，在转动过程中就会产生惯性力。这类构件的惯性力可以通过调整转子上质量的分布，使其质心位于旋转轴线上的方法达到平衡。根据工作转速的不同，转子的平衡又分为刚性转子的平衡和挠性转子的平衡两类。

(1) 刚性转子的平衡。工作转速低于一阶临界转速，且其旋转轴线挠曲变形可以忽略不计的转子称为刚性转子。刚性转子的平衡问题可以应用理论力学中的力系平衡理论来解决。

(2) 挠性转子的平衡。工作转速高于一阶临界转速，其旋转轴线挠曲变形不可忽略的转子称为挠性转子。如汽轮机、航空发动机、发电机等大型转子，径向尺寸较小，而质量和跨度很大，故在工作中会产生明显的弯曲变形，从而使其惯性力显著增大。挠性转子的平衡问题可基于弹性梁的横向振动理论来解决。

2. 机构的平衡

对于存在有往复移动或平面复合运动构件的机构，因构件的质心位置随构件的运动而发生变化，故质心处的加速度大小与方向也随构件的运动而变化，所以不能用在构件上加减配重的方法来平衡惯性力，只能设法使各运动构件惯性力的合力和合力偶作用在机架上，最终由机械的基础承担，故此类平衡问题称为机构在机架上的平衡或机构的平衡。

12.1.2 机械平衡的方法

1. 平衡设计

在机械的设计阶段，通过平衡计算在结构上采取措施以消除或减小不平衡惯性力和惯性力矩的影响，称作平衡设计。

2. 平衡试验

通过平衡设计的机械，仍会由于制造误差、材料不均匀及安装不准确等非设计原因而出现不平衡现象。这种不平衡无法通过设计来消除，必须通过试验的方法加以平衡。

12.2 刚性转子的平衡设计

12.2.1 刚性转子的静平衡设计

对于宽径比≤0.2 的盘形转子，如齿轮、带轮、飞轮等构件，其质量可以近似认为分布在同一回转平面内。在此情况下，若转子的质心不在回转轴线上，当其转动时，其偏心质量就会产生离心惯性力，从而在运动副中引起附加动压力。这种不平衡现象称为静不平衡。对刚性转子进行静平衡设计，就是要计算出转子在该平面上应加或应减的平衡质量的大小与方位，使转子上各偏心质量所产生的离心惯性力与所加配重(或所减配重)所产生的离心惯性力的合力为零。

图 12.1 所示为一盘形转子，已知分布于同一回转平面内的三个不平衡质量分别为 m_1、m_2、m_3，由回转中心到各不平衡质量中心的向径分别为 $r_1(r_1,\theta_1)$、$r_2(r_2,\theta_2)$、$r_3(r_3,\theta_3)$。当转子以等角速度 ω 转动时，各不平衡质量所产生的离心惯心力分别为：

$$F_1=m_1\omega^2 r_1,F_2=m_2\omega^2 r_2,F_3=m_3\omega^2 r_3$$

为平衡上述惯性力，可在转子的回转平面内向径 r 处增加一个平衡质量 m，使其所产生的惯性力与三个不平衡质量所产生的惯性力的合力为零。即：

$$F+F_1+F_2+F_3=0$$

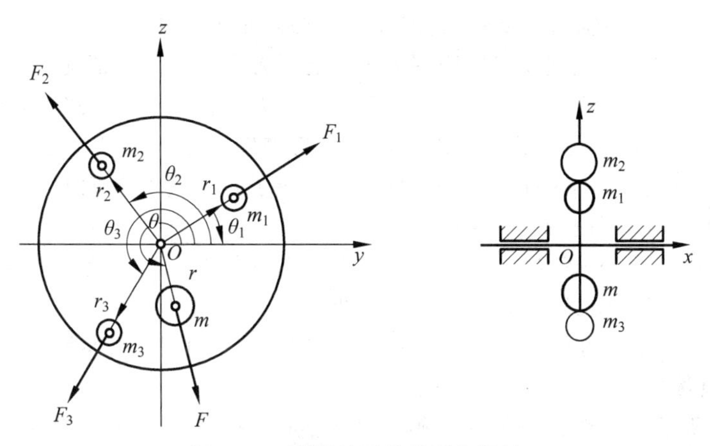

图 12.1　刚性转子的静平衡设计

$$m\omega^2 r + m_1\omega^2 r_1 + m_2\omega^2 r_2 + m_3\omega^2 r_3 = 0$$

消去 ω 可得：

$$mr + m_1 r_1 + m_2 r_2 + m_3 r_3 = 0$$

如果有若干个偏心质量 m_i，从转动中心到偏心质量中心的向径为 r_i，则：

$$mr + \sum m_i r_i = 0 \tag{12.1}$$

式中，$m_i r_i$ 称为质径积（$i=1,2,3,\cdots$），即转子上各惯性力的相对大小和方位。式(12.1)说明：刚性转子静平衡条件为各不平衡质量质径积的矢量和等于零；并且，不论转子有多少个偏心质量，都只需要在同一个平衡面内增加或去除一个平衡质量即可获得平衡，故转子的静平衡又称作单面平衡。

至于质径积 mr 的大小和方位，可通过图解法的矢量多边形求得，也可用解析法求得。解析法的求解如下：将式(12.1)分别向 y、z 轴投影可得：

$$\begin{cases} mr\cos\theta + \sum m_i r_i \cos\theta_i = 0 \\ mr\sin\theta + \sum m_i r_i \sin\theta_i = 0 \end{cases} \tag{12.2}$$

则所加平衡质量的质径积大小为：

$$mr = \sqrt{\left(\sum m_i r_i \cos\theta_i\right)^2 + \left(\sum m_i r_i \sin\theta_i\right)^2} \tag{12.3}$$

式中，θ 为各偏心质量与 y 轴的夹角。

当转子结构确定后，取合适的 r，则平衡质量 m 的大小即可确定。安装方位角为：

$$\theta = \arctan\left[\frac{\sum(-m_i r_i \sin\theta_i)}{\sum(-m_i r_i \cos\theta_i)}\right] \tag{12.4}$$

θ 所在的象限由上式中分子、分母的正、负号来确定。此外，在实际中，为使设计出来的转子质量不致过大，应尽量将向径 r 选大一些。但是，如果转子的结构不允许加平衡质量，可在向径 r 相反的方向减去质量以达到平衡。

12.2.2　刚性转子的动平衡设计

对于宽径比 $\geqslant 0.2$ 的转子，如多缸发动机的曲柄、电动机转子、汽轮机转子以及一些机床的主轴等，由于转子的轴向宽度较大，因此转子的质量分布不能视为位于同一回转平面，所产生的离心力不再是一个平面汇交力系，而是空间力系。在这种情况下，即使转子的质心在回转轴线上，但由于各偏心质量所产生的离心惯性力不在同一回转平面，所形成的惯性力偶仍使转子处于不平衡状态。这种不平衡现象只有在转子运转的情况下才能显示出来，故称为动不平衡。对这类转子进行动平衡设计，要求转子在运转时各偏心质量所产生的惯性力和惯性力偶矩同时得到平衡。

为了消除转子动不平衡现象，在设计时应先根据其结构确定出在各个不同的回转平面内的偏心质量的大小和位置，然后再计算出为使转子达到动平衡而在平衡平面上需要加的平衡质量的数量、大小和方位，并将这些平衡质量加于该转子上，以使设计的转子在理论上达到动平衡。具体方法如下。

如图 12.2 所示为刚性转子的动平衡设计示意图，图中的转子中，其偏心质量 m_1、m_2、m_3 分别位于平面 1、2、3 内，向径分别为 r_1、r_2、r_3，方位如图所示。当转子以等角速度 ω 旋转时，它们所产生的惯性力 F_1、F_2、F_3 形成一个空间力系。

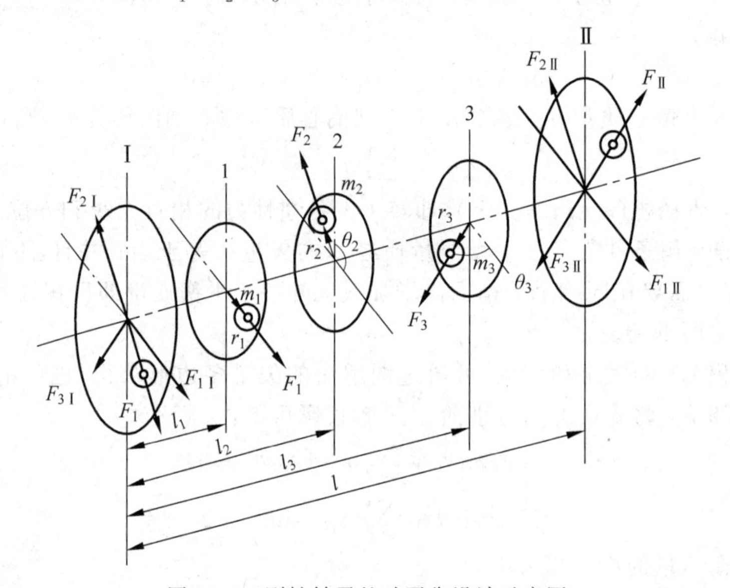

图 12.2 刚性转子的动平衡设计示意图

由理论力学可知，一个力可以分解为与其相平行的两个分力。现选定两个垂直于转子轴线的校正平面Ⅰ和平面Ⅱ，惯性力 F_1、F_2、F_3 可分解为 $F_{1Ⅰ}$、$F_{2Ⅰ}$、$F_{3Ⅰ}$（平面Ⅰ内）和 $F_{1Ⅱ}$、$F_{2Ⅱ}$、$F_{3Ⅱ}$（平面Ⅱ内），这样就把空间力系的平衡问题转化为两个平面汇交力系的平衡问题。此时只要在平面Ⅰ和平面Ⅱ内各加一个平衡质量 $m_Ⅰ$ 和 $m_Ⅱ$，使两平面内的惯性力之和都为零，构件即可完全平衡。

在图 12.2 中，根据力矩平衡可得各力的大小为：

$$\begin{cases} F_{1Ⅰ}=F_1\dfrac{l-l_1}{l}=m_1r_1\omega^2\dfrac{l-l_1}{l} \\ F_{2Ⅰ}=F_2\dfrac{l-l_2}{l}=m_2r_2\omega^2\dfrac{l-l_2}{l} \\ F_{3Ⅰ}=F_3\dfrac{l-l_3}{l}=m_3r_3\omega^2\dfrac{l-l_3}{l} \end{cases},\quad \begin{cases} F_{1Ⅱ}=F_1\dfrac{l_1}{l}=m_1r_1\omega^2\dfrac{l_1}{l} \\ F_{2Ⅱ}=F_2\dfrac{l_2}{l}=m_2r_2\omega^2\dfrac{l_2}{l} \\ F_{3Ⅱ}=F_3\dfrac{l_3}{l}=m_3r_3\omega^2\dfrac{l_3}{l} \end{cases} \tag{12.5}$$

平面Ⅰ、Ⅱ的汇交力系平衡如图 12.3 所示。在平面Ⅰ内,根据惯性力平衡条件有:

$$F_{1\mathrm{I}}+F_{2\mathrm{I}}+F_{3\mathrm{I}}+F_{\mathrm{I}}=0 \tag{12.6}$$

式中,F_{I} 为平衡质量 m_{I} 产生的离心惯性力。

同理,在平面Ⅱ内有:

$$F_{1\mathrm{II}}+F_{2\mathrm{II}}+F_{3\mathrm{II}}+F_{\mathrm{II}}=0 \tag{12.7}$$

同前述静平衡方法一样,可通过图解法的矢量多边形或解析法求解式(12.6)、式(12.7),从而获得平衡面Ⅰ、Ⅱ内的平衡质量与方位。

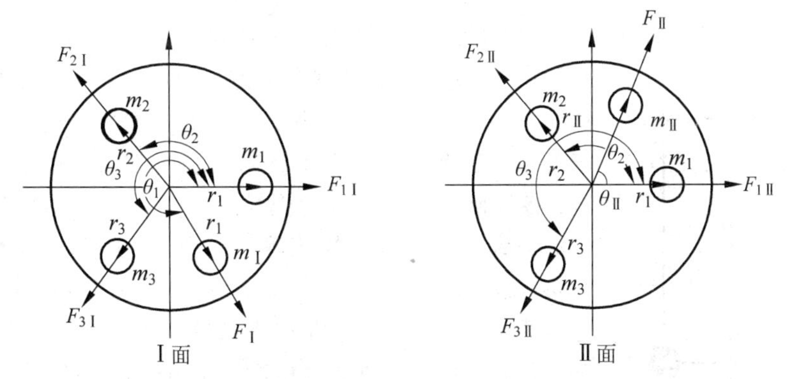

图 12.3 平面Ⅰ和平面Ⅱ汇交力系平衡示意图

由以上分析可知,转子的动平衡条件是:转子上分布在不同平面内的各个质量所产生的空间离心惯性力系的合力及合力矩均为零,并且对于任何动不平衡的刚性转子,无论其具有多少个偏心质量,以及分布于多少个回转平面内,都可以在任选的两个平衡平面内分别加上或减去一个适当的不平衡质量,就可使转子得到完全平衡。故动平衡又称为双面平衡。

12.3 平面机构的平衡

一般平面机构中总存在着作平面复合运动或往复直线运动的构件,这些构件的总惯性力和总惯性力矩不能通过在构件上加减配重的方法得以平衡,而必须对整个机构进行平衡。

12.3.1 平面机构惯性力的平衡条件

设机构中活动构件的质量为 m,机构质心 S 的加速度为 a_S,则机构作用于机架的总惯性力为 $F=ma_S$。由于 m 不可能为零,因此若要使总惯性力平衡,须满足 $a_S=0$,也就是说机构质心 S 应静止不动或作匀速直线运动。由于机构在运动过程中质心不可能总作匀速直线运动,故机构惯性力的平衡方法只有使机构的质心静止不动。因此,对平面机构进行平衡时,可通过在运动构件上加减平衡质量的方法,使机构质心尽量靠近机架并静止不动。

根据对惯性力的平衡程度,平面机构的平衡可分为惯性力的完全平衡与惯性力的部分平衡。

12.3.2 机构惯性力的完全平衡

机构惯性力的完全平衡是指机构总惯性力为零。为了达到完全平衡，可通过加平衡质量或者加平衡机构的方法来使机构的惯性力得到完全平衡。

1. 加平衡质量法

对某些机构，可以通过在机构中的某些构件上加平衡质量的方法以调整运动构件总质心的位置，使机构得到完全平衡。用以确定平衡质量大小和位置的常用计算方法是质量代换法，也就是将构件的质量用集中于若干选定点上的集中质量来代换的方法。质量代换的条件是：各代换质量所产生的惯性力和惯性力矩与原构件实际产生的惯性力和惯性力矩相等。如图 12.4 所示，构件 BC 质量为 m，质心位于 S 点；代换点 B、K 的质量分别为 m_B、m_K。在进行质量代换时必须满足以下条件：

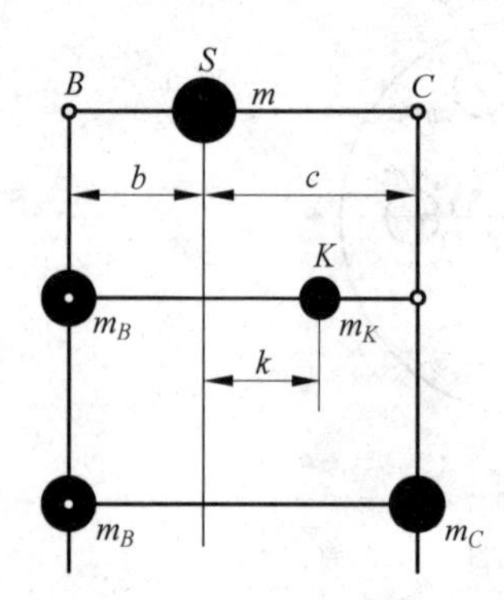

图 12.4 构件的质量代换

(1) 所有代换质量之和等于原构件质量，即：

$$m_B + m_K = m \tag{12.8}$$

(2) 所有代换质量的总质心与原构件的质心重合：

$$m_B \cdot b = m_K \cdot k \tag{12.9}$$

(3) 所有代换质量对质心的转动惯量与原构件对质心的转动惯量相同：

$$m_B b^2 + m_K k^2 = J_S \tag{12.10}$$

同时满足上述三个条件时，各代换质量所产生的总惯性力和惯性力矩与原构件产生的惯性力和惯性力矩相等，这种代换称为质量动代换。若只满足前两个条件，则各代换质量所产生的总惯性力与原构件产生的惯性力相等，而惯性力矩并不相同，这种代换称为质量静代换。工程中常用的是两点静代换，并常将质量代换点选在转动副中心等运动容易确定的点上。

如图 12.5 所示的铰链四杆机构中，已知构件 AB、BC、CD 的质量分别为 m_1、m_2、m_3，其质心位置分别位于 S_1、S_2、S_3。现利用质量静代换方法将构件 2 的质量 m_2 代换为 B、C 两点的集中质量 m_{2B} 和 m_{2C}，可得：

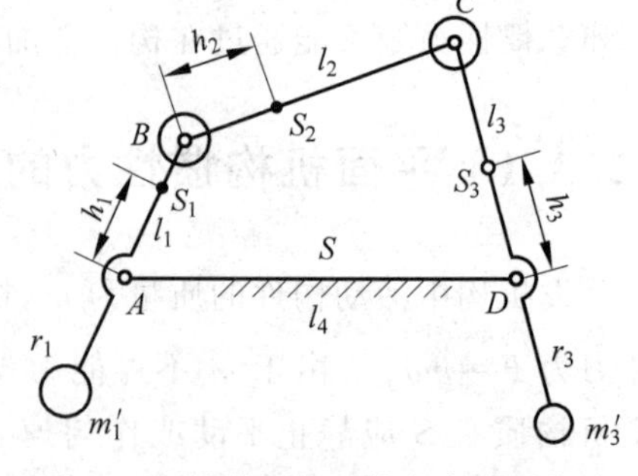

图 12.5 铰链四杆机构的完全平衡法

$$\begin{cases} m_{2B} = m_2 \dfrac{l_2 - h_2}{l_2} = m_2\left(1 - \dfrac{h_2}{l_2}\right) \\ m_{2C} = m_2 \dfrac{h_2}{l_2} \end{cases}$$

为使构件 AB 得到平衡，可在 BA 的延长线上距 A 点 r_1 处加一平衡质量 m_1'，使其与 m_1、m_{2B} 的合成质心位于 A 点。故可得平衡质量为：

$$m'_1 \cdot r_1 = m_1 \cdot h_1 + m_{2B} \cdot l_1$$

$$m'_1 = \frac{m_1 \cdot h_1 + m_{2B} \cdot l_1}{r_1}$$

同理,为使构件 CD 得到平衡,可在 CD 的延长线上距 D 点 r_3 处加一平衡重 m'_3,使其与 m_3、m_{2C} 的合成质心位于 D 点,则有:

$$m'_3 \cdot r_3 = m_3 \cdot h_3 + m_{2C} \cdot l_3$$

$$m'_3 = \frac{m_3 \cdot h_3 + m_{2C} \cdot l_3}{r_3}$$

至此,包括平衡质量在内的机构总质量 m 可以用位于 A、D 两点的集中质量 m_A 和 m_D 来代替,其中:

$$\begin{cases} m_A = m'_1 + m_1 + m_{2B} \\ m_D = m'_3 + m_3 + m_{2C} \end{cases}$$

机构总质心位于机架 AD 上,且有:

$$\frac{m_A}{m_D} = \frac{l_{DS}}{l_{AS}}$$

当机构运动时,总质心 S 静止不动,加速度 $a_S = 0$,故机构总惯性力得到完全平衡。

对于图 12.6 所示的曲柄滑块机构,可采用同样的方法进行完全平衡。但由于该机构三个活动构件上只有一个固定点 A,所以欲使机构总惯性力得到平衡,必须使三个活动构件的总质心 S 位于 A 点。首先,在 CB 的延长线上距 B 点 r_2 处加一平衡重 m'_2,使之与 m_2、m_3 的合成质心位于 B 点。集中于 B 点的总质量为:

$$m_B = m'_2 + m_2 + m_3$$

$$m'_2 \cdot r_2 = m_2 \cdot h_2 + m_3 \cdot l_2$$

$$m'_2 = \frac{m_2 \cdot h_2 + m_3 \cdot l_2}{r_2}$$

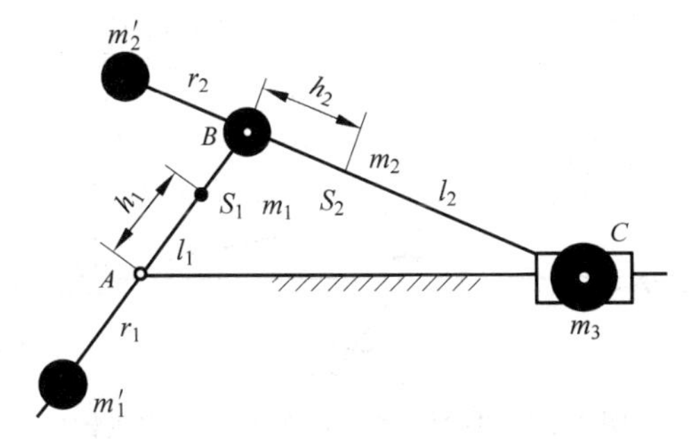

图 12.6 曲柄滑块机构的完全平衡法

同理,在曲柄 BA 延长线上的 r_1 处加一平衡质量 m'_1,使之与 m_1、m_B 的合成质心位于 A 点,则有:

$$m'_1 \cdot r_1 = m_1 \cdot h_1 + m_B \cdot l_1$$

$$m'_1 = \frac{m_1 \cdot h_1 + m_B \cdot l_1}{r_1}$$

至此，机构总质量为 $m_A=m_1'+m_1+m_B$，总质心位于 A 点，从而整个机构的惯性力得到完全平衡。

以上平衡方法可完全平衡机构的惯性力，但是若要完全平衡 n 个构件的单自由度机构的惯性力，需要至少加 $n/2$ 个平衡质量，机构的总质量会大大增加，并且在连杆上增加平衡质量不利于机构的结构设计。

2. 设置对称机构法

实际中还可通过设置对称机构的方法使机构的惯性力得到完全平衡。该方法的关键是要选择好镜像平面，使对称结构最少而得到。

如图 12.7 所示的铰链四杆机构，首先以 y 轴为镜像线作出机构 $ABCD$ 的镜像机构 $AB_1C_1D_1$，再以 x 轴为镜像线作出机构 $AB_1C_1D_1$ 的镜像机构 $AB_2C_2D_1$，则机构 $AB_2C_2D_1$ 可平衡机构 $ABCD$ 的惯性力。

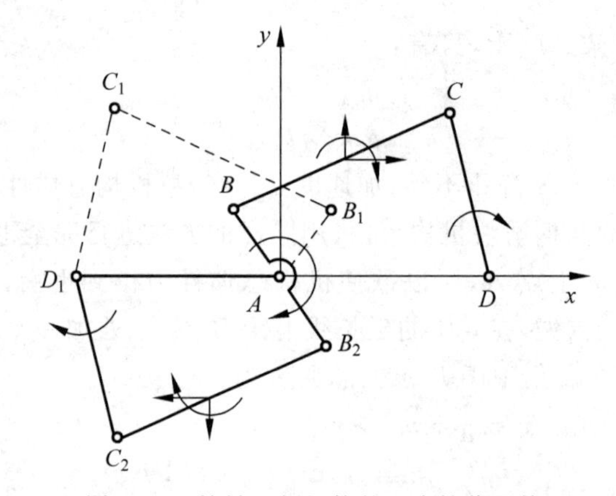

图 12.7　铰链四杆机构的两次镜像机构

同理，对于图 12.8 所示的曲柄滑块机构，经两次镜像后，整个机构惯性力也可得到完全平衡。

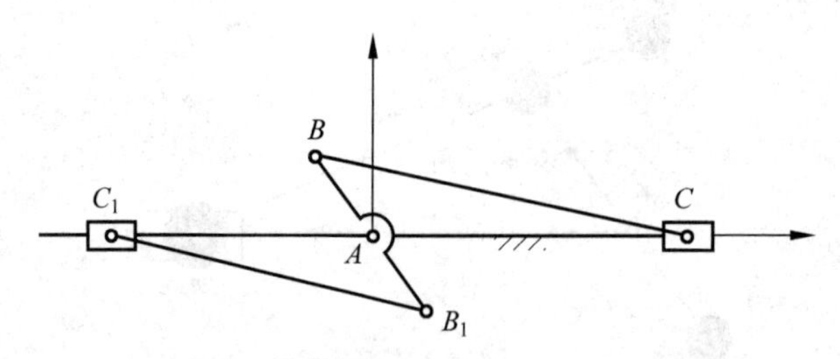

图 12.8　曲柄滑块机构的两次镜像机构

利用对称机构可得到良好的平衡效果，但是采用这种方法将使得机构的体积大大增加。

12.3.3　机构惯性力的部分平衡

如前文所述，完全平衡机构的惯性力会增加机构的质量，使机构结构复杂。因此，实际中常采用惯性力的部分平衡法。

1. 加平衡质量法

如图 12.9 所示的曲柄滑块机构，可利用质量静代换方法，将曲柄、连杆和滑块的质量分别代换到运动副 A、B、C 的中心处，可以得 3 个集中代换质量 m_A、m_B、m_C。A 点位于机架静止不动，因此无需平衡。下面将平衡 m_B 产生的惯性力。先将构件 2 的质量 m_2 代换到 B、C 两点，B 点的质量为 m_{2B}，C 点的质量为 m_{2C}，则有：

$$\begin{cases} m_{2B}=\dfrac{l_2-h_2}{l_2}m_2 \\ m_{2C}=\dfrac{h_2}{l_2}m_2 \end{cases}$$

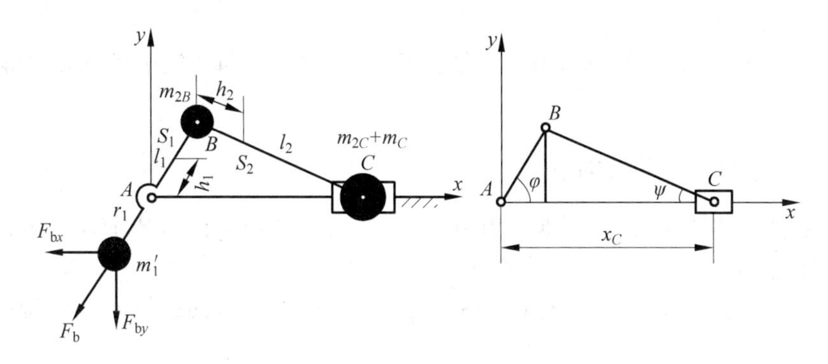

图 12.9 曲柄滑块机构的部分平衡

在曲柄反方向 r_1 处加一平衡重，使其产生的惯性力平衡 m_{2B} 和 m_1 所产生的惯性力：

$$m_1'\cdot r_1=m_1\cdot h_1+m_{2B}l_1$$

$$m_1'=\frac{m_1\cdot h_1+\dfrac{l_2-h_2}{l_2}m_2\cdot l_1}{r_1}=m_1\frac{h_1}{r_1}+\frac{l_2-h_2}{l_2\cdot r_1}m_2\cdot l_1$$

若曲柄 1 经过平衡处理，则 $h_1=0$。

$$m_1'=\frac{l_1\cdot(l_2-h_2)}{l_2\cdot r_1}m_2$$

至此，质量 m_B 所产生的惯性力可以得到完全平衡。但若要平衡 m_C 所产生的往复惯性力 F_C，由于其大小与方向均随曲柄转角 φ 的不同而变化，因此平衡过程较为复杂。

由图 12.9，通过解析法可求得滑块的位移 x_C 为：

$$x_C=l_1\cdot\cos\varphi+l_2\cdot\cos\psi \tag{12.11}$$

将滑块的位移 x_C 用牛顿二项式定理展开成级数，并求二阶导数，可得滑块的加速度 a_C：

$$a_C\approx-l_1\omega^2\cos\varphi-\frac{l_1^2}{l_2}\omega^2\cos2\varphi \tag{12.12}$$

滑块产生的惯性力 F_C 为：

$$F_C=-m_Ca_C\approx m_Cl_1\omega^2\cos\varphi+m_C\frac{l_1^2}{l_2}\omega^2\cos2\varphi=F_{\text{I}}+F_{\text{II}}$$

上式中 F_{I} 称为一级惯性力，F_{II} 称为二级惯性力。通常 F_{II} 远小于 F_{I}，故可略去不计。可取

$$F_C \approx m_C l_1 \omega^2 \cos\varphi \tag{12.13}$$

若要平衡一级惯性力，可在曲柄反向 r_1 处再加一平衡质量 m_1''，所产生的惯性力为 F_{b}，则水平分力和垂直分力为：

$$F_{bx} = m_1'' r_1 \cdot \omega_1^2 \cos\varphi \tag{12.14}$$

$$F_{by} = m_1'' \cdot r_1 \cdot \omega_1^2 \sin\varphi \tag{12.15}$$

对比(12.13)～式(12.15)可知，若 F_{bx} 将 F_C 完全平衡，还有一 y 方向惯性力 F_{by} 无法得到，且其最大值与 F_C 的最大值也相等，同样对机构运动不利。为了使机构在 x、y 方向都不至于产生过大的惯性力，通常采用平衡部分惯性力的方法，实际中常取：

$$F_{bx} = (0.3 - 0.5) F_C \tag{12.16}$$

尽管这种平衡方法是近似的，但由于结构简单，在内燃机和空气压缩机等中得到了广泛的应用。

2. 设置非完全对称机构法

如图 12.10(a)所示的曲柄滑块机构中，当曲柄 AB 转动时两滑块加速度方向相反，其惯性力可得到部分平衡。

如图 12.10(b)所示的曲柄摇杆机构中，当曲柄 AB 转动时两摇杆角加速度方向相反，其惯性力可得到部分平衡。

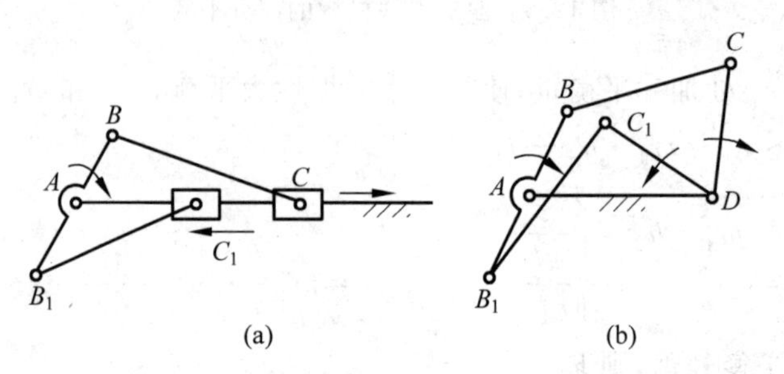

图 12.10　非完全对称机构部分平衡惯性力

12.4　知识拓展：内燃机运转平稳性和惯性力平衡

一般来说，内燃机工作时传到整机支座上的力和力矩有往复惯性力、旋转惯性力和倾覆力矩。上述各力及力矩的大小和方向均随内燃机的运转而周期性变化，使内燃机产生振动，并受到附加载荷。此外，由于切向力的周期性变化，使输出扭矩也周期性变化，会产生运转不稳定现象。

1. 提高内燃机运转平稳性的方法

提高内燃机运转平稳性的方法一般有两种：一是在曲轴端部安装飞轮，二是采用多缸内燃机，且各缸的作功行程以相同的间隔交替进行。

对于单缸四冲程内燃机，曲轴转两圈，但只有半圈作功，曲轴旋转的平稳性很差。为此，常在单缸及曲轴端部安装一质量很大的飞轮，它具有储存能量、提高曲轴运转平稳性的作用。对于多缸内燃机，比如四缸四冲程内燃机，在曲轴转两圈的过程中，当四个缸作功行程以相同的间隔(180°)交替进行时，平均每半圈就有一缸作功，曲轴的平稳性可得到改善，因此多缸机的飞轮质量较小。

2. 内燃机惯性力的平衡方法

内燃机曲柄连杆机构的往复质量和旋转质量在内燃机高速旋转时会产生很大的往复惯性力和旋转惯性力。这些惯性力必须通过发动机的总体布置、在曲轴飞轮系上加适当的平衡块或设置专门的平衡轴等方法加以平衡，才能避免发动机发生振动。

1) 单缸内燃机惯性力的平衡

对于单缸四冲程内燃机，其旋转惯性力的平衡方法是在曲柄销对面的方向安装一对平衡块，其产生的两个离心力与旋转惯性力正好相等且方向相反，因此旋转惯性力得到了平衡。

单缸四冲程内燃机一级和二级往复惯性力的平衡常需要装置一些专门的平衡机构。其中一级往复惯性力的平衡方法可采用双轴平衡法和部分平衡法。双轴平衡法是指在内燃机上装一对平行于曲轴的轴，使这对轴经过齿轮传动以后，也以曲轴的角速度旋转，并且两轴的旋转方向相反。在这对轴的两端各装一对平衡重，当曲轴旋转一定角度时，这对平衡重产生的旋转惯性力将相互抵消，因此能使一级往复惯性力完全平衡而不引起任何附加惯性力或惯性力矩。所谓部分平衡法是在平衡旋转惯性力的一对平衡重上再加一部分质量，以平衡掉一部分一级惯性力，但这种方法会使内燃机的主轴承在垂直气缸中心线方向上受到附加的惯性力，因此内燃机振动较大。

一般情况下，单缸四冲程内燃机的二级往复惯性力较一级往复惯性力小，因此会留着不去平衡，以使内燃机构造简单。但对于转速很高或缸径较大的单缸内燃机，二级往复惯性力很大而必须加以平衡，其平衡原理与一级往复惯性力的平衡相似，而差别在于二级平衡重的旋转角速度为曲轴角速度的两倍。因此，采用四轴平衡法，就可将单缸机的一、二级往复惯性力完全平衡，但结构复杂。

2) 多缸内燃机惯性力的平衡

多缸内燃机的平衡性不仅与往复惯性力和旋转惯性力有关，还与冲程数、气缸点火次序及曲轴布置等有关。对于四缸四冲程内燃机，其曲轴上的全部曲柄均在同一平面内，互成180°，并且第一缸和第四缸曲柄偏向同一方向，而第二、三缸曲柄偏向同一方向。这种布置会使内燃机自身平衡性较好，除二级惯性力未平衡之外，其余惯性力和惯性力矩均得到了平衡。若想获得惯性力的完全平衡，可采用平衡机构来实现，但结构复杂。

因此，多缸曲轴系统的动平衡主要靠合理设计曲轴各曲柄的相对角位置以及适当布置平衡块的办法来实现。但是平衡块除保证曲轴动平衡外，还会影响曲轴主轴承负荷以及曲轴和曲轴箱的弯曲负荷。设计平衡块时应尽可能减小质量，以免过分降低曲轴的扭转振动固有频率，同时减少材料消耗，简化制造工艺。

习 题

12.1 如图 12.11 所示的曲轴结构中，$m_1=m_2=m_3=m_4$，$r_1=r_2=r_3=r_4$，$l_{12}=l_{23}=l_{34}$，各曲拐的位置如图，试判断该曲轴是否达到静平衡？是否达到动平衡？为什么？

12.2 图 12.12 所示的盘形回转件上有四个偏置质量，大小分别为 $m_1=5$ kg，$m_2=7$ kg，$m_3=8$ kg，$m_4=6$ kg，其质心到回转轴线的距离分别为 $r_1=100$ mm，$r_2=200$ mm，$r_3=150$ mm，$r_4=100$ mm，又设平衡质量 m 的回转半径 $r=250$ mm，试求需加平衡质量 m 的大小及方位。

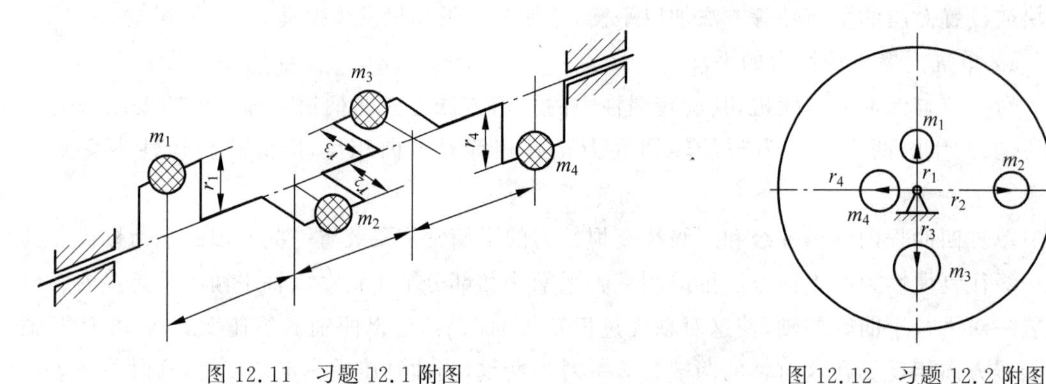

图 12.11 习题 12.1 附图

图 12.12 习题 12.2 附图

12.3 图 12.13 所示为一鼓轮，上有重块 A、B，已知它们的质量 $m_A=4$ kg，$m_B=2$ kg，今欲在平面Ⅰ、Ⅱ上分别加一平衡质量 m_b' 和 m_b''，它们分布在 $\phi1200$ mm 的圆周上，使鼓轮达到完全平衡。试求 m_b'、m_b'' 的大小，并在图中画出它们的安放位置。

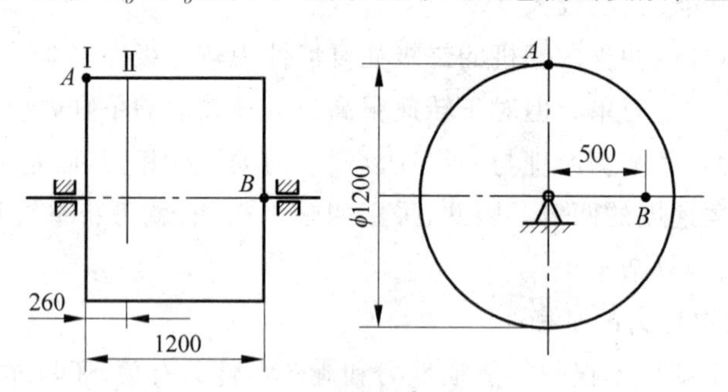

图 12.13 习题 12.3 附图

12.4 图 12.14 所示一双缸发动机的曲轴，两曲拐在同一平面内，相隔 180°，每一曲拐的质量为 50 kg，离轴线距离为 200 mm，A、B 两支承间距离为 900 mm，工作转速 $n=3000$ r/min。试求：

(1) 支承 A、B 处的动反力大小。

(2) 欲使此曲轴符合动平衡条件，以两端的飞轮平面作为平衡平面，在回转半径为 500 mm 处应加平衡质量的大小和方向。

12.5 在图 12.15 所示的铰链四杆机构中，已知各构件尺寸分别为 $l_{AB}=150$ mm，

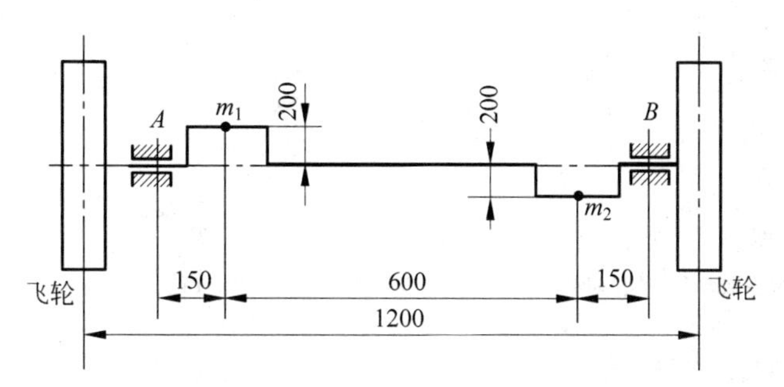

图 12.14　习题 12.4 附图

$l_{BC}=360$ mm，$l_{AD}=400$ mm；各构件的质量分别为 $m_1=0.4$ kg，$m_2=0.7$ kg，$m_3=0.5$ kg；各杆的质心 S_1、S_2 和 S_3 的位置分别在 $l_{AS1}=95$ mm，$l_{BS2}=180$ mm，$l_{CS3}=140$ mm 处。求完全静平衡时在 $r_1'=110$ mm，$r_2'=160$ mm 及 $r_3'=100$ mm 处的配重 m_1'，m_2'和 m_3'。

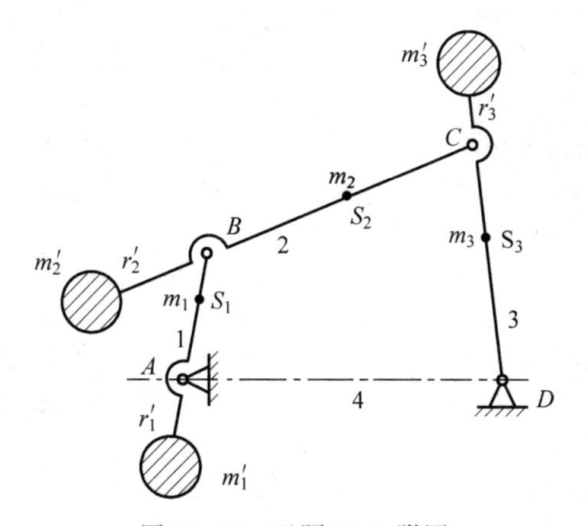

图 12.15　习题 12.5 附图

参考文献

[1] 申永胜. 机械原理[M]. 3 版. 北京：清华大学出版社，2015.

[2] 孙桓，陈作模，葛文杰. 机械原理[M]. 8 版. 北京：高等教育出版社，2013.

[3] 黄平，占旺龙. 机械原理习题集[M]. 北京：清华大学出版社，2020.

[4] 王德伦，高媛. 机械原理[M]. 北京：机械工业出版社，2011.

[5] 赵自强，张春林. 机械原理[M]. 2 版. 北京：高等教育出版社，2020.

[6] 潘存云，尹喜云，林国湘，等. 机械原理[M]. 3 版. 长沙：中南大学出版社，2019.

[7] 于靖军. 机械原理[M]. 北京：机械工业出版社，2017.

[8] 邹慧君. 机械系统概念设计[M]. 北京：机械工业出版社，2003.

[9] 师忠秀. 机械原理[M]. 北京：机械工业出版社，2012.

[10] 黄茂林. 机械原理[M]. 2 版. 北京：机械工业出版社，2010.

[11] 强建国. 机械原理创新设计[M]. 武汉：华中科技大学出版社，2008.

[12] Robert L Norton. Design of Machinery[M]. New York：McGraw-Hill Book Company，2017.

[13] Liu C. Foundations of MEMS[M]. Prentice Hall，New Jersey，2011.

[14] 王伟祥. 基于柔性铰链的压电式空间指向精调机构研究[D]. 哈尔滨：哈尔滨工业大学，2020.

[15] 于靖军，郝广波，陈贵敏，等. 柔性机构及其应用研究进展[J]. 机械工程学报，2015，51(13)：53-68.

[16] 张威. 对接与样品转移机构研究[D]. 长沙：湖南大学，2014.

[17] Barreto R L P，Morlin F V，de Souza M B，et al. Multiloop origami inspired spherical mechanisms[J]. Mechanism and Machine Theory，2021，155：104063.

[18] 冯慧娟，杨名远，姚国强，等. 折纸机器人[J]. 中国科学：技术科学，2018，48(12)：1259-1274.

[19] 郭震，于红英，滑忠鑫，等. 刚性折纸机构运动分析及折叠过程仿真[J]. 吉林大学学报(工学版)，2020，50(01)：66-76.

[20] Chen Y，Peng R，You Z. Origami of thick panels[J]. Science，2015，349(6246)：396-400.

[21] Liu S C，Lu G X，Chen Y，et al. Deformation of the Miura-Ori Patterned Sheet[J]. International Journal of Mechanical Sciences，2015，99，130-142.

[22] Chen Y，Feng H，Ma J，et al. Symmetric waterbomb origami[J]. Proceedings of the Royal Society A：Mathematical，Physical and Engineering Sciences，2016，472(2190)：20150846.

[23] 冯慧娟，马家耀，陈焱. 广义 Waterbomb 折纸管的刚性折叠运动特性研究[J]. 机械工程学报，2020，56(19)：143-159.

[24] Miyashita S，Guitron S，Li S，et al. Robotic metamorphosis by origami exoskeletons[J]. Science Robotics，2017，2(10)：eaao4369.

[25] Li S G，Vogt D M，Rus D，et al. Fluid-driven origami-inspired artificial muscles[J]. Proceedings of the National academy of Sciences，2017，114(50)：13132-13137.

[26] Johnson M，Chen Y，Hovet S，et al. Fabricating biomedical origami：A state-of-the-art review[J]. International journal of computer assisted radiology and surgery，2017，12(11)：2023-2032.

[27] 陈果. 双转子航空发动机整机振动建模与分析[J]. 振动工程学报，2011，24(06)：619-632.

[28] 李福华，滚珠丝杠进给系统动力学建模、参数辨识与动态误差补偿[D]. 北京：清华大学，2018.

[29] 安源，杜一民，贾学志，等. 空间相机调焦机构自锁特性评价与试验[J]. 光学精密工程，2018(2)：355-362.

[30] 张超. 组合机构在民用飞机舱门设计中的应用[J]. 现代工业经济和信息化，2015，8：57-59.